科學簡史

250個影響人類的重大發現

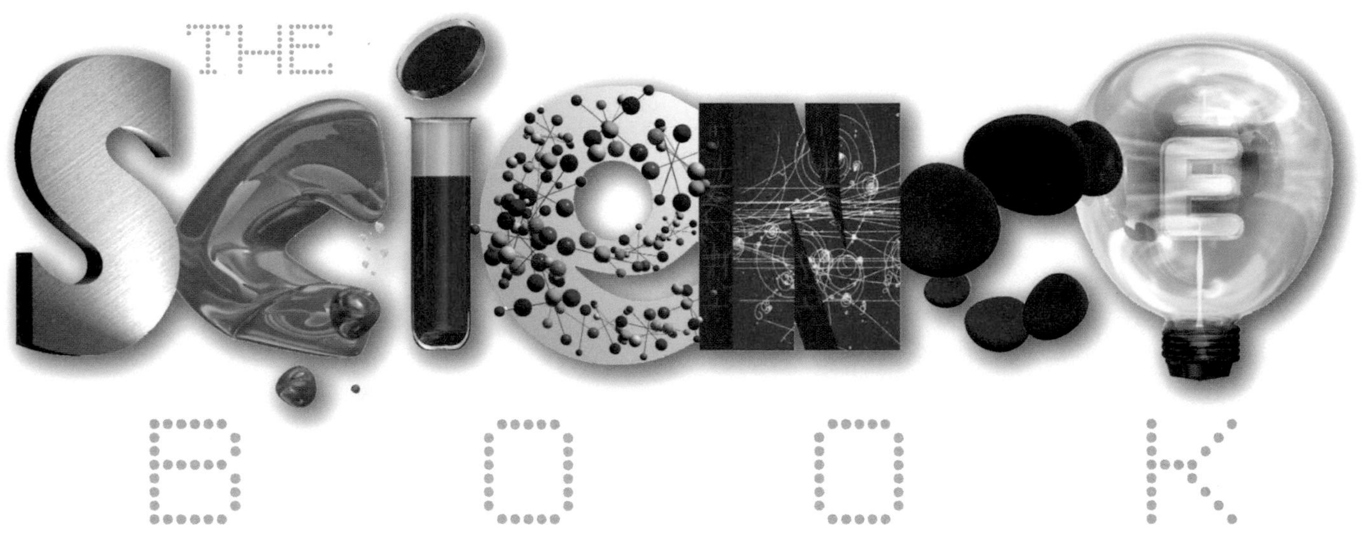

彼得·泰立克（Peter Tallack）等◎著　　蘇采禾◎譯

致讀者：

書中一些人物的生卒年份和事件的日期很難確定，尤其是最早的那些篇章，我們只能根據科學史學家的共識，訂出一個大概的年代。有些篇章涉及一連串的科學成就，標選出哪一位或哪幾位人物、哪樁事件及日期，經常出之於我們有幾分武斷的抉擇。若某項成就是國際性或團隊合作的結果，我們有時會把功勞歸於這個團體或機構，而非個人。

目次 CONTENTS

序言 Preface

撰文：蘇珊．葛林菲德（Susan Greenfield）

科學日益融入我們的日常生活，遠超過以前任何時代，今天科學影響我們怎麼感覺、怎麼吃、可以享受或忍受多少空閒時間，以及在不斷加速的資訊時代裡如何選擇溝通方式。

如今我們在物理科學和生命科學這兩方面都獲得了巨大的進展，兩者之間的互動也一樣進步。如果我們想利用這些改變造福整個人類社會，必須每個人都具備科學素養才行。

這本書花了很大功夫向一般讀者介紹廣泛得驚人的科學世界。我們不但可以從一個小點切入，立刻照見塑造我們的世界和生命的各項發現，也可以在書中深入挖掘，探究促成這些發現的背景科學。這本書以一種完全創新的方式，採用不同凡響的組織架構，按年代順序徵引史料敘述科學各支發展的偉大故事。

這樣的歷史眼光，加上精彩動人的圖片，應該不只吸引想了解事實的人，也會打動那些希望在美學和邏輯脈絡中認識事實的人。藝術與科學之間有一條荒謬的鴻溝，亟需橋樑，也可以搭起橋樑，這本書就是一個明證。逐頁細讀此書，將如閱讀任何歷史、文學或哲學書籍一般享受，而且時時有所啓發。

《科學簡史》提供讀者的不僅是輕鬆接近這些發現的方法，還呈現科學背後的基本觀念，更重要的是，它讓我們看到，從事科學探索的人，他們之爲科學家的性格如何帶來了新的觀念。讀者從這些簡潔優美的敘述裡，可以得到眞正的科學教育，更有能力迎接 21 世紀和未來的科學挑戰。

前言 Foreword

撰文：賽門・辛（Simon Singh）

《科學簡史》包含科學史的250個篇章。乍看之下，會以爲兩百多篇的浮光掠影，怎能道盡探索宇宙的科學之旅的博大精深。不過，從一篇篇故事推演出去，我們或許更能了解科學方法——追尋眞理之路——的確定和轉折。舉個例來說，帶領我們找到行星繞日模型的路途，何其曲折複雜。

雖然古代的希臘天文學家曾思考過日心系統，但亞歷山卓天文學家托勒密的著作確立地球爲宇宙中心，這個說法維持了一千多年之久。他的《數學匯編》（*The Mathematical Collection*）後來被阿拉伯翻譯者改名爲《大匯編》（*The Greatest Composition*），在這本著作裡，托勒密從兩個公理開始：依照數學計算，地球是宇宙的中心；各個天體是以一致的圓形軌道運轉。但觀察顯示，行星運轉無法全用簡單的圓形運動描述，因爲行星偶爾會暫停從西向東移動，倒過來從東向西運行一陣子，然後才回到慣有的東向軌道。今天我們知道，之所以造成這種現象，是因爲地球不在宇宙中心位置。相反的，它繞著太陽運轉，而其他行星明顯地反向移動，是從本身也在運轉的物體觀察軌道的結果。

但托勒密仍然用他的公理解決了觀察上的落差。地球不動，其他行星確實照著穩定的圓形路徑移動，不過每個行星圓（稱作 epicycle「本輪」）的中心又有它自己的圓形軌道（稱作 the deferent「均輪」）。事實上，這是亞里斯多德和其他一些人的觀念，不過托勒密提出了堅實的數學基礎。看起來整個運轉的宇宙現在都能描述了。托勒密的方法在某個方面是對的：成功的理論必須符合觀察。但成功的理論不只要能描述，還要能解釋表面現象之下的眞實情況，反映造成現象的眞正理由。而托勒密的模型過不了這一關。

托勒密的模型維持了好幾個世紀，大半因爲它符合地球靜止不動的常識。但是，正如愛因斯坦所說：「所謂常識，只不過是你的心靈在18歲以前累積的一堆成見。」天文學家不肯放棄常識，因此給地心模型加上了更多圓形軌道和本輪，拚命想讓這個模型符合眞實世界。哥白尼以日心系統爲基礎重新建造了一個模型。他的太陽系理論比較簡單、優雅，甚至比托勒密的說法更準確。（事實證明，在建立科學理論的過程中，簡單和優雅向來是重要原則。美感比常識更有參考價值。）一個世紀後，克卜勒根據第谷的詳細觀察資料，推翻哥白尼的圓形軌道說，改成橢圓軌道。修正後的模型讓理論和觀察更加貼近，穩固的基礎讓牛頓能夠建立他的萬有引力定律，勾勒出克卜勒橢圓軌道背後的力量。

這一切都是理論和觀察相互作用的結果。當有衝突時，若不針對問題修改理論，就得質疑理論的根本效力。一般科學家傾向於修補他們的寶貝理論，而不會輕言放棄。但偉大的科學家敢質疑正統，有膽識去建立新理論，對觀察做更好的描述，也更能反映基本事實。就如美國社會學家莫登（Robert K. Merton）說的：「大多數制度要求無條件信任，但科學習慣視懷疑爲美德。」

在科學史最偉大的篇章裡，懷疑精神、創造能力，加上理性思考，在舊有理論和觀察尚未出現重大落差以前，就自然而然地孕育出新理論。在 20 世紀時，愛因斯坦的廣義相對論超越了牛頓的萬有引力定律。按照愛因斯坦的說法，牛頓定律雖然只是大致接近他自己更深入的理論，但它們和以前所有的觀察相符，而且能夠充分說明觀察到的現象。愛因斯坦的理論做了一些預測，對天文學家構成挑戰，逼他們重新做更加精準的測量，因而揭露牛頓理論的不足，也證明了他自己的準確。1919 年愛丁頓爵士測量日食的結果，顯示太陽可以偏折星光，和愛因斯坦的預測完全一樣，而牛頓定律無法解釋。

就某種程度來說，《科學簡史》是在向懷疑主義致敬。這兩百多個篇章描述的是不同領域裡目前公認的事實，不過即使這些理論受到推崇，它們還是應該面對質疑和考驗。危險的是，今天很多理論變得非常之確定，具有學術常識的地位，誘使科學家接納成見，而不再去尋找了解宇宙的更好方法。

導言 Introduction

撰文：彼得．泰立克（Peter Tallack）

這本書記述的是那些不僅改變了科學的進程、更改變整個思想領域的科學成就的故事。它涵蓋傳統的自然科學（物理、化學、生物、天文學、地球科學），以及心理學、考古學、古人類學、醫學和數學。至於望遠鏡、顯微鏡、電腦等科技上的成就，唯有在它們直接促成科學發展時才會記上一筆。

哪些故事應該納入書裡？哪些該捨棄？這個問題困擾了我好幾個月。雖然我們表彰了那些開創科學思想先河的早期哲學家的貢獻，不過在選擇時，仍偏好解決長久以來的問題、開啓嶄新研究領域或改變人類世界觀的發現、理論或方法。有些成就起初遭到誤解，後來才被接受。還有少數即使最後證明是錯的，但因爲對某個科學領域有重大影響，所以仍然選錄在書裡。

科學知識隨時會被推翻，這個特性在選擇現代的科學成就時特別明顯，因此也最難做取捨。自科學興起，歷來所有科學家，大約 90% 目前仍然在世，也還在繼續研究。用後見之明來評估前人的研究相當容易，要衡量近代成就的重要性往往很難 ，而且不知道它們能否經得起時間考驗——儘管它們的確彰顯出當代科學的廣度和多樣化，並且暗示了未來可能的新發現。

雖然科學不是直線發展，這本書的編年體結構還是提供了一個獨特的角度，可以深入了解跨越無數世紀的整體趨勢和影響，以及各個學門之間觀念的交互激盪。但科學不單是一連串的事實。這本書也探討想像力、創意、競爭、攪和、直覺、聰明巧思和錯誤交織帶來的豐碩成果，顯露科學之爲人類心智活動的本色。

在歌頌科學的魅力和奇妙成就的過程中，我終究不得不放棄許多重要的科學家和劃時代的科學事件。套用一位我請教過的著名物理學家的話，像這樣的篩選工作，即使不「魯莽」，也免不了流於主觀。科學可能也有口味問題吧！

-35000

數的起源 Origins of counting

史瓦濟蘭，約西元前 35,000 年

如同其他一切人類活動，數的起源也籠罩在歷史迷霧裡。考古證據顯示，混沌初開時人類用骨頭當計數的工具。最古老的是一根狒狒的腓骨，上面劃了 29 道刻痕，在非洲南部的史瓦濟蘭出土，年代大概可以追溯到西元前三萬五千年。這可能是月亮圓缺周期的紀錄，很像納米比亞目前仍在使用的「曆杖」。在現今捷克共和國的莫拉維亞（Moravia）發現一根有 55 道刻痕的狼骨，應是西元前三萬年的遺物；非洲中部薩伊共和國愛德華湖畔的伊珊郭地區掘出一根類似工具的「伊珊郭骨」（Ishango bone），上面嵌了一塊石英，年代約爲西元前九千年。計數刻痕通常有不同的排列組合，不過代表什麼至今還是未解之謎。

一些現代數字中仍殘留著古代計數系統淡淡的痕跡：阿拉伯數字的 1，羅馬數字的 I、II、III 和中國數字的一、二、三，都是計數符號。但只用 1 來數，能夠數的有限，世界各地的文明很快學會把個位數組合起來，創造了以 5、10、12、20 和 60 爲基礎，更能靈活運用的數目系統。大部分這些數目系統似乎起源於用手指計數的各種方法。

考古學家在底格里斯河和幼發拉底河之間的美索不達米亞平原發現人類最早的書寫證據，特別是數字。蘇美人的 60 進位數目系統需要用特殊符號來代表 1、10 和 60，因此發明了第一套位值系統（place-value system）——數字所在位置決定它的數值。這套系統約於西元前兩萬五千至三千年間開始使用，直到今天我們仍用它來計算時間和測量角度。書寫紀錄保存在泥板上，計算方法通常用不同形狀的小卵石代表不同的物品。大約在西元前兩千年，算盤又取代了卵石的地位。到了西元前一千年開端，腓尼基人創出第一套使用字母的書寫系統，數目也用字母來表示了。

▶ 參見〈史前天文學〉（12-13頁）、〈零〉（34-35頁）、〈代數〉（38-39頁）、〈破解古埃及象形文字〉（136-137頁）

右圖：一塊蘇美人的泥板，記載出售一筆田地和一間房屋獲得多少白銀的帳目。泥板上刻的是楔形文字，時間大約在西元前2550年。

史前天文學 Astronomy before history

埃及，約西元前 3000-1000 年；巴比倫，約西元前 2000-1000 年
中國，約西元前 2000-1050 年

科學起始於天文學。我們的祖先仰望天空，看到一個既恆常又變動的宇宙。四千顆左右清晰可見的明亮星星高懸穹頂，聚攏成令人難忘的圖案，千萬年不變。群星閃爍的天空襯托下，七顆行星漫遊天際。太陽和月亮是兩個旋轉的圓盤，行徑落在黃道帶裡。

月相夜夜不同，但每 29.5305882 天會回復原來形狀。恆久不變的周期界定了月份，或許也觸動古人心弦開始計數。太陽同樣遵循固定的規律，井然有序地改變在地平線升起和沉落的位置，以及正午時分的高度。這些改變與環境溫度、日照長短和動植物行爲的變化步調一致，年的觀念就此產生，然後分出四季。冬至、春分、夏至變成重要節氣。如英格蘭西南部石柱群（Stonehenge）之類的史前遺跡，都建造得指向夏至當天升起的太陽。埃及金字塔群沿著南北向和東西向軸線定出四邊方位。金字塔內的南北向通道，正對經過子午線的恆星，如天狼星、右樞星等。一年的天數和月份不是整數，使得古代的天文學家得花上許多功夫來安排他們的宗教曆。

漫遊的行星中，水星和金星從來不遠離太陽。相反的，火星、木星和土星經常繞著黃道由西向東移動。但它們似乎每年停頓一次，倒轉過來運行一陣子，然後又恢復慣常運動。「逆行」（retrograde）圈子的大小每顆行星不同，速度與亮度也是如此。這些變化有如複雜的謎題困擾天文學家，雖然複雜程度還不至於讓他們放棄努力，不過哥白尼、克卜勒和牛頓也著實花了一番研究功夫才找到答案。

▶ 參見〈數的起源〉（10-11頁）、〈天體的音樂〉（14-15頁）、〈天文預測〉（26-27頁）、〈地心說〉（30-31頁）、〈日心說〉（42-43頁）、〈一顆新星〉（48-49頁）、〈行星運動法則〉（52-53頁）、〈透過望遠鏡觀天〉（54-55頁）、〈牛頓的《原理》〉（78-79頁）

右圖：史前天文台：英格蘭史前的石柱群展現新石器時代的人已掌握了精確的天文知識，石柱群的建造者已認知到天空是超自然力的來源。

天體的音樂 Music of the spheres

畢達哥拉斯（Pythagoras，約西元前 580-500）

畢達哥拉斯於西元前 580 年出生在希臘沙莫斯島（Samos），後來定居義大利南部的克羅頓。周遊埃及和巴比倫時，他吸收了大量知識，並把所學帶回西方。他被認爲是最早主張地圓說的人，雖然現在很難分辨哪些發現出自畢達哥拉斯本人，哪些發現應歸功他的門徒。他創立的學派像是一種祕密教派，興盛了兩百年之久。爲了證明地球是圓的，畢達哥拉斯舉出的例子包括：越往北走，北極星似乎離地面越高；帆船駛過水平線時，船尾比帆先消失；月食的時候，地影永遠是圓的。

以前的人認爲，地球周遭環繞著一群晶瑩剔透的圓球（「完美的」形狀），這些圓球以一致的速度旋轉（「完美的」運動），而且各承載著一個天體。後來畢達哥拉斯學派提出地球旋轉的說法，以解釋日月星辰每天的移動現象。辯護這種說法時，他們的理由是：這樣比較簡單，轉動小小的地球，比轉動巨大的天空容易多了。

畢達哥拉斯認爲數是「萬物的根本」。他既是科學家，又是音樂家，因此對音符音高與豎琴絃長度之間的關係十分著迷，並把這種和諧比例延伸到天文學上。他認爲行星並非毫無章法地散布天空，它們的距離和速度都符合簡單的數字比例。古羅馬基督教作家希玻律陀（Hippolytus）說，畢達哥拉斯首開先聲，把七個天體的運動化約成旋律和歌曲。

雖然畢達哥拉斯最著名的是畢氏定理（直角三角形斜邊的平方等於兩個直邊平方之和），不過巴比倫人至少在他出生前一千年就知道這項定理，希臘人也宣稱他的定理是從埃及學者那裡學來的。

▶ 參見〈史前天文學〉（12-13頁）、〈歐幾里德的《幾何原本》〉（20-21頁）、〈地球周長〉（24-25頁）、〈天文預測〉（26-27頁）、〈行星運動法則〉（52-53頁）、〈發現小行星〉（120-121頁）

右圖：法國沙特爾大教堂（Chartres Cathedral）裡一座13世紀的畢達哥拉斯石刻浮雕。畢達哥拉斯創立的學派嚴守祕密，崇尚美學和神祕主義。

亞里斯多德的遺產 Aristotle's legacy

亞里斯多德，西元前 384-322

亞里斯多德在希臘海邊長大，也在海邊度過大半生。在那裡，置身潮間帶溫暖的岩石潮池之間，他可以看到各種各類的動物大量聚集：海星、海葵、螃蟹、蠕蟲和魚。他的著作顯示，他曾仔細觀察這些動物，他針對這些動物提出的問題從此成爲生物學研究的重心。

亞里斯多德盡力辨別這些生物的種類，他的著作總共提到560種之多，從而開啓了將地球多樣化的生物編目的研究工作，這項工程到了今天更是進展神速。亞里斯多德本人不做植物分類，但他的一位學生做了。這位學生是狄奧佛拉斯塔（Theophrastus）。亞里斯多德另一位學生亞歷山大大帝東征時，士兵在征戰途中認識了不少植物，狄奧佛拉斯塔向他們學習，從此打開植物學大門。

亞里斯多德創立解剖學、胚胎學和生理學。他曾描述蟹、龍蝦、魚和烏賊等動物的內部構造，對海膽口器的詳細描述近乎完美，以致這個器官至今仍被稱爲「亞氏提燈」（Aristotle's lantern）。他對血液特別感興趣，曾經描述心臟和血管（雖然弄錯了心臟的功能），還研究胚胎，如雞卵的發育。亞里斯多德有關數學、物理和天文的論述影響深遠，他的運動定律廣獲採納，直到被伽利略和牛頓推翻爲止。他還是形式邏輯（formal logic）的發明人。

亞里斯多德年輕時遵從德爾菲神殿神諭的指示，前往雅典，投在柏拉圖門下，師生二人先後在學術史上占據重要地位，不過科學的始祖應該是亞里斯多德。柏拉圖的思想是宗教的、神祕的和詩意的。亞里斯多德對超自然解釋一向抱持懷疑，當然不會用在他的物理學和生物學上。在他之後的科學家多了實驗方法可用，但還是繼續沿用他的觀察法以及演繹推理。

▶ 參見〈植物學誕生〉（18-19頁）、〈人體解剖〉（44-45頁）、〈天然磁力〉（50-51頁）、〈血液循環〉（58-59頁）、〈落體〉（60-61頁）、〈波義耳的《懷疑的化學家》〉（70-71頁）、〈生物命名〉（88-89頁）、〈卵與胚胎〉（140-141頁）、〈作物多樣性〉（292-293頁）、〈動物形態遺傳學〉（460-461頁）、〈繽紛的生命〉（468-469頁）

右圖：先行者：亞里斯多德是真正偉大的科學家，儘管他的理性思考時常導致他做出錯誤的結論。

植物學誕生 Birth of botany

狄奧佛拉斯塔（Theophrastus，約西元前 372-287）

狄奧佛拉斯塔是亞里斯多德的學生，師徒兩人一起創立了雅典逍遙派學院。西元前 322 年成爲學院領導人後，他寫了兩部植物學鉅作：《植物史》（*Historia Plantarum*）和《植物學》（*De Causis Plantarum*），經過一千五百多年仍然是這個領域最權威的著作。希臘學者加沙的西奧多（Theodore of Gaza）於 1483 年間將這兩部書譯成拉丁文，讀者更加廣泛，還獻給了羅馬教皇尼可拉五世。

兩部書包含對植物的多方面觀察，包括形態學、解剖學、病理學、種子萌芽、嫁接和繁殖、作物栽培和醫藥用途，也首次描述棗椰授粉的情形，並討論了植物性別問題——這是植物繁殖的一個重要環節，不過要到 1694 年，透過卡梅拉里烏斯（Rudolph Jakob Camerarius）的實驗，植物的雙性繁殖才得到證明。狄奧佛拉斯塔的植物學知識似乎來自學院花園——可能是史上第一座植物園，小花園以外更廣泛的植物資料，可能是他一點一滴從隨亞歷山大大帝遠征歸來的士兵搜集得來。

狄奧佛拉斯塔在書中詳細描述植物的各個部位和生長過程，還嘗試根據希臘人的日常用語替植物命名，這些名稱樹立了制定專門名詞的先例，至今科學論述的特色即是大量使用術語。從 *anthos*（他對花的稱呼）和 *pericarpion*（構成果皮內壁的組織）衍生的用語，今天的植物學家一看就明白。在他的書裡，狄奧佛拉斯塔分類了將近五百種植物，確立的一些類別沿用至今，讓 18 世紀的分類學泰斗林奈（Carolus Linnaeus）非常欽佩，尊崇他爲「植物學之父」。

▶ **參見〈亞里斯多德的遺產〉（16-17頁）、〈藥用植物〉（28-29頁）、〈植物的性別〉（82-83頁）、〈生物命名〉（88-89頁）、〈固氮作用〉（208-209頁）、〈作物多樣性〉（292-293頁）、〈光合作用〉（344-345頁）、〈綠色革命〉（428-429頁）**

右圖：狄奧佛拉斯塔對植物、植物發芽及其各部分的精彩描述影響了十多個世紀。此圖為13世紀阿拉伯手卷上所繪的六種藥用植物。

زاج مشوى
دهن بلسان
جنطيان
زاج
مشوى
دهن بلسان
جنطيان
فو
سادج هندى
فلفل اسود
فو
سادج هندى
فلفل اسود

300 BC

歐幾里德的《幾何原本》
Euclid's *Elements*

歐幾里德，約西元前 325-265

數學史上最有影響力的著作無疑是歐幾里德的《幾何原本》。他是一位數學家，埃及法老托勒密一世統治期間曾在亞歷山卓城工作。關於歐幾里德的生平世人所知有限，但他的書流傳極廣，兩千多年來所有其他類似書籍都難望其項背。《幾何原本》不是一部完全原創的著作，而是一套教科書，擷取以前所有基本數學知識的精華——建構起幾何和算術的基礎知識。不過這部書結構嚴謹、條理分明又脈絡清楚，展露歐幾里德高超的教學技巧。他變成希臘數學的旗手，《幾何原本》被翻譯成各種語文，被加上評註，出了很多版本，傳遍地中海沿岸地區、亞洲和歐洲。

《幾何原本》一共十三卷，一卷比一卷複雜。它從點、線、面和圓的基本定義開始，接著設定幾個基本觀念，亦即無法證明、但直覺可接受爲眞的「公理」和「公設」，例如非平行線必定相交於一點。從這些起點開始推理，歐幾里德利用演繹邏輯建構出一系列定理或「命題」。然後以這些先前發展出來的定理爲基礎，再建構出其他的定理。雖然《幾何原本》大部分篇幅都在處理幾何問題，但也涵蓋比率、比例及數論。歐幾里德的耀眼成就還包括：證明以直角三角形斜邊爲直徑作出的半圓面積，等於夾角兩邊半圓面積的和（畢氏定理的延伸）；質數的數目無限多；二的平方根是無理數等。最後三卷書中，歐幾里德證明只能有五個正多面體（或稱「柏拉圖立體」）：四面體、立方體、八面體、十二面體和二十面體。

直至 19 世紀數學家才理解到歐幾里德的公設並非絕對爲眞，並由此發展出新的幾何學，奠定相對論和量子力學的基礎。

上圖：一幅法國13世紀的畫像，顯示數學家正使用圓規作圖。

▶ **參見〈天體的音樂〉（14-15頁）、〈非歐幾何學〉（144-145頁）、〈廣義相對論〉（278-279頁）、〈數學極限〉（308-309頁）、〈碎形〉（446-447頁）**

右圖：第一部印刷版的歐幾里德《幾何原本》1482年在威尼斯發行。此後共刊行了一千多版，是有史以來最成功的教科書。

Preclarissimus liber elementorum Euclidis perspi/
cacissimi: in artem Geometrie incipit quā foelicissime:

Unctus est cuius ps nō est. ¶ Linea est
lōgitudo sine latitudine cuiꝰ quidē ex/
tremitates sūt duo pūcta. ¶ Linea recta
ē ab vno pūcto ad aliū breuissima extē/
sio ī extremitates suas vtrūq3 eoꝝ reci/
piens. ¶ Supficies ē q̄ lōgitudinē ⁊ lati/
tudinē tm̄ h3: cuiꝰ termī quidē sūt linee.
¶ Supficies plana ē ab vna linea ad a/
liā extēsio ī extremitates suas recipiēs
¶ Angulus planus ē duarū linearū al/
ternus ↄtactus: quaꝝ expāsio ē sup sup/
ficiē applicatioq3 nō directa. ¶ Quādo aūt angulum ↄtinēt due
linee recte rectilineꝰ angulus noīat. ¶ Qn̄ recta linea sup rectā
steterit duoq3 anguli vtrobiq3 fuerit eq̄les: eoꝝ vterq3 rectꝰ erit
¶ Lineaq3 linee supstās ei cui supstat ꝑpendicularis vocat. ¶ An/
gulus vō qui recto maior ē obtusus dicit. ¶ Angulꝰ vō minor re/
cto acutꝰ appellat. ¶ Terminꝰ ē qd vniuscuiusq3 finis ē. ¶ Figura
ē q̄ tmino vl terminis ↄtinet. ¶ Circulꝰ ē figura plana vna q̄dem li/
nea ↄtēta: q̄ circūferentia noīat: in cuiꝰ medio pūctꝰ ē: a quo oēs
linee recte ad circūferētiā exeūtes sibiīuicē sūt equales. Et hic
quidē pūctꝰ cētrū circuli dr̄. ¶ Diameter circuli ē linea recta que
sup eiꝰ centꝝ trāsiens extremitatesq3 suas circūferētie applicans
circulū ī duo media diuidit. ¶ Semicirculus ē figura plana dia/
metro circuli ⁊ medietate circūferentie ↄtenta. ¶ Portio circu/
li ē figura plana recta linea ⁊ parte circūferētie ↄteta: semicircu/
lo quidē aut maior aut minor. ¶ Rectilinee figure sūt q̄ rectis li/
neis cōtinent quarū quedā trilatere q̄ tribꝰ rectis lineis: quedā
quadrilatere q̄ q̄tuor rectis lineis. q̄dā mltilatere que pluribus
q̄3 quatuor rectis lineis continent. ¶ Figurarū trilaterarū: alia
est triangulus hn̄s tria latera equalia. Alia triangulus duo hn̄s
eq̄lia latera. Alia triangulus triū inequalium laterū. Haꝝ iterū
alia est orthogoniū: vnū .s. rectum angulum habens. Alia ē am/
bligonium aliquem obtusum angulum habens. Alia est oxigoni/
um: in qua tres anguli sunt acuti. ¶ Figurarū autē quadrilateraꝝ
Alia est q̄dratum quod est equilaterū atq3 rectangulū. Alia est
tetragonꝰ longꝰ: q̄ est figura rectangula: sed equilatera non est.
Alia est helmuaym: que est equilatera: sed rectangula non est.

De principijs p se notis: ⁊ pmo de diffini/
tionibus earundem.

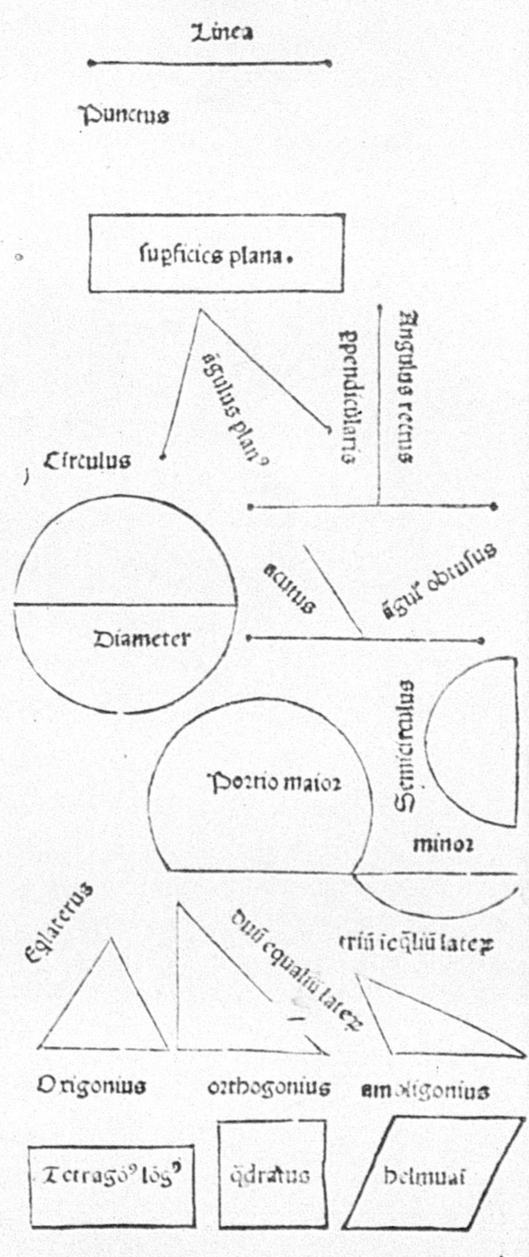

移動地球 Moving the world

阿基米德（Archimedes，約西元前 290-212）

希臘數學家阿基米德出生於西西里島的敘拉古，年輕時曾赴亞歷山卓求學，而後返回家鄉度過一生。他在世時就聲名大噪，不只數學理論有名，實用發明也很有名。他發明了目前仍知的「阿基米德螺旋泵」（Archimedes' screw），一種用來提升水位的幫浦。他還製出一套滑輪式的組合槓桿，根據古希臘歷史家普魯塔克（Plutarch）的說法，他在展示其功能時用一隻手就把一艘滿載的船拉到岸邊。在國王希隆二世（Hieron II）的請求下，他可能建造了各種軍事器械幫敘拉古抵擋羅馬人進犯，例如機械吊車可以用一個鐵「喙」把敵人的戰艦咬起來，在空中轉圈子，然後甩出去撞山壁。這些裝置全都是依照阿基米德想出來的滑輪及槓桿原理製作出來。事實上槓桿原理的觀念是如此之有力 ，使得四世紀亞歷山卓城的數學家帕普斯（Pappus）寫道：「給我一個支點，我就可以移動地球。」（譯按：帕普斯是引述阿基米德的豪語；這句話後來出現許多不同的說法，例如「給我一個立足點和一根夠長的 槓桿，我就可以移動世界。」「給我一個支點 槓桿，我就可以移動地球。」）

阿基米德不喜歡炫耀他的發明創造，因爲他相信，生命唯有單純，才能奉獻給客觀研究。心不在焉的教授形象，多半以阿基米德爲藍本，他曾經光著身子在敘拉古街上狂奔，嘴裡高喊著：「Eureka ！」（我發現了！）而這只是他眾多傳奇行徑之一。讓他如此脫軌表現的是流體靜力學定律（浮力定律）：當物體浸入液體，它所減少的重量與排出的液體重量相等。

當他警覺自己的名聲引來大批剽竊者時，阿基米德曾經散布假定理愚弄這些人。他能讓人抄襲的東西非常之多，包括計算幾何圖形面積與體積的公式，以及微積分的重大突破。他死在一名蠻橫的羅馬侵略軍士兵手中，整個地中海世界同感悲痛。

▶ **參見**〈落體〉（60-61頁）、〈牛頓的《原理》〉（78-79頁）

右圖：算到死：描繪羅馬士兵殺害阿基米德的馬賽克鑲嵌畫。

地球周長 Circumference of the Earth

厄拉托斯特尼（Eratosthenes，約西元前 276-194）

由於地球到太陽的距離約是地球直徑的 12,000 倍，我們可以假定每道太陽光都是平行的，即使間隔很遠也一樣。這種情形使厄拉托斯特尼能夠測量地球的直徑。

厄拉托斯特尼出生於昔蘭尼（Cyrene，現在利比亞的夏哈特 Shahat），博學多聞，是一位地理學家，曾擔任亞歷山卓圖書館館長。他在一本莎草紙書上讀到，埃及最南端靠近尼羅河第一座大瀑布的錫恩尼（Syene，現在的亞斯文 Aswan），6 月 21 日夏至當天正午時分，垂直的桿子完全沒有影子。在這一刻，可以看到太陽反映在井底的水面上。他苦思爲什麼相同時刻，正北方 800 公里外的亞歷山卓城，垂直的桿子卻有影子。最合理的結論是大地是球形的，不是平的。經由測量影子的長度，他算出亞歷山卓城的陽光在夏至正午時與垂直線形成一個 1/50 圈的夾角（一個圓的五十分之一，剛好七度多一點）。因此亞歷山卓城與錫恩尼的距離是圍繞地球的大圓圈周長的五十分之一。由於這個圓的周長爲 $2\pi R$，他可以輕易推算出 R 的值，亦即地球半徑的值。

厄拉托斯特尼雇了一個人用步伐丈量亞歷山卓城與錫恩尼之間的距離，得到剛好五 5000「斯塔迪」（stadium）的數字。我們無法確定這個古代單位究竟是多長（愛爾蘭天文史學家德雷爾〔J. L. E. Dreyer〕認爲 1 斯塔迪相當於 157.7 公尺），但可以確定的是，他求出的地球半徑值，與正確值只有百分之幾的誤差。厄拉托斯特尼是第一個正確量出一顆行星大小的人，和他同時代的人普遍相信他的測量結果。

▶ 參見〈天體的音樂〉（14-15頁）、〈行星距離〉（74-75頁）、〈π〉（92-93頁）、〈「稱量」地球〉（112-113頁）

右圖：地平線上：1764年證明地球是圓的示意圖。就我們所知，畢達哥拉斯是第一位提出地圓說的人。

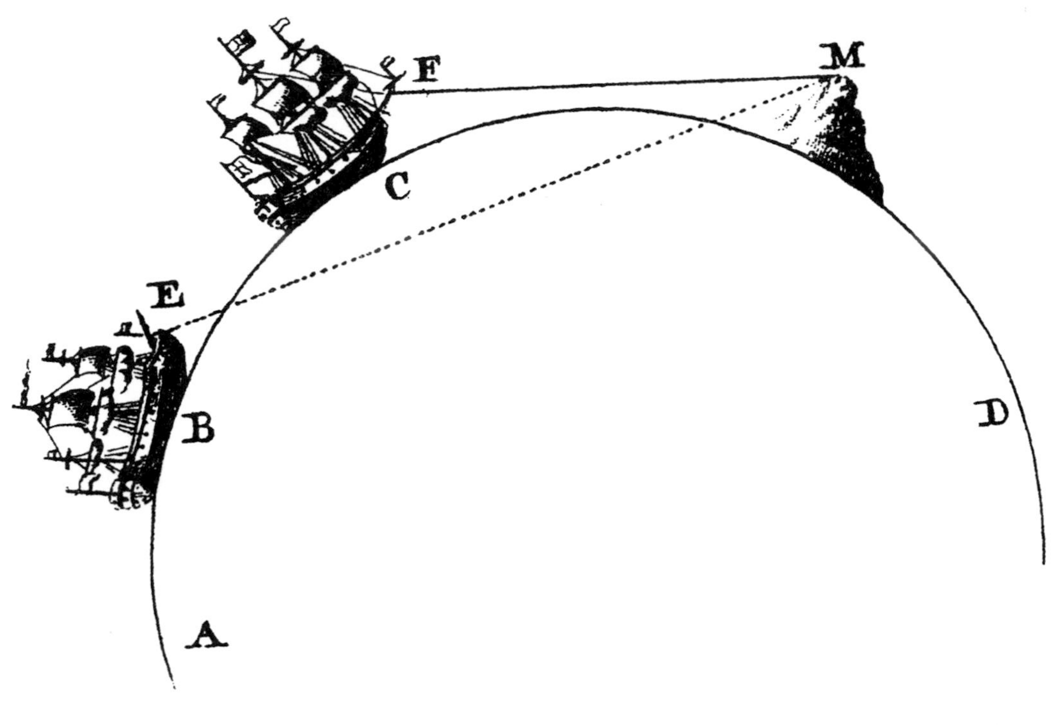

F
M
C
E
B
D
A

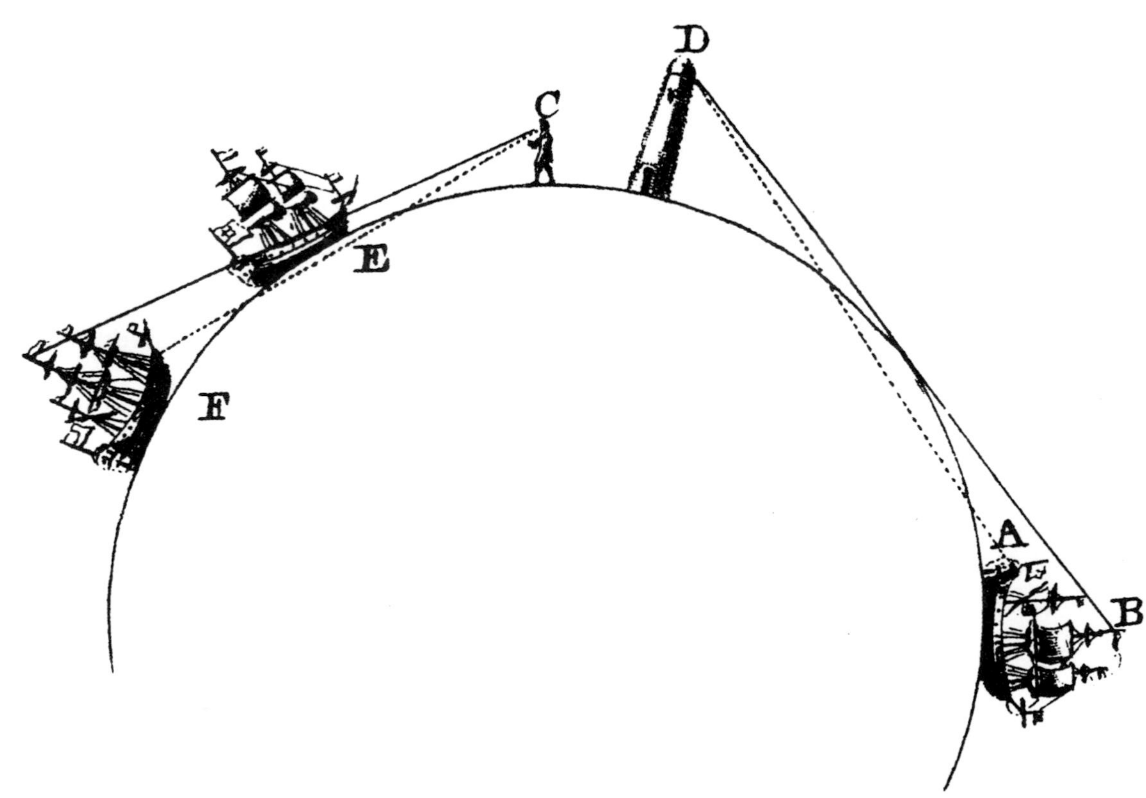

D
C
E
F
A
B

天文預測 Celestial predictions

希帕切斯（Hipparchus，約西元前 190-120）

希帕切斯是古代最偉大的天文觀察家，把希臘曆算學從天文現象的描述變成一門預測性科學。他測出一年有365天5小時又55分鐘，也發現四季長短不同，春、夏、秋、冬各是94.5天、92.5天、88.125天及90.125天。他又用幾何學原理計算出地球到太陽的距離大概在1月4日最短，而在7月4日最長。計算過程中發展出三角學。他的計算非常精確，以月的長度來說，他算出一個月有29天12小時44分又2.5秒，比正確値差只差一秒。

希帕切斯結合巴比倫和希臘天文傳統思想，還把圓周等於 360° 的觀念引進西方數學。經由翻譯巴比倫的著作，他做了一張過去 800 年的月食表。他注意到角宿一在過去 150 年間曾改變座標，追根究柢發現了「分點歲差」(precession of the equinoxes)。白羊座第一點（即太陽在春天第一天的位置）每一百年移動一度（正確的速率應是每 71.7 年一度）。恆星座標漸漸朝西移動，因爲地球的自轉軸好像一個減速的陀螺般不斷搖搖晃晃，晃上一圈需要 25,800 年。

希帕切斯認爲恆星的位置可能不斷改變。西元前 134 年他在天蠍座看到一顆新星，靈機一動，製作了第一份詳細的星表（stellar catalogue），還仔細標出 850 顆肉眼可見的恆星位置，而且匠心獨運，把這些恆星分等，最亮的是一等星，最晦暗的是六等星。這個「星等」系統今天還在使用。

▶ 參見〈史前天文學〉（12-13頁）、〈天體的音樂〉（14-15頁）、〈歐幾里德的《幾何原本》〉（20-21頁）、〈地心說〉（30-31頁）、〈日心說〉（42-43頁）、〈一顆新星〉（48-49頁）、〈透過望遠鏡觀天〉（54-55頁）、〈行星距離〉（74-75頁）、〈π〉（92-93頁）、〈恆星距離〉（150-151頁）、〈天氣循環〉（276-277頁）

右圖：星星的軌跡：隨著地球轉動，夜空似乎也繞著南北極轉。長時間曝光照片捕捉到這種明顯的運動痕跡。

藥用植物 Medicinal plants

狄俄斯可雷斯（Pedanius Dioscorides，約西元 20-90）

直到 19 世紀末醫藥業興起前，生病多半用植物來治療，醫科學生必修的一門功課是植物學。農作物發生病害時，大眾爭相把各種野生植物當成食物主要來源。這種情形從古代就已經開始，而學習和求助的典籍是狄俄斯可雷斯的《藥物學》（*De Materia Medica*）。他是一位羅馬軍醫，和另一位名醫蓋倫（Galen）一樣，也是用希臘文寫作。

狄俄斯可雷斯的書彙整並擴充了古代的醫療知識。他的生平紀錄不多，據說他過的是「士兵生活」，他一定周遊過地中海各個地區，收集當地植物資料和智識，了解採集、貯藏、調製及利用這些植物的最佳可能方法。他詳細記錄了他的植物資料，包括生長環境、自然特性及哪個部位最適合用來治病。由於太多的古文獻佚失，無法知道狄俄斯可雷斯究竟發明多少「新」藥方，不過他的專文描述了許多種藥用植物，包括肉桂、莨菪、杜松、薰衣草、杏仁油、薑和苦艾。希臘醫學之父希波克拉底（Hippocratic）在著作裡提到的藥用植物，不及他描述的四分之一。

狄俄斯可雷斯的《藥物學》並非一味只談植物藥方，少數調劑也用上動物或礦物原料。他用一套簡單而有經驗根據的方法，涵蓋所有可以使用的藥品，建立的標準維持了一千六百多年。他的著作在中古時期與文藝復興時代一再被抄寫及增添內容，結果讓他變成一位始終「活著」的作家。透過英國人卡爾培柏（Nicholas Culpeper）的《藥草大全》（*Herbal*）與其他人的著作，影響力至今猶存，尤其在世人相信藥草比較「自然」因此比較安全的情況下。

▶ 參見〈**植物學誕生**〉（18-19頁）、〈**探索身體**〉（32-33頁）、〈**淡紫染料**〉（172-173頁）、〈**調節身體**〉（188-189頁）、〈**阿斯匹靈**〉（226-227頁）、〈**作物多樣性**〉（292-293頁）

右圖：一位君士坦丁堡拜占庭藝術家替《藥物學》畫的罌粟花插圖，此時距狄俄斯可雷斯編纂這本書已有400年時間。

بستاني

地心說 Earth-centred universe

托勒密（Claudius Ptolemy，約 90-168）

托勒密是亞歷山卓城的天文學家、地理學家和數學家，也是一個武斷的人。他的《天文學大成》（*Almagest*）受重視將近 1400 年之久，現代譯本多達 500 頁。他不是含蓄地建議天空似乎是球形的，而是明明白白地堅持絕對是球形。由於夜空的形狀是個完美的半球，地球一定在宇宙中心——按照亞里斯多德的宇宙觀，這是地球的天生位置。托勒密更進一步，認爲地球不會轉動，否則飛鳥和天上的雲都會被拋在地球後面。

《天文學大成》重做了許多希帕切斯 300 年前做過的研究，包括測量地球赤道面及其軌道面之間的角度，估算地球到月球與太陽的距離，以及再製一份星表。表中還列出 44 個托勒密命名的星座，這些名稱直到今天仍在使用（如獵戶座和獅子座）。

托勒密最具影響力的貢獻是提出行星運動的數學理論。他運氣不錯，行星繞太陽運轉的軌道全都接近圓形，所以他的地球中心體系可以用來預測行星位置，結果還算準確。簡而言之，托勒密的行星穩定地繞著一個完美的圓（epicenter，本輪）運轉，本輪的中心又穩定地繞著另一個完美的圓（deferent，均輪）運轉，而地球正居於均輪中心。但托勒密又創出像「偏心點」（equant point）這類生硬複雜的說法，用來解釋行星速度和運動方式不斷變化的現象，以及行星實際上的橢圓形軌道。雖然如此，托勒密的《天文學大成》仍是一部數學曠世傑作，使所有歐洲天文學家相信天球承載著天體眞實不虛，直到被丹麥天文學家第谷（Tycho Brahe）推翻爲止。

托勒密也寫了很多占星學和地理學的論文。事實上，他的地理論文在古典地理學的地位，就像他的天文論文在古典天文學裡一樣卓越。

▶ 參見〈史前天文學〉（12-13頁）、〈天體的音樂〉（14-15頁）、〈天文預測〉（26-27頁）、〈日心說〉（42-43頁）、〈行星運動法則〉（52-53頁）

右圖：托勒密兼為天文學家和地理學家，左右科學人的思想方式直到17世紀為止。

探索身體 The body in question

蓋倫（Galen，約 130-201）

希臘醫學家蓋倫彙整出一套醫學知識系統，支配西方世界直到文藝復興時期爲止。雖然他的學說在 17 和 18 世紀遭到修正，但他提出的「黏液質」、「黑膽質」與「黃膽質」人格類型觀念，今天仍然影響我們。對一位當過羅馬格鬥士訓練學校的醫生來說，的確成就非凡。

蓋倫生長在現今土耳其愛琴海沿岸的波加蒙（Pergamon），學習過希波克拉底的醫學思想、希羅菲魯斯（Herophilus）與埃拉希斯特拉斯（Erasistratus）的解剖學與生理學，也深受柏拉圖和亞里斯多德的哲學觀影響。他相信一位好醫生不只要擁抱自然科學，還要堅守嚴謹醫學研究所根據的邏輯原則。他著作繁多，建構起一套完整而有條理的醫學哲學體系。

蓋倫醫學認爲人體瀰漫著四種維繫生命的液體（humour，體液）——黃色膽汁、血液、黏液和黑色膽汁。四種體液受四種元素（火、氣、水、土）影響，與四種自然特性（熱、濕、寒、燥）對應，並呼應人生的四階段（童年、青年、壯年、老年）與四季。總的來說，生病是因爲體液平衡受到飲食、氣候等因素干擾，因此要放血治療。此外，在三個主要器官心、肝和腦裡，會形成三種氣（vapour）或靈（spirit），遍布體內。

蓋倫偉大之處在於他擅長觀察，而不是他的理論了不起。他是積極的實驗者，曾公開講解和示範解剖。不過當時禁止解剖人體，意謂著他被迫用動物做研究。他眼見的一切未必都適用於人體結構，因此難免出錯。我們今天能了解消化、神經衝動、脊椎神經、血液形成、呼吸、心跳和脈搏，蓋倫貢獻良多，他還是第一個用脈搏幫忙診病的醫生。

▶ **參見〈亞里斯多德的遺產〉**（16-17頁）、**〈人體解剖〉**（44-45頁）、**〈血液循環〉**（58-59頁）、**〈波義耳的《懷疑的化學家》〉**（70-71頁）、**〈調節身體〉**（188-189頁）、**〈神經系統〉**（210-211頁）、**〈制約反射〉**（242-243頁）、**〈神經脈衝〉**（366-367頁）

右圖：撒勒摩的羅傑（Roger of Salemo）於1170年寫的《外科教本》（*Book of Surgery*），書中一頁插圖顯示病人排隊求診的情形。義大利的撒勒摩城在12世紀設立了歐洲第一所醫學院。

零 Zero

婆羅摩笈多（Brahmagupta，約 598-665）

零是一個基本數學概念，也是一個符號，今天我們對零的熟悉程度，似乎和其他九個數字一樣，然而人類花了好幾個世紀，才能在數學上以清楚而準確的方式運用零。巴比倫人、埃及人、希臘人和羅馬人運算時都沒有一個明白的符號叫零。在西元 130 年左右，托勒密曾在蘇美人的 60 進位數目系統加入希臘第 15 個字母「*o*」（omicron）當 0，但是無人援用，徒勞無功。

今天使用的零源自印度。7 世紀時印度數學家常用一個字來指陳他們的十進位數目系統中缺少的一個數（以避免混淆如 305 與 35 或 350 等數）。起初用一個點來代表，後來才發展出可以辨認的符號。0 這個符號最早明白出現在一塊印度石板的碑文上，時間是西元 876 年，而在此之前的文獻顯示，把零納入數目系統確實經過一番奮鬥。印度天文學家和數學家婆羅摩笈多兩百年前就嘗試界定包含零的運算。加減不是問題，而任何數目乘零的結果明顯都是零。但除法就比較棘手。他說零除以零等於零，說錯了；他還留下如 0/2 與 3/0 之類的分數沒有解答，雖然他曾補充說，0/2 或許可以當成零。

大約兩百年後，耆那教的數學家馬哈維拉（Mahavira）錯誤宣稱一個數若除以零其值不變，雖然他正確指出零的平方根仍是零。即使到了 12 世紀，印度頂尖數學家婆什迦拉（Bhaskara）仍表示，除以零會得到一個無限的量，「像神祇毘濕奴般永無窮盡」。雖然有這些小問題，印度的十進位系統向西傳到波斯、阿拉伯帝國和歐洲，向東則傳進中國。零在無限小和無限大的數學問題裡的重要角色，一直要等到 19 世紀末才由德國數學家康托（Georg Cantor）解決。

▶ 參見〈數的起源〉（10-11頁）、〈代數〉（38-39頁）

右圖：印度數學和天文學同步發展，天文學家一面用經緯儀觀測星星，一面查閱梵文書寫的天文學和三角學。

1025

拆解彩虹 Unweaving the rainbow

海賽木（Abu-'Ali Al-Hasan ibn Al-Haytham，約 965-1039）

光學的歷史與我們最喜愛的自然景象──彩虹──息息相關。按照亞里斯多德的講法，彩虹是由雲層充當巨大透鏡反射陽光而形成。托勒密後來做過折射實驗，確定光線由一種介質傳到另一種介質（如空氣、水或玻璃）會發生彎折，但他在思考彩虹的成因時，卻把自己的實驗拋到腦後。

1025 年左右，阿拉伯自然科學家海賽木寫了極具影響力的《光學寶典》（*Treasury of Optics*）；在西方世界，他的另一個名字阿爾哈曾（Alhazen）比較多人知道。他解釋了透鏡原理，描述眼睛的構造，製作了拋物面鏡（現在還用在望遠鏡上），並且提出光線折射的實驗數據，正確指出光線進入一個密度較高的介質時，因速度減慢而呈直角彎折。他也討論了彩虹，可惜在這個問題上他接受亞里斯多德的理論。

中古世紀最輝煌的光學成就是德國神學教授西奧多里克（Theodoric of Freiburg）寫的《論彩虹》（*De Iride*）。1304 年，他用一個球形燒瓶裝滿水模擬水滴，再用幾何學解釋實驗結果。他發現光線從空氣進入水中先折射一次，再在水滴內部反射，最後折射重現空中，形成七彩繽紛的彩虹。他也正確地指出，彩虹中心與其暈之間的角度約爲 42° 。數千哩外，兩位阿拉伯科學家大約在同一時間也得出相同的結論；這種事在科學史上屢見不鮮。

西奧多里克沒有辦法解釋第二道彩虹如何形成，以及爲什麼顏色順序顚倒。三百年後，法國哲學家笛卡兒才找到證據顯示，副虹是光線在水滴內兩次反射造成的。

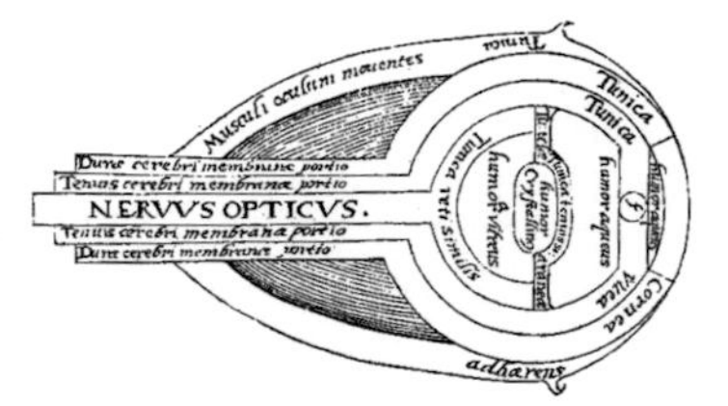

上圖：一幅法國13世紀的畫像，顯示數學家正使用圓規作圖。

▶ 參見〈透視圖法〉（40-41頁）、〈牛頓的《原理》〉（78-79頁）、〈光譜線〉（130-131頁）、〈溫室效應〉（184-185頁）

右圖：眼睛結構圖，取自16世紀刊行的阿爾哈曾所著的《光學寶典》。

Artis et Naturæ, Tubi et Oculi, in speciebus olarib9 præsentandis consensus. N.° 3.

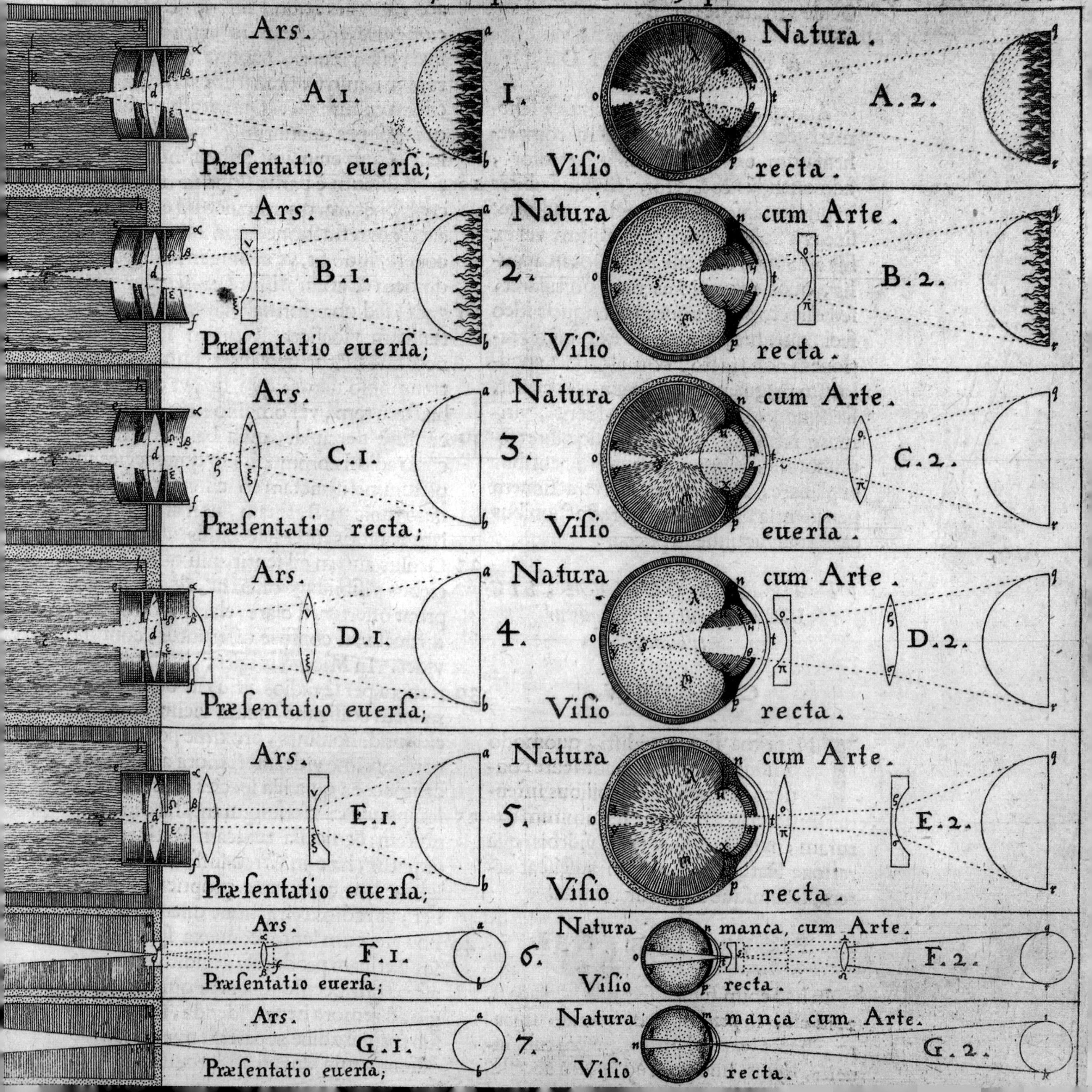

Ars. Natura.

A.I. I. A.2.

Præsentatio euersa; Visio recta.

Ars. Natura cum Arte.

B.I. 2. B.2.

Præsentatio euersa; Visio recta.

Ars. Natura cum Arte.

C.I. 3. C.2.

Præsentatio recta; Visio euersa.

Ars. Natura cum Arte.

D.I. 4. D.2.

Præsentatio euersa; Visio recta.

Ars. Natura cum Arte.

E.I. 5. E.2.

Præsentatio euersa; Visio recta.

Ars. Natura manca, cum Arte.

F.I. 6. F.2.

Præsentatio euersa; Visio recta.

Ars. Natura manca cum Arte.

G.I. 7. G.2.

Præsentatio euersa; Visio recta.

代數 Algebra

費波那契（Fibonacci，約 1170-1240）

從 0 到 9，我們最熟悉的這十個數字，起源於印度，而爲穆斯林世界採用，後來的兩個世紀裡，透過摩爾人統治下的西班牙和義大利西西里島的熱烈翻譯，陸續傳進歐洲。12 世紀的西班牙托雷多市特別是學者的沃土，世界各地的數學、科學和文學典籍都在這裡翻譯成其他文字，有阿拉伯文、希臘文、希伯來文、拉丁文和加泰隆尼亞文。許多數學用語來自這個時期。例如「演算法則」（algorithm）來自 9 世紀阿拉伯數學家阿爾花拉子摩（al-Khwarizmi）的名字，「代數」（algebra）則來自阿拉伯字 al-jabr（譯按：恢復平衡之意）。

1202 年間，綽號「費波那契」的義大利數學家比薩的李奧納多（Leonardo of Pisa）發表他的《算盤書》（*Liber Abbaci*），大大推廣了使用「九個印度數碼」以及「零」的新算學。費波那契用了相當多的篇幅介紹商用數學，促成「計算師」的行業興起，專門替人處理帳目。第一本付梓的會計學是巴喬里修士（Luca Pacioli）的《計算概要》（*Summa Arithmetica*），而有關財務和航海計算的書在歐洲每一個港口都大受歡迎。

與新數碼一起出現的還有代數。到這個時期爲止，大部分數學用文字敘述，問題和解答都用言語表達，數字大半用在計算上。阿拉伯人學希臘人用方程式解決問題，並開始朝一種「簡寫」（syncopated）的格式發展，程式變成部分用符號、部分用文字。巴喬里的書也是敘述與算式夾雜。慢慢地每一本書都有了自己的運算符號。我們發現「=」號最先出現在英格蘭，「+」號和「－」號則來自德國。到了笛卡兒的時代，代數似乎非常類似我們熟悉的形式，不過當時他用的等號不是「=」，而是「∞」，頗爲突兀。而新數碼和代數兩者的運用，毫無疑問是在牛頓手中臻於完備。

▶ 參見〈數的起源〉（10-11頁）、〈零〉（34-35頁）

右圖：1508年萊許（Gregor Reisch）的《瑪格麗塔哲學》（*Margarita Philosophica*）書裡的插畫，顯示兩個人正在表演算術。從羅馬算盤轉換到印度－阿拉伯數字的過程出奇緩慢，兩種系統對立了好幾個世紀。

PVS A·
RITH=
ME
TICAE·
BOETIVS
RAS
TAGO
PV

透視圖法 Perspective

阿伯提（Leon Battista Alberti，1404-72）
法蘭契斯卡（Piero della Francesca，約 1412-92）

文藝復興時期，受到羅馬建築師維特魯威（Virtruvius）於一世紀寫的《論建築》（*On Architecture*）影響，古典建築和比例又復活了。但是在藝術上，這個時期是寫實主義的偉大時代。義大利畫家一心想在二度平面上呈現三度空間的真實感。要達到這個目標，他們必須了解透視法則。

第一位討論透視圖法的作者是藝術家阿伯提。1435 年他用拉丁文寫成《繪畫》（*La Pittura*）一書，後來用托斯卡尼方言再版，獻給建築師布魯涅內斯基（Filippo Brunelleschi），後者在作品中用上了這種圖法。標準的問題是如何建構方格地板的透視圖，當時畫中不乏方格地板。阿伯提在書中提出的解釋或許旨在打動他那些富有的贊助人，因此並未詳述藝術家實際操作所需要的細節。第一位顯示徹底了解透視數學規則的是法蘭契斯卡。他在 1488 年左右完成《論繪畫之透視圖法》（*De Divina Pringendi*），但從未正式出版，留下來的只有手稿，部分段落則被收進其他人隨後出版的書裡，如巴喬里修士的《論神聖比例》（*De Divina Proportione*，1509），這本書還附有他的朋友達文西畫的圖例。法蘭契斯卡從標準的地板問題開始，一直討論到比較複雜的形狀如人體透視。

但大多數人沒有辦法畫得非常逼真寫實，因此促成一種產業發展，專門製造各種輔具來指引畫家，如針孔暗箱和座標方格等。德國畫家杜勒（Albert Dürer）的畫裡有很多例子。他還在 1532 年寫了一本討論比例的專書，但想到裡面的數學會嚇壞讀者，擱了兩年才出版簡明本。而這也是第一本在德國印刷出版的數學書。

▶ 參見〈歐幾里德的《幾何原本》〉（20-21頁）、〈拆解彩虹〉（36-37頁）、〈非歐幾何學〉（144-145頁）、〈碎形〉（446-447頁）、〈準晶〉（482-483頁）

右圖：法蘭契斯卡畫的「耶穌受鞭圖」，示範許多他討論過的透視技法特色，包括方格地板和建築部分的處理。

TRI DE BVRGO·SCI SEPVLCRI·

日心說 Sun-centred universe

哥白尼（Nicolas Copernicus，1473-1543）

哥白尼 1473 年出生在波蘭的多倫城，1496 年到義大利學習法律與醫學。他在那裡開始對天文學發生興趣。15 世紀末，天文學以地球爲宇宙中心的說法碰上了麻煩。起先是曆法亂了步伐。然後是托勒密的學說：他的「偏心點」被認爲複雜得「不自然」；他的月球軌道讓月亮的外觀大小整個月都在大幅改變，而事實顯然不是如此；他精心通盤考慮行星軌道，結果卻漫無章法。托勒密認爲每顆行星運轉周期與太陽年有關，同樣是個問題。

1503 年，哥白尼回到波蘭，在舅舅主持的弗龍堡（Frombork，即今德國的 Frauenberg）主教座堂擔任教士。他的教士工作並不繁重，讓他能夠專心研究天文。他丟掉找麻煩的偏心點，重新安排太陽的位置，一下子就改革了這門科學。太陽不再是七顆遊走的天體家族成員，反而占據了整個體系中心的位置。地球則被推到邊緣，變成太陽外圍的第三顆行星，月球也不再理會太陽，專心繞著地球運轉。

哥白尼把行星分成合理的兩群：一群在地球軌道範圍內，一群在軌道範圍外。他確定了行星順序，在這方面，托勒密的排序毫無道理可言。行星與太陽的距離以及行星公轉周期都可以計算出來，結果發現兩者之間具有和諧的關係。從地球的運動可以輕易而簡單地解釋火星、木星與土星的「逆行」（retrograde）現象。

奧地利天文學家雷蒂庫斯（Georg Joachim Rheticus）1539 年出版了哥白尼研究的摘要，又在 1543 年監督出版完整的《天體運行論》（*De Revolutionibus*），哥白尼嚥氣前，這本書才剛印好，出版後立刻大受歡迎，喜歡研究行星位置的人將之奉爲圭臬。

▶ 參見〈史前天文學〉（12-13頁）、〈天體的音樂〉（14-15頁）、〈天文預測〉（26-27頁）、〈地心說〉（30-31頁）、〈一顆新星〉（48-49頁）、〈行星運動法則〉（52-53頁）、〈透過望遠鏡觀天〉（54-555頁）、〈行星距離〉（74-75頁）

右圖：哥白尼系統：這幅1660年的版畫特別強調太陽的中心地位，而且巧妙地畫出黃道帶在日空和夜空環繞一圈的情景。

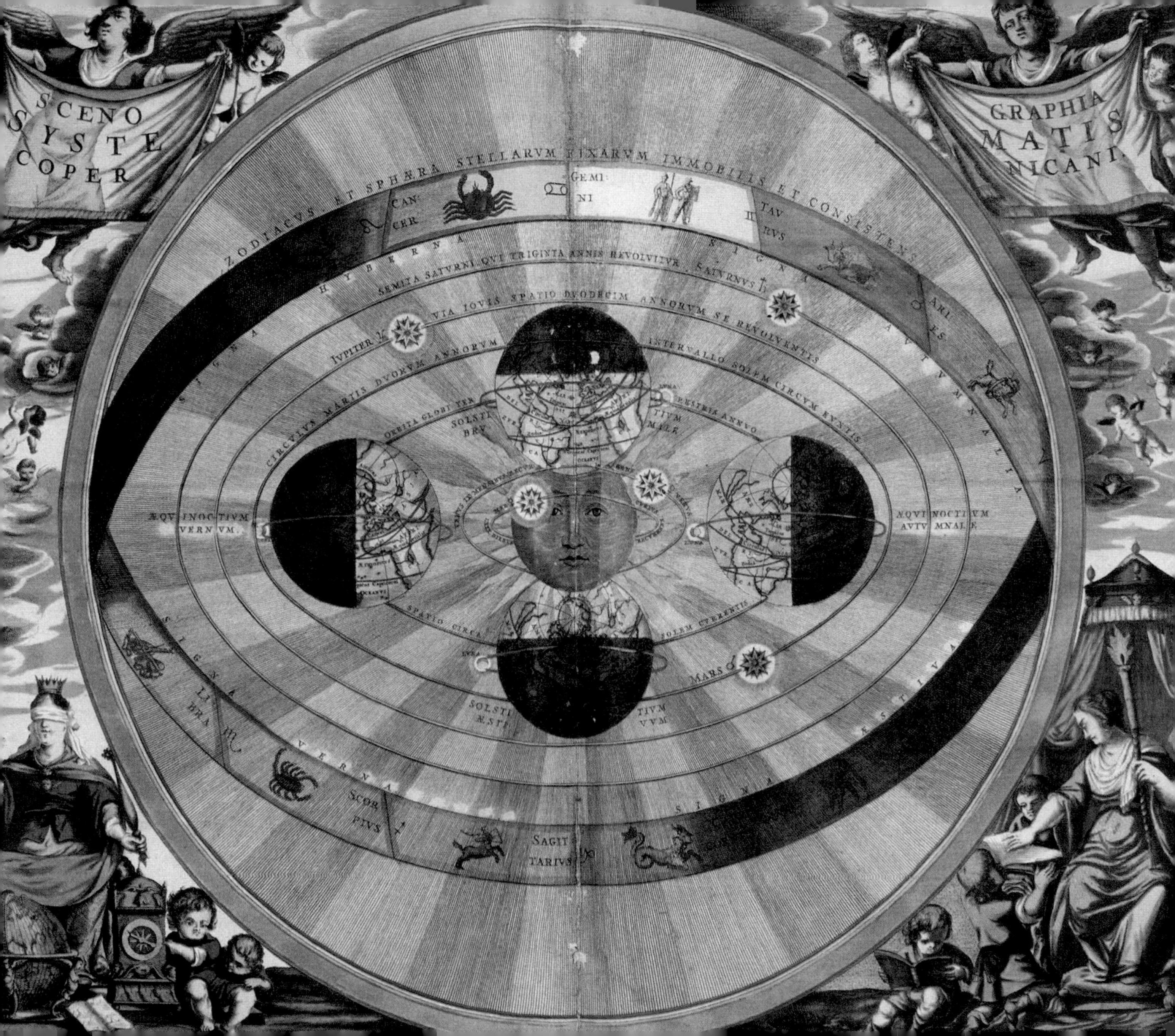
SCENO SYSTE COPER
GRAPHIA MATIS NICANI.
ZODIACVS ET SPHÆRA STELLARVM FIXARVM IMMOBILIS ET CONSISTENS
SEMITA SATVRNI QVI TRIGINTA ANNIS REVOLVITVR SATVRNVS
IVPITER
VIA IOVIS SPATIO DVODECIM ANNORVM SE REVOLVENTIS
CIRCVLVS MARTIS DVORVM ANNORVM INTERVALLO SOLEM CIRCVM EVNTIS
MARS
CAN CER
GEMI NI
TAV RVS
ARI ES
LI BRA
SCOR PIVS
SAGIT TARIVS
SIGNA HYBERNA
SIGNA AVTVMNALIA
SIGNA VERNA
SIGNA ÆSTIVA
ÆQVINOCTIVM VERNVM.
ÆQVINOCTIVM AVTVMNALE
SOLSTI TIVM BRV MALE
SOLSTI TIVM ÆSTI VVM

人體解剖 Human anatomy

維薩里（Andreas Vesalius，1514-64）

「調查式科學」在文藝復興期間再度興起，帶給解剖學和生理學深遠影響。再一次，人們開始追根究柢，不肯輕信根據古老權威或迷信而來的知識。人體解剖的工作愈來愈受尊敬，而在一位年輕比利時醫生維薩里手中，解剖讓人對身體有了新的認識，他寫了一部極爲出色的《人體構造論》（*De Humani Corporis Fabrica*），1543 年在瑞士巴塞爾（Basle）出版，不過書是用拉丁文寫的，並非人人能懂。

維薩里出生於布魯塞爾，曾負笈魯汶和巴黎習醫。23 歲就在義大利帕多瓦（Padua）拿到醫學博士學位，然後留在帕多瓦大學擔任解剖學教授。他的作風獨特而反傳統，教學時親自操刀解剖示範，不會把解剖工作交給下人動手。1539 年，他的名氣愈來愈大，很多人捐贈遺體供他教學，罪犯處死後屍體也交給他研究。四年後，他交出成果，把發現寫成《人體構造論》，這部書共有七大冊，圖文並茂，內容精彩。

《人體構造論》修正蓋倫解剖學的錯誤，例如蓋倫誤以爲膽管和十二指腸的開口通到胃部，以及人類下頷是由兩塊骨頭組成等等。這本書的價值不只如此，維薩里還決心讓解剖學成爲所有醫學的基礎。在他的筆下，自然科學和哲學分道揚鑣，或許這是破天荒的第一次。直接接觸人體獲得解剖知識，證明對醫學進展非常重要。他挑戰醫生蔑視親自動刀的風氣，並鼓勵學生自己切割屍體學習解剖。維薩里繪製了精緻的插圖，只剩肌肉與神經的人體以各種姿態置身古老廢墟中，這些圖像成爲新醫學誕生的標誌。

▶ **參見〈探索身體〉**（32-33頁）、**〈血液循環〉**（58-59頁）、**〈神經系統〉**（210-211頁）

右圖：維薩里靠著一絲不苟的解剖與最新的美術技巧和印刷，在書中加入兩百多幅精確的人體插圖。

OCTAVA MVSCVLORVM TABVLA.

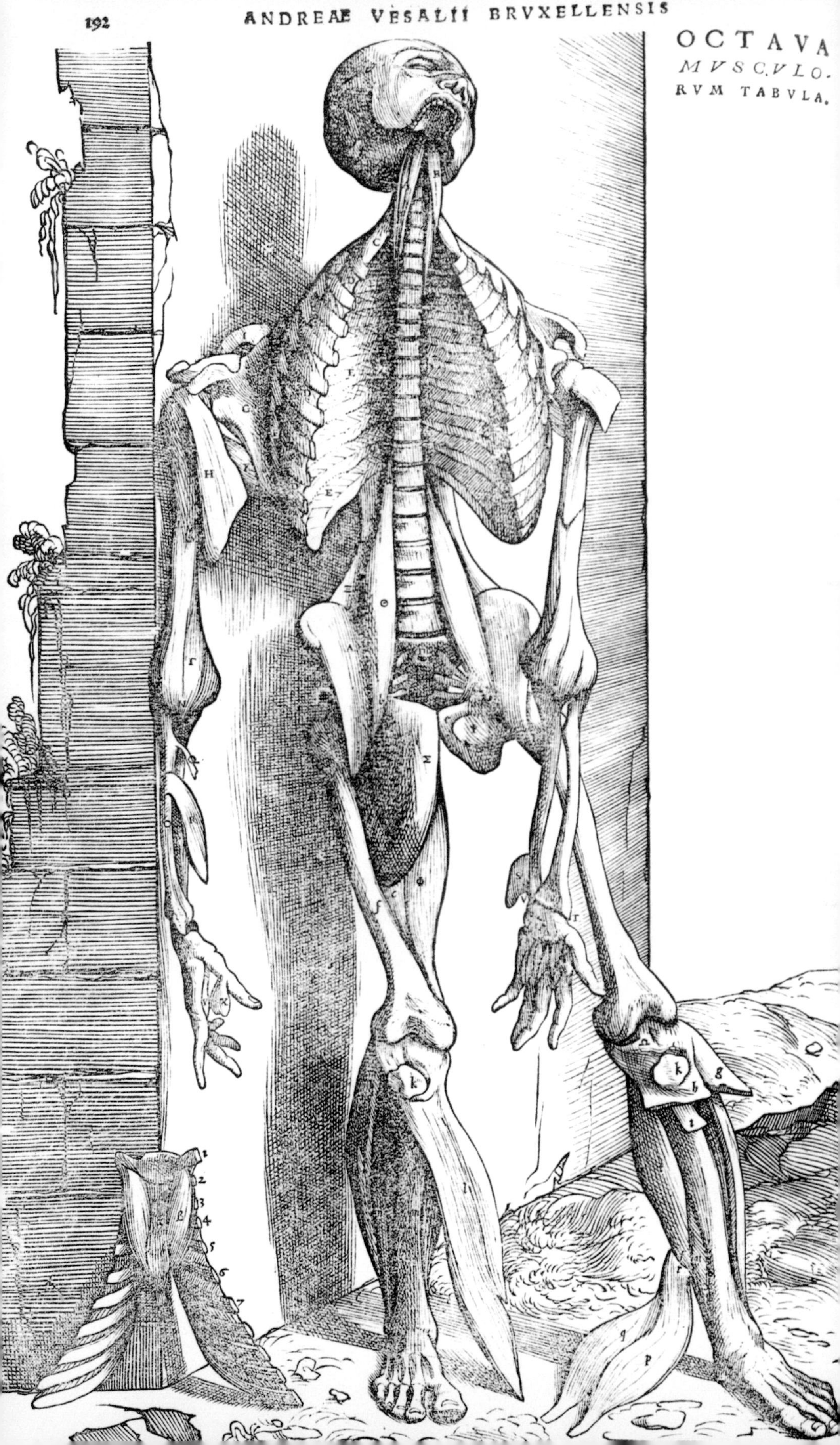

1565

化石　Fossil objects

葛斯納（Conrad Gesner，1516-65）

16世紀瑞士博物學家和醫生葛斯納被譽爲他那個時代最偉大的博物學家。他一共出版了72本書，離世時還有18本寫到一半。1565年間，他染上瘟疫在蘇黎世病逝時，已完成《論地底掘出物》（*De Rerum Fossilium*），這是一本很有創見的著作，爲古生物學興起揭開序幕。此外他的名著還有《動物史》（*Historia Animalium*）和《萬國書目》（*Bibliotheca Universalis*）；前一本書裡他試圖描述所有當時已知的動物，後一本書則收錄了所有當時知道的希伯來文、希臘文和拉丁文書籍的名稱，以及每本書的書評與摘要。

對葛斯納和與他同時代的人來說，只要是從土地找到的天然物體統統是「化石」，不管是礦物或有機物殘餘都一樣。因此他們會盡力辨認葛斯納口中的「石頭硬塊」（stony concretion），一點也不足爲奇。即使到了今天，化石仍然很難辨識，石化的過程有時不只遮蓋了有機物殘餘的本質，還會把原來真正的無機物變得好像有機物，這個問題從火星微化石的爭議可以看得一清二楚。

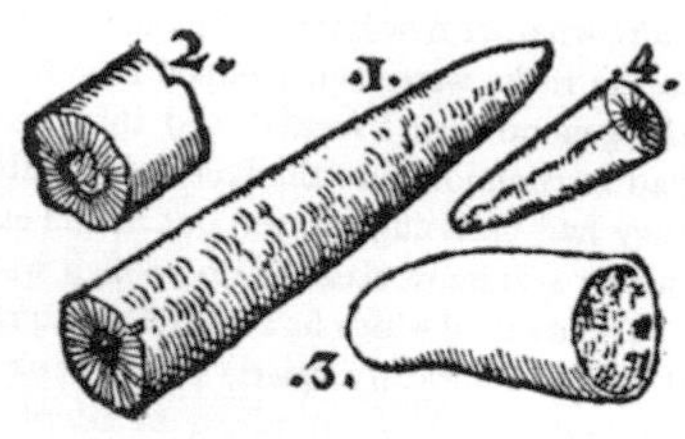

上圖：葛斯納畫的「鏢槍形」化石。

葛斯納受過正統訓練，知道描述化石的第一要務是替化石命名和分類。不過他最關心的是指認的正確性。他的書率先放上化石插圖（雖然是相當粗糙的木刻畫），讓「研究者比較容易辨識那些很難講得清楚的物體」。雖然他的一些解釋最後證明是錯的，但也有很多顯現他的眼光獨到。例如，一般都認爲「舌狀石頭」是從天上掉下來的，他卻用鯊魚牙齒來對比，顯示兩者的相似性並未逃過他的法眼：「舌狀石頭」確實是鯊魚的牙齒。

▶ **參見〈地層〉**（72-73頁）、**〈化石層序〉**（132-133頁）、**〈史前人類〉**（148-149頁）、**〈始祖鳥〉**（180-181頁）、**〈柏吉斯頁岩〉**（260-261頁）、**〈最古老的化石〉**（410-411頁）、**〈火星的微化石〉**（516-517頁）

右圖：菊石這種已絕種的海洋軟體動物的化石，讓葛斯納吃了不少苦頭，他把一些菊石當成蝸牛殼，另一些又誤認為蜷曲的蛇。

1572

一顆新星 A new star

第谷（Tycho Brahe，1546-1601）

第谷是丹麥貴族，一生致力天文觀測，由於得到國王腓特烈二世的財務支援，在波羅的海維恩島（Hven，即今 Ven）上建造了一座宏偉的觀象台。第谷發現行星並未按照哥白尼認定的路徑運行後，決心奉獻一生來觀測行星和恆星位置，要看得比以前任何人都精確。

1572 年 11 月 11 日太陽下山後，夜空清朗，第谷注意到仙后座突然閃出一顆明亮的新星。他緊盯著這顆新星 15 個月之久，追蹤它的色澤和亮度變化，然後把觀測結果發表在《新星》(*Progymnasmata*）這本書裡。這顆「第谷新星」其實不新，是一顆早已存在的恆星，只是因為爆發而亮度暴增。

他對 1577 年大彗星的觀測更加精采。第谷比較大彗星與當晚歐洲各地天文學家看到的遠方恆星的位置，設法測出大彗星距地球有多遠。由於未發現移動或「視差」（parallax）現象，第谷斷定大彗星的距離比月球更遠。亞里斯多德認為彗星是一種氣象物體，位於雲層上方。第谷則證明彗星遠在行星之間。大彗星的形狀與亮度不斷改變，讓第谷相信它的軌道是橢圓形的，這也代表如果真有一承載天體的層層晶球，大彗星會撞穿它們。第谷婉轉指出，晶球並不存在，行星漫遊天際其實沒有支撐的「載具」。

第谷盡心設計大型、穩定又出奇精準的肉眼觀測儀器，徹底改變了天文觀測。他自詡為宇宙學家，這一點倒言過其實。他的「第谷體系」(Tychonic system）是托勒密與哥白尼體系的折衷，不但錯誤而且保守，因為在他的體系裡，地球又變成靜止不動，太陽和月亮成了繞行的衛星，其他五個已知的行星則是太陽的衛星。

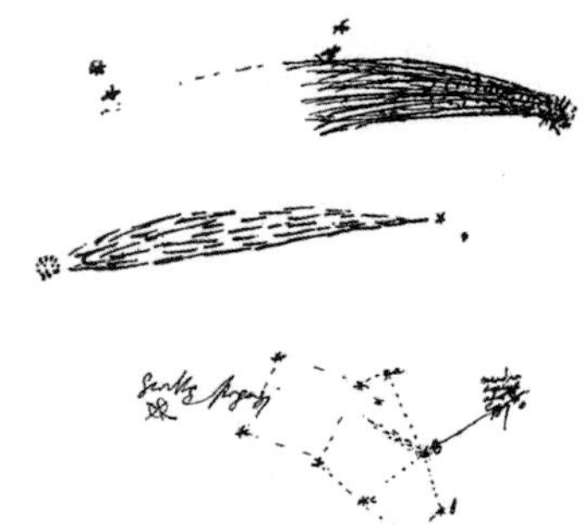

上圖：第谷畫的1577年大彗星。

▶ 參見〈地心說〉（30-31頁）、〈日心說〉（42-43頁）、〈天然磁力〉（50-51頁）、〈哈雷彗星〉（84-85頁）、〈彗星的故鄉〉（360-361頁）、〈超新星1987A〉（488-489頁）

右圖：第谷和他的觀象台：觀象台裡有巨大的象限儀用來測量天體的距離，還有第谷自詡具有「最高準確度」的兩座鐘用來確定觀測的時間。

天然磁力 Natural magnetism

吉伯特（William Gilbert，1544-1603）

所有古代文明都知道磁力現象：小磁棒在地面上自動對準相同方向，正確地指向南北方。到 13 世紀時，據說水手已經會把磁針浮在水上，做成原始羅盤。然而，以前的人引用古希臘的宇宙模型來解釋這種怪異現象，他們認為宇宙是一個靜止的天球，會散發出各種不同的善惡力量，影響我們的生活，磁力也是其中之一，磁石會自動對準天球的「兩極」，宛如受天控制。

英國醫生吉伯特打破了這種神怪想法，他在 1600 年出版《論磁性》（*De Magnete*），奠定磁學的科學基礎。他假設地球本身就是一個巨大的天然磁石。他利用普通磁性材料做了一個小型、球狀的永久磁鐵，證明把微小的磁針放在磁球（或稱「模擬地球」）上，磁針的表現一如磁石在地面的情況。更驚人的是，磁針在模擬地球上也會發生「磁偏角」（declination）現象。磁偏角是一種人們十分熟悉的現象：從地球赤道往南北極方向移動，本來水平的羅盤指針會漸漸傾斜。吉伯特因此得出了一個結論：「原本注定如此……地極本身就是一個至高無上力量的基地，更可以說是它的王座所在之地。」

吉伯特是個眞正的實驗先鋒，信賴觀察而非哲學猜測，在這方面，他領先最有名的鼓吹實驗方法的培根（Francis Bacon）好幾年。吉伯特的證據顯示，影響我們的力量來自地上，不在天上，他不只解開磁力現象之謎，還影響了我們對物質世界的整個看法。

▶ **參見〈亞里斯多德的遺產〉（16-17頁）、〈地心說〉（30-31頁）、〈一顆新星〉（48-49頁）、〈洪博的旅程〉（114-115頁）、〈電磁力〉（134-135頁）、〈太陽黑子周期〉（158-159頁）、〈馬克斯威爾方程式〉（186-187頁）、〈天氣循環〉（276-277頁）、〈鰻魚洄游〉（290-291頁）、〈地磁倒轉〉（304-305頁）、〈太陽風〉（388-389頁）、〈板塊構造說〉（414-415頁）**

右圖：打造磁鐵：吉伯特1600年《論磁性》書裡的插圖。實驗者錘打一塊南北向的火紅鐵棒，方向與地球磁場一致。

SEPTENTRIO.
AVSTER

行星運動法則 Laws of planetary motion

克卜勒（Johannes Kepler，1571-1630）

克卜勒是德國數學天才，沉迷於數字謎題。他立志要了解為什麼行星軌道有那樣的形狀及大小，以及這種情形與它轉一圈所花的時間有什麼關係。

由於宗教迫害，屬於路德派新教徒的克卜勒於 1598 年離開德國格拉茨（Graz），前往布拉格和第谷一起工作，並於 1601 年繼第谷之後出任皇室數學家。第谷是第一流觀測天文學家，克卜勒的任務就是要解釋他的火星觀測結果。第谷的觀測數據非常精確，克卜勒經過許多次冗長試驗，一再排除與數據不符的模型之後，終於發現火星具有橢圓形軌道，太陽即位於橢圓的一個「焦點」（foci，即中心點；橢圓形有兩個焦點）上。主宰行星軌道學說兩千年之久的圓形桎梏終於被打破了。

克卜勒於 1609 年出版《新天文學》（*Astronomia Nova*），在書中發表了他的第一和第二定律。他發現第二定律的時間其實早於第一定律。第二定律描述行星的向徑（從太陽中心到行星中心的一條虛擬的線）如何在等長時間裡掃過相同的面積，解釋了為什麼行星愈接近太陽移動速度愈快。克卜勒對於天道和諧深深著迷。他在 1619 年出版《宇宙的和諧》（*De Harmonica Mundi*），這本書帶有濃濃神祕色彩，書中暗藏他的第三定律，也是他的最後定律，指出行星公轉周期的平方和它與太陽平均距離的三次方成正比。

克卜勒試圖了解行星運轉背後的力量，以為行星和太陽之間有一種磁力交互作用，其實他弄錯了。他在 1627 年發表的《魯道夫星表》（*Rudolphine Tables*），是第一個現代天文表，而且用上了蘇格蘭數學家納皮爾（John Napier）新發明的對數。這些表讓天文學家能夠估算行星過去、現在或未來任何時候的位置，而且非常精準，克卜勒因此得享盛名。

▶ 參見〈史前天文學〉（12-13頁）、〈天體的音樂〉（14-15頁）、〈地心說〉（30-31頁）、〈日心說〉（42-43頁）、〈一顆新星〉（48-49頁）、〈對數〉（56-57頁）、〈牛頓的《原理》〉（78-79頁）

右圖：以五重「柏拉圖方體」為基礎，克卜勒在1596年建造了一座行星軌道模型，宣稱可以揭露上帝的天空藍圖。

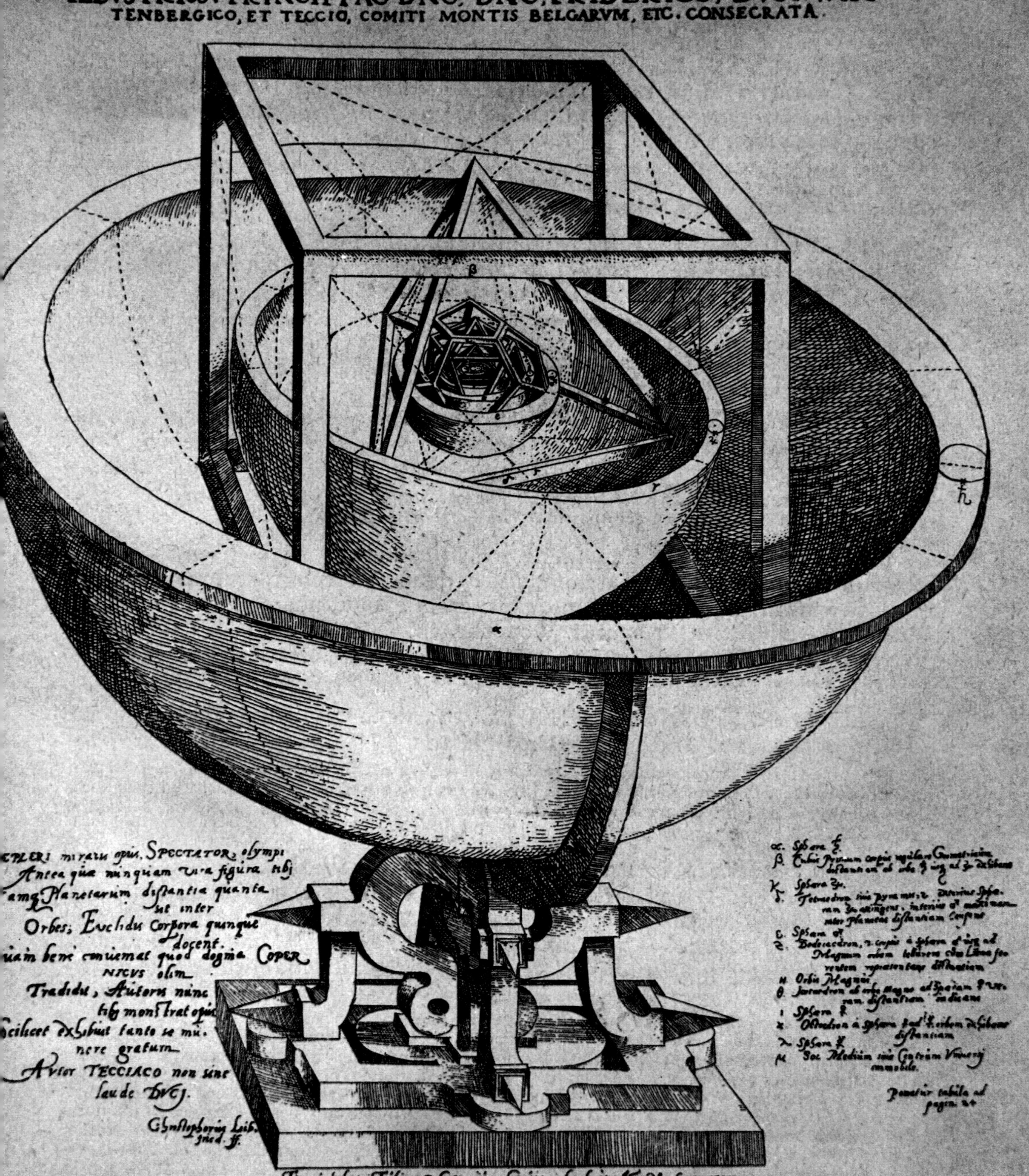
REGVLARIA CORPORA GEOMETRICA EXHIBENS.
ILLVSTRISS: PRINCIPI AC DNO, DNO, FRIDERICO, DVCI WIR-
TENBERGICO, ET TECCIO, COMITI MONTIS BELGARVM, ETC. CONSECRATA.

1610

透過望遠鏡觀天

Heavens through a telescope

伽利略（Galileo Galilei，1564-1642）

1609 年夏天，伽利略人在威尼斯，聽到兩名荷蘭人把兩片弧形透明玻璃組合起來，製造了一種裝置，可以把遠方的物體拉近到眼前。當時人類使用凸透鏡已有約 300 年歷史，凹透鏡也用了約 150 年。1608 年秋天，荷蘭米德堡（Middelburg）兩名眼鏡製造商李柏謝（Hans Lippershey）與簡森（Zacharias Janssen）各自在玻璃廠裡埋頭工作，兩人都分別設計出望遠鏡。幾個月內消息便傳遍整個歐洲。（據說李柏謝的學徒最先發現，伸直手臂握著一片聚焦力弱的凸透鏡，把另一片聚焦力強的凹透鏡放在眼睛前，兩片透鏡便會造成神奇的效果。）

伽利略精於技術，又擁有創造改良的天分。1609 年 8 月，他已造出一具天文望遠鏡，可以把物體放大 8 倍，到了年底再改進到放大 20 倍。1609 年 12 月初，他發現月球有高山，還量了一些山的高度。1610 年 1 月中，他看到了環繞木星的四顆衛星，命名爲麥迪奇之星（Medicean Stars），以榮耀佛羅倫斯麥迪奇家族的科西莫大公。仔細觀察銀河時，他突然明白，肉眼看來一片朦朧的亮光其實是數不清的暗淡星星。行星顯然與恆星不同，它們有星盤；金星一如月亮，也有盈虧。還有太陽，絕不是亞里斯多德建議的圓滿象徵，它有斑點和雜質，而且每 25 天旋轉一次。

伽利略趕在別人之前迅速發表新發現。1610 年 3 月 13 日那一天，他把《星際信使》（*Sidereus Nuncius*）的樣本送進佛羅倫斯宮廷。到了 3 月 19 日，不但印好了 550 本，而且銷售一空。

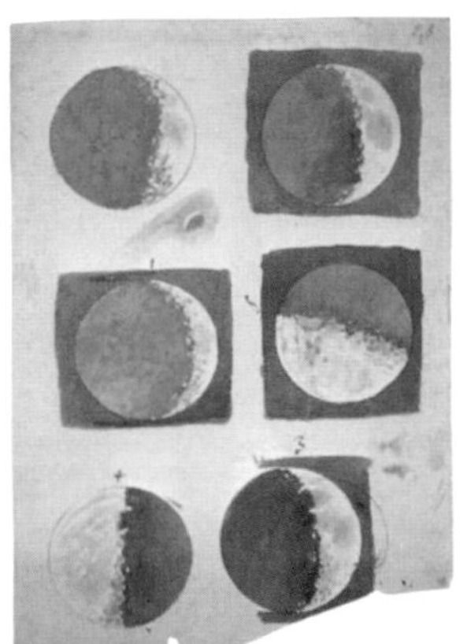

上圖：伽利略替《星際信使》繪製的月相變化圖原稿。

▶ 參見〈日心說〉（42-43頁）、〈土星環〉（68-69頁）、〈螺旋星系〉（160-161頁）、〈火星上的「運河」〉（200-201頁）、〈我們在宇宙的位置〉（280-281頁）、〈伽利略任務〉（514-515頁）、〈月球上的水〉（522-523頁）

右圖：伽利略用望遠鏡觀測天象，所得到的結果讓他相信哥白尼的日心說是正確的，但在宗教法庭壓力下，於1633年撤回自己的看法。

對數 Logarithms

納皮爾（John Napier，1550-1617）

納皮爾是蘇格蘭梅奇斯頓（Murchiston）城堡第八代男爵，他的時間大半花在管理產業及參與宗教鬥爭。 但他也做了兩大數學貢獻，替天文學家、航海家和工程師節省了無數冗長繁瑣的計算時間。這兩項貢獻分別是「納皮爾算籌」（Napier's bones，亦稱「納皮爾算棒」）和對數。

納皮爾算籌是最早的現代化計算工具之一。骨牌其實是一些木棒，上面刻有乘法表，可以排成格子形。做大整數乘法時，基本上它們可以幫忙省掉所有中間步驟，把計算轉成簡單加法。從這種方式看來，他發明對數是遲早的事。

對數的核心概念是算數數列（如 0、1、2、3、4、5、6……）與幾何數列（如 1、2、4、8、16、32、64……）的關係。如果基數（亦稱底數）是 2，4×16=64 的乘法運算可以改寫成算式 22×24=26，由此運算變成單純的乘冪相加（2+4=6）。數目愈大，這個簡單的設計變得愈有效。此外，納皮爾還有一項創見，亦即：任何數目都可以用基數的冪（次方）來表示，例如 10 約等於 23.32。

納皮爾於 1614 年發表《奇妙的對數規則說明書》（*A Description of the Marvelous Rule of Logarithms*），這本小冊子刊錄了他草創的對數表，在對數表中他用上了比簡單的基數稍爲複雜的概念，目的在簡化航海家需要的三角計算。如果在海上一項計算花上一小時，算出的位置也會差上約一小時，納皮爾對數可以把誤差減到只有幾分鐘。納皮爾的仰慕者之一是布里格斯（Henry Briggs），牛津大學的第一位薩維爾講座幾何學教授。他們兩人一致同意，用 10 來作基數，可以建立更加實用的對數表。可惜納皮爾在 1617 年去世，匯編工作落在布里格斯頭上，同年稍後他發表了第一份以 10 爲基數的對數表。直到今天，計算機才把對數表和計算尺推進歷史的長河裡。

▶ **參見〈行星運動法則〉**（52-53頁）、**〈差分機〉**（138-139頁）、**〈電腦〉**（340-341頁）、**〈四色圖定理〉**（450-451頁）、**〈費瑪最後定理〉**（506-507頁）

右圖：納皮爾算籌：這個流行一時的計算輔助工具最初是用有四面的象牙或木頭棒子做成，圖中是改良過的算籌，嵌在盒子裡，可以轉動。

0	1	2	3	4	5	6	7	8	9	10	11
1	2	3	4	5	6	7	8	9	10	11	12
2	3	4	5	6	7	8	9	10	11	12	13
3	4	5	6	7	8	9	10	11	12	13	14
4	5	6	7	8	9	10	11	12	13	14	15
5	6	7	8	9	10	11	12	13	14	15	16
6	7	8	9	10	11	12	13	14	15	16	17
7	8	9	10	11	12	13	14	15	16	17	18
8	9	10	11	12	13	14	15	16	17	18	19
9	10	11	12	13	14	15	16	17	18	19	20
10	11	12	13	14	15	16	17	18	19	20	21
11	12	13	14	15	16	17	18	19	20	21	22

血液循環 Circulation of the Blood

哈維（William Harvey，1578-1657）

英國醫生哈維對醫學研究的興趣大過臨床醫療。他對心臟、血管和血液特別著迷。在哈維那個年代，希臘生理學家蓋倫的學說仍然受到支持，哈維自己還相信亞里斯多德的觀念，認為血液含有「元氣」（vital spirit），帶給動物生命。在這樣古老的哲學背景下，哈維完成了科學革命史上最偉大的實驗計畫之一，並且發現了血液循環。

當哈維看到心臟與動脈系統及肝臟與靜脈系統連接時，對傳統看法的信心開始動搖，因為按照當時普遍接受的看法，這兩個系統應該各自獨立。除了這項新的認知外，當時還發現血液流過肺部，靜脈裡的瓣膜單向開啓，顯示靜脈血液只能往心臟流。根據這些發現，加上哈維自己在許多種動物身上的實驗，他確定心臟是含有單向瓣膜的一塊肌肉，靠收縮把血液壓出去。按照他的估算，心臟在半小時內會泵出身體全部的血液，哈維對此百思不解。血液跑到哪裡去了？新血液又是從哪裡補充的？是否相同的血液循環流動，從心臟經過動脈進到靜脈再流回心臟？他以一系列簡單漂亮的實驗測試這項假設，1628 年寫了一本只有 72 頁的小書，發表他那不容辯駁的結論。這本書簡稱《論心臟與血液運動》（*De Motu Cordis et Sanguinis* ）。

哈維不管多仔細觀察，還是不能明白血液如何通過細小的動脈進入靜脈。1661 年，西班牙解剖學家馬爾比基（Marcello Malpighi）靠著簡單的單鏡片顯微鏡，在青蛙肺部裡面看到肉眼無法揭開的奧祕：血液穿過了微血管。血液循環至此大功告成。

▶ 參見〈探索身體〉（32-33頁）、〈人體解剖〉（44-45頁）、〈微生物〉（76-77頁）、〈調節身體〉（188-189頁）、〈血型〉（236-237頁）、〈鐮形紅血球貧血症〉（390-391頁）、〈固氮作用〉（496-497頁）

右圖：1928年哈維論文300周年紀念版中的插圖，顯示靜脈裡的單向瓣膜系統及其在血液循環中的角色。

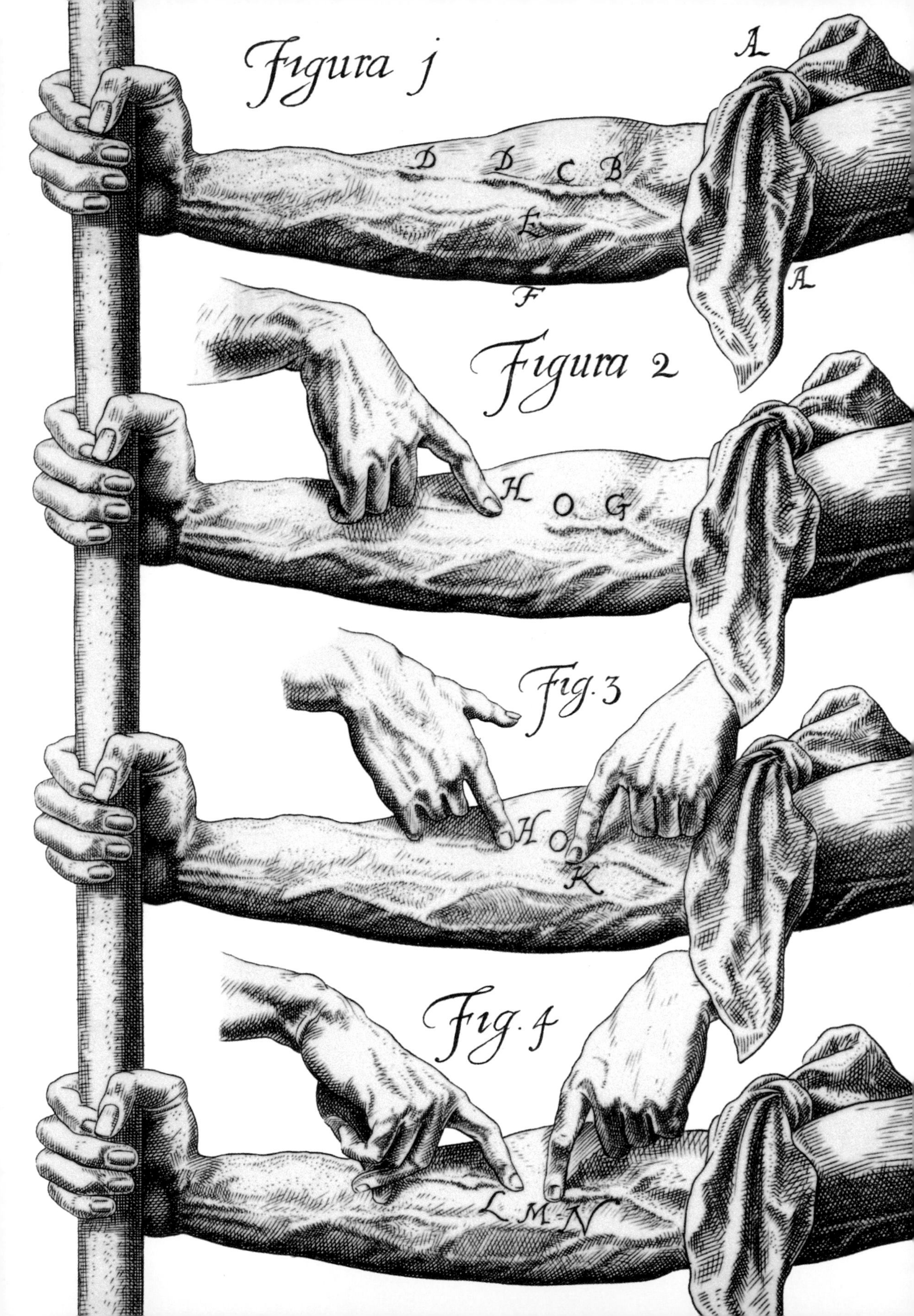

Figura j
A
D
D
C
B
E
A
F
Figura 2
H
O
G
Fig. 3
H
O
K
Fig. 4
L
M
N

1638

落體 Falling objects

伽利略，1564-1642

根據傳說，伽利略從比薩斜塔上丟下兩枚不同重量的砲彈，試圖證明它們會同時落地。雖然這個故事純屬虛構，但他的確做了一些實驗，徹底顛覆我們對運動法則的認知。他在 1638 年出版《有關兩門新科學的數學論述與證明》（*Mathematical Discourses and Demonstrations on Two New Sciences*）闡述這些實驗結果。他的「新科學」（new sciences）其實更加離奇，似乎和一般觀察到的現象大相逕庭。

過去亞里斯多德告訴我們，較重的物體較快落下。伽利略卻指出，這是誤解事實所做出的結論，如羽毛等重量輕而相對表面積大的物體，墜落速度慢，其實是受到空氣阻力影響。爲了驗證他的論點，他把球從斜面滾下來，減緩降落速度，並用脈搏和大瓶滴漏水測量短暫的時間間隔。從這些實驗他推論道：在眞空中所有物體加速度相同，不論其重量或材質如何。

此外，伽利略還發現，任何在水平平面上移動的物體，都會以相同速度持續前進，除非遭到外力阻止。而過去亞里斯多德相信，如果要保持物體繼續運動，必須不斷加力才行——畢竟，當我們以固定速度把一塊木頭推過桌面時，只要停止推動，木頭很快就會靜止。但伽利略證明這種普通常識的看法忽略了一種看不見的力量：接觸面和物體之間的摩擦力。今天我們把物體保持水平運動的傾向稱爲「慣性」（inertia），這也是牛頓在他的三大運動定律中發展出來的一個概念。

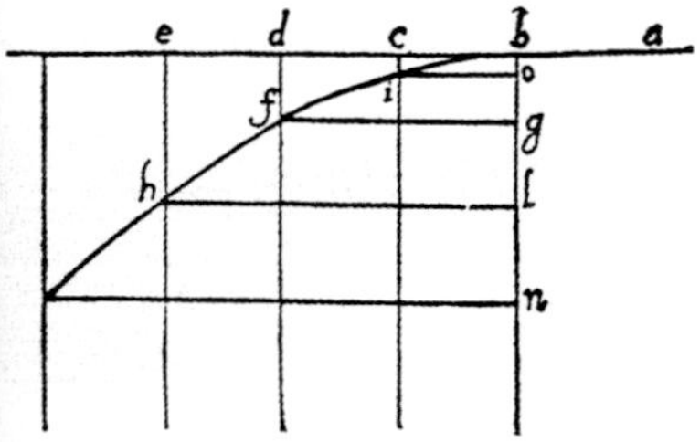

上圖：伽利略從砲彈射擊中也悟出科學，證明物體的拋物線墜落受到初始水平力支配 。

▶ 參見〈牛頓的《原理》〉（78-79頁）、〈「稱量」地球〉（112-113頁）

右圖：想像一顆重的砲彈和一顆較輕的毛瑟槍槍彈用一條細繩連接，然後一起丟下去，結果會如何？只靠這種虛擬的「思想實驗」（thought experiment），伽利略就證明兩者應以相同速度墜落。

金星凌日 Transit of Venus

霍羅克斯（Jeremiah Horrocks，1619-41）

精確算出地球到太陽的距離是 17 世紀天文學家的一大心願。這個數字很重要，可以充當行星與恆星系統的比例尺，在牛頓根據重力理論計算太陽質量時，扮演了重要角色。

1672 年，克卜勒已經充分了解行星軌道，讓他能夠預測一個行星何時從太陽前面經過。英國天文學家霍羅克斯改進克卜勒的計算，並在 1639 年 11 月 24 日成爲第一位觀察到金星「凌日」（transit）的人。他還想到，在地球不同地點記錄正確凌日時間，就可以用幾何方法算出地球與行星的距離，進而推算出地球與太陽的距離。這個觀念後來由哈雷（Edmond Halley）大力鼓吹。哈雷在 1677 年 10 月目睹水星凌日。但水星橫越日面的速度比金星快許多（水星三小時，金星七小時），無法做精確的距離估算。

不幸的是，金星直到 1761 年 6 月 6 日及 1769 年 6 月 3 日才再次凌日。全球數百位天文學家跋涉到偏遠地方記錄凌日時間，其中包括大溪地（率領觀測隊的是英國著名探險家庫克船長）、加拿大哈德遜灣、愛爾蘭和中俄邊界。由於當晚天候時好時壞，觀測活動並不順利，沒有辦法確定金星何時進入和離開日面。金星的小黑盤似乎不願意與太陽邊緣分開，當它最後像淚珠般脫離時，瞬間就恢復原狀。天文學家肩並肩站著用不同的儀器測量，記錄到的時間卻差上數十秒。金星在 1874 年 12 月 8 日與 1882 年 12 月 6 日兩次凌日，同樣讓人沮喪。不過集體測量確實有助於改善太陽與地球距離的估算，得出的數字與現在雷達估算的 149,597,870 公里相差不到 10%，而雷達估計的誤差在兩公里範圍內。

▶ 參見〈天文預測〉（26-27頁）、〈行星運動法則〉（52-53頁）、〈行星距離〉（74-75頁）、〈牛頓的《原理》〉（78-79頁）、〈恆星距離〉（150-151頁）

右圖：大溪地最北端的金星角，庫克船長（Captain James Cook）1789年曾在這裡觀測金星凌日。

大氣壓力 Atmospheric pressure

帕斯卡（Blaise Pascal，1623-62）

古時候工程師就已經知道，水可以抽到近 10 公尺的高度，但不可能再高。1640 年代有好幾位科學家開始聯想，這種限制與大氣壓力有關，亦即受地球表面上的空氣重量影響。

1647 及 48 年間，法國克萊蒙費杭（Clermont-Ferrand）地區的數學天才帕斯卡用新發明的氣壓計做了一系列實驗，讓人首次清楚了解大氣壓力。氣壓計只是一公尺多長的一根管子，管裡裝滿水銀，一端密封，然後倒放在盤子裡。結果讓很多科學家大吃一驚，水銀沒有全部從管子流出，管子頂端留了一截空白，帕斯卡等人解釋這截空白是眞空狀態，他們說對了。

眞空現象可以用如下觀念解釋，即氣壓計上方空氣柱的重量便是大氣壓力，這個重量與管中水銀的重量相等。在海平面上，大氣壓力大致等於 760 公分高水銀柱的重量，以及剛好不到 10 公尺高的水柱重量，這就是工程師長久以來困惑不解的抽水高度限制的眞相。

帕斯卡的實驗還包括同時測量住家附近山上不同地點的壓力。由於長期生病，他派身體強壯的妹夫去做實際測量工作，結果顯示，大氣壓力隨著海拔升高而降低。帕斯卡推想，大氣頂端的壓力一定降到零，從而悟出大氣之上必爲眞空的革命性想法。壓力的國際單位即爲「帕斯卡」（pascal，簡寫 Pa），等於每平方公尺一牛頓力（1 newton）。海平面的大氣壓力是 101,325 Pa，通常稱作一大氣壓（1 atmosphere）。

▶ 參見〈貿易風〉（86-87頁）、〈燃燒〉（94-95頁）、〈氫和水〉（98-99頁）、〈溫室效應〉（184-185頁）、〈氣象預報〉（284-285頁）、〈蓋婭假說〉（432-433頁）、〈臭氧層破洞〉（438-439頁）

右圖：1688年用氣壓計做的氣象實驗。帕斯卡曾用紅酒取代水銀重複相同實驗，所用的管子長達10公尺。

A
B
D
A
C
C

機率規則 Rules of Chance

帕斯卡（Blaise Pascal，1623-62），費瑪（Pierre de Fermat，1601-65）

自從人類文明伊始，就有了賭博，然而直到 17 世紀人們才開始研究賭博機率問題。歐洲在中世紀流行「擲骰子」。但丁在《神曲》（*Divina Commedia*）中寫過這種丟三個骰子的遊戲，玩法是一人擲骰子，另一人猜總點數多少。13 世紀描述擲骰子遊戲的拉丁詩〈老女人〉（*De Vetula*）曾舉出 56 種可能結果，但數學家最關心的是一個稱作「賭金分配」（division of stakes）的問題，也就是如果賭局尚未結束即臨時終止，賭金應該怎麼公平分給兩名玩家？

1654 年，兩位法國數學家帕斯卡和費瑪在通信中首次提出正確答案。費瑪用「概率樹」（probability tree）檢視所有可能結果，不過這個方法在下注次數增多時不好用。帕斯卡偏向比較數值化的方法，使用稱作「二項式定理」（binominal theorem）的一般數學公式。此外，他做了個「帕斯卡三角圖」（Pascal's triangle），讓大家可以輕鬆記住開展公式的要領；這個三角圖由一排排數目構成，每個數目都是其上排左右二數的和。假使賭博只有贏或輸兩種結果，三角圖提供一條捷徑，可以迅速算出一連串賭局可能的輸贏次數。

帕斯卡和費瑪兩人都把答案寫成比率形式。第一個用 0 和 1 之間測度（measure）來處理機率的是瑞士數學家伯努利（Jakob Bernoulli），不過他的《推測的藝術》（*Ars Conjectandi*）在他死後才於 1713 年出版。他也在理論概率和實驗概率間做了重要的區分，因此才有抽樣人口數學的出現。1718 年，法國數學家棣莫弗（Abraham de Moivre）用現今熟悉的鐘形曲線描述人口分布特性，訂定精確抽樣的條件。這類數學替壽險與年金保險之類的金融工具帶來革命性發展。

▶ **參見〈測量變異〉（212-213頁）**

右圖：打敗機率：法國畫家拉圖（Georges de la Tour）1635年的名畫〈騙子〉。儘管賭注高，早年賭徒玩牌時對於輸贏機率毫無概念。

1656

土星環 Saturn's rings

惠更斯（Christiaan Huygens，1629-95）
馬克斯威爾（James Clerk Maxwell，1831-79）

1610年，當伽利略把剛成形的望遠鏡對準土星時，他以爲這顆行星有耳朵！其實是看的時間不對，因爲他的視線幾乎與土星環在一個平面上，他只看到了環的兩端。兩年後他再看，完全看不到耳朵，大吃一驚。這回土星環正好側向地球，所以看上去是消失了。

隨著17世紀進展，望遠鏡品質也跟著改善。荷蘭物理學家惠更斯在1656年出版《土星系》（*Systema Saturnium*），書中第一次對土星「耳朵」消失的原因提出解釋。四年前惠更斯發現土星最大的衛星泰坦（Titan），他的望遠鏡具有放大50倍的能耐。爲了確保領先，甚至在出書前，惠更斯就用顚倒字母的字謎（anagram）暗示答案，字謎的內容是：「這顆行星被一個扁平光環圍繞，沒有任何部分相連，而且向黃道傾斜。」

起初人們認爲土星環不是固體就是液體，但1675年義大利天文學家卡西尼（Giovanni Domenico Cassini）發現環裡有空隙，爲了紀念他，他發現的那道縫隙後來命名爲「卡西尼環縫」（Cassini division）。1837年間柏林天文台台長恩克（Johann Franz Encke）又發現一道環縫。（編按：這些發現以及後來的研究顯示，有許多道同心環圍繞著土星，環間有大小不等的間隙，每一道環都是由各具獨立軌道的無數小物體所組成。）

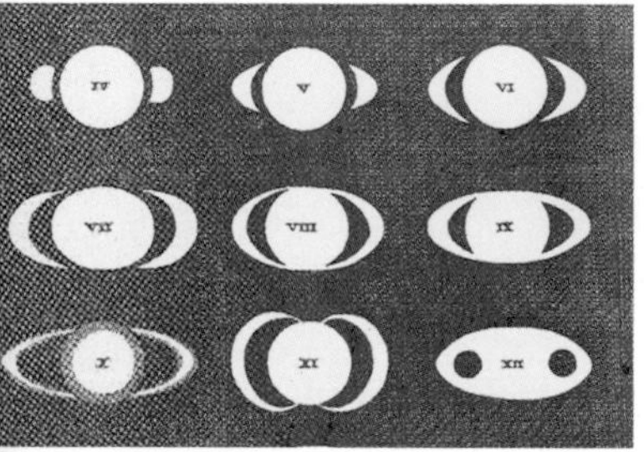

上圖：惠更斯顯示扁平的土星環如何傾向它的軌道面，以此解釋它的「耳朵」為什麼會改變。

土星環的性質是劍橋大學1855年亞當斯獎論文題目。得獎的蘇格蘭物理學家馬克斯威爾在論文中指出，理論上土星環必須是個別運轉的顆粒的集合體才可能穩定，不可能是整塊固體。只有從遠方遙望時，這些碎塊組合才給人一整個密實的固體環的印象。

多虧有都卜勒效應，馬克斯威爾的想法得到光譜學方面的證明。如果是一個密實的環，環的外側會比內側轉得快，整個環必將崩解；個別運轉的顆粒則遵循克卜勒的和諧定律，與行星距離愈遠，速度變得愈慢。1895年，美國天文學家基勒（James Keeler）將分光鏡接到加州里克天文台（Lick Observatory）92公分口徑的折射望遠鏡上，觀測結果證實馬克斯威爾的推論正確。

▶ **參見〈行星運動法則〉（52-53頁）、〈透過望遠鏡觀天〉（54-55頁）、〈太陽系的起源〉（104-105頁）、〈光譜線〉（130-131頁）、〈都卜勒效應〉（156-157頁）**

右圖：土星環已證實由無數個小物體和縫隙構成，不過它們的起因引發諸多討論，至今未有定論。

內文調小

波義耳的《懷疑的化學家》

Boyle's *Sceptical Chymist*

波義耳（Robert Boyle，1627-91）

波義耳常被認爲是現代化學的創立者。雖然如此，這位盎格魯愛爾蘭貴族之子不但沒有爲難鍊金術士，自己還是箇中高手，也熱衷於追求點金石。他的偉大著作，1661 年出版的《懷疑的化學家》，與其說在駁斥鍊金術，不如說在批判其中他認爲無稽的部分。波義耳確實不曾區分「鍊金術」（alchemy）與「化學」（chymistry，後來寫成 chemistry）：「過渡性」的 chymistry 一詞實質上包含了兩方面的成分。事實上他的目標是把江湖術士、迷信的「無知膨風者」和有知識的「化學賢哲」區分開來，前者盲目追求丹方，後者以條理分明的「科學」方法追求物質轉化的奧祕。

波義耳懷疑的主要對象是亞里斯多德、帕拉塞爾蘇斯（Paracelsus）、海爾蒙特（Jan Baptista van Helmont）等人的化學理論。亞里斯多德學派堅持萬物皆由土、氣、火、水四種元素（four elements）組成。16 世紀時，帕拉塞爾蘇斯用「三要素」（three principles）系統來包裝亞里斯多德的四元素說，指稱一切物質皆來自硫磺（硫）、水銀（汞）和鹽。這實質上是把早期鍊金術有關硫磺和水銀構成金屬的理論做進一步發揮。波義耳對帕拉塞爾蘇斯與海爾蒙特的信徒嗤之以鼻，說這些煉丹術士是「不入流的化學家」。

但他並未提出任何替代系統，只表示可能有四種以上的元素，甚至五種以上。他大力宣揚自己對元素所下的定義：「原始而簡單，或者說完全沒有混雜的物體；不是由任何其他物體構成，亦不是彼此結合而成，它們是直接組合成所有那些可稱爲全然混合體的物體的成分。」這其實和亞里斯多德所說的相去不遠。

對於這樣的元素是否眞有可能存在，波義耳明白表示了懷疑的看法。但他最得當的貢獻之一是，堅持用實驗來了解「特定物體究竟由哪些異質部分構成」，他最具代表性的實驗——用氣泵（空氣幫浦）來探討氣體性質，就是一個典型例子。

▶ **參見〈亞里斯多德的遺產〉（16-17頁）、〈探索身體〉（32-33頁）、〈燃燒〉（94-95頁）、〈原子理論〉（124-125頁）、〈元素週期表〉（196-197頁）、〈狀態變化〉（198-199頁）、〈布朗運動〉（254-255頁）、〈物質新態〉（510-511頁）**

右圖：英國畫家萊特（Joseph Wright）於1730年所畫的「氣泵實驗」。波義耳是利用氣泵研究空氣與真空特性的先驅。

地層 Geological strata

史提諾（Nicolaus Steno，1638-86）

史提諾的丹麥名字是史坦森（Niels Stensen），1660 年離開家鄉哥本哈根之初，是為了到荷蘭的萊登（Leiden）習醫。後來他定居在義大利佛羅倫斯，成為著名解剖學家和大公費迪南二世的私人醫生。有次他應大公之請檢查一個鯊魚頭，發現鯊魚牙齒與普遍稱作「舌狀石」的化石相似，立刻對化石發生莫大興趣。他當時斷定，舌狀石其實是石化的鯊魚牙齒，後來證明他的推斷完全正確。

他在 1669 年出版《初論》（*Prodromus*），書中交代了他的目的是：「假使一個物體具有某種形狀，而且是天然形成，就要在物體本身發掘證據，顯示其生成位置和方式。」他希望探討當時統稱「化石」（fossils）的各式各樣有機與無機物，以及它們如何形成。史提諾證明石英晶體是由沈澱生成，與實驗室裡的結晶體一樣。反之，殼狀物不論石化與否，都顯現一種生長模式，反映以前宿主的生命增生過程，因此不可能是在岩石裡長成的。

但化石殼狀物來自有機體的說法如果要有可信度，史提諾還必須解釋為什麼它們出現在高海拔的內陸岩石裡。他根據在托斯卡尼地區所做的田野調查推斷，地層原來是海底沈積物，沙、礫石和封存在沙石中的貝殼一層層水平地往上堆疊。這個結論意味著今天常見的上升與傾斜地層反映出地球史上後來發生的變化。史提諾也描述了兩個不同時期的水平沈積：第一個時期，生命尚未產生，形成的底層沈積不含化石；第二個時期，地球上已有了生命，因此造成含有豐富化石的上層沈積。這是化石首次被用來重建地球和生命史事件發生的順序。

▶ **參見〈化石〉**（46-47頁）、**〈地球循環〉**（100-101頁）、**〈化石層序〉**（132-133頁）、**〈萊爾的《地質學原理》〉**（146-147頁）、**〈始祖鳥〉**（180-181頁）、**〈山脈的形成〉**（206-207頁）、**〈柏吉斯頁岩〉**（260-261頁）、**〈最古老的化石〉**（410-411頁）、**〈火星的微化石〉**（518-519頁）

右圖：過往的痕跡：英國地質調查所所長戴拉貝許（Henry De la Beche）約1830年所畫的「遠古時代」，描繪史前動物依循「自然法則，各個都是掠食者，同時也都是被掠食者。」

1671

行星距離 Planetary distances

卡西尼（Giovanni Domenico Cassini，1625-1712）

1543 年，哥白尼提出太陽爲宇宙中心的觀念，此後計算各個行星與太陽之間的距離比例變得相當容易。1600 年代初期以後這項計算變得更加簡單，因爲克卜勒的宇宙和諧定律指出，行星繞行太陽的時間的平方，和它與太陽平均距離的立方成正比。然而在卡西尼以前，只有在西元前 280 年時，薩摩斯的阿利斯塔克斯（Aristarchus of Samos）給出了一個太陽系規模的絕對值，但是錯得離譜，他說太陽到地球的距離比月球到地球遠 20 倍。

1669 年卡西尼應法王路易十四之邀，從義大利遷居法國，出任巴黎天文台台長。1671 年，太陽、地球和火星排成一條直線，地球與火星的距離此時最近。他抓緊這個機會，派遣同事希奇（Jean Richer）到南美洲東北海岸的開雲（Cayenne）。然後卡西尼在巴黎，希奇在開雲，兩人同步測量火星與遙遠恆星的角位置（angular position）。利用三角學，加上知道兩人觀測地點相距一萬公里，卡西尼算出地球與火星的距離。再利用克卜勒的和諧定律，他發現地球與太陽的距離是 138,000,000 公里，只比正確數字少 7%。

天文學家只要知道太陽盤和行星盤對向地球的角度，利用三角學就可以估算太陽和行星的大小。估算結果，太陽體積足足比地球大上 110 倍。

牛頓於 1687 年出版《數學原理》，概述他的重力理論之後，科學家發現太陽質量比地球多了近 33 萬倍。有關太陽大小和質量的知識，是天體物理學的基石。

上圖：卡西尼開啓四代天文學家王朝，他的三位子孫相續繼任巴黎天文台台長，卡西尼家族支配法國天文學界一百多年。

參見〈地球周長〉（24-25頁）、〈天文預測〉（26-27頁）、〈日心說〉（42-43頁）、〈行星運動法則〉（第52-53頁）、〈金星淩日〉（62-63頁）、〈牛頓的《原理》〉（78-79頁）、〈哈雷彗星〉（84-85頁）、〈「稱量」地球〉（112-113頁）、〈恆星距離〉（150-151頁）、〈恆星演化〉（286-287頁）

右圖：「太陽王」法王路易十四在《夜》這齣芭蕾舞劇中扮演太陽。卡西尼說服他重新設計巴黎天文台，讓天文台少點裝飾性，多點用處。

微生物 Microscopic life

雷文霍克（Antoni van Leeuwenhoek，1632-1723）

雷文霍克是位偉大的業餘科學家，他的單透鏡顯微鏡可以將物體放大250倍，讓他看清前人之所未見。這位荷蘭台夫特的布商不懂17世紀的科學語言拉丁文，因此他首次用荷蘭文寫信給倫敦英國皇家學會報告他的發現時，還附上推薦函保證他品格可靠，值得相信。從1673年起，他共寫了四百多封信給英國皇家學會和法國國家科學院。信中描述了布滿水中的原生動物「浸液蟲」（infusoria）、人類精子、血液流過微血管、以及詳細的肌肉、神經、骨骼、牙齒和毛髮組織、紅血球和植物細胞，還有67種昆蟲的精細構造（包括跳蚤身上的微小寄生蟲）。他最引人注意的發現是在1683年時看見自己口腔裡的細菌。此後一個世紀多，未再有科學家看到細菌。

他還研究動物的有性生殖，試圖反駁新生命會自然產生的觀念（所謂的「自然發生說」）。1668年義大利醫生雷迪（Francesco Redi）已經證明蛆是由蠅卵孵化出來，不是從腐敗物質逐漸生成，可是他的研究無人重視。雷文霍克反對精蟲是由腐敗精液產生的說法，而且進一步指出，卵子被精蟲穿透後完成受精，供給精子的除了養分，別無他物。

雷文霍克從1671年開始磨製簡單的放大鏡，一生中做了四百多個透鏡。由於只能讀寫荷蘭文，他看當時顯微學家虎克（Robert Hooke）和馬費吉（ Marcello Malphigi）等人未經翻譯的著作時，只研究書中插圖；虎克是第一位使用「細胞」（cell）一詞描述軟木塞皮孔的人，而馬費吉是第一位觀察毛細孔的人。隨著名氣日益響亮，雷文霍克開始和歐洲科學界有所往來，同時愈來愈得皇室歡心。他磨製的透鏡清晰而且倍率高，直到19世紀複式顯微鏡克服製造上的技術障礙之前，一直沒有對手。

▶ 參見〈透過望遠鏡觀天〉（54-55頁）、〈血液循環〉（58-59頁）、〈自然發生說〉（90-91頁）、〈卵與胚胎〉（140-141頁）、〈細胞社會〉（174-175頁）、〈細菌理論〉（202-203頁）、〈病毒〉（232-233頁）、〈生命五界〉（426-427頁）

右圖：雷文霍克畫的微生物（當時稱為animalcules）圖畫的複製品，其中包括了精子。他曾送給皇家學會26具小型顯微鏡，讓學會成員能夠親眼目睹他的驚人發現。

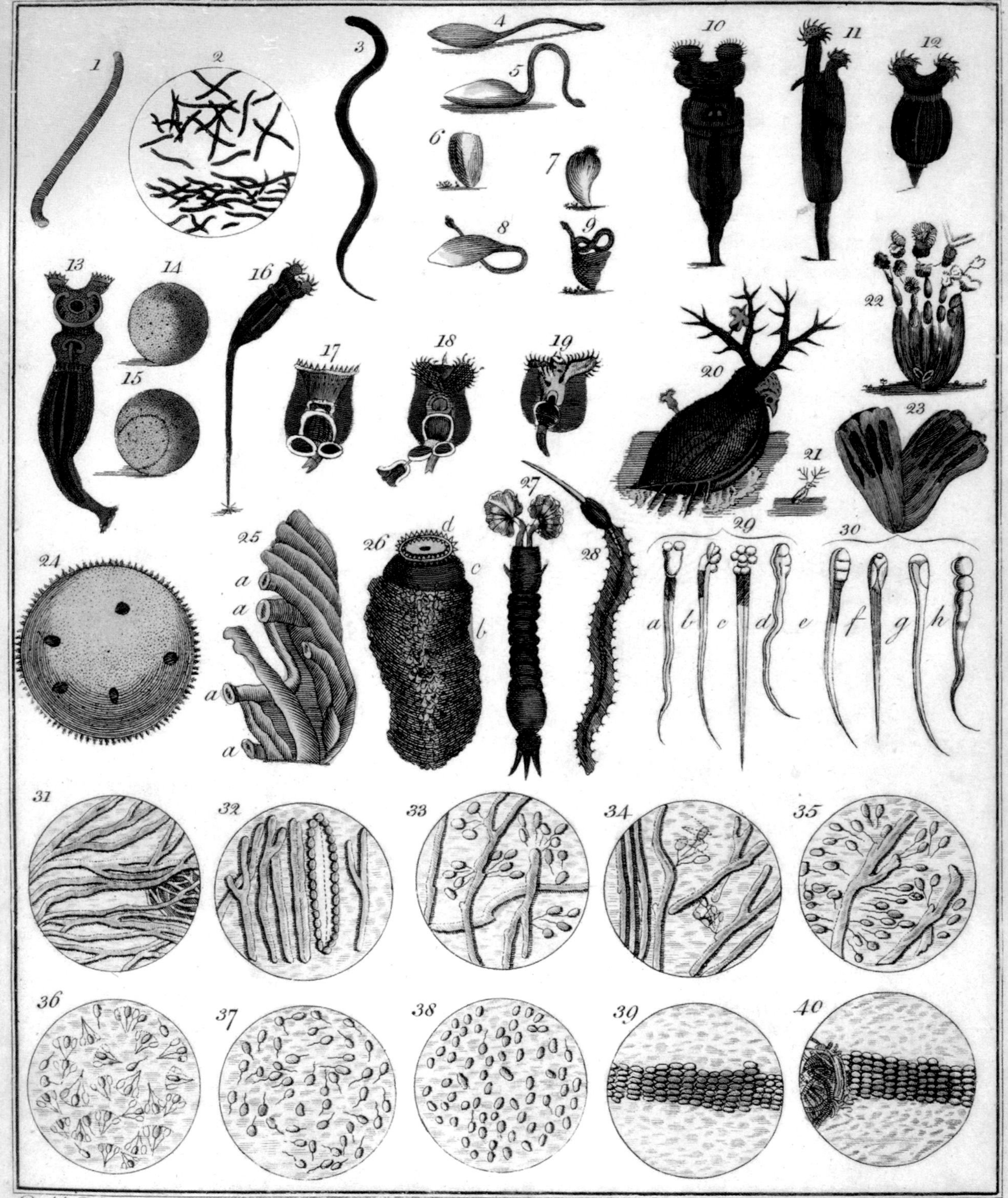

Animalcules.

1687

牛頓的《原理》 Newton's *Principia*

牛頓（Isaac Newton，1642-1727）

牛頓在 1687 年出版他的曠世鉅作《自然哲學的數學原理》（*Philosophiae Naturalis Principia Mathematica*，簡稱《數學原理》或《原理》），不過在此之前，他已經是劍橋大學盧卡斯數學講座教授，早就享有盛名。

1666 年，進入三一學院就讀五年後，牛頓推論出平方反比定律（inverse-square law），解釋萬有引力對行星的作用如何隨著距離增加而減弱，同時開始理解到這項定律也可以說明蘋果爲什麼往下掉。爲了用數學公式表達行星運動，他發展出微積分方法；而在 1673 至 75 年間，德國哲學家暨數學家萊布尼茲（Gottfried Willhelm Leibniz）分頭並進，也推出了自己的微積分版本，隨後兩人爲誰先發明的問題，爭執得非常難看。

《原理》是另一場學術恩怨的成果，牛頓發揮他的驚人才智，只爲了和虎克（Robert Hooke）一較高下。虎克在 1672 年間曾呈遞一份報告給皇家學會，對牛頓的〈光和色的理論〉有所批評；這篇論文是牛頓 1704 年出版的《光學》（*Opticks*）的基礎，文中指出白光是「折射率不一樣的各種不同（顏色）光線的混合」。因此當牛頓在 1684 年得知虎克輕率宣稱已證明行星運動定律時，決心要報一箭之仇。他從 1685 年起埋首工作，用最新的天文測量數據比對他的計算結果。

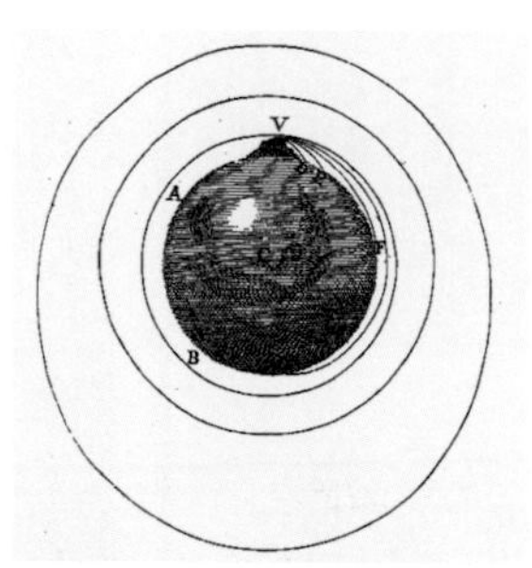

上圖：牛頓的重力圖顯示地球及其周遭一個拋射體的運行路徑。

《原理》統一了兩大力學，一是伽利略的現實世界力學，另一是根據經驗從克卜勒的觀察資料演繹出的天體力學。牛頓早年的平方反比定律只提到行星繞太陽運轉時會受到離心力的作用，《原理》進一步顯示，這種離心力必然被（從一定距離外）作用於太陽與行星之間的重力引力抵銷，書中還證明了行星軌道爲什麼是橢圓形的。

牛頓從不曾打算發表他的驚人發現。他不信任用印刷方式發表心血結晶，對外界批評又過分敏感，後來是哈雷連哄帶騙才說服他把手稿付梓。

▶ 參見〈拆解彩虹〉（36-37頁）、〈行星運動法則〉（52-53頁）、〈落體〉（60-61頁）、〈哈雷彗星〉（84-85頁）、〈太陽系的起源〉（104-105頁）、〈「稱量」地球〉（112-113頁）、〈光的波動性質〉（118-119頁）、〈光譜線〉（130-131頁）

右圖：牛頓寫作《原理》的書房。透過稜鏡折射產生的各色光線投射在牆壁上。牛頓根據音階有七個音符類推光線一定有七種「單色」。

ISAACUS NEWTON EQ. AUR. ÆT. 83.
PHILOSOPHIÆ
NATURALIS
PRINCIPIA
MATHEMATICA.
AUCTORE
ISAACO NEWTONO, EQ. AUR.
Editio tertia aucta & emendata.
LONDINI:
Apud GUIL. & JOH. INNYS, Regiæ Societatis typographos.
MDCCXXVI.

微積分 The Calculus

撰文：伊恩．史都華（Ian Stewart）

當牛頓發表他史詩般的偉大發現，指出物體的運動可以用物體受力及加速度之間的數學關係來描述時，數學家和物理學家的領會大不相同，尤其是加速度的概念：它不是像長度或質量那樣的基本量，而是一種變化率（rate of change）。事實上，是「二階」（second-order）變化率，或稱雙重變化率，也就是變化率的變化率。物體的速度——往一定方向移動的速度——只是一個變化率：物體與某個定點之間距離變動的比率。

如果汽車以時速 60 哩穩定移動，它和出發點之間的距離每小時改變 60 哩。而加速度是速度的變化率。如果這輛車的時速從 60 哩增加到 65 哩，它加快了一定量的速度。這個量不只要看最初與最終速度，也要看轉換發生有多快。如果汽車花了一小時才增加五哩的時速，加速度非常小；如果前後只要 10 秒，則加速度非常之大……

因此加速度是一個變化率的變化率。你可以用捲尺量出距離，但要找出距離變動比率的變化率則難上許多。就是因爲難，所以花了人類如此長的時間，還要靠牛頓的天才，才發現運動定律。如果加速模式只是明顯的距離變化，我們老早就搞定運動問題了。

爲了處理有關變化率的問題，牛頓及德國數學家萊布尼茲不約而同發明了一門嶄新的數學——微積分。它改變了地球的面貌——不論是有形的或無形的面貌。但微積分激發的觀念卻因人而異。物理學家開始尋找其他自然法則，冀望用變化率來解釋自然現象。他們的成果豐碩，發現了有關熱力、聲音、光、流體力學、彈性、電、磁性的諸多定律。即使最深奧的現代基本粒子理論，仍然使用相同的數學原則，雖然詮釋有所不同，而隱含的世界觀也多少不同。

數學家則另闢蹊徑，提出一套全然不同的問題。首先，他們花了很長的時間與「變化率」的眞正含意搏鬥。要得出移動中物體的速度，必須先測量它在哪裡，再找出非常短的一段時間後它移動到哪裡，然後把移動的距離除以經過的時間。不過如果物體在加速，結果將取決於所使用的時間間隔。至於要如何處理這個問題，數學家和物理學家的直覺相同：使用的時間間隔應該盡可能小。

如果時間可以爲零，一切問題將迎刃而解，可惜行不通，因爲移動的距離與經過的時間兩者都是零，變化率將是 0/0，本身無意義。非零時間間隔的最大麻煩是，不管怎麼選擇，永遠可以用一個更小的時間間隔來替代，取得更精確的答案。能夠用到最小的非零間隔當然最理想，不過沒有這等好事，因爲任何一個非零的數目，它的一半也不是零。如果能把間隔取到「無窮小」（infinitesimal），問題也會解決。可惜無窮小的概念牽扯到棘手的邏輯悖論問題；尤其是，如果我們自我設限，只使用一般定義下的數字的話，在我們的數字裡，根本沒有「無窮小」這回事。因此兩百年來，對於微積分，人類一直處於一個非常古怪的地位……

微積分的故事帶出了數學的兩項主要功能：提供工具讓科學家計算大自然在做什麼，以及提供新問題滿足數學家解決問題的慾望。這是數學「外在」的一面與「內在」的一面，通常以「應用數學」和「純數學」來做區分。以微積分來說，物理學家似乎占了上風：如果微積分的方法顯然管用，何必追究它們「爲什麼」管用？

今天我們依然聽到一些自詡務實的人表達相同看法。我並不反對這種立場，在很多方面他們是對的。工程師設計一座橋樑時，有權使用標準數學方法，即使他們並不了解這些方法的推理過程，反正推理過程著實複雜，時常難以理解。不過至少在我個人來說，如果我知道沒有任何人了解這些方法背後的道理，開車經過橋樑時我會惶惶不安。所以，就知的層面，的確值得有一些人對實際使用的方法滿懷疑慮，而且努力找出讓它們有效的眞正原因。這就是數學家要做的工作之一。他們從中得到樂趣，其他人則從他們頭腦勞動的各種副產品中獲益。

植物的性別 Plant Sex

卡梅拉里烏斯（Rudolph Jakob Camerarius，1665-1721）

植物可能雌雄有別的想法，可以追溯到第三世紀的狄奧佛拉斯塔，但第一個提出實驗證據，確定植物行有性繁殖的是德國杜賓根（Tübingen）大學的醫學教授卡梅拉里烏斯。

卡梅拉里烏斯憑著對花朵的精準實驗證明，如果植物要產生種子，花粉必須傳送到柱頭上。他摘除蓖麻的雄蕊或玉米花的柱頭，發現這些植物隨即失去產生種子的能力。隔離菠菜與山靛等植物的雄株與雌株，也會造成不育的後果。他因此斷定，植物像大多數動物一樣，行有性生殖。卡梅拉里烏斯在1694年出版《植物的性別》（*Epistola de Sexu Plantarum*）宣布他的發現，並將此書獻給德國吉森的醫學教授瓦倫提尼（Michael Bernard Valentini）。其他植物學家似乎也在差不多的時間分別獲得相似結論，1676年英國植物學家及醫生葛魯（Nehemiah Grew）便曾向皇家學會宣讀一篇報告，指認花粉是花朵的雄性部位。

到了17世紀末，其他人已經確認卡梅拉里烏斯的觀察。大概在1720年以前，倫敦苗圃主人費爾柴德（Thomas Fairchild）讓康乃馨與美洲石竹相互異花授粉，培育出第一株人工種間雜交植物，刻意讓植物異種雜交及選擇育種的時代從此來臨。又過了很久，到了1830年，義大利顯微鏡學家阿米西（Giovanni Battista Amici）顯示，花粉粒發芽形成花粉管，沿花柱往下伸長，穿過稱作珠孔的小洞進入胚珠，達成性融和（sexual fusion）。30年後，孟德爾（Gregor Mendel）利用嚴格控制的豌豆異花授粉實驗，發現了遺傳的定律。如今操作有性生殖及孟德爾遺傳學成為現代植物育種的基石。

▶ **參見〈植物學誕生〉**（18-19頁）、**〈生物命名〉**（88-89頁）、**〈孟德爾遺傳定律〉**（192-193頁）、**〈固氮作用〉**（208-209頁）、**〈作物多樣性〉**（292-293頁）、**〈綠色革命〉**（428-429頁）

右圖：雷納葛（Philip Reinagle）題為〈邱比特用愛喚醒植物〉的繪畫，取自英國植物學家桑頓（Robert Thornton）1804年出版的《花神殿堂》（*The Temple of Flora*）植物繪本。

1705

哈雷彗星 Halley's comet

哈雷（Edmond Halley，1656-1742）

在 1687 年那本名著《數學原理》中，牛頓就曾指出，只要我們在兩個月左右的時間裡，能夠三次精確測量出彗星的位置，便可以推算出彗星的軌道。他還用 1680 年的大彗星示範計算步驟。不過他的方法有個前提，彗星軌道必須是拋物線形：亦即彗星從遙不可知的遠方飛來，經過太陽，再重回遙不可知的遠方。牛頓收集了另外 23 次彗星紀錄，但他後來可能太忙，或覺得乏味，而沒有再花力氣做繁瑣的彗星運動計算。他的資料轉到朋友哈雷手上；哈雷是倫敦人，當時在皇家學會的祕書處工作。

1696 年，就在奉命接任卻斯特鑄幣廠（Chester Mint）副監察人之前，哈雷向皇家學會宣讀一篇報告，提出 1607、1618 與 1682 年三顆彗星的可能路徑，還在結論中指出，1607 和 1682 的彗星事實上是同一天文物體隱沒再現。

1705 年，已經擔任牛津大學幾何學教授的哈雷出版了他的名著《彗星天文學概論》（*Astronomiae Cometicae Synopsis*），在書中列舉 24 顆彗星的運行軌道，所有軌道假定都是拋物線形。他這時看出 1531 年的彗星與 1607 年及 1682 年的彗星路徑相似。哈雷斷定，它們是同一顆彗星，這個彗星以封閉而極其扁長的軌道繞著太陽運轉，只有在接近地球時才看得見。它出現的時間間隔約 76 年。哈雷寫道：「因此我敢大膽預言，它將在 1758 年再現。」彗星確實回來了，而且是在耶誕節當晚現蹤，從此被稱爲哈雷彗星。它的重返證明，至少在我們行星系的遙遠邊緣，牛頓萬有引力定律仍然適用。

上圖：喬托（Giotto）哈雷彗星探測器於1986年3月13日至14日拍攝的哈雷彗核。

▶ 參見〈一顆新星〉（ 48-49頁）、〈牛頓的《原理》〉（78-79頁）、〈發現小行星〉（120-121頁）、〈彗星的故鄉〉（360-361頁）、〈恐龍滅絕〉（458-459頁）、〈舒梅克－李維9號彗星〉（508-509頁）、〈月球上的水〉（522-523頁）

右圖：11世紀拜約掛毯（Bayeux tapestry）局部圖，描繪英格蘭的哈洛德國王獲報不祥之兆彗星來臨。這是古時看過哈雷彗星的證據。

HAROLD

貿易風 Trade winds

哈德里（George Hadley，1685-1768）

18世紀初，熱愛氣象的英國律師哈德里開始對風吹過地球表面的形態發生興趣，他還想了解能否做大範圍的預測。例如，水手長久以來都知道，赤道以北的熱帶，所謂的「貿易風」（trade winds，中文名稱爲「信風」）經常從東北方吹來，而在赤道以南的熱帶，風從東南方吹來。此外，在赤道附近，風時常完全靜止，形成一個被稱爲「無風帶」（doldrums）的地區，這是水手最害怕的地方，因爲船到這裡常被困住。

爲了解這些現象，同時因爲負責倫敦皇家學會氣象觀察，哈德里做了熱帶洋流的首次認眞研究。他在1735年提交一份報告給皇家學會，試圖解釋這些現象，報告名稱即爲〈一般貿易風的成因〉（*Concerning the cause of the general trade winds*）。哈德里首先假設，太陽的熱力使得赤道的空氣上升，冷卻時降落在南北極，結果造成南北半球各有一個對流圈——現稱爲哈德里環流（Hadley cell）。環流靠近地面的空氣朝赤道移動，高層氣流則朝南北極移動。此外，旋轉的地球與接近地面的空氣發生摩擦，促成氣流偏東，這就是爲什麼不論赤道以北或以南的熱帶，貿易風方向都會偏東。無風帶則是兩個環流交會處氣流上升的結果。

雖然哈德里的研究讓人印象深刻，他的氣流循環模型卻嫌簡單，需要更詳細的模型才能正確描述全球風的形態。他的研究在他生前沒有多少人重視，直到1793年才重新被發明原子論的道爾頓（John Dalton）發掘出來。

▶ **參見〈大氣壓力〉**（64-65頁）、**〈傅科擺〉**（166-167頁）、**〈混沌理論〉**（238-239頁）、**〈氣象預報〉**（284-285頁）

右圖：顯示風向的羅盤圖。到了17世紀中葉，航海者已經帶回足夠的各區域盛行風的資料，可供科學家解釋風向成因。

OUSSOLE DES VENTS ou leurs noms tant Anciens que Modernes sont
iuisez en six Cercles suivant les principales nations de l'Europe
OCCIDENT
Noord West
Nord Ouest
Nor Oeste
Macstro
Borro
Lybicus
Noord Noord West
Nord Nord d'Ouest
Nor Nor Oeste
Tramontana Maestro
Circius Gallicus
Noord ten Oosten
Nord quart a Nord Est
NOORD
NORD
NORTE
TRAMONTANA
SEPTENTRIO
Nord Est
Nort Este
Grecoou Galerno
Borrape
Liotes
OOST
EST
LESTE
LEVANTE
SUBSOLANUS
Zuyd Oost
Sud Est
Sueste
Siroco
Notupeliotes
Vpophoenix
Phoenix Gangeticus
NOTOΣ
NOTUS
Auster
OSTRO
SUR
SUD
ZUYD
Zuyd West
Sudwest
Sud Veste
Garbino
Notozephyrus
WEST
OUEST
OESTE
PONENTE
ZEPHYRUS FAVONIUS
Corus Caurus
Mesocorus
Ponente Maestro
Hypocirclus
Hypocorus

生物命名 Naming life

林奈（Carolus Linnaeus，1707-78）

生物學家提到物種，都使用依林奈二名法訂定的兩部分名稱，例如 Equus caballus 是馴養馬的正式名稱。前一字（Equus）是屬名，第一個字母要大寫；後一字（caballus）通常小寫，是種名。屬之下包含不只一個種，例如平原斑馬是 Equus burchelli。但種屬二名合起來的名稱，每個物種不同。

林奈是瑞典博物學家和醫生，1735 年出版《自然系統》（*Systema Natura*），發表他的命名原則。他稱呼物種的方法非常好用，因此沿用了兩個半世紀都不曾改變。林奈之所以提出這種命名方式，因爲當時使用的亞里斯多德命名法搖搖欲墜，應付不了新發現的物種大量湧現。亞氏命名法訂定的名稱也包含屬和種，但種名旨在描述物種的獨特性質，以便單看名稱就能辨識這個物種。面對局部地區數目不多的物種時，這種命名法還管用，到了 18 世紀，科學探索範圍涵蓋全球的情況下，就變得捉襟見肘。例如，以亞氏命名法來替番茄（tomato）命名，結果會是長長的一串字：Solanum caule inerme herbaceo, foliis pinnatis incises, racemes simplicibus（茄屬植物具有光滑綠莖、鋸齒緣羽狀葉和簡單花序），比林奈式名稱 Solanum lycopersicum 麻煩多了。在林奈二名法裡，種名極少或甚至不去嘗試描述物種，例如平原斑馬的種名 burchelli 即取自發現者 William John Burchell 的姓名。林奈的作法是把種的名稱及其特性描述分開處理。

林奈也很有影響力，因爲他描述的物種非常之多（將近一萬種），他的書已成爲認識生物名稱的標準參考書。他採用許多包含比較廣泛的分類類別，現在大家都很熟悉，例如哺乳類（正式名稱 Mammalia），就是以是否具有乳腺作爲分類根據，也是我們人類所屬的類別。

▶ **參見〈亞里斯多德的遺產〉**（16-17頁）、**〈植物學誕生〉**（18-19頁）、**〈達爾文的《物種原始》〉**（176-177頁）、**〈新達爾文主義〉**（282-283頁）、**〈生命五界〉**（426-427頁）、**〈繽紛的生命〉**（468-469頁）

右圖：林奈根據花朵的性器官來分類植物，此為著名德國植物畫家艾瑞特（Georg Dionysius Ehret）1736 年繪製的植物性器官系統圖。

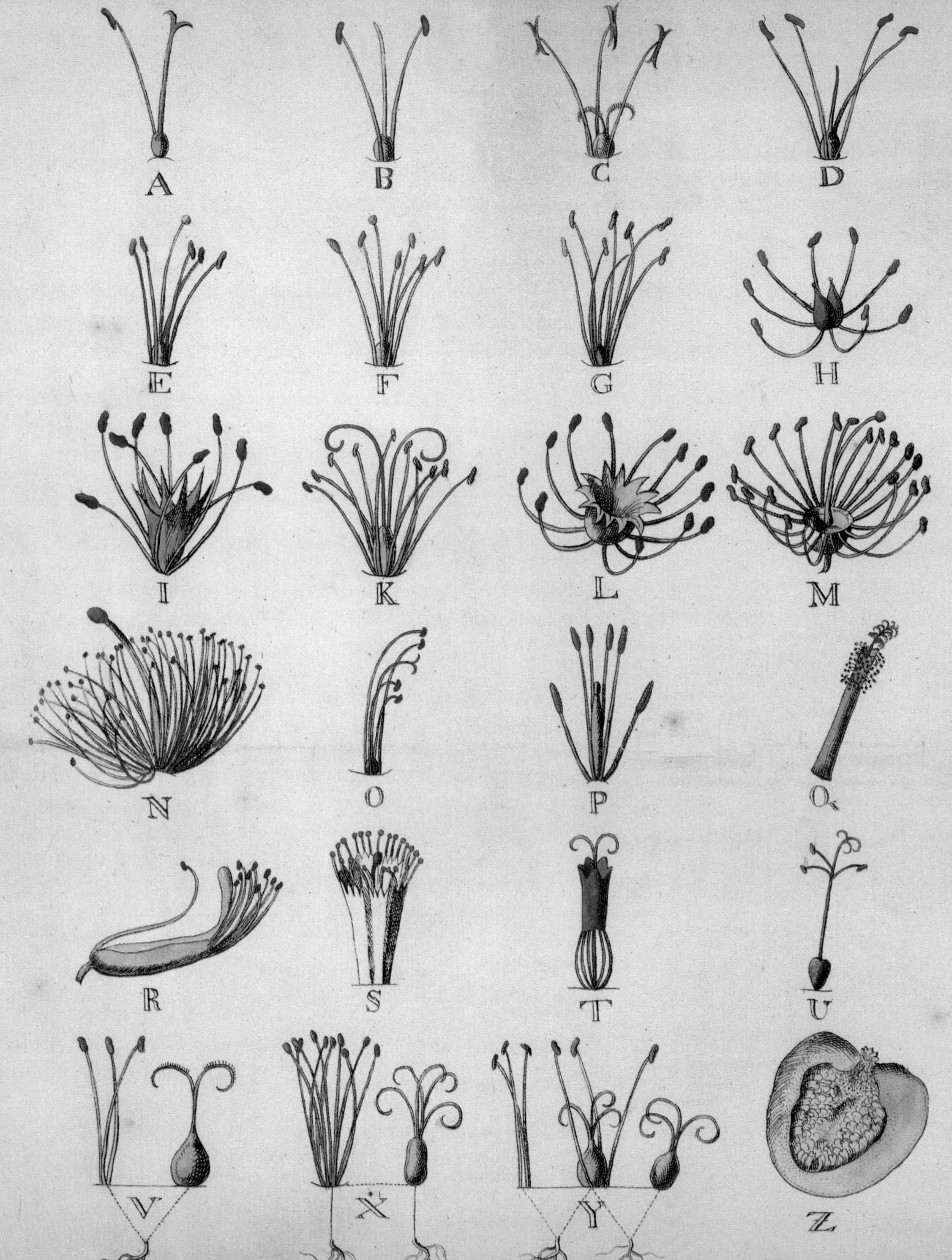
A
B
C
D
E
F
G
H
I
K
L
M
N
O
P
Q
R
S
T
U
V
X
Y
Z

自然發生說 Spontaneous generation

史帕蘭扎尼（Lazzaro Spallanzani，1729-99）

以前曾經有不少生物學家相信「自然發生說」，認爲新生命可以從腐敗的物質產生。他們用這個觀念來解釋人體內寄生蟲的由來，例如在非寄生世界中找不到的條蟲；也用來解釋「微小動物」（animalcules，從前給微生物的名稱）和「浸液蟲」（infusoria，從前泛指水中的原生動物）的存在，這些生物會在顯微鏡下現形，但是來源不明。自然發生的機制引發熱烈的討論。就連這種現象本身也有許多爭議，反對自然發生說的人和支持者一樣多。博學多聞的義大利教士史帕蘭扎尼在大學裡教授自然史，他用證據推翻這個流行了好幾百年的學說。

史帕蘭扎尼十分熟悉雷文霍克與雷迪上個世紀所做的研究，認爲他們的研究應該駁倒了自然發生說。因此當他發現又出現兩本書宣稱腐敗的動植物可以產生新生命時，他感到非常生氣。激怒他的兩本書是法國博物學家布豐（George Buffon）的《自然史》（*Histoire Naturelle*，1749）和蘇格蘭教士倪德漢（John Needham）的《顯微鏡下新觀察》（*Nouvelles Observations Microscopiques*，1750）。

倪德漢在書中說，他把肉汁加熱後，放上兩三天就出現微生物，證明了自然發生說。史帕蘭扎尼也用蔬菜和穀物汁液做了實驗，他發現，把汁液放在燒瓶中短暫加熱後密封瓶口，汁液中還會有微生物；汁液加熱一小時後密封瓶口，就沒有微生物出現了；但加熱一小時的汁液若瓶口未封死（空氣可以進入），就會出現微生物。這顯示，加熱時間短不足以殺死汁液裡原有的微生物，而「乾淨」的汁液之所以會產生新微生物，完全是空氣帶來的。他在 1765 年寫了一篇〈論顯微觀察〉（*Saggio di Osservazioni Microscopiche*）發表他的結論，證明自然發生說不足採信。倪德漢則反駁，史帕蘭扎尼處理方式粗糙，尤其讓實驗材料長時間沸滾，破壞了樣本裡滋生新生命的要素，因此實驗是無效的。兩派持續爭執一個世紀之久。1860 年法國化學家巴斯德（Louis Pasteur）才提出不容辯駁的證據，顯示發酵、腐敗和感染全因空氣中的細菌污染所致。巴斯德還展示如何用熱摧毀細菌，但是，就這種被稱爲「巴斯德殺菌法」（pasteurization）的高溫殺菌方式而言，史帕蘭扎尼其實是領先巴斯德一步的。

▶ 參見〈微生物〉（76-77頁）、〈細菌理論〉（202-203頁）、〈病毒〉（232-233頁）

右圖：早期的自然發生說認為腐肉會生出蛆，長成蒼蠅。虎克（Robert Hooke）是17世紀觸角最廣的科學家之一，他的複式顯微鏡讓他成為詳細觀察「藍蠅」這類生物的第一人。這是虎克手繪的藍蠅圖，取自他1665年出版的《顯微圖鑑》（*Micrographia*）。

Schem:XXVI.
Fig:1.
Fig:2.
A
A
B
B
C
D
D
E
E
F
F
G
H
I
I
K
K
L
L
1
2
2
2
3
3
4
4
4
5
5
5
6
6
7
7
8
8

π

藍柏特（Johann Heinrich Lambert，1728-77）

Pi 是世界上最有名的數字，甚至有香水以它爲名。雖然古代文明早就知道這個常數，但直到 1700 年代才開始用希臘字母 π 來表示圓的「周長」（periphery）。π 的定義很簡單，它是圓周和直徑的比率，不過精確數值非常難確定。它比 3 大一點，古時用不同的近似值代表，如巴比倫用 25/8 或 3.125，埃及人用 256/81 或 3.16。其中特別巧妙的一個值是 10 的平方根或 3.162，雖然接近，但與圓毫無關係。

已知第一個計算 π 的方法是阿基米德提出來的，他利用正 96 邊形模擬圓，求得約 3.1418 的值。其他人沿用他的方法，用更多邊形來算，算到約 1600 邊時，得到小數點以下 35 位數的值。不過在那個時候，其他計算近似值的公式已紛紛出爐。1853 年，一位名叫向克斯（William Shanks）的英國人花了 15 年功夫算到小數點以下 707 位數，但後來發現他在第 528 位數出錯，因此隨後的數值統統不對。

1768 年德國數學家藍柏特證明 π 是「無理數」（irrational）：不能用兩個整數的比值來表達，也不是一個循環小數。1882 年另一位德國數學家林德曼（Ferdinand Lindemann）又證明 π 是「超越數」（transcendental）：不能成爲任何代數方程式的解，也就是不能憑藉一把尺和一個圓規就化圓爲方。不過在電腦幫忙下，追求更精確 π 值的腳步更快。1949 年，經過 70 小時的電腦運算，創紀錄算到小數點以下 2,037 位。最新計算結果是 1997 年宣布的小數點以下 51,539,600,000 位。數字排列似乎仍然沒有規律可循，不過「0123456789」這一串數字出現了六次。

▶ 參見〈歐幾里德的《幾何原本》〉（20-21頁）、〈地球周長〉（24-25頁）、〈天文預測〉（26-27頁）

右圖：從香水到電影：在《π》這部影片中，叛逆的數學家柯恩（Sean Gullette飾演）尋找一個可以破解股市漲跌模式的數字。

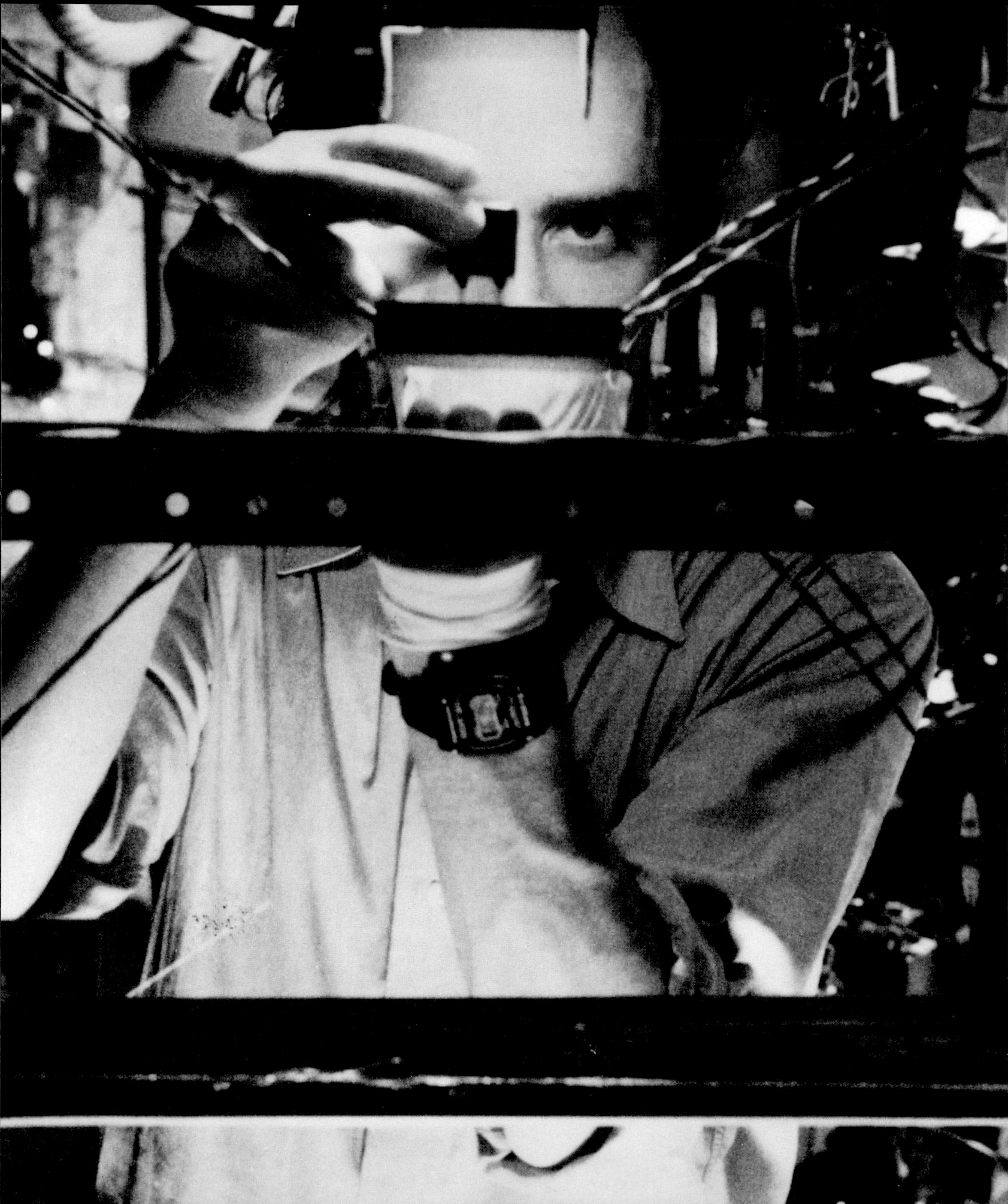

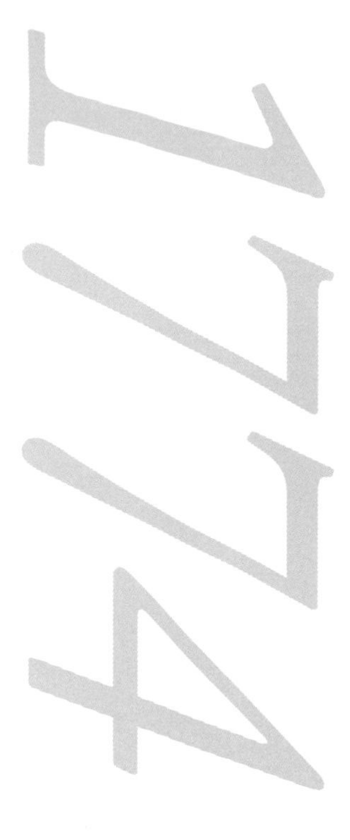

燃燒 Combustion

普里斯特利（Joseph Priestley，1733-1804），席利（Carl Wilhelm Scheele，1742-86），拉瓦錫（Antoine Laurent Lavoisier，1743-94）

18 世紀是「氣體化學家」的全盛時期，他們研究的重點是空氣。幾個世紀以來，製造化學變化的主要工具是熱，而氣體化學家一心想解開燃燒之謎。

氣體化學界的領頭科學家大都公開承認他們相信有「燃素」（phlogiston）——物質燃燒時釋出的易燃「要素」，普里斯特利更是信奉不渝。他早年擔任過英國長老會牧師，但是在宗教或政治思想上都不肯墨守成規。燃素理論的致命傷倒不是它錯了，而是它差一點就正確。1774 年普里斯特利觀察到氧氣時，把它解釋成（dephlogisticated air），也就是缺乏燃素的空氣，可以使含有大量「可燃要素」的物質燒得特別熾烈。

第二年，普里斯特利研究氧氣對呼吸的影響，發現氧氣讓他的呼吸「格外暢快」。他製造氧氣的方法並不新奇，只是把氧化汞加熱而已。瑞典藥劑師席利幾年前就做了相同的實驗，而且用其他各種不同鹽類釋出氧氣。席利稱他的氣體為「火氣」（fire air），甚至推論正常空氣包含一份「火氣」和四份「廢氣」（惰性氮）。

但法國化學家拉瓦錫被認為是氧的發現者，他在 1777 年替這種氣體取名為 oxyg ene，意思是「酸素」（acid-former），因為他以為（誤以為）氧是所有酸性物質的基本成分。拉瓦錫比普里斯特利更進一步，他的實驗顯示：氧化汞加熱後釋出氧氣的量，與汞在空氣中加熱時吸收的氧氣量相等。因此，他指出，不需要說什麼「燃素」或「脫燃素空氣」，氧這種「純空氣」本身就是燃燒的要素。拉瓦錫的氧氣燃燒理論提供了化學亟需的統一原則，法國一片讚好聲音，但在英國起初卻遭到抵制。

▶ **參見〈波義耳的《懷疑的化學家》〉**（70-71頁）、**〈氫和水〉**（98-99頁）、**〈新元素〉**（122-123頁）、**〈原子理論〉**（124-125頁）、**〈元素週期表〉**（196-197頁）、**〈檸檬酸循環〉**（320-321頁）

右圖：拉瓦錫夫人瑪麗安（Marie-Anne Pierrette Paulze）嫁給他時才14歲，後來變成他的私人助理，幫他翻譯普里斯特利和卡文迪西寫的重要報告，同時幫拉瓦錫的教科書畫化學設備插圖。

發現天王星 Discovery of Uranus

赫歇爾（William Herschel，1738-1822）

古時候，人們在天空中看到七個會移動的物體：月亮、太陽、水星、金星、火星、木星和土星。1781 年 3 月 13 日，這個名單又增加了天王星，使得人類所知道的太陽系規模擴大了一倍。

赫歇爾是德國漢諾威王室禁衛軍樂隊指揮的兒子，後來遷居英格蘭的巴斯，擔任八角大教堂風琴師。閒暇時他開始製作望遠鏡的反射鏡，使用一種銅錫合金的鏡銅當材料。1781 年 3 月 13 日，星期二晚上，他站在新國王街 19 號花園裡，拿著自己做的木製經緯儀望遠鏡。反射鏡直徑 15.7 公分，焦距 2.13 公尺。赫歇爾當時在搜索雙子座一帶的天空，計算不同亮度的恆星，打算製作銀河系圖。他順便記錄出現在視線範圍內的異常物體。在雙子座 1 星附近，偶然看見一顆「星」比平常亮，也比平常大，起初他懷疑這是一顆彗星。當他加大望遠鏡的倍率時，看到鏡頭裡的影像變得愈來愈大。

赫歇爾寫信給許多天文學家，報告他的新發現。大家都把望遠鏡轉向那一片天空，注意到這個物體移動速度非常緩慢穩定，行徑不像彗星，而且無頭無尾。芬蘭天文學家雷克塞爾（Anders Lexel）發現它的軌道接近圓形，周期約 83 年。顯然是顆行星。

1782 年赫歇爾建議將新行星命名「喬治之星」（Georgium Sidus）。英王喬治三世非常高興有此發現，任命赫歇爾爲他的宮廷天文學家，年俸 200 英鎊。到了 1850 年，出於德國天文學家波德（Johann Bode）的建議，這顆行星的名字已改爲天界主神「烏拉諾斯」（Uranus），天王星之名由此而來。烏拉諾斯也是神話中農神撒頓（Saturn；譯按：土星名）的父親。

▶ 參見〈金星凌日〉（62-63頁）、〈行星距離〉（74-75頁）、〈發現小行星〉（120-121頁）、〈發現海王星〉（162-163頁）

右圖：「喬治之星」被威靈頓公爵遮蔽，這位曾任英國首相的公爵於1829年主導通過「天主教徒解放法」（Catholic Emancipation）。喬治四世曾試圖娶一位羅馬天主教徒但未能如願。

Ireland

氫和水 Hydrogen and water

卡文迪西（Henry Cavendish，1731-1810）

水是一種生命元素的觀念根源如此之古老，難怪許多科學家發現水會消亡時感到惴惴不安。不過當水的基本成分──氧和氫──被分離時，水免不了要消失。17 世紀英國化學家波義耳已經知道氫是一種「可燃空氣」，在他之前當然也有人知道；席利在 1770 年曾製造氫，懷疑它可能是純「燃素」；另一位英國科學家卡文迪西再早四年也曾獲得相同的（錯誤）結論。

不過這種「可燃空氣」的表現還是讓人有些吃驚。1774 年，普里斯特利的朋友華泰爾（John Waltire）在密封的銅瓶裡把這種氣體與空氣混合，再加以燃燒，而後發現瓶壁上有「露珠」。在法國，普里斯特利的對手拉瓦錫的一位同事馬奎爾（Pierre Joseph Macquer）燃燒「可燃空氣」，觀察到火焰上的瓷碟「被像水般的液體弄濕」。在英格蘭，瓦特（James Watt）和普里斯特利先後重複了這些實驗。卡文迪西後來也做了同樣的實驗。

不知何故，習慣上大家都說從氫氧合成水的人是卡文迪西，其實他在 1781 年的實驗，前人已經做過四次，他只是重複而已。而且，卡文迪西是「燃素說」的忠實信徒，不相信拉瓦錫的氧氣說，不可能正確解釋他的發現。不過，以前的人沒有一個像卡文迪西一樣把實驗做得這麼徹底。他還進一步證明普里斯特利的「脫燃素空氣」（氧）會與兩倍量的「可燃空氣」（氫）結合，揭露了這種物質的組成成分：H_2O。

卡文迪西在 1784 年向皇家學會宣布他的發現以前，花了三年時間改進實驗，因此拉瓦錫有時間重複這些實驗並提出自己的主張：水由氫和氧組成。拉瓦錫還證明，水通過熾熱的槍管時會再分解回氫和氧，而氧立刻和鐵反應形成鐵鏽。因此拉瓦錫替這種「可燃空氣」取名爲 hydrogène（氫）：水素。

▶ 參見〈波義耳的《懷疑的化學家》〉（70-71頁）、〈燃燒〉（94-95頁）、〈新元素〉（122-123頁）、〈元素週期表〉（196-197頁）、〈外星智慧〉（398-399頁）、〈月球上的水〉（522-523頁）

右圖：卡文迪西利用電流火花點燃密封玻璃容器裡混和的空氣和「可燃空氣」。以「適當比例」爆炸之後，它們冷卻凝聚成一粒粒「純水」水珠。

HYDROGE
EAU
OXYGENE

地球循環 Earth cycles

赫登（James Hutton，1726-97）

赫登被譽爲現代地質學之父，在歷來所有研究地球的學者當中，他可能是堪稱「地質學家」的第一人。他是 18 世紀蘇格蘭啓蒙運動的產物，曾赴法國巴黎、荷蘭萊登求學，靠製造氯化銨賺錢，對蒸汽機、開鑿運河和改良農業都很感興趣；但與許多同輩不同，他從未在大學擔任教職。

1785 年，赫登在蘇格蘭皇家學會學刊上發表他的地球理論論文，後來擴增內容，並加入大量例證，彙整成兩冊《地球理論》（*Theory of the Earth*），於 1795 年出版。他以純推論的方法，沿襲牛頓學派的古老思維，主張地表是無窮盡的循環，以致在當時飽受批評。不過他的書，或者不如說是他的數學家朋友普雷費爾（John Playfair）改寫後在 1802 年出版的簡明版，發揮了很大的影響力，尤其是他的一些理論獲得蘇格蘭同鄉萊爾（Charles Lyell）與達爾文的推廣之後。

赫登認爲地球的自然變化過程雖然具有破壞力，卻是形成肥沃土壤，滋養動植物和人類生命之所必需。但如果只是單向變化，所有陸地將沒入海裡，生命將會滅絕。無庸置疑，睿智的上帝設計了一種補償機制，重造陸地，保存生命。因此仔細探索大自然，必能揭露持續恢復陸地的機制。

含化石的地層在海底形成，而構成地層的岩屑來自陸地，因此一定有某種不斷的作用過程把鬆散的岩屑變成堅固的岩石。在赫登看來，這個機制是熱和壓力，代表地球核心有火，也解釋了地震、火山和礦脈的由來。整個過程是一種穩定狀態的「均變」（uniformitarian）循環，新大陸不斷由舊大陸的殘屑產生。所以地球之輪永遠轉動，「找不到起點，也看不到終點」。赫登的「均變說」（uniformitarianism）意謂著地球的地質作用方式從古到今都是相同的。

▶ 參見〈地層〉（72-73頁）、〈火成論者的地質學〉（108-109頁）、〈化石層序〉（132-133頁）、〈萊爾的《地質學原理》〉（146-147頁）、〈冰河時期〉（152-153頁）、〈山脈的形成〉（206-207頁）、〈地球內部〉（250-251頁）、〈萬古磐石〉（252-253頁）、〈大陸漂移〉（270-271頁）、〈板塊構造說〉（414-415頁）、〈蓋婭假說〉（432-433頁）、〈恐龍滅絕〉（458-459頁）、〈聖海倫火山爆發〉（462-463頁）

右圖： 赫登觀察過的岩石層，剖面圖顯示地層明顯不整合。

接種疫苗 Vaccination

金納（Edward Jenner，1749-1823）

「爲什麼要多想？爲什麼不試著實驗？」蘇格蘭外科醫師杭特（John Hunter）1775 年給學生金納的信中如此寫道。因此，在 1796 年 5 月 14 日那天，金納就遵照老師的話，從擠牛奶女工奈梅絲（Sarah Nelmes）的牛痘膿包取得一些膿液，接種到八歲小男孩菲浦斯（James Phipps）的手臂上。按照金納的經驗，牛痘是牛群中流行的輕微疾病，擠奶女工只要染上牛痘，就可免於感染毀容和可能致命的天花。他當時想，手臂對手臂直接接種牛痘膿包，不知能否產生這種免疫力？

菲浦斯有點發燒，長了一些水泡，之後完全復原。六週後，金納再替他接種天花，菲浦斯沒有出現任何症狀。1798 年金納宣布，他替 23 名病患「接種牛痘」（vaccination）成功對付了天花；vacca 是牛的拉丁文。他的方法比原先用天花膿液接種安全得多，因此立刻風行歐洲。原先的方法是亞洲傳統療法，在 18 世紀初由英國駐君士坦丁堡領事的妻子孟塔古夫人（Lady Mary Wortley Montague）帶回英格蘭，而且大力提倡。

這時候醫界也在爭論，天花和牛痘究竟是兩種截然不同的疾病，或是相同疾病而毒性不同。我們現在知道兩者不同，但嚴重疾病的溫和版或許有免疫效果的觀念，半個世紀後觸發巴斯德的靈感，當時他正在發展細菌致病理論，發現雞隻霍亂細菌的毒性能在培養皿中減弱，把這些「弱毒性」細菌注射到鳥身上，可以預防感染霍亂。他接著製造了弱毒性的炭疽菌和狂犬病毒，並在 1880 年初期做了一系列戲劇化的動物實驗，展示它們的防疫效力。減弱傳染病媒介的毒性今天仍是疫苗發展的目標。

經過長達 14 年的大規模接種疫苗活動，世界衛生組織於 1980 年宣布，天花已經完全絕跡。

▶ 參見〈細胞免疫〉（204-205頁），〈抗毒素〉（214-215頁），〈神奇子彈〉（262-263頁），〈生物自我辨識〉（430-431頁），〈單株抗體〉（448-449頁），〈普里昂蛋白〉（466-467頁）

右圖：一幅19世紀的畫，記錄了醫生替兒童接種天花疫苗的情形。

太陽系的起源 Origin of the Solar System

拉普拉斯（Pierre-Simon Laplace，1749-1827）

自轉在行星形成過程的重要性，見諸法國數學家暨天文學家拉普拉斯的《宇宙系統論》（*Exposition du Systeme du Monde*）。這本書於 1796 年出版，非常受歡迎。它有助於解釋一些眾所周知的宇宙規律，譬如行星爲什麼以近乎圓形的軌道繞著太陽運轉，而且在幾乎相同的平面上以相同方向移動。

拉普拉斯認爲，太陽初始是一個不斷旋轉的巨大的星雲或氣體雲。當氣體收縮時，雲氣加速旋轉，外緣會因離心力而遭拋棄。狂亂的氣流產生一圈又一圈的赤道環（equatorial rings）。每一道環的物質又緩慢收縮成爲一顆行星。由於環的外圈旋轉速度比內圈快，行星會繞著自軸旋轉，方向與原始星雲轉向相同。最後，星雲中心凝結成今天的太陽。

這個假說最大的缺點之一是，原始太陽的轉速會非常之快，以致徘徊在平衡邊緣。今天的太陽慢慢地每 25 天轉一圈，與假設的情況相差甚遠。不過，借助於太陽風拖慢老邁太陽轉速的說法，拉普拉斯的太陽星雲假說安然度過時間考驗，甚至被用來解釋巨行星周圍衛星形成的原因。

在 1796 年的那本書中，拉普拉斯還計算了太陽必須多大，才能讓表面散射的光全部被重力拉回。1808 年的版本刪掉了這個「黑洞」計算。一個世紀以後，科學家才發現發現沒有任何東西可以快過光速。

▶ 參見〈土星環〉（68-69頁），〈發現小行星〉（120-121頁）、〈廣義相對論〉（278-279頁）、〈彗星的故鄉〉（360-361頁）、〈阿波羅任務〉（424-425頁）、〈黑洞蒸發〉（440-441頁）、〈伽利略任務〉（514-515頁）、〈月球上的水〉（522-523頁）

右圖： 笛卡兒的宇宙觀認為，每顆恆星周遭環繞著漩渦狀的物質或「渦流」，行星則在渦流中運行。這幅取自他1644年出版的《哲學原理》的插圖顯示，一顆彗星正從一個渦流前進到另一個渦流。

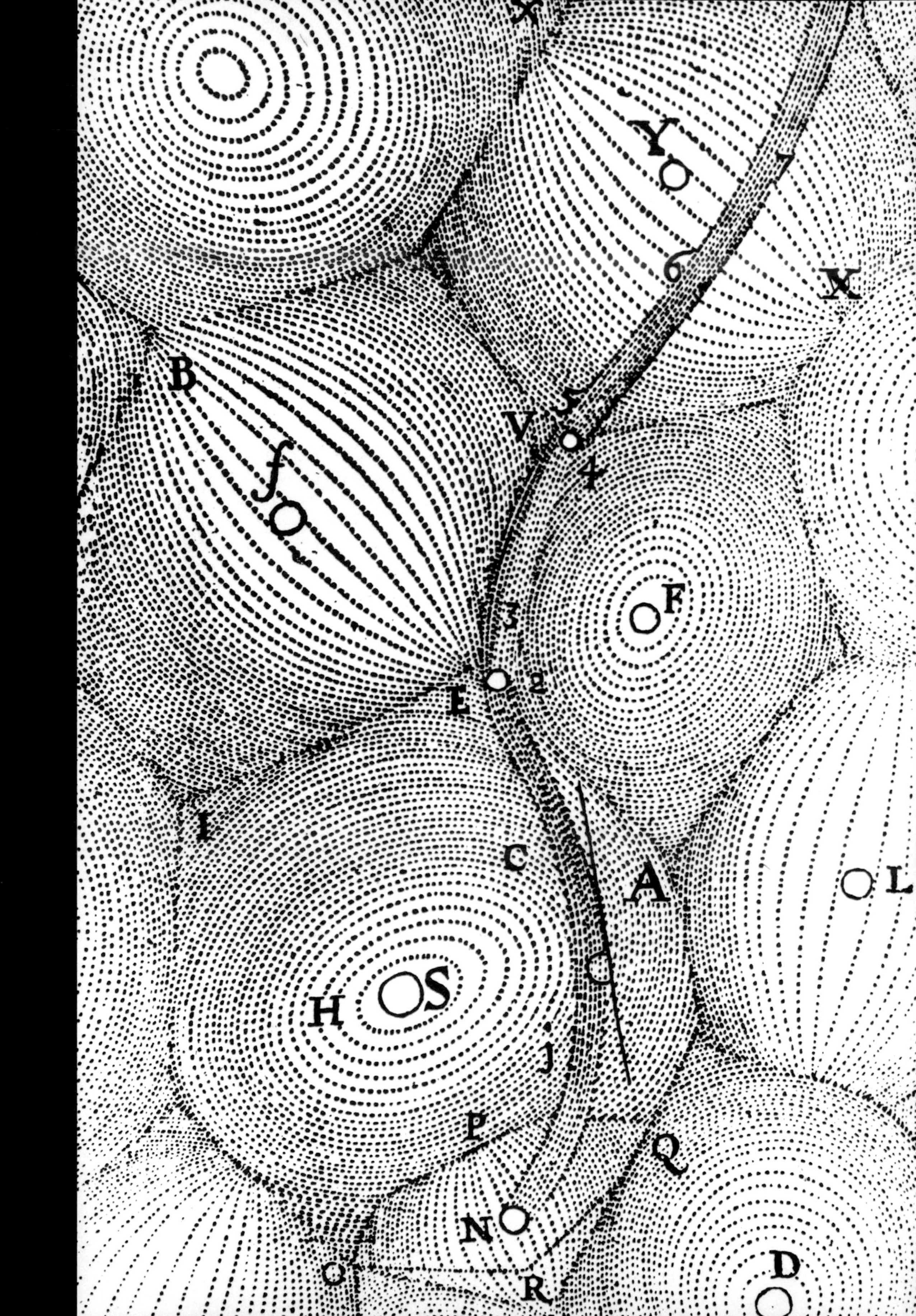
Y
6
X
B
5
V
4
f
3
F
E
2
I
C
A
L
H
S
P
Q
N
D
R

比較解剖學 Comparative anatomy

居維葉（Georges Cuvier，1769-1832）

居維葉出生時全名 Jean Léopold Nicholas Frédéric，後來在 Frédéric 前面又加了一個 Dagobert。不尊稱他居維葉男爵的時候，大家只簡單叫他喬治．居維葉。他在法國大革命時倖免於難，並於 1832 年當上內政部長。居維葉是那個時代最偉大的博物學家之一，像許多當代人一樣，他也不受科學教條拘束。他對地質學、古生物學和動物學都有重大貢獻。與礦物學家布隆尼亞爾（Alexandre Brongniart）一起工作時，獨立發現地層地質學原理，與英國測量員威廉．史密斯（William Smith）發現的時間差不多。但後人最記得他是比較解剖學的創始人之一。

比較解剖學由居維葉和蘇格蘭外科醫生杭特（John Hunter，1728-93）分別獨立創立。這門科學使得支離破碎甚至混雜的化石骨頭能夠重組，重現滅絕生物生存時的模樣。要做這樣的重建工作，首先必須對「所有脊椎動物具有共通的骨骼架構設計」這一點有所認知。

居維葉以創新而驚人的手法，重建化石哺乳類動物，促使人們相信地球上曾經發生過物種大滅絕。從一張骨骸的平版印刷圖片，居維葉在 1796 證明南美洲滅絕的大地懶（Megatherium）是巨大的地面樹懶。他還從巴黎盆地第三紀地層取得的化石重建了一些已知最早的原始哺乳類，包括已滅絕的有袋哺乳類動物年及類貘古獸（兩者皆於 1804 年完成）。儘管他非常了解已滅絕和現存的脊椎動物之間具有基本共通點，這並未讓他接受演化理論。

居維葉是毫不妥協的反演化論者，根本不贊成同時代法國學者如拉馬克等人提出的觀念。居維葉擁護「災變說」（catastrophism），認為地球曾經歷急劇的變動，造成物種滅絕。他在 1812 年的論文〈初論〉（*Preliminary Discourse*）中寫道：「地球上的生命不時被可怕的事件擾亂，早期的那些大災難可能把整個地殼震到了地底深處。」

▶ **參見〈化石〉**（46-47頁）、**〈地層〉**（72-73頁）、**〈地球循環〉**（100-101頁）、**〈火成論者的地質學〉**（108-110）、**〈後天性狀〉**（128-129頁）、**〈化石層序〉**（132-133頁）、**〈萊爾的《地質學原理》〉**（146-147頁）、**〈「發明」恐龍〉**（154-155頁）、**〈始祖鳥〉**（180-181頁）、**〈恐龍滅絕〉**（458-459頁）

右圖：居維葉重建的大地懶骨架。這種巨大的地面樹懶雖然大如現代大象，卻能靠著粗大的尾巴支撐，用後腿站立起來。

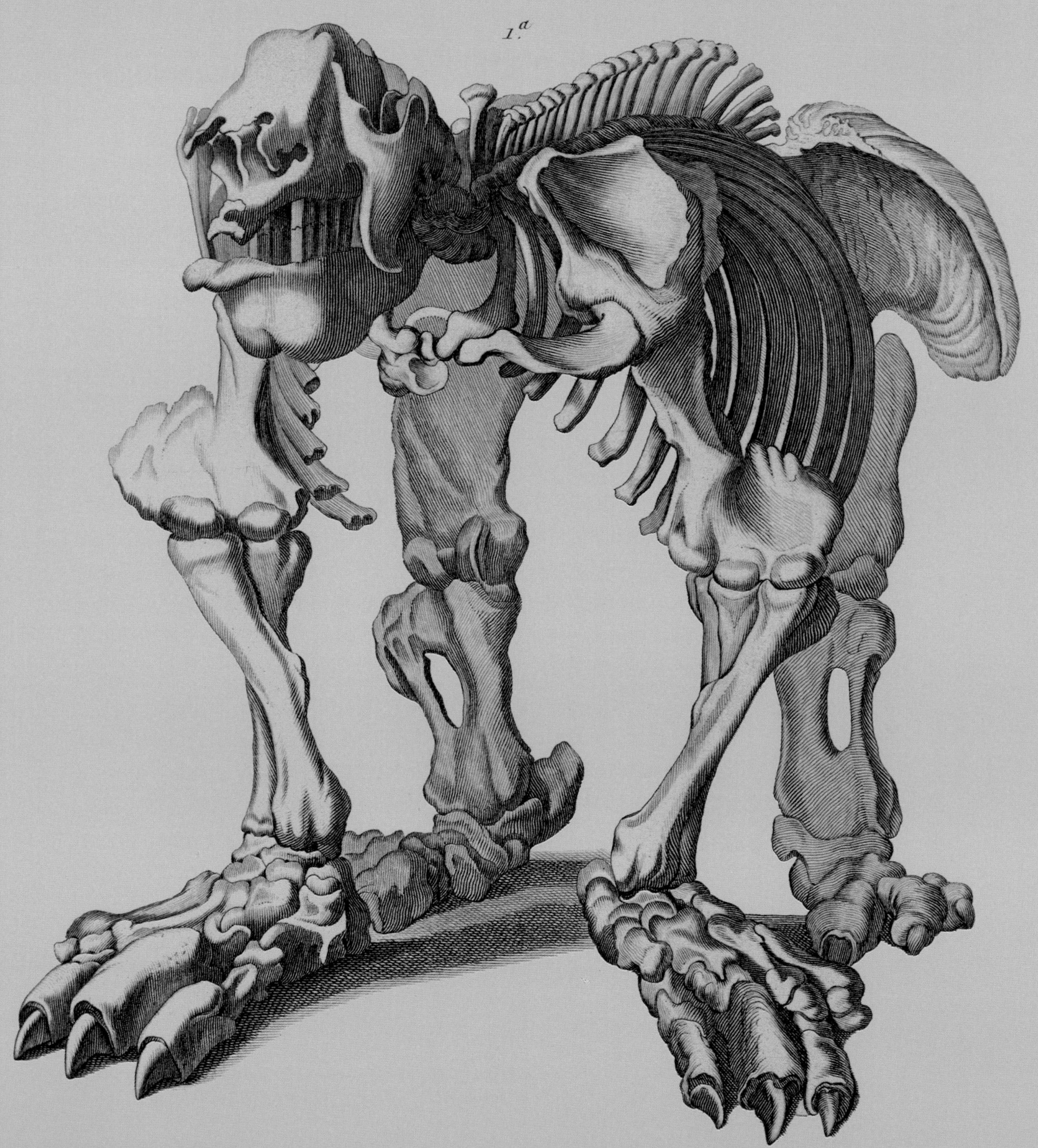
1.a

1797

火成論者的地質學 Plutonist geology

霍爾（James Hall，1761-1832）

18 世紀晚期各種衝突之中，有一些較不爲一般人所熟悉，其一即爲水成論者（Neptunist）和火成論者（Plutonist）的爭論，而霍爾爵士正是這場論戰中的英雄。這兩派對立的團體雖然擁有科幻小說般的名稱，成員都是認眞的學者，而且是地質學這門新興科學的開路先鋒。水成論者認爲，地球的陸地表面最初沈積在海底，後來露出海面，經過風吹日曬雨淋而變成今天的形狀；火成論者則相信，地表是由包括地震在內的動態過程產生，岩石則由熱和壓力形成。

當時頭號火成論者赫登是霍爾的好友和蘇格蘭同鄉，霍爾跟他爭論了好幾年，後來態度軟化，因爲他聽到有一個製造瓶子的玻璃液樣本意外濺出、緩慢冷卻後，「失去所有玻璃特性，徹底變成石頭的構造」。1797 年，霍爾決定將赫登的想法付諸實驗，在控制的環境下設法複製結晶或去玻璃質的過程。他從愛丁堡附近採石場找來一塊角閃石——光滑的深色火成岩，然後把岩石樣本放進鑄鐵熔爐裡用高溫熔化。他寫道：「我把坩鍋拿開，讓它迅速冷卻，結果形成了一塊黑玻璃，有著還算清楚的裂痕。」他又把角閃石放在開放式火爐上燒，然後讓它慢慢冷卻。這次得到「一種物質，各方面都和玻璃不同……粗糙、堅硬而透明。」

在實驗室以人工方式製造各種形態的岩石，使霍爾贏得實驗地質學（experimental geology）之父的美譽。他到晚年愈來愈關心火山活動，「以及讓陸地上升的眞正火成作用」。德國氣象學家魏格納（Alfred Wegener）1915 年提出的大陸漂移說，就某些方面而言，霍爾可說首開先聲。

▶ 參見〈地球循環〉（100-101頁）、〈比較解剖學〉（106-107頁）、〈萊爾的《地質學原理》〉（146-147頁）、〈地球內部〉（250-251頁）、〈萬古磐石〉（252-253頁）、〈大陸漂移〉（270-271頁）、〈板塊構造說〉（414-415頁）、〈聖海倫火山爆發〉（462-463頁）、〈伽利略任務〉（514-515頁）

右圖：火成論者相信形成岩石的主要機制是熱力，從維蘇威火山的爆發便可以觀測到這種力量。漢彌爾頓爵士（Sir William Hamilton）是18世紀最偉大的火山學家之一，曾經攀登維蘇威火山六十餘次，在他看來，這座火山像「一個脾氣很壞的人」。

人口壓力 Population pressure

馬爾薩斯（Thomas Robert Malthus，1766-1834）

英國啓蒙運動劃下句點時，並未像法國般掀起一場革命，而是愈來愈關心窮人日益增加的問題。樂觀派政治哲學家如高德溫（William Godwin）和康多塞侯爵（Marquis de Condorcet）等相信人類可臻於至善，卻被一位靦腆的牧師馬爾薩斯澆了一盆冷水。馬爾薩斯在 1798 年的《人口論》（*Essay on the Principle of Population*）中預言，不論是動物、植物或人類，由於生存壓力，所有物種群體之間，最後都難逃鬥爭與衝突的命運。他的論述基本上是寫給社會科學家和政治人物看的，也是最早嘗試以系統方法研究人類社會的著作之一。

馬爾薩斯的理論建立在兩個主要論點上：食物是人類維繫生命之所必需，性慾也是亙古不變的需求；由此他得出一連串讓人不寒而慄的結論。由於人口成長快過食物供應（人口以等比級數成長，賴以維生的物質卻以等差級數增加），除非抑制人口數目，人類終將陷入集體挨餓的境地。面對如此嚴酷的前景，他提出的會自動抑制人口成長的「積極性」方式（positive checks），諸如饑荒、流行疫病、戰爭、嬰兒死亡率、淫亂（導致性病及不孕），委實讓人惶惶不安。

馬爾薩斯的書匿名出版，得到熱烈讚賞和嚴厲抨擊的兩極反應。後續版本印上了他的名字，並且提出進一步的證據來支持他的論點──他爲了收集更多資料曾旅行了好幾個國家。他也發展自己的論述，認爲道德約束（晚婚和禁慾）或許是對抗人口成長比較好的「預防性」方法（preventive checks）。1805 年，他被任命爲英國第一位政治經濟學教授，在海爾伯里新成立的東印度學院任教。政治人物則援用他的觀念訂定 1834 年的濟貧法修正案（Poor Law Amendment Act），不再用公共經費發給失業者、貧苦老人或病人「院外救濟」（金錢或食物），而是要他們住進習藝所或貧民院。他的論文也影響了達爾文與華萊士（Alfred Russel Wallace）。在馬爾薩斯的生存競爭論點中，他們看到了演化的機制──天擇。

▶ 參見〈達爾文的《物種原始》〉（176-177頁）、〈作物多樣性〉（292-293頁）、〈綠色革命〉（428-429頁）

右圖：英國諷刺作家胡德（Thomas Hood）1832年畫的一幅版畫漫畫，批判當時貧民院將夫妻分別安置在不同房舍（阻絕他們生小孩）的野蠻措施。

THE
POOR HOUSE

「稱量」地球 'Weighing' the Earth

卡文迪西（Henry Cavendish，1731-1810）

「知識份子中最富有的人，也很可能是富人中最有知識的人。」一位法國同輩曾如此形容個性孤僻的英國科學家卡文迪西——第一個「稱」地球重量的人。卡文迪西在40歲時繼承了父親的財富，但生活儉樸，只把錢花在書本和科學儀器上。他一生致力化學和電力研究，做了重大貢獻。1798年，70歲那年，他完成一項極其精準的實驗，科學家後來宣稱，這項實驗開啟了測量「微力」（small forces）的新紀元。

這項實驗測量了鐵球之間的引力。在已知球體的質量與彼此距離的情況下，卡文迪西根據牛頓著名的公式 $F = Gm_1m_2/r^2$ 算出重力常數 G 的值；在牛頓的公式裡，m_1 和 m_2 是球體質量，F 和 r 分別是兩球間的引力和距離。卡文迪西使用扭秤（torsion balance）來測量之支撐橫桿的金屬絲所受到的扭力，橫桿兩端各懸吊著一個番茄大小的鐵球。當一對大如瓜般的鐵球放到扭秤旁時，扭秤受到球體間引力影響而發生輕微的旋轉。

利用求得的重力常數值，卡文迪西算出地球密度是水的5.45倍，比現在公認的數值只低了1.3%。奇怪的是，許多科學家指出，卡文迪西在向皇家學會報告他的測量結果時，犯了一個簡單的數學錯誤。寫在報告上的地球密度值是5.48，但他的數據卻明白指出應該是5.45。看來即使最偉大的頭腦也可能犯錯。

▶ 參見〈地球周長〉（24-25頁）、〈落體〉（60-61頁）、〈牛頓的《原理》〉（78-79頁）、〈地球內部〉（250-251頁）、〈萬古磐石〉（252-253頁）

右圖：撐起地球：義大利畫家卡拉契（Annibale Carracci）1596年濕壁畫中的一景，描繪大力士海克力斯扛著地球的景象。

洪堡的旅程 Humboldt's Voyage

洪堡（Friedrich Wilhelm Heinrich Alexander von Humboldt，1769-1859）

1799 年，德國博物學家洪堡（一作洪博）偕同法國植物學家彭浦蘭（Aime Bonplant）前往美洲旅行，一去五年之久，期間還有報紙報導兩人已經死亡。他們進入一個大部分地區未經探勘的大陸，沿著委內瑞拉的奧利諾科河（Orinoco）上行。當時歐洲普遍認爲南美洲的兩大水系不相連接。洪堡和彭浦蘭越過分水嶺進入亞馬遜流域，取道卡西瓜瑞水道（Casiquiare Canal）回到奧利諾科河，證明奧利諾科與亞馬遜之間竟然不可思議地彼此連接。

洪堡繼續他的科學探險，足跡踏遍南美洲、墨西哥，最後到達美國。沿途他蒐集大量植物和地質樣本，調查了哥倫比亞和厄瓜多的火山，觀察了一場流星雨，測量了南北極與赤道之間磁力強度減弱的情形，甚至攀登厄瓜多的欽博拉索（Chimborazo）火山。當時認爲這座火山是世界最高山，洪堡不用任何登山設備完成攻頂，雖然途中昏倒，嘴唇和牙齦流血，還是寫下世界登高紀錄，直到 1804 年才被乘坐熱氣球升空的蓋呂薩克（Joseph Louis Gay-Lussac）打破。

洪堡的空前壯舉，確立南美洲是科學探險的沃土，深深影響了達爾文，後者坦承「我的整個生命歷程都是因爲年輕時一讀再讀他那本《新大陸赤道地區之旅》（*Personal Narrative*）的結果。」他是第一個確定動植物與其特殊生態環境的適應關係的人。他比現代生態學還早約兩百年主張應從全球角度看待大自然，因此他發明了等溫線和等壓線，把相同的氣溫和氣壓標示在世界地圖上。洪堡在地理學、生物學等各門科學上的影響如此廣泛，以致遮沒了他其他方面許多項個別的貢獻。

▶ **參見**〈天然磁力〉（50-51頁）、〈大氣壓力〉（64-65頁）、〈貿易風〉（86-87頁）、〈山脈的形成〉（206-207頁）、〈氣象預報〉（284-285頁）、〈地磁倒轉〉（304-305頁）、〈蓋婭假說〉（432-433頁）、〈聖海倫火山爆發〉（462-463頁）

右圖：洪堡的研究開啓了嶄新的科學探索領域。他既是探險家，又是科學家，生前名氣之大，僅次於拿破崙。

電池 Electric battery

伏特（Alessandro Volta，1745-1827）

直到1790年代，唯一可以實驗的電流形式只有靜電，也就是用布摩擦玻璃或琥珀產生的那種電流。雖然靜電可以儲存在一種名爲萊頓瓶（Leyden jar）的裝置裡，但因爲放電速度太快，只適合用來做展示，做研究的話，用途非常有限。1746年，法國的教士物理學家諾萊（Jean-Antoine Nollet）曾在國王路易十五面前釋放萊頓瓶的電流，放出的靜電一連通過180名皇家衛士串成的人鍊！

一直要等到1799年義大利物理學家伏特發明電池，才有方便穩定的電流來源。這項發明得大大感謝伏特的同鄉，也就是解剖學家伽伐尼（Luigi Galvani）。伽伐尼在1791年注意到，如果用金屬探針碰觸死青蛙的腿，蛙腿會抽動，他推斷這是金屬把一種他稱作「動物電」（animal electricity）的液體從神經傳送到肌肉的結果。這讓伏特回想起，有次他把兩枚材質不同的金屬硬幣分別放在舌頭上下方，當用鐵絲連接它們時，他感到硬幣有種鹹鹹的味道。因此他著手重做伽伐尼的實驗，而且很快確定，兩個不同而實際相連的金屬，接觸任何潮濕物體時會有電流通過，換言之，因爲金屬的緣故才產生電，與青蛙肌肉組織無關。

1799年左右，伏特用銀和鋅圓盤交互堆疊，並以濃鹽水浸過的硬紙板層層相隔，製造出第一個電池「伏特電堆」（voltaic pile）。這是人類首次獲得一個可以控制的、穩定且持續產生電流的電源，它開啓了如電報、電鍍等諸多實際應用的大門，並且促成電流理論及電化學的重大進展。

▶ **參見〈新元素〉**（122-123頁）、**〈電磁力〉**（134-135頁）、**〈馬克斯威爾方程式〉**（186-187頁）、**〈核能〉**（330-331）、**〈神經脈衝〉**（366-369頁）

右圖：第一個電池：伏特知道持續產生電流需要一種能源，他製造了「伏特電堆」，當時他卻未能指認出，這個能源來自於兩種金屬所產生的化學變化。

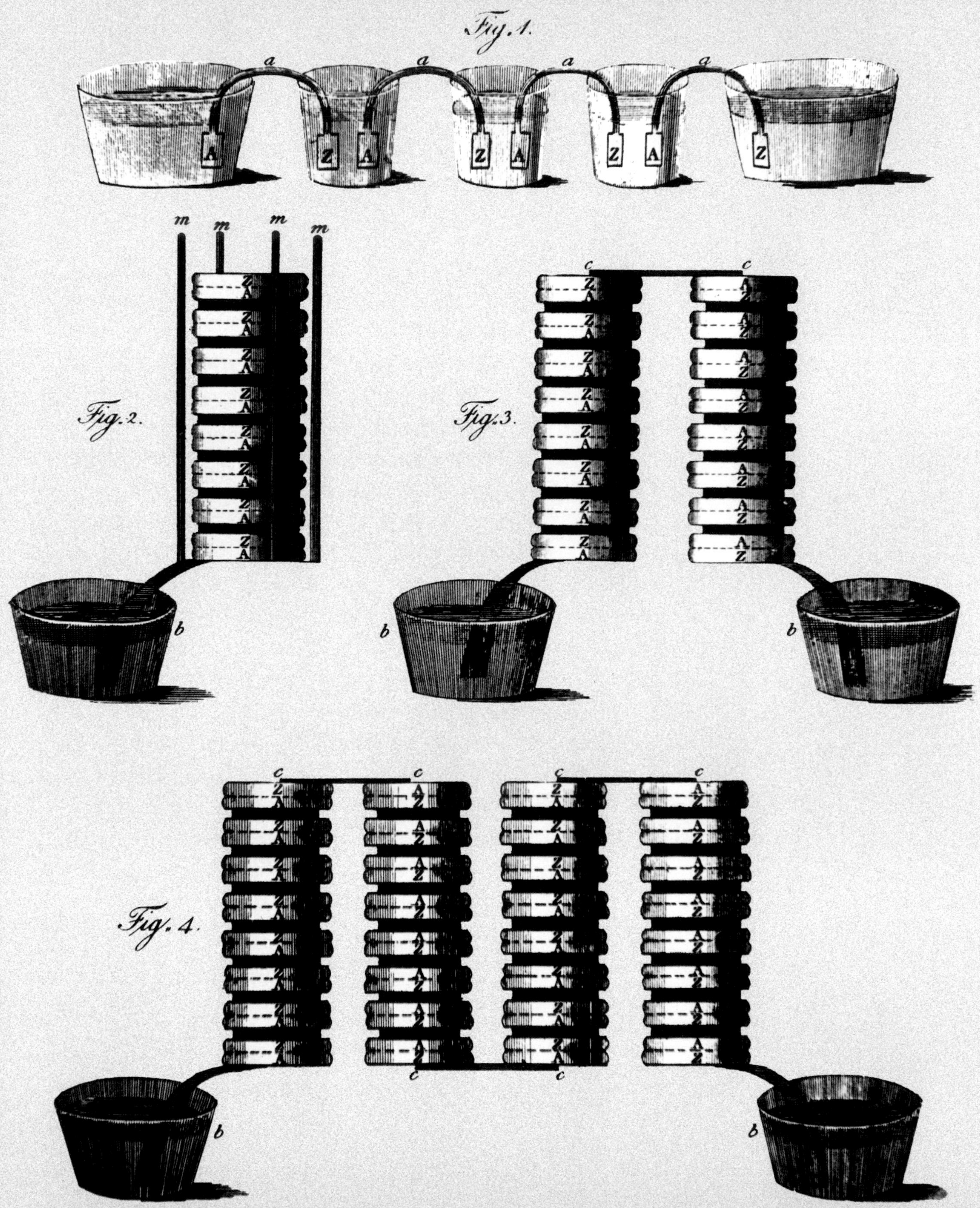

Fig. 1.
a
a
a
a
A
Z
A
Z
A
Z
A
Z
m
m
m
m
Fig. 2.
Z
A
b
Fig. 3.
c
c
Z
A
A
Z
b
b
Fig. 4.
c
c
c
c
Z
A
A
Z
Z
A
A
Z
c
c
b
b

光的波動性質 Wave nature of light

楊格（Thomas Young，1773-1829）

光的性質曾經困擾自然哲學家（也就是以前的物理學家）好幾個世紀。1675 年，牛頓在皇家學會的演說中提出，光是微粒子的流動。他的對手惠更斯（Christiaan Huygens）反對所謂的「微粒說」，聲稱光是一種波動，透過以太（ether）這種無所不在的介質傳播。他在 1678 年寫成《論光》（*Treatise on Light*）一書，卻拖拖拉拉到 1690 年才出版。而在這段時間裡，微粒說占了上風，因爲牛頓的名氣實在太大。

1800 年左右，英國物理學家楊格展開一系列實驗，讓惠更斯的波動理論敗部復活。楊格博學多聞，因破解埃及羅塞塔石碑之謎而聲名遠播。他的實驗是把一束光線照過紙板上的兩道狹縫，投射在屏幕上。光線抵達屏幕時，變成明暗相間的條紋圖案，他指出這是干涉現象：穿過狹縫的兩道波峰交疊增高的地方，就出現明亮的區塊；而一道波峰被另一道波谷抵消的地方，則出現陰暗的區塊。這種條紋現象很難用牛頓的粒子說加以解釋，也證明了光的表現像波。

波動說在 1800 年代初期獲得很多支持，最後變成馬克斯威爾電磁輻射理論的一部分。可是 20 世紀初的量子革命顯示，波動說只對了一半。愛因斯坦 1905 年解釋光電效應時指出，光的表現如粒子流，或說光量子流。此外，以往被視爲粒子的電子，有時也表現得像波。我們似乎同時需要兩種模。就如澳洲物理學家布瑞格爵士（Sir William Bragg）在 1920 年代說的：「週一、週三和週五，光的表現像波，週二、週四和週六像粒子，至於週日，什麼都不像。」

▶ 參見〈馬克斯威爾方程式〉（186-187頁）、〈量子〉（234-235頁）、〈波粒二象性〉（300-301頁）

右圖：美國攝影大師阿波特（Berenice Abbott）1958年左右拍的「光波干涉圖案」。在楊格證明光波干涉現象150年後，這位女性攝影家用短時間曝光的兩組光波呈現了干涉現象。

1801

發現小行星 Discovery of an asteroid

皮亞濟（Giuseppe Piazzi，1746-1826）
高斯（Carl Friedrich Gauss，1777-1855）

哥白尼與克卜勒兩人都認為太陽系裡面有個「洞」。火星和木星的軌道之間似乎少了點東西。提丟斯－波德定律（Titius-Bode law，1764）加強了這種懷疑。提丟斯－波德定律描述各個行星與太陽的距離有一種奇特的算術關係，讓人驚訝的是，1781 年發現的天王星，果真適用此定律。於是 24 位歐洲天文學家把黃道帶劃分成小塊區域，分頭開始搜索。

義大利的皮亞濟也是這群自稱「天界警察」（celestial police）天文學家的一員，但他大部分時間專心編輯他那套包含 6,748 顆亮星的星表。幸運的是，他的天文台坐落西西里島的巴勒摩（Palermo），位於歐洲最南端。他眼前是清朗的天空，絕佳的天氣，還擁有最好的望遠鏡——1789 年在倫敦建造的拉姆斯登（Jesse Ramsden）經緯儀式望遠鏡。1801 年 1 月 1 日夜晚，皮亞濟在金牛座看到一顆黯淡的「新」星。第二天晚上，他核對觀測結果，發現這顆星位置改變了，第三夜、第四夜繼續移動。從 1 月 1 日到 2 月 11 日之間，他測量了這顆星 24 個晚上的位置，然後寫信給各個天文學家宣布他的發現。起初他以為這個物體是彗星，但到了 2 月底，計算結果顯示它的軌道近乎圓形，因此「毫無疑問這顆新星不折不扣是個行星」。

皮亞濟替他的新行星取名「穀神」（Ceres），紀念西西里島的保護神。這顆星太暗、太小，讓他感到不安。但疑雲很快澄清，這顆星屬於新類型的天體，體積只等於一般標準尺寸行星的一個小碎塊——它是個「小行星」（asteroid）。皮亞濟只收集了 41 天的觀測資料，少得可憐，不過德國數學家高斯（Carl Gauss）設計了一種新方法，還是從這些寶貴數據算出穀神的軌道。在那個時候穀神只移動了三度，然後就隱沒在耀眼的陽光裡。1801 年底，德國天文學家馮薩克（Franz von Zach）憑藉著高斯的預測，再次找到穀神的蹤跡。

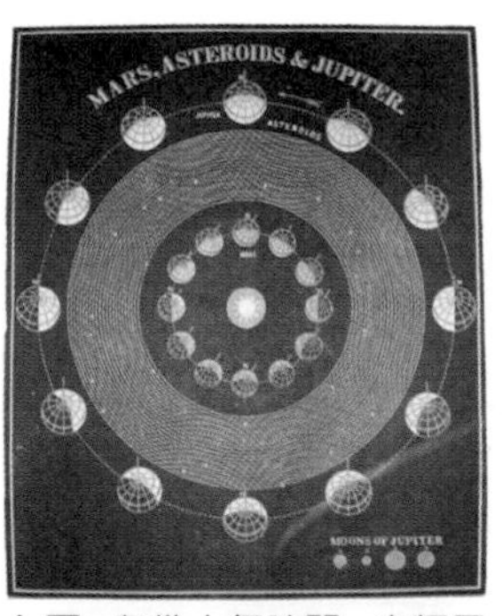

上圖：有幾十年時間，小行星一直出現在行星表和太陽系星圖中，圖為1889年美國教育工作者艾薩·史密斯（Asa Smith）編寫繪製的《天文圖解》裡的插圖。

▶ 參見〈發現天王星〉（96-97頁）、〈太陽系的起源〉（104-105頁）、〈發現海王星〉（162-163頁）

右圖：穀神是現今已知小行星中最大的一顆，直徑約有940公里。這張電腦繪圖清晰呈現它的面貌，實際上記錄它的表面細節絕非易事。

新元素 New elements

戴維（Humphry Davy，1778-1829）

萬有引力無所不在，化學親和力卻有選擇性，有些物質遇在一起會起反應，有些不會。1800 年化學剛獲得新的詞彙和拉瓦錫的燃燒理論，不過還在等待它的牛頓，也就是會用簡單的作用力來解釋親和現象的人。接著伏特宣布，兩種不同金屬用濕紙板隔開，電流會在金屬之間流動。然後戴維登場了。這位出身英格蘭康瓦爾郡的年輕人當時在布里斯托工作，他相信單純的接觸不可能就此產生電流，其間必有化學反應。

戴維在 1801 年獲聘爲倫敦皇家研究院講師，他的講座吸引大批付費聽眾，收入足夠在研究院裡維持一間研究實驗室。起初他還奉命做些製革和農業實驗，但到了 1806 年就已經開始從事「純學術」研究。他把電線連接到大型伏特電池，另一端浸入水中，隨後注意到電線周遭冒出氧氣泡和兩倍於氧的氫氣泡。戴維認爲這個比例應該是正確的，因爲它和水的組成一樣，而且這個過程應該不會產生其他的副產品。他利用銀、金和瑪瑙裝置證實這個直覺，並且斷定電及化學親和作用都是一種力的表徵。

戴維積極投入研究工作，成果極其豐碩。第二年他嘗試用電流分解其他物質，特別是苛性鉀和苛性鈉。草鹼（potash）熔化了，火花飛濺，戴維得到一些質量輕的烈性小亮珠，他稱之爲 potagen，這個新物質很像鍊金術士夢寐以求的萬能溶劑。戴維欣喜若狂，在實驗室中手舞足蹈。接下來的實驗顯示，小珠子很柔軟，浮在水面上會爆出火焰，讓他相信這是一種金屬，因此重新命名爲 potassium（鉀）。他分解蘇打，得到與鉀類似的鈉元素，之後又分解出鈣和其他金屬元素。戴維擁有牛頓般的眼光，一眼洞悉親和力與電有關，而其他化學家，包括伯茲列斯（Jöns Jacob Berzelius）和戴維的助理法拉第（Michael Faraday）根據他的發現，接手發展，結果替化學帶來了新秩序。

▶ **參見〈燃燒〉**（94-95頁）、**〈氫和水〉**（98-99頁）、**〈電池〉**（116-117頁）、**〈原子理論〉**（124-125頁）、**〈電磁力〉**（134-135頁）、**〈元素週期表〉**（196-197頁）

右圖：戴維在皇家研究院的講座造成風靡，他的口才便給，加上新奇的現場實驗，吸引了大批聽衆，也賺到足夠經費進行電化學的研究。

SURRY INSTITUTION

原子理論 Atomic theory

道爾頓（John Dalton，1766-1844）

物質是由一種稱爲「原子」的不可分割的微小粒子組成，這種觀念很可能源自第五世紀希臘的德謨克利特（Democritus），但直到 19 世紀才被普遍接受。甚至晚至 1900 年還有一些知名科學家以輕蔑的態度質疑這些不可見微粒的存在，德國物理學家馬赫（Ernst Mach）就一直反覆詰問：「誰看過？」

道爾頓不用眼見爲憑便能推論原子的存在，他只是提出了一些非常簡單的問題：爲什麼水含有的氫氧比例一直不變？爲什麼產生二氧化碳時，碳氧的比例也永遠一樣？他把這些問題的答案寫在 1808 年出版的第一卷《化學哲學新體系》(*A New System of Chemical Philosophy*）裡。他認爲，原子(也就是碳、氫、氧等元素）是小到看不見的球體，具有固定質量；每一種不同的化學元素都有自己的獨特原子類型；此外，原子以一定比例結合成分子（道爾頓稱爲複合原子〔compound atoms〕)。這是一次觀念革命，建立了化學家此後使用的模型。

道爾頓的世界以英國工業城鎮曼徹斯特爲中心，他教授數學和自然哲學的地方後來成爲曼徹斯特大學。他是百分之百的鄉下人，有一次很罕見地到倫敦訪問，他的評語是：「這裡頗讓人驚奇，花點時間看看無妨，但是對性好靜思的人而言，恐怕是世界上最不適合長住的地方。」然而他對物質的原子性質的看法，倒是跨越國界，替 20 世紀的眾多偉大發現打下基礎。

▶ 參見〈波義耳的《懷疑的化學家》〉(70-71頁)、〈燃燒〉(94-95頁)、〈氫和水〉(98-99頁)、〈苯環〉(190-191頁)、〈元素週期表〉(196-197頁)、〈狀態變化〉(198-199頁)、〈電子〉(228-229頁)、〈量子〉(234-235頁)、〈原子模型〉(272-273頁)、〈波粒二象性〉(300-301頁)、〈碳六十〉(486-487頁)、〈物質新態〉(510-511頁)

右圖：道爾頓的原子量表。表中包括純元素和化合物。他設計的化學符號後來並未被採用。

ELEMENTS

	W.t		W.t
Hydrogen.	1	Strontian	46
Azote	5	Barytes	68
Carbon	5,4	Iron	50
Oxygen	7	Zinc	56
Phosphorus	9	Copper	56
Sulphur	13	Lead	90
Magnesia	20	Silver	190
Lime	24	Gold	190
Soda	28	Platina	190
Potash	42	Mercury	167

探勘週期表王國 Mapping the Elements

撰文：彼得・艾金斯 (Peter Atkins)

歡迎來到週期表王國。這是一個想像的國度，看似虛擬，但它比它的外觀更接近眞實。這個王國屬於化學元素，也就是構成一切實體的物質。它的疆域不算遼闊，只包含一百多個區域（或謂元素），卻是我們眞實世界萬物的根由。這百來個元素是我們故事的主角，所有行星、岩石、植物和動物都是由它們所構成。它們是空氣、海洋的基礎，更是地球本身的基礎。我們站在元素之上，我們吃下元素，我們就是元素。既然我們的腦子是由元素所構成，就某種意義來說，甚至我們的思想、見解也屬於這些元素，因此也是這個王國的居民。

這個王國不是一片雜亂無章的區域，而是組織嚴密的國土，每個區域的特性都與鄰近區域相近。區域之間沒有明顯的邊界。相反地，景色的主要特點漸次轉變：平原融入和緩的山谷，山谷慢慢加深變成幾乎深不可測的峽谷；山丘從平地逐漸升起然後變成崇山峻嶺。當我們遊歷這個國度時，要把這些景象、這些相似性記在腦海中。我們要記住這一百多個元素不但建造了物質世界，還形成一種規律……

眞實世界複雜得令人敬畏，卻又混雜著無比的魅力。即使沒有生命的無機世界，如岩塊和石頭、河流和海洋、空氣和風，也都奇妙無窮。再加入「生命」這個要素，更是加倍神奇，幾乎超出想像之外。然而這種種奇妙，完全源自於一百來個元素，它們串在一起、混在一起、緊密連結在一起，如同文字連結成文學作品一般。早期化學家的成就何其偉大，憑藉簡陋的實驗技巧，加上人類從古到今永遠讓人驚奇的思考、推理能力，就把世界化約成它最根本的成分——化學元素。「簡化」後的世界完全無損於其魅力，我們除了歡喜讚嘆的感覺，還增添了一份理解，而理解只會帶給我們更多愉悅。

隨後又有了一個更偉大的發現。雖然元素是一個個實體物質，很少有人想到它們或許彼此相關，但化學家看透它們的皮相，看到了一個關係交纏的王國，有家族關係、姻親關係，還有結盟關係。經過實驗和思考，一片大陸冉冉從海中升起，這才看到元素形成的風景。更重要的是，當置於各種不同的光線之下細看時，眼前風景井然有序，而不只是高山峽谷的隨機湊合；特別的是，風景還呈現周期性的變化。在所有發現當中，這一項最驚人，爲什麼物質要展現周期性？

一如科學發展史上常見的情況，頓悟來自基本觀念的靈光乍現。隱身在現象浮面下的是一些簡單的原則，它們默默運作，建構出眞實本體。一旦我們知道原子的存在，一旦人類頭腦的偉大發明——量子力學——闡明它們的結構後，奠立元素王國的基礎便大白於世。我們所發掘到的基本原理——特別是謎樣的互斥原理——顯示，這個王國的周期性即來自於原子電子結構的周期性。

我們現在已經充分了解這個王國的結構、布局和它可能增加的疆域。在它的陸地之下，還有更深的伏流尚未暴露，但是我們知道它們的存在。然而，不論我們對這個王國有多少了解，它仍然是一個神祕的國度。各個區域的特性有理可循，在一定程度裡，我們自信能夠預測一個元素的化學與物理特性，以及它們會形成哪種化合物。這個王國──元素週期表──是單一最重要的化學統一原則：它掛在全世界的牆上，要精通化學、尋找研究方向的靈感，最佳途徑就是了解與善用它的排列組合。但是，如同我們所見，它也是一個有衝突的地方。特定區域的性質是競爭的結果，是不同方向力量拉扯的結果，有時甚至是好幾股力量交戰的結果。這些力量通常微妙平衡，然而，即使經驗累積如山，也很難絕對肯定地說，會不會有一個性情特別古怪的元素，偏偏違逆預測，或開啓一條嶄新而刺激的研究大道。

這個王國的元素成員一如字母般，也具有讓人驚奇與著迷的各種可能性。不過不像字母系統缺乏基礎結構，週期表王國有著完善的結構，讓元素的集合體形成能滿足我們智識上的探索的豐美疆土。而且，正因爲這些個體的性質屬於「微妙平衡」狀態，它們個性鮮活，具備一些古怪的癖性，以及不是經常明顯的傾向，使這個王國永遠充滿無窮樂趣。

後天性狀 Acquired characteristics

拉馬克（Jean-Baptiste Pierre Antoine de Monet Lamarck，1744-1829）

拉馬克雖是法國人，卻與達爾文、馬爾薩斯和牛頓相同，名字變成了英文字彙。但與源自其他這幾位科學先驅名字的形容詞不同，「Lamarckian」（拉馬克學派）一詞所指的意思，只是他思想中很小的一部分：後天性狀（acquired characteristics）可以遺傳。這種學說現在稱作「軟遺傳」（soft heredity），它不過是拉馬克自然哲學的一個附帶部分，而且不只拉馬克，當時的科學家統統抱持同樣看法。從希波克拉底的時代到 19 世紀末，博物學家都認為，父母後天獲得的性狀可能影響後代的基本特性。

不過拉馬克與大多數同儕不同，他利用這種軟遺傳的觀念來解釋演化變化理論。他在 65 歲那年，即 1809 年，總結長久以來對宇宙所做的系統性探討，集畢生心血於《動物哲學》（*Philosophie Zoologique*）一書。他早先有關化學、氣象學、地質學和無脊椎動物的論文已經透露他將提出的觀點。拉馬克在這部窮一生之力的鉅作中，以宏大的眼光看世界發展的過程。拉馬克指出，動物具有一種他稱為「besoin」的性質，英文譯成「need」（必要）或「want」（需要）。他舉出的最著名例子是長頸鹿的脖子，認為此一物種因為「需要」吃樹梢的葉子，而逐漸發展出長脖子。代代相傳造就了長頸鹿的這種形質，而能夠占據一個生態「棲位」（niche）。

拉馬克認為生物隨著時間改變，這種想法對地質學家與生物學家（拉馬克自己創造了生物學〔biology〕這個名詞）形成挑戰，直到達爾文提供另一種說法為止。拉馬克的理論具有充分影響力，許多博物學家試圖反駁他的看法，他們拒絕相信物種是時間的產物，認為生物來自特別創造。雖然天擇說提出的機制更具有說服力，但達爾文還是要借用軟遺傳的觀念，就這方面來說，他也算是屬於「拉馬克學派」。

▶ 參見〈達爾文的《物種原始》〉（176-177頁）、〈孟德爾遺傳定律〉（192-193頁）、〈作物多樣性〉（292-293頁）、〈隨機分子演化〉（422-423頁）、〈定向突變〉（494-495頁）

右圖：1546年法國自然學家和旅行家貝隆（Pierre Belon）在埃及看到捕獲的長頸鹿，他形容這是「一種美麗非凡的野獸，有著無比溫馴的性情」。

1814

光譜線 Spectral Lines

弗朗和斐（Joseph von Fraunhofer，1787-1826）

牛頓曾經利用三稜鏡把光線分散成它的基本顏色。但確定暗窄光譜線數量，並帶來化學及天文學革命的是巴伐利亞眼鏡和透鏡製造商弗朗和斐。

弗朗和斐以他的「消色差雙合」（achromatic doublet）望遠鏡透鏡揚名。1814 年，他利用這些透鏡設計了一種分光鏡，測量通過三稜鏡的陽光裡面不同顏色的彎折角度。他未像牛頓那樣用肉眼注視光線，而是透過架在環形標度盤上的一台小望遠鏡觀察。英國化學家沃拉斯頓（William Hyde Wollaston）曾在 1802 年提到，他看見陽光的彩色光譜中夾雜了七條細窄的暗線；弗朗和斐觀測結果，算出了 574 條，他還標出其中 324 條的波長。他把最主要的一些譜線按其顯著程度標上 A 到 K 的字母，這個系統今天還在使用。暗光譜線至今有時仍被稱爲「弗朗和斐線」。

這些暗線如何產生，弗朗和斐沒有概念。到了 1859 年，德國化學家本生（Robert Bunsen）與物理學家基爾霍夫（Gustav Kirchoff）才證實，每種化學元素都會吸收和放射自己特有的波長組合，產生獨一無二的光譜線「指紋」。光譜上被吸收的部分便形成了暗沉的「吸收線」（absorption lines），也就是「弗朗和斐線」。由於太陽大氣裡的氣體化學元素會吸收直接光束裡特定波長的光線，因此本生他們能夠分析出太陽的化學成分。光譜分析（spectral analysis）也讓科學家找出實驗室樣本的化學成分，最後發現了銫、銣、氖、氬等以前在地球探測不到的元素。

赫金斯（William Huggins）把光譜分析往前推了一步；他是倫敦人，1854 年賣掉家族的布料服裝事業後，變成業餘天體物理學家。他分析了太陽、月亮、行星、彗星、恆星和星雲的光譜線。這些分析與其他研究都指出，不同來源的光線成分極爲相似，證明構成宇宙的元素與地球相同。但似乎也有一些明顯的例外，所以最早發現有氦的地方是太陽。而恆星元素的眞正比例直到 1920 年代才告確定。

上圖：這張1873年的圖中，分光鏡被用來比較本生燈和蠟燭的火焰。

▶ 參見〈拆解彩虹〉（36-37頁）、〈都卜勒效應〉（156-157頁）、〈元素周期表〉（196-197頁）、〈恆星演化〉（286-287頁）、〈膨脹的宇宙〉（306-307頁）、〈行星世界〉（512-513頁）

右圖：1872年，巴黎發行的一張平版印刷圖，顯示太陽、恆星和各種元素等光源所形成的光譜。

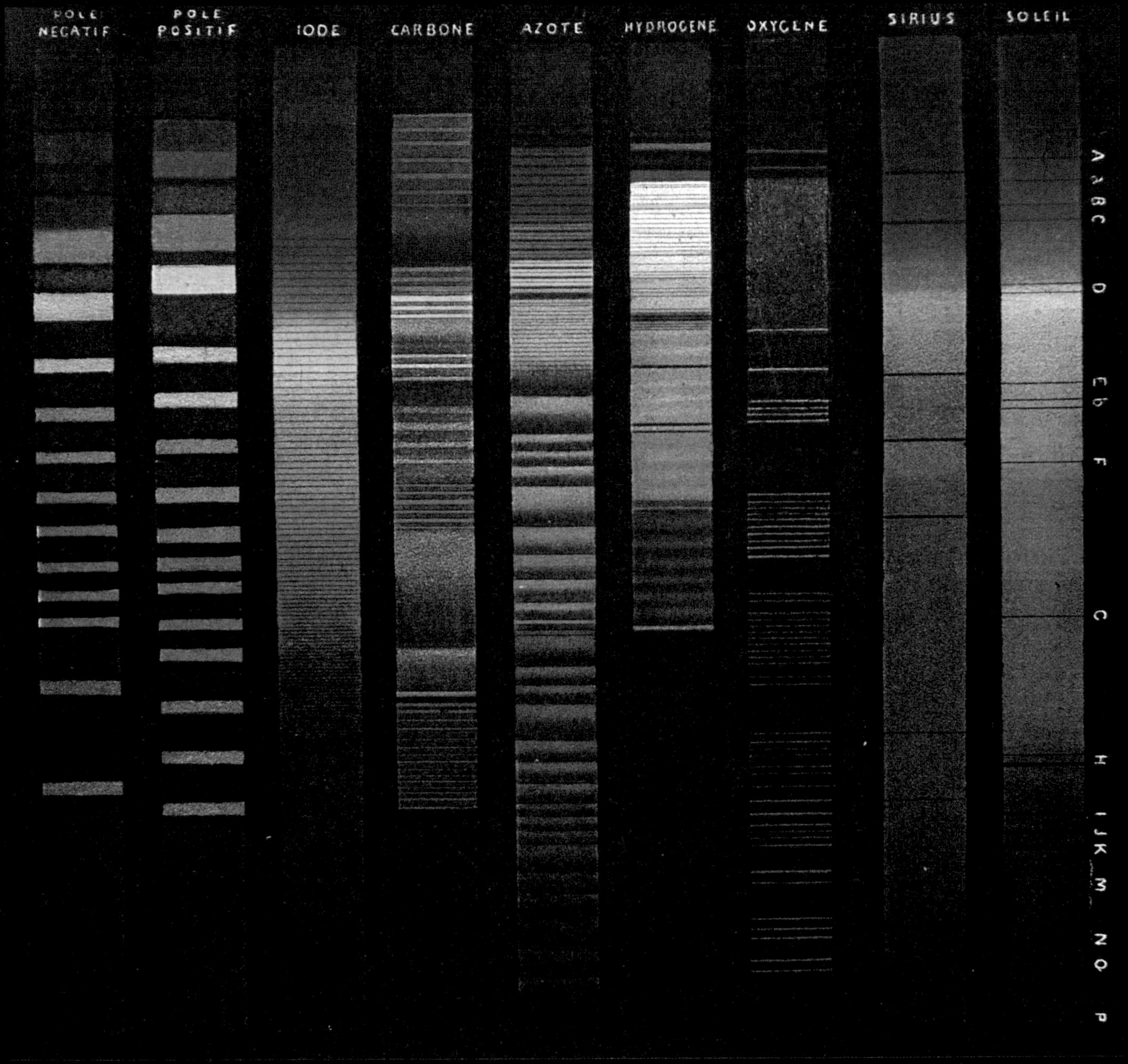

POLE NEGATIF | POLE POSITIF | IODE | CARBONE | AZOTE | HYDROGENE | OXYGENE | SIRIUS | SOLEIL

A a B C D E b F G H I K M N O P

化石層序 Fossil sequences

史密斯（William Smith，1769-1839）

威廉·史密斯大抵上是位自學成功的英國測量員和運河工程師，獨立發現了繪製地質圖的地層法，而且率先應用在實務上。他和同時代的法國科學家居維葉與布隆尼亞爾一樣，最早用繪圖方式說明化石與地層的連續性，以及化石可以用來判斷地層關聯性的方式。化石的確是判定地層相關年代的重要依據。而確定地層年代在工業革命時期極有用處。當時對建築石材、鐵礦和燃煤需求若渴，地主都希望知道自家土地和牧草底下是否藏有這些寶貴的天然資源。

身為運河工程師，史密斯陷入運河網快速擴張的忙亂中。就開鑿運河而言，能否正確預測開鑿場址岩層基質，攸關整個計畫的財務。靠著辨認地層特有化石、測量地層傾斜角度、畫出垂直剖面圖、辨識岩石露頭，以及劃定岩石地理分布範圍等方法，他能在遼闊的鄉間地區正確指認及預測地層露頭地點，標示在地圖上。

經過幾年時間，他繪製的地質圖涵括英國各個地方，並在 1815 年出版《英格蘭和威爾斯地質圖》（*The Geological Map of England and Wales*）。這是世界上最早的大規模詳細地質圖之一。而其中大部分是個人努力的成果，堪稱成就驚人。

史密斯出身寒微，以致他的成就很晚才受到肯定。由中產階級主導的倫敦地質學會在 1831 年頒給他第一屆沃拉斯頓獎；他在都柏林三一學院擔任地質學教授的姪子也於 1835 年替他爭取到榮譽博士學位。而國王威廉四世在 1832 年發給他一份養老金，總算用行動承認他的貢獻。

▶ **參見〈化石〉**（46-47頁）、**〈地層〉**（72-73頁）、**〈地球循環〉**（100-101頁）、**〈萊爾的《地質學原理》〉**（146-147頁）、**〈山脈的形成〉**（206-207頁）、**〈恐龍滅絕〉**（458-459頁）

右圖：史密斯在開鑿運河時所做的勘測工作，讓他認識不同年代的各種岩石層。

Explanation of COLOURS on the MAP of STRATA, taken in Succession from East to

List of Strata.

Part on which Lime is rarely used as a Manure.

London Clay, forming Highgate, Harrow, Shooters, and other detached hills	Septarium, from whic
Clay or Brick-earth, with interspersions of Sand and Gravel	No building Stone i of materials whic island.
Sand, or light Loam, upon a sandy or absorbent Substratum	These strata conta different purposes
Chalk { Upper Part, soft, contains Flints	Flints, the best road m
Chalk { Under Part, hard, none	Good Lime for water
Green Sand, parallel to edge of Chalk	Firestone, and other s
Blue Marl, so kindly for the growth of oak as to be called in some places the oak-tree soil.	
Purbeck Stone, Kentish Rag, and Limestone of the Vale of Pickering.	
Iron Sand and Carstone, which, in Surry and Bedfordshire, contains Fuller's-earth, and, in some places, Yellow Ochre and Glass Sand	Some Lime used on th
Dark Blue Shale produces a strong clay soil, chiefly in pasture, in North Wilts and Vale of Bedford.	
Cornbrash, a thin Rock of Limestone, chiefly arable	Makes tolerable roads.
Forest Marble Rock, thin beds, used for rough Paving and Slate.	
Great Oolyte, Rock, which produces the Bath Freestone	The finest building architecture whic
Under Oolyte, of the vicinity of Bath and the midland counties	
Blue Marl, under the best pastures of the midland counties.	
Blue Lias Limestone, makes excellent Lime for water cements.	
White Lias, now used for printing from MS. written on the stone.	

Part on which Lime is generally used.

Red Marl and Gypsum, soft Sandstone and Salt Rocks, and Springs.	
{ Magnesian Limestone… / ——— soft Sandstone }	Small quantities of Co
Coal districts, and the Rocks and Clays which accompany the Coal	Grind-stones, Mill-s clay from the Coa
——— Generally a Sandstone beneath.	
Derbyshire Limestone	Lead, Copper, and La
Red and Dun-stone, of the southern and northern parts, with interspersions of Limestone, marked blue.	Some good building St
Various.	
Killas, or Slate, and other strata, of the mountains on the western side of the island, with interspersions of Limestone, marked blue	The Limestone polishe Tin, Copper, Lead, a
Granite, Sienite, d Gneiss	The finest building

電磁力 Electromagnetism

奧斯特（Hans Christian Oersted，1777-1851），安培（André Marie Ampère，1775-1836），法拉第（Michael Faraday，1791-1867）

1820 年 7 月 21 日，丹麥物理學家奧斯特發表一篇六頁長的拉丁文報告，宣布他發現了電磁力。他在課堂跟學生講課時，把羅盤拿到通電的電流導線附近，看到指針突然改變方向。這是自然界的兩個基本力首次統一，而這正是 19 世紀物理學的首要目標之一。

這份報告迅速被翻譯成好幾種歐洲語言，幾乎立刻引發研究風潮，科學家紛紛往新方向探索。在巴黎，安培根據牛頓學說的觀念提出，所有電磁現象都可以用通過直線的短程電力來解釋。在倫敦，皇家研究院的化學助理法拉第證明，一根帶電的金屬線可以繞著磁鐵轉動（反之亦然）。由此創造出了第一台電動馬達。此外法拉第還聲稱，安培的理論無法解釋這種環繞運動。

法拉第在 1822 年的日記中還記了這麼一筆：「把磁力轉換成電力！」但直到 1831 年 8 月 29 日，已經當上實驗室主任的法拉第才正式動手做轉換實驗。他在軟鐵環的兩邊分別繞上一組線圈。當電流通過一組線圈時，鐵環變得有磁性，另一組線圈瞬間感應產生電流。實質上這應該算是世界上第一個變壓器。不到六週，法拉第又發明了發電機。他的發電機是把一根永久性磁鐵穿過一個線圈拉進拉出，導線便會感應產生電流。直到今天，每一代的電力都根據這項原理產生，不論其原始能源爲何 。

▶ 參見〈天然磁力〉（ 50-51頁）、〈電池〉（116-117頁）、〈馬克斯威爾方程式〉（186-187頁）、〈量子電動力學〉（352-353頁）、〈統一力〉（415-417頁）

右圖：法拉第在皇家研究院實驗室裡工作的情景，此圖約繪於1840年。儘管未受正規教育，不懂數學，他卻奠定了電磁學的基礎。

破解古埃及象形文字
Deciphering hieroglyphics

商博良（Jean François Champollion，1790-1832）

1799年，拿破崙軍隊的士兵在埃及羅塞塔城發現一塊刻有文字的石碑，「羅塞塔石碑」（Rosetta stone）打破了傳統迷思：以前一直認爲埃及象形文字不是書寫文字，而是一些神祕符號，囊封著古埃及的知識。埃及古時使用三種文字系統：圖畫式的象形文、簡化的僧侶體，以及僧侶體衍生的世俗體。西元前600年時，只剩世俗體仍在普遍使用，到了第五世紀，這種俗體文字也告消失。這些文字用來書寫古老的埃及語，也就是科普特語（Coptic）的前身，而科普特語倖存到17世紀，歐洲學者剛好趕上留下紀錄。要破解一種不明文字，必須先了解它所書寫的語言，科普特語正好提供了這樣的工具。

1799年，歐洲興起一股埃及熱，學者開始努力嘗試讀懂埃及俗體文。羅塞塔石碑提供了必要的鑰匙。它的碑文用三種文字寫成：希臘文、俗體文和象形文。希臘文讓學者了解俗體文的內容。他們終於知道俗體文大致上是一種拼音文字，其中許多符號都各自代表一個字母。王室的名字則是比對這些符號的起點，俗體文部分很快地破譯成功。

英國學者楊格（Thomas Young）再往前跨了幾步，辨識出俗體文與象形符號的一些基本相似點，推論象形文字用在名字上是種拼音。但獲得關鍵突破的是年輕的法國語文天才商博良，他在1822年正確比對出托勒密（Ptolemy）這個名字的希臘文與象形符號，從而解讀出碑文中其他已知統治者的名字。到這時候，他已經可以反駁象形文只是符號的傳統看法，而且看出羅塞塔碑文上的符號多半也有拼音作用。1824年，他辨認了足夠的符號，彙整後發表令人信服的譯文。

▶ 參見〈數的起源〉（10-11頁）、〈雙螺旋鏈〉（374-375頁）、〈公鑰加密〉（454-455頁）

右圖：羅塞塔石碑刻了三種文字，成為破解古埃及語言的基石。

差分機 Difference Engine

巴貝奇（Charles Babbage，1791-1871）

三角函數表和對數表以前都用手工計算，然後交給印刷廠的排字工人排版，因此經常滿紙錯誤。由於這些表要用在航海和金融上，錯誤的實際影響非常嚴重。1819 年，英國數學家巴貝奇設計了他的第一台計算機「差分機一號」，希望用串連的齒輪反覆執行加法運算，自動生產這類數值表。他的靈感來自雅卡爾織布機（Jacquard loom），這種機器運用打孔卡片來自動編織提花布料。1822 年差分機原型製成後，英國政府支持建造一台可以完全運作的機器。但是，到了 1834 年，計畫已經超出預算，進度也落後。1840 年代晚期，巴貝奇設計了「差分機二號」，可以正確地計算到 31 位數。不過此時政府經費已經花完了。（這台機器最後由倫敦科學博物館於 1991 年建造完成。）

此時巴貝奇的注意力轉向現代電腦的真正雛型，也就是他的「分析機」（Analytical Engine）。他設計這台通用型機器的目標不只在執行單一一項數學功能，而是要做很多不同的運算。輸入的資料和控制機制都譯成數碼打在穿孔卡片上，與 IBM 一個世紀以後使用的形式幾無差別；另外有一個工作區進行數學計算，還有儲存空間保存計算過程中的數字。一如先前的機器，整個程序完全靠蒸氣動力自動運作，而且有列印輸出。分析機同樣不曾建造出來。巴貝奇的大部分研究記載在艾達．奧格斯塔（Ada Augusta）的文章裡，她是一位伯爵夫人，著名詩人拜倫爵士與妻子安娜貝拉的獨生女。艾達是一位天才數學家，她對巴貝奇的研究著迷，不幸薄命，36 歲就結束短暫的一生。她曾寫道：「我們大可放心地說，分析機將編織出數學花樣。」可惜這些花樣從來不曾面世。

▶ 參見〈對數〉（56 57頁）、〈電腦〉（340-341頁）

右圖：巴貝奇的差分機，由倫敦科學博物館建造完成。巴貝奇建造計算機器失敗，理由之一可能是當時無力製造精密零件。

1826

卵與胚胎 Eggs and embryos

貝爾（Karl Ernst von Baer，1792-1876）

生殖的初期階段在哺乳類身上看不清楚，因爲子代直到發育完全才會出世，例如人類懷孕期就長達九個月。亞里斯多德曾經假設，男性提供的液體（精液）以某種方式在女性體內工作，形成新的胚胎。17 世紀時，哈維（William Harvey）挑戰這種看法，提出自己的 ex ovo omnia 學說──所有生物均出自單一卵子。在哈維之後，生物學家找到證據顯示，許多動物生命初始確實只是一個單細胞卵子。但要觀察哺乳動物卵子的最初形態，比觀察鳥類、魚類或昆蟲的來得困難，因爲蟲魚鳥的卵產在體外。哺乳類是唯一可能的例外。

哺乳類動物的卵最後由德國生物學家貝爾在 1826 年發現。他從工作部門主管飼養的狗身上取得第一個哺乳類卵子，後來又在其他哺乳類身上證實了他的觀察。生命起源於某種「成形液體」的說法至此不攻而破。每一種動物都是由一個卵細胞開始發展。這項發現是細胞理論的基石，確定生命由細胞構成，而這些細胞只能由其他細胞形成。現代對哺乳類生殖的知識，包括對人類生殖的了解，也大半源自這項發現。

此外，貝爾奠定了現代胚胎學的基礎。他曾描述幾種脊椎動物從卵到出生或孵化的胚胎發育情形。他也描述了生成後來成體器官的幾種主要細胞，這些細胞稱作胚層。貝爾還指出，發育是「漸變的」（epigenetic）而非「預成的」（preformationist），也就是發育過程是從同質進行到異質，而不是胚胎內縮小尺寸的成體逐漸長大。貝爾的研究發表後，預成說在生物學領域再無容身之地。

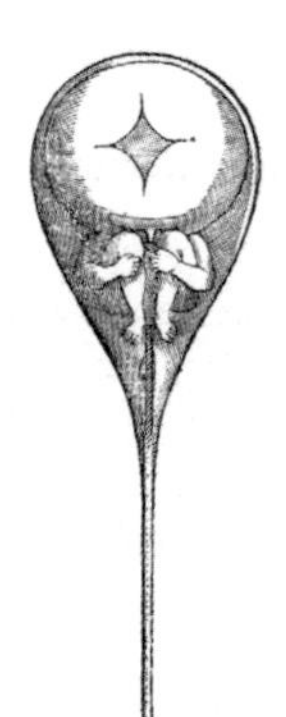

上圖：荷蘭生物學家哈特索克（Nicolaas Hartsoeker）1694年的木刻畫，顯示精子裡面屈膝坐著一個小人兒。

▶ **參見〈亞里斯多德的遺產〉（16-17頁）、〈微生物〉（76-77頁）、〈細胞社會〉（174-175頁）、〈動物形態遺傳學〉（460-461頁）**

右圖：德國動物學家海克爾（Ernst Haeckel）相信胚胎發育過程是物種演化過程的快速重演。這張1891年的圖片顯示（從左至右）豬、牛、兔及人的胚胎發育情形。

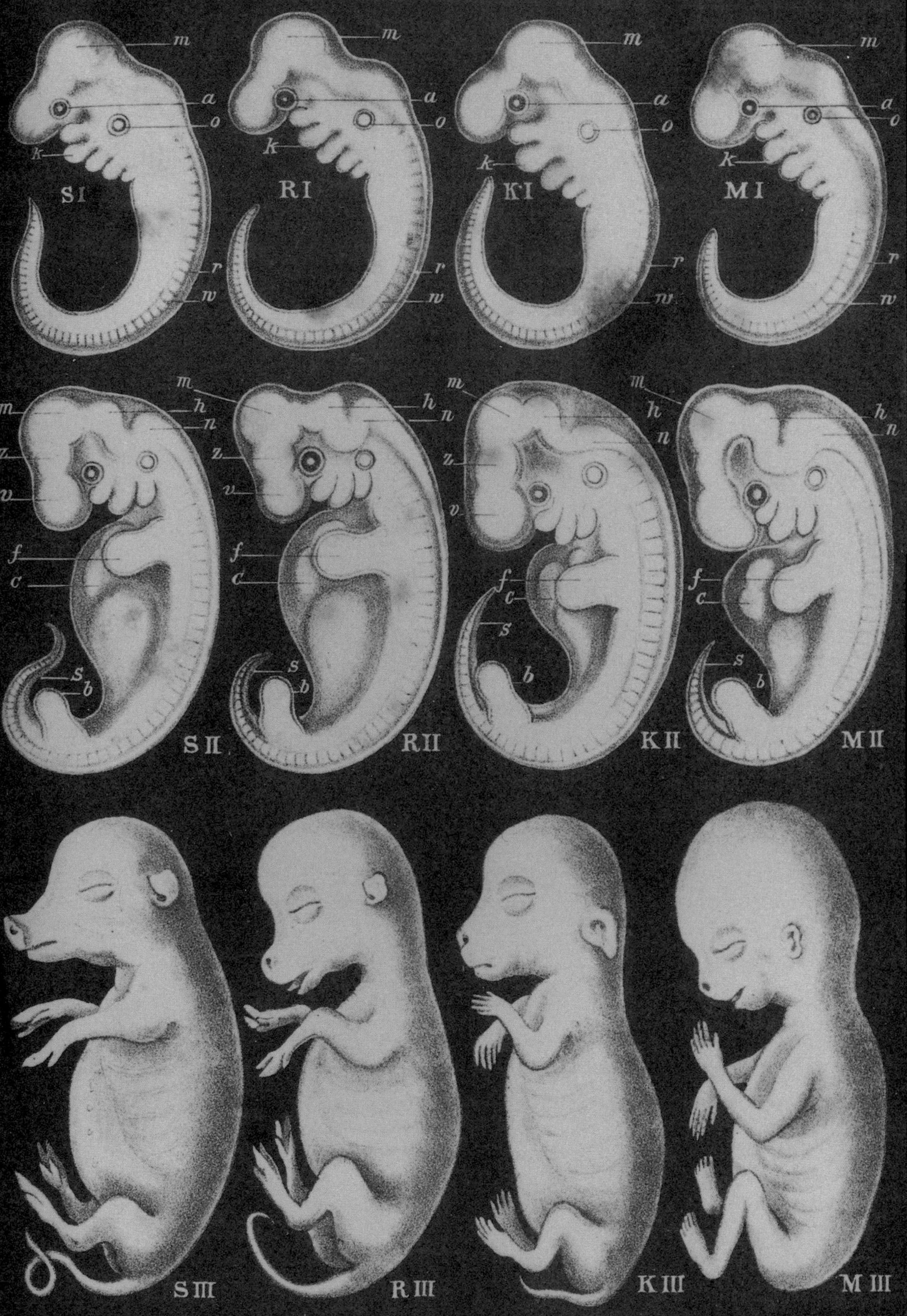

m
a
o
k
S I
R I
K I
M I
r
w
h
n
z
v
f
c
s
b
S II
R II
K II
M II
S III
R III
K III
M III

合成尿素 Synthesis of urea

渥勒（Friedrich Wöhler，1800-82）

以前普遍認爲生物或有機物基本上不同於無機物，某種「活力」（vital force，或稱「生命力」）賦予生物世界生機。雖然活力說來自宗教信仰的成分，多過科學證據，但用無機物試劑似乎確實造不出有機物來。這種情形在1828年改寫，德國化學家渥勒告訴瑞典化學家柏濟力阿斯（Jons Jacob Berzelius）：「我能調製出尿素，不需要用到腎臟，完全不需要用上動物，不論是人或狗。」尿素原來由生物體產生，渥勒卻用阿摩尼亞（氨）和氰酸來製造，這兩種元素結合成氰酸銨，可以轉化成與天然產物完全相同的尿素化合物。

別人稱讚他的實驗「開啓新紀元」，渥勒自己卻對其中的哲學意涵相當謹愼，他說：「我們必須了解，氰酸（還有阿摩尼亞）畢竟最初都是一種有機產物，自然哲學家會說，它們所具備的活力，仍然存留在動物碳素或是氰化物從它們衍生的物質，不論是動物碳素或是氰化物，活力仍然沒有消失。」柏濟力阿斯也堅稱，尿素應該被視爲一種介於有機與無機之間的物質。

後來德國化學家李比希（Justus von Liebig）和法國化學家巴斯德關於消化與發酵的研究，揭露更多有機與無機世界共通的化學原則。李比希認爲發酵可以視爲一種純粹的化學變化，而巴斯德相信生命可以用人工方式產生。巴斯德發現許多分子存在著與其互爲「鏡像」的分子，亦即立體結構相反，他因此主張這種「不對稱性」（chirality）是支配生命的化學作用之基礎。

1897年，德國生化學家巴赫納（Eduard Buchner）實驗顯示，不用細胞照樣可以發酵，證明生命的化學程序並不需要「活力」。他把酵母細胞磨碎，榨出不含細胞的汁液，也就是「無機化酵母」，能把糖轉換成酒精，而促成這種轉換的，應該就是德國生理學家庫尼（Willy Kuhne）於1876年命名爲「酶」（enzymes）的化學物質。

▶ 參見〈自然發生說〉（90-91）、〈細菌理論〉（202-203頁）、〈酵素作用〉（218-219頁）、〈合成阿摩尼亞〉（256-257頁）、〈生命的起源〉（370-371頁）

右圖：尿素結晶的偏光顯微照片。自從合成尿素之後，「活力」帶給生物世界生機的說法慢慢消失。

非歐幾何學 Non-Euclidean geometry

羅巴契夫斯基（Nicolai Ivanovich Lobachevsky，1793-1856）
波耶（Janos Bolyai，1802-60）
黎曼（Georg Friedrich Bernard Riemann，1826-66）

兩千年來，歐幾里德幾何一直被認為是最合邏輯的數學體系，是對我們所處的三維世界的眞實描述。但這座城堡有個小小的裂縫，手癢的數學家忍不住要去刮它。歐幾里德有一項公設的陳述是：兩條線如果不平行，必然相交於一點。這項公設看起來不會引起爭議，不過數學家感覺它太複雜，不能不證自明，因此設法用更簡單的公理（axiom）證明它。但直到 19 世紀才有兩位數學家各自獲得重大突破。

俄國數學家羅巴契夫斯基是喀山大學教授。他還擔任過博物館館長、圖書館館長及大學校長，並抽空在 1829 年出版了《論幾何原理》（*On the Principles of Geometry*）。書中他提出歐幾里德的平行公設是錯誤的，然後根據這個前提，建構起一套看起來怪異而違反直覺、在數學上卻絕對前後一致的幾何體系。早在 1823 年，匈牙利數學家波耶已經開始鑽研相同的非歐幾何，不過他的論文〈絕對空間的科學〉遲至 1832 年才付梓。即使印出，後人還是差點無緣一見，因為他的論文隱藏在他父親寫的的教科書附錄裡，而這本教科書非常失敗。

羅巴契夫斯基和波耶則從修正歐幾里德的原始定義和公設下手，創出一種新幾何學。1854 年，德國數學家黎曼歸納他們的發現，顯示只要有適當的維度、座標系統和確定距離的方法，就可能得到各種不同的非歐體系。接下來十年裡，研究空間結構及彼此間關係的「拓撲學」產生一堆千奇百怪的物件，例如只有一個面和一個邊的莫比烏斯帶（Mo:bius band）。這些發現重燃世人對空間和時間的眞正幾何結構的興趣。

▶ 參見〈歐幾里德的《幾何原本》〉（20-21頁）、〈透視圖法〉（40-41頁）、〈廣義相對論〉（278-279頁）、〈碎形〉（446-447頁）

右圖：艾雪（M. C. Escher）1963年的木刻版畫「莫比烏斯帶II」。兩條莫比烏斯帶像用拉鍊拉上般連在一起，形成一個克萊因瓶（Klein bottle），只有一個面而無界線；九隻螞蟻首尾相接，顯示呈8字形的帶子無內外之分。

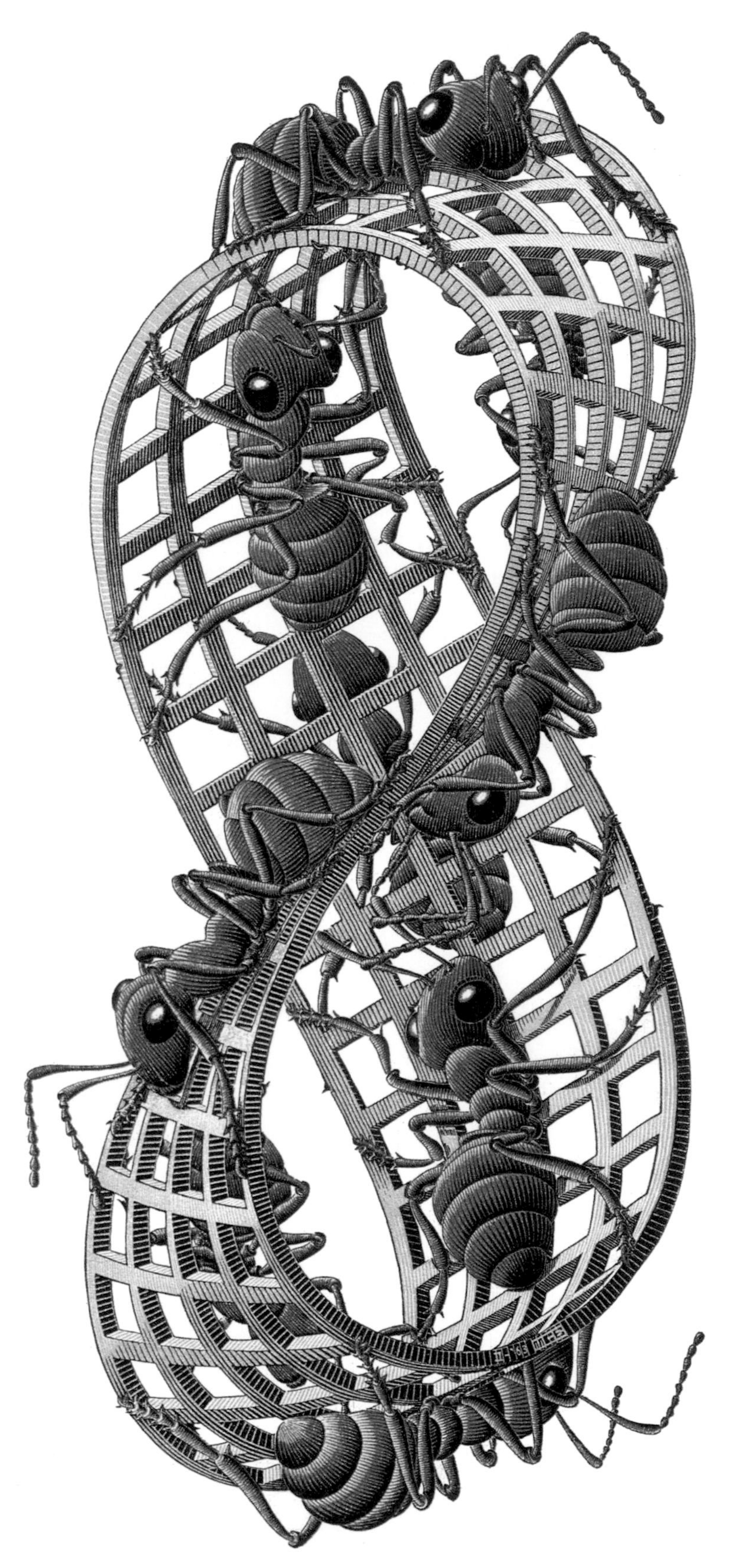

萊爾的《地質學原理》

Lyell's *Principles of Geology*

萊爾（Charles Lyell，1797-1875）

萊爾可能是整個地球科學界最響亮的一個名字。這位牛津出身的律師生於蘇格蘭，他是「地質學界的達爾文」，不過他的名聲並非來自某種主要理論，而是來自一本書。

《地質學原理》（Principles of Geology）最早在1830到33年間分三大卷出版，大賣15,000多本，結果共出了11版，最後一版在1872年發行。他的文筆清晰，讓人讀得津津有味。第一卷很有名，因爲達爾文1831年12月27日搭乘「小獵犬號」出航時，隨身帶著這卷書當「地質學入門指南」。

今天萊爾的名字與「現在是通往過去的一把鑰匙」（the present is a key to the past）的名言連在一起，這句話簡潔有力地闡明了「均變說」（uniformitarianism）的原則。萊爾在他的著作裡把赫登在上個世紀提出的均變說發揚光大。他反對居維葉的災變說觀點，而跟從赫登的牛頓學派方法，主張自然現象唯有用可以觀察到的作用力——亦即現存或「現實」（actual）的原因，才能得到合理的解釋。套句萊爾自己的話，《地質學原理》「嘗試參考現在仍在運作的力量，解釋地球表面昔日的變化」。

剛開始時，萊爾的方法甚至應用到化石研究上。他認爲即使在最古老的岩石裡，也能找到所有各種生物的化石樣本。當時看來他可能是對的，因此他起初根本不贊同達爾文的演化論。但到了19世紀中葉，化石紀錄顯示某些生物的發展史貫穿了地質史（也就是說，這些生物會隨著時間而演進），同時萊爾也被赫胥黎對達爾文學說的支持說服。事實上，萊爾把達爾文的觀點帶進了最敏感不過的領域：人類的演化以及人類的起源有多久遠。

▶ 參見〈地層〉（72-73頁）、〈地球循環〉（100-101頁）、〈火成論者的地質學〉（108-109頁）、〈化石層序〉（132-133頁）、〈冰河時期〉（152-153頁）、〈達爾文的《物種原始》〉（176-177頁）、〈山脈的形成〉（206-207頁）、〈萬古磐石〉（252-253頁）、〈柏吉斯頁岩〉（260-261頁）、〈恐龍滅絕〉（458-459頁）

右圖：閱讀岩石：萊爾的學說完全建立在第一手資料上，他曾旅行法國和義大利各地收集資料。他的興趣廣泛，從岩石年代到煤礦的形成，從冰川到火山，無所不包。

史前人類 Prehistoric humans

厄都亞．拉爾泰（Edouard Lartet，1801-71）
路易．拉爾泰（Louis Lartet，1840-99）

厄都亞．拉爾泰是位法國地主，居維葉關於解剖學的演講激發了他對化石的熱情。1834 年，加斯科尼省山上挖出一顆大牙齒，有人拿給他看，他認出這可能是絕種大象乳齒象的牙齒。拉爾泰進一步挖掘，結果挖出了無數哺乳類動物的化石骨頭，包括一個明顯似猿的動物頷骨。

這種似猿類的動物在 1836 年被命名爲「古上猿」（*Pliopithecus antiquus*），這是首次發現「類人猿」（anthropoid）化石，難免讓人猜測或許無尾猿和人類曾共有一頁史前史。厄都亞和他的兒子路易相繼獲得一些早期最重要的發現，證明的確有這樣一頁歷史存在。1852 年，法國南部奧瑞納村（Aurignac）附近山腳一個兔子洞裡發現一根像似人類骨頭的東西。挖進山腹的溝道揭露一個洞穴，入口被石灰石板擋住，石板後面散著 17 具骨骼，由於看起來很像新骨，因此被移葬到當地公墓裡。厄都亞在 1860 年聽到這件事後，重新開挖洞穴地底，找到更多散落的人類骨頭和絕種動物的骨頭。1863 年，他宣稱這證明了人類崛起的年代，也是古代人類與絕種動物共存的證據，但當時的學者大多不肯相信。隨後在 1868 年，路易獲得了突破性進展。

這一次，似人類的遺骸旁有一些佩帶用的飾品，似乎是刻意放進墓穴的陪葬品。遺骸躺在多爾多涅省埃澤鎮（Les Eyzies）附近一個天然岩棚下，當地人稱這個地區克羅馬儂（Cro-Magnon）。從骨骸算來，至少有五個人，包括嬰孩、年輕婦女、兩名年輕男子和一名老人，身旁擺著穿孔貝殼、動物牙齒、石頭工具，還散落著獅子、馴鹿和長毛象的骨頭。1847 年，這群身體構造和現代人完全一樣的早期智人被命名爲「克羅馬儂人」。

▶ 參見〈比較解剖學〉（106-107頁）、〈尼安德塔人〉（170-171頁）、〈冰人〉（504-505頁）

右圖：法國拉斯科（Lascaux）山洞壁畫極為精美，以致發現壁畫的現代人不敢相信這是「原始」石器時代獵人的作品。

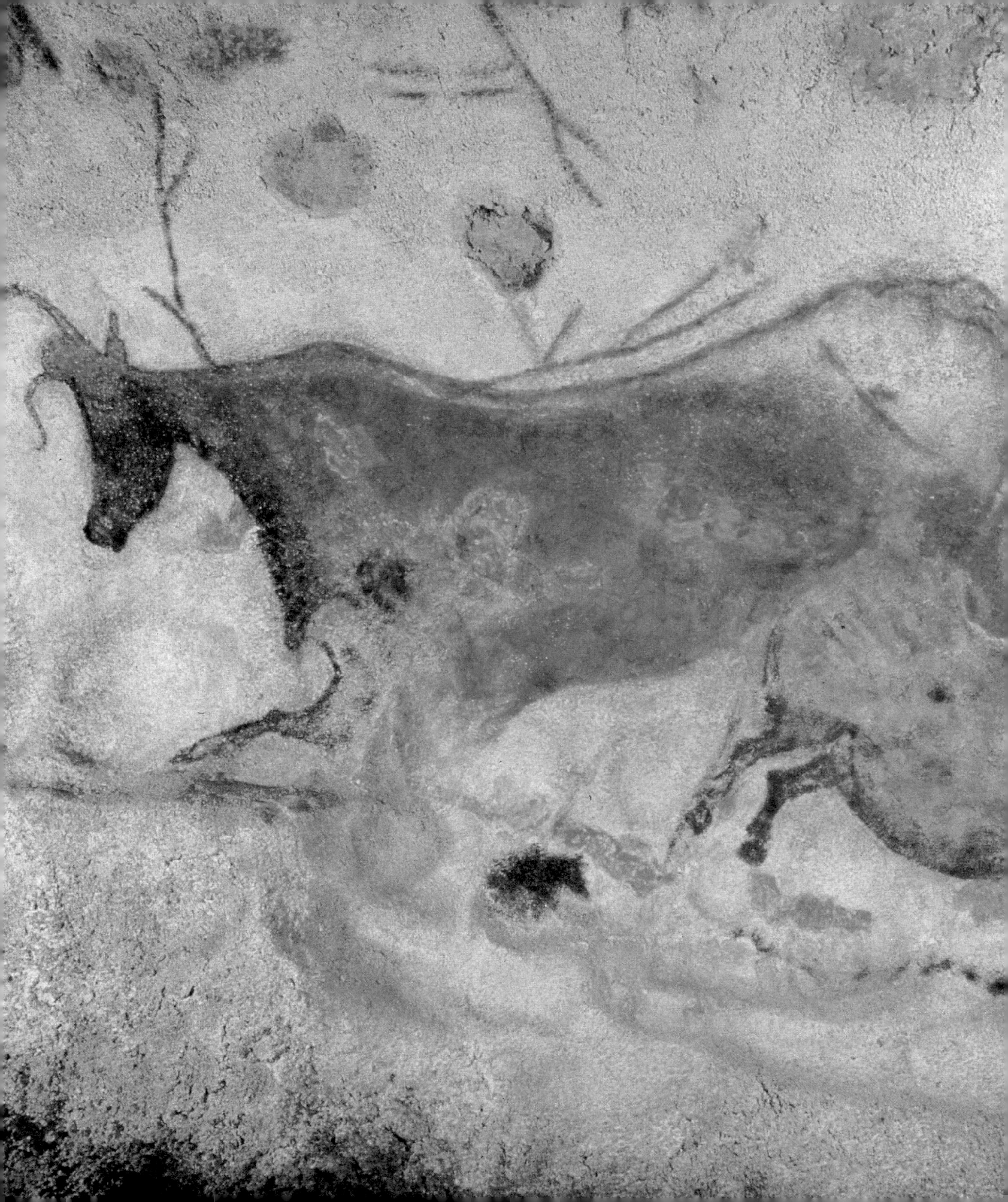

1838

恆星距離 Distance to a star

貝塞爾（Friedrich Wilhelm Bessel，1784-1846）

自從哥白尼在 1543 年確定地球繞著太陽轉，而不是太陽繞地球轉以來，天文學家已經了解，在軌道上運行的地球每六個月變動位置達三億公里。因此附近恆星跟更遙遠的恆星相比，似乎也在移動，這種移動稱作「視差」（parallax）。可惜肉眼可見的亮星，平均距離現知大概是地球與太陽平均距離的兩千萬倍，視差移動非常之小。

到了 1700 年，天文學家只憑比較太陽、恆星與行星的相對亮度，就已經確信恆星之間的距離極爲遙遠。到了 1830 年代，他們又發現明亮而快速移動的恆星可能是離地球最近的恆星。天鵝座 61 是首選目標。它以每一百年移動 0.14 度多的速度越過天空。在 1830 年代，望遠鏡的赤道儀架台的工程穩定性已臻於一流，也開始製造出了上好的二分式物鏡。這種「太陽儀」（heliometer）是特別設計來精準測量相近星體之間的角距。

就像科學界常有的競爭，許多人都試圖成爲第一個獲得突破進展的人。德國天文學家貝塞爾從海德堡附近的柯尼斯堡（Königsberg）進行觀測，他使用一具弗朗和斐製造的 16 公分太陽儀。1838 年底，宣布測出天鵝座 61 有 1/3 角秒（arc-second）的視差，估計距離在 10 光年左右。俄國天文學家史楚浮（Wilhelm Struve）在愛沙尼亞的多爾帕特（Dorpat）天文台埋首工作五年，而後在 1840 年宣布織女星在 13 光年外。幾乎同一時間，蘇格蘭天文學家、也是好望角天文台皇家天文學家的漢德森（Thomas Henderson）發現半人馬座 α 星只有四光年遠。實用天文學終於確定了宇宙的規模。

上圖：中世紀用來判定天體位置的觀星儀。

▶ **參見〈天文預測〉（26-27頁）、〈地心說〉（30-31頁）、〈金星淩日〉（62-63頁）、〈我們在宇宙的位置〉（280-281頁）、〈行星世界〉（512-513頁）**

右圖：10世紀波斯天文學家蘇菲（Al-Sufi）的《恆星之書》（*Book of Fixed Stars*）定出一千多顆恆星的位置。書中許多星座蘇菲都畫了兩幅圖，分別描繪從地球上及星體上所見景象。

صورة برشاوش

صورة برشاوش على ما يرى في الكرة

صورة برشاوش على ما يرى في الكرة

خارج الصورة

كوكبة برشاوش وهو حامل رأس الغول

冰河時期 Ice ages

阿加西（Jean Louis Rodolphe Agassiz，1807-73）

地球的高緯度地區曾經一度被冰河淹沒，堪稱 19 世紀最偉大的科學發現之一。這項發現很多人都有貢獻，但其中一個名字和冰河期理論尤其密不可分，那就是路易士·阿加西。

阿加西在瑞士出生，是基督教牧師之子，拿到醫學學位後開始做魚類化石研究，總共鑑定出 1,700 多個新品種。這段時間裡他也開始對冰河感興趣，當時一般猜測，北歐平原上星羅棋布的巨大礫石是冰河搬運來的。阿加西很快就斷定，阿爾卑斯山隆起以前是一大片冰原，覆蓋面積超過阿爾卑斯山群。他的研究夥伴是德國植物學家席姆佩爾（Karl Schimper），曾抗議阿加西不承認他對這個觀念的貢獻，兩人友誼因此破裂。

仔細觀察白朗峰一帶之後，阿加西著書立說，發表他對阿爾卑斯山冰河的研究結果，以及他自己建立的冰河期理論，這是第一本廣泛討論冰河現象的論著。他語出驚人地宣稱，寒冰曾從北極朝南延伸，越過阿爾卑斯山到非洲北部阿特拉斯山，同時覆蓋北亞和北美洲。阿加西趁 1840 年英國科學促進協會在格拉斯哥舉行會議之際推銷他的理論，偕同具有影響力的英國地質學家巴克蘭（William Buckland）走訪蘇格蘭高地。阿加西指出冰河現象到處留下痕跡，如岩屑堆積和岩石表面擦痕等，說服巴克蘭相信蘇格蘭曾經覆蓋在冰下。巴克蘭又促成萊爾和穆啓生（Roderick Murchison）接受這種想法。

阿加西繼續與愛丁堡物理學家佛比斯（James Forbes）一起研究冰河性質，佛比斯是率先證明冰河表面比底層流動快速的科學家。他們的研究成果由阿加西在 1847 年發表，這時他修正了對大冰原面積及覆蓋時間的說法，口氣比以前緩和。我們現在知道地球史上曾經有過好幾次冰河時期。

▶ 參見〈溫室效應〉（184-185頁）、〈山脈的形成〉（206-207頁）、〈天氣循環〉（276-277頁）、〈臭氧層破洞〉（438-439頁）

右圖：1815年左右瑞士阿爾卑斯山的冰河景象。阿加西認為冰原曾經覆蓋北歐，而且像一條巨大而複雜的冰河般移動。這種說法和地球逐漸冷卻的正統想法相悖。

1842

「發明」恐龍

歐文（Richard Owen，1804-92）

英國解剖學家歐文在1842年創造了「恐龍」（dinosaur）一詞，意指「恐怖的蜥蜴」（terrible lizard），並把它的科學分類定爲恐龍綱（Dinosauria），以示最新發現的巨大化石爬蟲「禽龍」、「斑龍」與已知的現生爬蟲有所區別。他根本不了解自己事實上放出了什麼樣的野獸。他的恐龍變成全球偶像，龍和所有其他神話怪獸從此黯然失色。歐文的同輩認爲他自己就是個怪物，達爾文曾接到警告說歐文「不只野心大，非常善妒和傲慢，而且虛僞、不誠實」。

歐文利用他的分類把戲，偷走了曼特爾（Gideon Mantell）和巴克蘭（William Buckland）的主導權——這兩位是首先發現並描述「巨大爬蟲」化石的人。歐文這種行徑意外達成 19 世紀中葉最偉大的科學成就。他重新界定恐龍這群已經滅絕的生物，把曼特爾筆下「貼地爬行」蛇一般的動物，變成橫行大地的龐然巨物，與維多利亞時代的價值觀相稱，也合乎歐文自己的激進反演化觀點。歐文猜想他的恐龍會有大象體積的六倍大，而這是在發現眞正巨大的蜥腳類恐龍化石很久以前的事。

歐文也是一個宣傳高手。1851 年倫敦大博覽會閉幕時，派克斯頓（Joseph Paxton）的華麗鋼鐵玻璃建築遷到席登漢姆（Sydenham），後來成爲這裡的「水晶宮」。這次搬遷對歐文來說是千載難逢的機會，可以促銷他的恐龍概念。他與藝術家郝金斯（Benjamin Waterhouse Hawkins）合作，由他指導用水泥、石頭和鐵建造和實物一樣大的恐龍塑像，當成世界首座「主題公園」的一部分來展示。維多利亞女王主持盛大開幕儀式，吸引了成千上萬觀眾，1853 年除夕，揭幕前一晚，先在禽龍館內爲頂尖科學家舉辦了一場晚宴。現在公園裡還看得到這些模型，不過水晶宮早已灰飛煙滅。

上圖：反演化論者：歐文認為達爾文學說「十年內就會被人遺忘」。

▶ 參見〈比較解剖學〉（106-107頁）、〈達爾文的《物種原始》〉（176-177頁）、〈始祖鳥〉（180-181頁）、〈恐龍滅絕〉（458-459頁）

右圖：郝金斯在水晶宮塑造的「滅絕動物模型室」。這些動物像科學家一樣，似乎總是在搏鬥。

都卜勒效應 Doppler Effect

都卜勒（Christian Johann Doppler，1803-53）

一輛蒸汽車頭拉著車廂駛過，車廂裡滿座的小號手正在吹奏樂曲，奧地利物理學家都卜勒細聽之後確信，當車廂經過時，小號聲的音高下降，與小號手移動的速度成正比，這是他在 1842 年首先提出的一項原理。

這種現象在日常生活裡比比皆是。當救護車警笛大作地快速朝我們駛來，聲波被它的運動擠壓在一起（頻率變得較高），當它急急離開時，聲波伸展開來（頻率變得較低）。這項原理也適用於光波和其他電磁波。太陽旋轉時盤面西緣逐漸遠離我們的視線，旋轉運動把來自西緣的光波波長拉長，在光譜中產生「紅移」(redshift，又稱紅位移)；而盤面東緣逐漸接近，來自東緣的光波被壓在一起，產生「藍移」（blueshift，又稱藍位移）。比較各種都卜勒效應現象後顯示，質量比太陽大的恆星，旋轉速度通常比太陽快約一百倍。

1868 年，赫金斯利用他的恆星分光儀測量恆星沿視線朝向或離開我們的「視向」（radial）速度。到了 1887 年，恆星觀測已經可以用來測量地球繞太陽運轉的速度。恆星的視向速度，加上恆星垂直於視線的速度（數據得自於數十年來觀測恆星在天空移動的資料），就可以算出恆星穿越太空的眞實速度。測量結果揭露太陽繞著星系核（星系中心）運轉，周期推估在兩億年左右。恆星運轉速度隨著它與星系中心的距離改變，顯示銀河系有一個巨大的球狀暈（spherical halo）。

根據遙遠星系光線的紅移現象，哈伯在 1929 年推論宇宙仍在膨脹的宇宙中——太空本身伸展造成的第二次都卜勒效應。今天科學家仍然根據都卜勒的原理搜尋我們太陽系以外的行星，都卜勒效應會洩露它們的質量和軌道半徑。至今已發現一百多顆與木星大小相同的行星。

▶ 參見〈光譜線〉（130-131頁）、〈膨脹的宇宙〉（306-307頁）、〈行星世界〉（512-513頁）

右圖：見所未見：高速拍攝一顆子彈穿過蠟燭火焰上方熱氣的照片，可以看到子彈通過造成的衝擊波及其亂流般的尾流。

1843

太陽黑子周期 Sunspot Cycle

施瓦貝（Heinrich Samuel Schwabe，1789-1875）

伽利略與丹麥天文學家法布里休斯（Johannes Fabricius）在 1610 年左右指出，望遠鏡觀測結果顯示，太陽黑子是太陽表面現象，不是太陽周圍低軌道衛星的陰影，也不是地球大氣裡的雲層干擾。但直到 1843 年才發現，太陽斑斑點點的外表跟著時間改變。

施瓦貝是德國德紹（Dessau）的一名藥劑師，對天文學著迷。他希望從事天文研究，又得兼顧他的藥劑師工作，因此決定專心研究只占用白天時間的天文現象。他起初想，當水星凌日（通過日面）時，觀察太陽或許能發現水星軌道內的新行星。

施瓦貝從他那具五公分口徑的小望遠鏡看出去，不能不注意到太陽黑子。很快的他開始逐日記錄。1825 年以後他觀察太陽更加勤快。謹慎核對觀察結果後，他在 1843 年宣布，日面的黑子數目以十年為盈虧周期。到了 1851 年，瑞士天文學家沃夫（Rudolf Wolf）整理出更大一套資料，得到更精確的周期為 11.1 年。

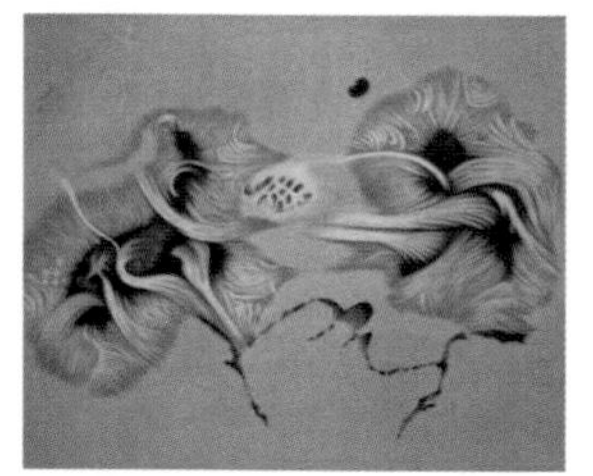

上圖：法國畫家楚維勒（Etienne Trouvelot）1875年畫的太陽黑子。楚維勒是天文攝影術發明前最好的天文藝術家之一。

緊接著又發現太陽黑子周期與地球磁場風暴和極光周期相呼應。有些天文學家甚至認為他們可以偵測天氣變化周期，還有動植物生長速度周期。1858 年，英國業餘天文學家卡林頓（R. C. Carrington）報告指出，黑子在整個循環期間緯度一直改變，約從 40 度開始，慢慢移向太陽赤道。太陽黑子還顯示太陽赤道區轉速比南北極快。由於這項發現，美國天文學家巴布考克（Horace W. Babcock）在 1961 年提出一項理論說，太陽赤道的磁力線被拖行的速度太快，以致形成磁力「管」，向上漂浮衝破太陽表面，產生成雙成對的黑子。

▶ **參見**〈**天然磁力**〉（50-51頁）、〈**光譜線**〉（130-131頁）、〈**天氣循環**〉（276-277頁）、〈**地磁倒轉**〉（304-305頁）、〈**太陽風**〉（388-389頁）

右圖：如此圖所示，太陽黑子每個都有黑暗的核心或謂本影（umbra），四周圍繞著較明亮的半影（penumbra）。從太陽黑子的表現看來，它們是凹陷而非隆起的團塊。

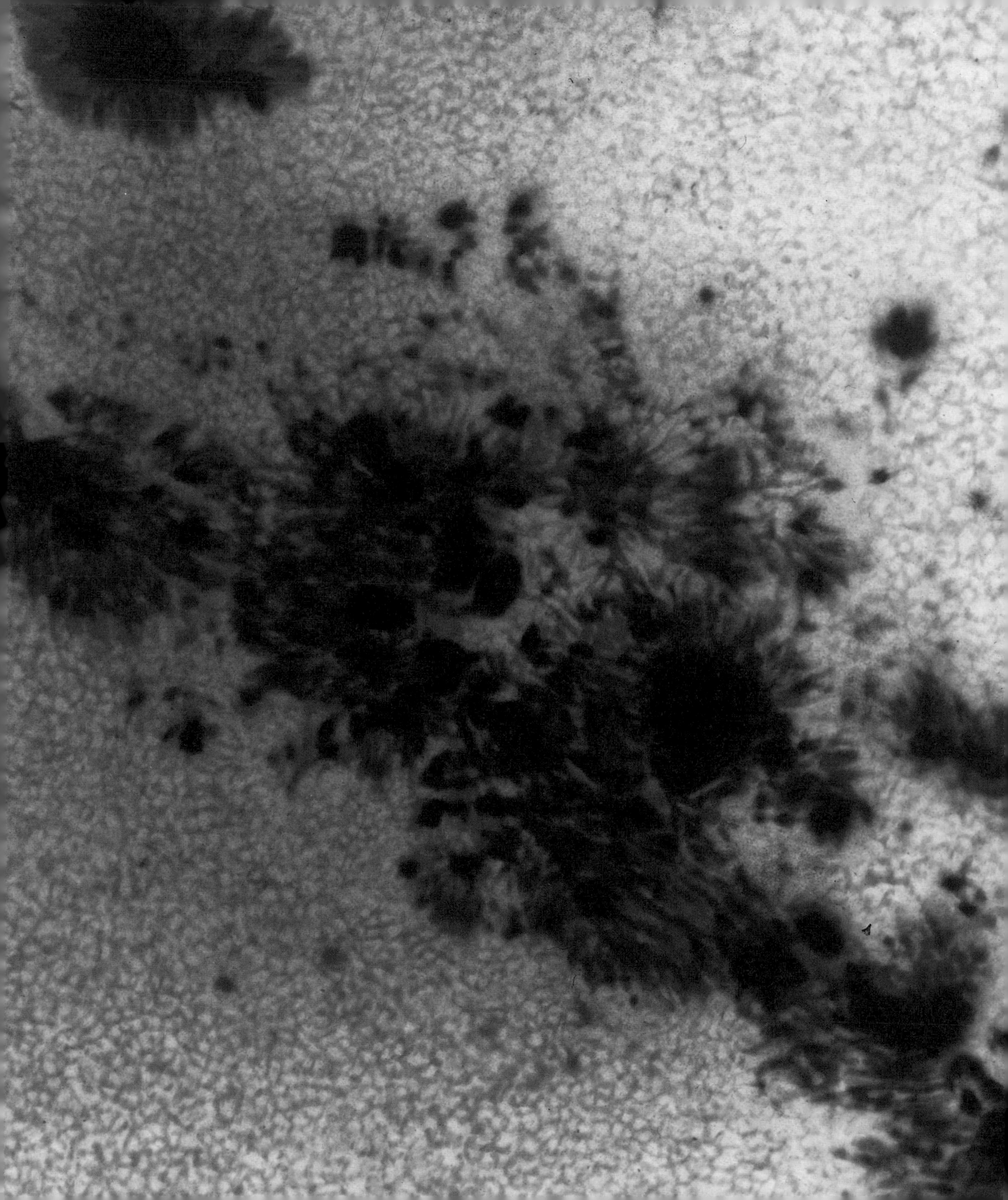

1845

螺旋星系 Spiral galaxies

羅斯伯爵三世巴森茲(William Parsons,third Earl of Rosse,1800-67)

恆星星際間散布著一片片薄霧般的亮光,稱作「星雲」(nebula)。托勒密在二世紀記錄了七個星雲,法國彗星觀測家梅西爾(Charles Messier)在 1770 年代初期用望遠鏡找到 103 個,並做了標記以便在搜尋彗星時避開這些物體。最偉大的星雲編目者是赫歇爾,他在 1802 年時已列出 2,500 個星雲的名單。但天文學家還是不清楚它們的性質。有些無疑是氣體和塵埃雲,另一些卻讓人覺得是恆星的組合,有些在我們的銀河系內,有些在很遠的距離外。

1845 年,羅斯伯爵三世巴森茲在他坐落於愛爾蘭巴森茲鎮的古堡領地上,建造了一座巨大的望遠鏡,稱作「巨獸」(Leviathan)。這座望遠鏡有一面金屬反射鏡,寬 1.83 公尺,讓他能夠空前清楚地研究星雲。很多星雲的複雜結構在他的望遠鏡前現形,巴森茲的鉛筆素描記錄非常詳細。他還是第一個發現有些星雲呈螺旋狀的人。

1864 年,英國天體物理學家赫金斯發現,亮星雲如獵戶座星雲等,具有典型的發光氣體光譜(放射光譜),另如仙女座星雲(M31)等其他星雲則有典型的星光光譜(吸收光譜)。但不論星雲裡面有什麼恆星,距離都太遙遠,沒有人能看清它們個別的模樣。隨後在 1885 年,M31 星雲突然有一顆星星閃出光亮,後來在 1917 年又出現了四顆光芒較微弱的新星。

螺旋星雲的眞正性質最後由美國天文學家哈伯(Edwin Hubble)揭露。他在 1924 年利用加州威爾遜山天文台 2.54 公尺口徑的虎克望遠鏡拍攝 M31 的照片,設法辨認了一些巨星,其中包括造父變星。得到這些「燈塔」星的指引,哈伯確定仙女座星雲距離地球將近一百萬光年,是我們銀河系裡最遠恆星距離的八倍,而且大得足以自成星系。科家很快就弄清楚,宇宙由不計其數的星系組成,或許有多達一千億個星系。

上圖:1850年,羅斯首次觀察到螺旋狀星雲,這是他筆下華麗的螺旋星雲,後來定名為獵犬座M51星系。

▶ 參見〈光譜線〉(130-131頁)、〈我們在宇宙的位置〉(280-281頁)、〈膨脹的宇宙〉(306-307頁)、〈創世餘暉〉(412-413頁)、〈大吸子〉(498-499頁)

右圖:可能位於一千至二千萬光年以外的螺旋星系。哈伯製作了完善的星系分類系統,把星系分成正常螺旋型、棒旋型(barred spiral,我們的星系就是棒旋型)、橢圓型和不規則型。

發現海王星 Discovery of Neptune

亞當斯（John Couch Adams，1819-92），勒威耶（Urbain Jean Joseph Le Verrier，1811-77），迦勒（Johann Gottfried Galle，1812-1910）

1800 年代初期已經很清楚，新發現的行星天王星「不守規矩」。1832 年，它偏離軌道計算該在的位置整整半角分（arc-minute）。好幾位天文學家猜測天王星旁有一顆不明行星，正在發揮重力拉扯它。但是，要如何找到這顆行星？

有三條明顯的線索。第一，天王星直到 1822 年都在加速，但從那時起變得拖拖拉拉。根據當時對天王星位置的了解推斷，這顆假設存在的行星是黃道星座。第二，提丢斯－波德定律指出，這顆行星可能在比地球距太陽還遠約 38 倍的地方。最後一條線索來自天王星本身，它的加速度透露了這顆新行星可能的質量和亮度。

年輕的劍橋天文學家亞當斯在 1845 年推算出新行星的大概位置。他把結果交給皇家天文學家艾瑞（George Airy），艾瑞卻漠視他的心血，直到巴黎天文台的勒威耶發表類似預測後，才急急採取行動。由於格林威治天文台沒有適合的望遠鏡，艾瑞要求查理斯（James Challis）使用劍橋天文台的 29.8 公分口徑折射望遠鏡搜索。7 月 29 日，動作慢吞吞的查理斯相當謹慎地開始搜尋天空，很不幸，他設定的搜索目標比實際上要找的暗了 20 倍。

勒威耶用不同的方法推算，然後聯絡柏林天文台的迦勒，請他在天空一個特定點尋找這顆新星。幸運的是，迦勒當時也要做一份那塊區域的新天空圖。1846 年 9 月 23 日，他才開始尋找，就發現一顆以前不曾記錄到的「星」；更幸運的是，這顆星還露出些微星盤。英國輸了，雖然查理斯後來發現他其實看到海王星三次，可惜見面猶不識！

▶ 參見〈行星運動法則〉（52-53頁）、〈發現天王星〉（96-97頁）、〈太陽系的起源〉（104-105頁）、〈發現小行星〉（120-121頁）、〈行星世界〉（512-513頁）

右圖：搶先發現海王星讓法國人引以為傲，連漫畫都要諷刺英國人，上圖是「亞當斯先生尋找勒威耶先生的行星」，下圖是「亞當斯先生在勒威耶先生的書裡找到了這顆新行星」。

DECOUVERTE
DUNE
NOUVELLE
PLANETE
LEVERRIER
4+8+3+4

1847

熱力學定律 Laws of thermodynamics

倫福伯爵（Benjamin Thompson，Count Rumford，1753-1814），喀爾諾（Sadi Carnot，1796-1832），焦耳（James Prescott Joule，1818-89），克勞修斯（Rudolf Clausius，1822-88）

熱力學第一定律稱，功（work）和熱（heat）兩者都是把能量從一處傳到另一處的方式。不論如何傳遞，總能量絕不改變。19 世紀初期，熱被認爲是一種流質，稱作「卡路里」（caloric；譯按：熱量單位 calorie 即由此衍生而來），可以從熱物體流到較冷的物體而不增不減，既不會被創造出來也不會毀滅。許多觀察家懷疑卡路里的說法，其中包括倫福伯爵，他注意到大砲砲管鑽孔時會產生大量的熱，多方實驗後確定這個熱是由鑽孔時金屬摩擦的作功所產生。但英國物理學家焦耳在 1847 年仔細測量了已知量的功會產生多少熱量，因此贏得發現熱力學第一定律的榮譽。

在焦耳之前許久，熱力學第二定律已經由一位年輕法國軍事工程師喀爾諾發現。他從水車轉動的方法類推，斷定「卡路里」可以帶動蒸汽引擎，只要把高溫的水通過引擎轉成低溫。因此重要的不只是熱的熱量，溫度高低同樣重要。但喀爾諾的發現並未引起多少注意。後來德國物理學家克勞修斯引用喀爾諾的想法，才讓他的研究不致遭到埋沒。克勞修斯在 1850 年發表關於熱的動力的著名論文，後來又創造出「熵」（entropy）這個名詞，用來代表熱量除以其絕對溫度的值。熱在高溫時，熵值低，一旦降到比較低的溫度，不論中途有沒有作功，熵值都會增加。

克勞修斯總結第一和第二定律指出：宇宙總能量守恆不變，而宇宙中的熵會趨於最大值。今天我們把「熵」與「失序」連在一起。因此燃料燃燒時，能量從高度組織的化學形式轉換成高溫熱，最後必然變成等量但與周遭溫度相同的熱。燃料在轉換過程中，釋出它所能達到的最高值的熵。一旦完成轉換，宇宙熵值將告永遠增加。

上圖：焦耳的槳葉輪攪動裝置，借著快速攪動水把機械功直接轉換成熱。

▶ 參見〈資訊理論〉（354-355頁），〈創世餘暉〉（412-413頁），〈黑洞蒸發〉（440-441頁）

右圖：倫福伯爵生於殖民時期的美國麻薩諸塞州，獨立戰爭時效忠英軍，後來移居英國。他致力於把科學概念運用到日常生活上，此圖顯示他站在一座他所設計的高效能「倫福火爐」前「加熱身體」。

Js Gillray des & f.Ft ad vivum

傅科擺 Foucault's pendulum

傅科（Jean Bernard Leon Foucault，1819-68）

1851年，法國物理學家傅科進行了一項很特別的實驗，地點在巴黎紀念偉人的先賢祠（Pantheon）。他從建築物的天花板垂下一個南瓜大小的鐵球，繫在67 公尺長的鋼索上，讓鐵球前後擺盪，像鐘擺一樣。他再仔細記下這個運動劃出的平面，當天擺動過程中，這個運動平面慢慢改變，以每小時 11° 的速度順時針旋轉。隨後傅科邀請科學家到場見證這種現象，並解釋他的奇特實驗證明地球確實是繞著自軸轉動。

要了解箇中原理，讓我們設想把傅科擺安置在北極的情形。一旦開始擺盪，鐘擺的運動完全不受地球影響，這個行星只是在它底下轉動而已。站在北極的觀察者將會看到鐘擺運動的平面每 24 小時順時針轉 360° 。但速率取決於鐘擺位置的緯度，在巴黎每 32 小時轉 360° ；在赤道，運動平面絲毫不會改變；換到南半球，則逆時針旋轉。

科學家解釋這種鐘擺運動時，有時會想像有一種假力（pseudo-force）影響了鐘擺。這種假力後來被稱為「柯氏力」（Coriolis force，源自法國科學家 Gaspard-Gustave de Coriolis 之姓氏）。柯氏力如同北極虛擬實驗所顯示的，並非眞正的力，但在與地球同參考座標系中移動的人看來，這種力好像是眞的。柯氏力也能解釋為什麼北半球的天氣型態（例如風向）偏順時針方向旋轉，南半球則逆時針旋轉。

世界各地許多科學博物館都設置了傅科擺仿製品，向參觀者展示這種現象。

▶ 參見〈地球周長〉（24-25頁），〈貿易風〉（86-87頁），〈「稱量」地球〉（112-113頁），〈氣象預報〉（284-285頁）

右圖：1851年巴黎先賢祠懸吊的傅科擺。對觀看者來說，這個鐘擺似乎32小時才轉完360°，事實上這是底下地球旋轉的緣故。

霍亂與水泵 Cholera and the pump

史諾（John Snow，1813-58）

亞洲型霍亂曾在1832年肆虐英國，但旋即消失無蹤。許多人認爲這是一種「骯髒的疾病」，由腐敗的蔬菜和動物性物質散發的毒氣所引起。也有一些人指稱，這是一種人和人接觸傳染的疾病，可以藉隔離檢疫來阻絕蔓延。大家還在爭論它的成因和散播方式時，霍亂重新爆發，就在這種氛圍下，讓麻醉師史諾建立了現代流行病學。

霍亂在1848年的爆發中，單一個月就奪去七千倫敦人的生命，史諾根據他的經驗寫了一本小冊子，指出這種病不可能由空氣裡的毒素傳染，因爲它感染的是腸道而非肺部。他還推論，很可能是受污染的排泄物滲進井裡或排入河裡，又被抽起來做飲用水。1854年倫敦蘇活區再次爆發霍亂，讓他拿到活生生的證據。他住在疫區附近，疫情一爆發，他馬上猜測供應當地飲水的布羅德街水源遭到污染。史諾把感染霍亂死亡者居住的地點標在地圖上，發現死者全都集中在方圓不超過五百公尺的範圍內，中心點就是布羅德街。他相信拔掉水泵把手可以終止傳染。結果確實如此。

接下來對布羅德街居民所做的訪問更清楚顯示，幾乎所有受害人都喝這口井的水。此外，來探病的人喝了這裡的井水也都病倒；附近一所監獄有自己的井，死亡人數少很多；酒廠工人不喝水，喝免費啤酒，反而沒有生病。史諾隨後做了一份倫敦全區的調查，利用簡單的統計方法證實他的理論，確定霍亂是一種由水傳染的特定疾病。但要等到1884年德國醫生柯霍（Robert Koch）辨認出霍亂細菌之後，史諾的成就才獲得肯定。

▶ 參見〈接種疫苗〉（102-103頁），〈人口壓力〉（110-111頁），〈細菌理論〉（202-203頁），〈抗毒素〉（214-215頁），〈神奇子彈〉（262-263頁），〈普里昂蛋白〉（466-467頁），〈AIDS病毒〉（472-473頁）

右圖：霍亂於1912年巴爾幹戰爭時襲擊土耳其軍隊，一天奪去高達一百人的性命。

尼安德塔人 Neanderthal man

夏夫豪森（Hermann Schaaffhausen，1816-93）

1856 年，德國杜塞多夫附近尼安德河谷（Neander Valley）上方的一個洞穴裡，發現了似人的骨頭，雖然一開始時並未引起太大騷動，但它最終改變了人類對自己的看法。當時西方世界仍堅信猶太教與基督教聖經的記載，認爲上帝創造天地萬物，19 世紀初的科學發現讓他們愈來愈不安。像尼安德塔人等人類化石骨骸發現時，身旁都有石製工具，還有已滅絕的冰河時期動物如長毛象、巨鹿和長毛犀牛的骨頭。人類古老的程度似乎遠超過以前的想像，而且我們的祖先顯然和聖經講的不一樣。

最早描述尼安德塔人的是德國解剖學家夏夫豪森，根據他的看法，尼安德塔人明顯高聳的眉稜骨和厚重彎曲的骨頭，屬於羅馬時代以前某種「原始野蠻人種」的特徵。直到 1863 年才辨認出這些化石的眞面目：一個已滅絕人種的骨骸。愛爾蘭高威（Galway）大學地質學教授金恩（William King）稱之爲尼安德塔人（*Homo neanderthalensis*），這是第一次確認，我們智人（*Homo sapiens*）擁有已經滅絕，但仍然屬於人類這一支的親戚。

我們現在知道尼安德塔人曾經盤踞歐洲大部分地區，從威爾斯往南到直布羅陀，往東到高加索，都有他們的蹤跡。他們 20 多萬年前從比他們還要古老的人類親戚海德堡人（Homo heidelbergensis）演化而來，熬過第四紀冰河期末段劇烈波動的氣候變化，大約在 28,000 年前開始消失。他們生存的最後 12,000 年期間，現代人類——智人——入侵他們的地盤，智人最早約 15 萬年前離開非洲。儘管這兩種人生存時間一度重疊，最近對尼安德塔人的 DNA 分析顯示，他們之間並未雜交混種。

▶ 參見〈史前人類〉（148-149頁），〈冰河時期〉（152-153頁），〈爪哇人〉（216-217頁），〈陶恩孩兒〉（298-299頁），〈奧都韋峽谷〉（392-393頁），〈古老的DNA〉（476-477頁），〈納里歐柯托米少年〉（480-481頁），〈遠離非洲〉（492-493頁），〈冰人〉（504-505頁）

右圖：英國作家威爾斯（H. G. Wells）1920年版《世界史綱》裡的尼安德塔人像。尼安德塔人厚重的眉稜骨和傾斜的額頭仍然讓人迷惑，解不開他們是什麼人，又到哪裡去了。

1856

淡紫染料 Mauve dye

柏金（William Henry Perkin，1838-1907）

1856 年，柏金在德國化學家霍夫曼（August Wilhelm Hofmann）手下展開他的研究生涯，當時他才 18 歲，就讀倫敦皇家化學學院。霍夫曼是世界頂尖煤焦油專家。煤焦油這種煤氣廠生產的黏稠黑色剩餘物。當蒸餾時，煤焦油會釋出碳氫化合物，尤其是味道刺鼻的芳香烴，如苯、甲苯、萘、蒽等。從苯合成的酚廣泛用作消毒劑，而酚又可以合成苦味酸，苦味酸有很多用途，包括作爲黃色染料，因此在 1840 年代煤焦油產品就已顯現商業潛力。

不過煤焦油還有一個更寶貴的可能用途，就是製造抗瘧疾藥奎寧；傳統上奎寧從祕魯金雞納樹皮萃取，霍夫曼覺得可以從煤焦油萃取物合成更便宜的奎寧。1856 年，柏金在家裡的實驗室工作，想要從蒽的衍生物調製奎寧。結果調出一團褐色爛泥，多數化學家看了都會丟掉。柏金卻感到迷惑，再用一種苯的衍生物苯胺嘗試相同程序。他得到一塊黑色固體，放進工業酒精（加了甲醇的酒精）裡溶解，產生漂亮的紫色溶液。柏金發現絲會吸收這種「苯胺紫」，因此把它送到蘇格蘭有名的染坊測試。染坊又高興又失望，因爲他們眞正需要的是棉布染料。不論如何，柏金說服了父親和兄弟成立一家公司製造染料，從 1857 年開始供應這種「苯胺紫」（mauveine）或「木槿紫」（mauve，紫紅花木槿的法文名稱）。

苯胺染料種類開始快速增加，品紅或洋紅、苯藍、苯紫、黑色系和綠色系紛出，時尚需求帶動下，還發現了新種類的合成染料如偶氮顏料（azo）。1868 年間，兩位德國化學家合成了茜素（alizarin），茜素是一種廣受歡迎的茜草紅染料的天然著色劑。到了 20 世紀末，染料公司擴充及多角化經營結果，變成今天幾家大化學公司，包括 Hoechst、BASF、拜耳（Bayer）、Agfa、Ciba 和 Geigy。

上圖：柏金當初調製的紫色染料。1873年時他才35歲，工廠和專利收入已經確保他的退休生活無虞。

▶ 參見〈苯環〉（190-191頁），〈炸藥〉（194-195頁），〈合成阿摩尼亞〉（256-257頁），〈神奇子彈〉（262-263頁），〈尼龍〉（316-317頁）

右圖：一件1862年的絲裙，用柏金的苯胺紫染成，這種顏色「各色各樣的貨品都大量需要，絲織品要用染料也沒法很快拿到」。

細胞社會 Communities of cells

維周（Rudolf Virchow，1821-1902）

科學家不斷找尋小又再小的生物分析單元。1761 年，義大利解剖學家莫爾加尼（Giovanni Battista Morgagni）證明疾病存在於身體的特定器官；1799 年，法國生理學家比夏（Francois Xavier Bichat）指出組織（tissue）是構成生物體的基本單元，病理學的核心在於組織。雖然當時已經辨認出細胞，但沒有人了解它們的重要性。這種情形在 1839 年改觀，這年德國動物學家許旺（Theodor Schwann）提出了他的「細胞理論」。他受德國植物學家許萊登（Matthias Jakob Schleiden）啓發，認爲細胞是所有動植物構造與功能的基本單元。許旺還正確指出卵子是細胞，所有生命都從單一細胞開始。但他也犯了錯，誤以爲在胚胎發育過程及長膿包等病理情況中，細胞周遭液體（細胞形成質）會結晶產生新細胞。不過這是在充分了解細胞分裂之前好幾十年的事。

細胞理論得到德國病理學家維周的大力支持。1858 年，維周出版經典著作《細胞病理學》（*Cellularpathologie*），書中強調他的信條是「每個細胞都來自另一個細胞」（*omnis cellula e cellula*）。細胞具有延續性的觀念後來成爲 19 世紀生物學基本原則。他還運用政治比喻，把細胞形容成生活在「細胞民主政體」或「細胞共和國」裡。此外他宣稱，所有疾病都源自於細胞內部正常生活程序受到干擾。

雖然這種病理動態觀點忽視疾病的外在成因（維周不相信巴斯德的病菌論），但用來解釋癌症卻非常有效。腫瘤被視爲不正常的細胞，這些細胞不遵守規則，持續分裂，形同對生物體的叛變。維周研究血塊凝結及移動造成「栓塞」（emboli，他創出的名詞）的現象，並以此來解釋癌細胞如何擴散到遠處器官。而現代分子生物學可以解釋他所說的不受控制的癌細胞。許多惡性腫瘤係由一個反叛細胞自我複製而成，在這個反叛細胞裡，控制細胞分裂的基因機制完全失效。

▶ **參見〈微生物〉**（76-77頁），**〈卵與胚胎〉**（140-141頁），**〈調節身體〉**（188-189頁），**〈細菌理論〉**（202-203頁），**〈海弗利克限制〉**（394-395頁），**〈人類癌症基因〉**（456-457頁）

右圖：大蒜（*Allium sativum*）根端細胞分裂的情形。在維周的「細胞民主政體」裡，細胞如同社會階級，器官和組織是它們的領土。

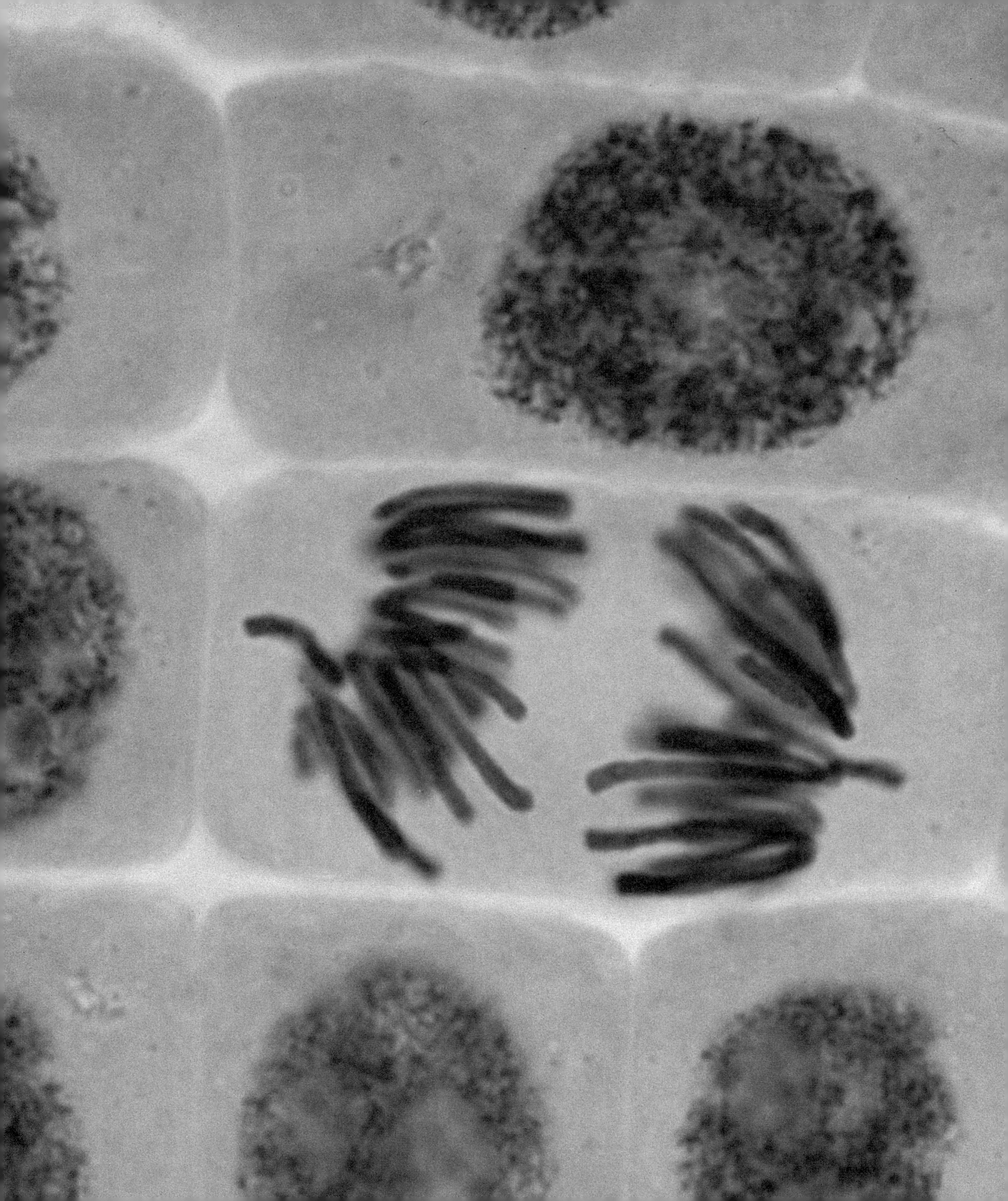

1859

達爾文的《物種原始》

Darwin's *Origin of Species*

達爾文（Charles Robert Darwin，1809-82）

達爾文的《物種原始》，有史以來最偉大的書籍之一，包含兩個主要理論。其一是，地球上所有生命物種都由先前存在的其他物種演化而來。這個理論與基督教教義相悖，按照基督教說法，每種生物起源不同，而且形態固定不變。第二個理論是，驅動演化的機制是天擇，也就是群體中某些個體比其他個體多產，子嗣通常繼承親代特徵，以致在後來的世代裡，先前世代多產的個體種類將占優勢。

子嗣最多的個體，多半是那些最適應生存環境者。因此天擇造成生物朝最佳適應生存的方向演化。這個結論又顛覆了宗教信念，因爲以往都從超自然角度解釋生命中的適應或「設計」，認爲是上帝的意旨。而在天擇說裡，適應有一種來自大自然的解釋。

有些特徵如孔雀尾羽或雄鹿的角等，看起來不能幫助生物在嚴苛的環境裡求生存，不過卻能增加牠們吸引異性的競爭力。達爾文後來又出版一本書，用性擇理論來解釋這些特徵，他認爲性擇是一種特別的天擇，個體（通常是雄性）彼此競爭的是有限的交配機會，而不是有限的環境資源。

達爾文在1830年代已悟出天擇的道理，但等了20年才發表，因爲那時另一位英國自然學家華萊士（Alfred Russel Wallace）也獨立發展出大致相同的理論，而且告訴了達爾文。達爾文和華萊士於1858年共同發表天擇理論，但沒有引起注意，直到一年後達爾文的《物種原始》問世，演化與天擇說才造成轟動。《物種原始》一開始只印了1,250本，上市當天就被搶購一空。

上圖：達爾文談到他的《物種原始》時說：「我看不出書裡的觀點為什麼會對任何人的宗教情感造成衝擊。」

▶ 參見〈人口壓力〉（110-111頁），〈後天性狀〉（128-129頁），〈孟德爾遺傳定律〉（192-193頁），〈柏吉斯頁岩〉（260-261頁），〈遺傳基因〉（264-265頁），〈新達爾文主義〉（282-283頁），〈雙螺旋鏈〉（374-375頁），〈合作演化〉（406-407頁），〈隨機分子革命〉（422-423頁），〈極端的生命〉（452-453頁），〈定向突變〉（494-495頁）

右圖：烏賊奇觀：1873年美國紐奧良狂歡節遊行以「失落環節或達爾文的物種起源」為主題來嘲諷物種演化論，圖為裝扮成大烏賊的遊行者服裝草圖。

人類始祖 The first humans

撰文：理察．李基（Richard Leakey）

人類學家長久以來受智人（*Homo sapiens*）的特質吸引，如智人有語言、技藝水平高、還有道德判斷能力。但人類學近年來最顯著的轉變之一是，承認儘管智人擁有這些特質，我們與非洲無尾猿的關係確實非常接近……

達爾文在他 1859 年出版的《物種原始》裡避免推論演化對人類的意涵。再版中謹慎地加了一句伏筆：「人類的起源和歷史終將露出端倪。」接著在 1871 年的《人類的祖先》（*The Descent of Man*）一書裡，他詳細解釋了這短短的一句話。處理這個仍然敏感的題目之時，達爾文事實上建立起人類學理論架構的兩根柱子。第一根柱子與人類最早演化的地方有關，起初沒有人相信他的說法，結果他是對的；第二根涉及演化方式或形態。達爾文關於人類演化方式的講法，支配人類學直到前幾年爲止，結果這部分他錯了。

達爾文說，人類的搖籃在非洲。理由相當簡單：

> 世界上每一個廣大的地區裡，現生哺乳類與同一地區演化出來的物種關係密切。以此推論，非洲以前很可能棲息著現已滅絕的無尾猿，這種無尾猿與大猩猩和黑猩猩有緊密關係，而大猩猩和黑猩猩又是現代人類最近的近親，所以我們的始祖大概比較可能生活在非洲大陸，而不是其他地方。

我們必須記住，當達爾文寫下這些話時，還沒有任何地方發現早期人類的化石。他的結論完全根據理論而來。在他那個時代，唯一知道的人類化石是歐洲出土的尼安德塔人，出現在人類演進過程的晚期。

人類學家非常不喜歡達爾文的推論，尤其當時把熱帶非洲看成次等殖民地，在他們眼中，像智人這麼高貴的生物不適合發源在黑色大陸。到了 19 世紀與 20 世紀交替，歐洲和亞洲發現更多人類化石時，大家對人類起源於非洲的想法更加嗤之以鼻。這種態度流行了幾十年。1931 年，家父路易士．李基（Louis Leakey）告訴他的劍橋大學導師，他計畫到東非尋找人類始祖，卻招來巨大壓力，要求他把注意力轉到亞洲。家父堅持到非洲，部分因爲相信達爾文的論點，部分因爲他生長在肯亞。他不理會劍橋學者的勸告，按計畫繼續前進，結果確立了東非在人類早期演化史上的重要地位。人類學家激烈反對非洲的情緒，現在我們看來似乎相當奇怪，尤其近年以來在非洲大陸發現了大量早期人類的化石。這段插曲也提醒我們，科學家受感情左右的程度，不亞於聽從理智的程度。

達爾文在《人類的祖先》裡第二個重要結論是，人類有別於其他動物的重要特色如雙足行走、技藝和腦袋增大等，都是同步演化出來的。他寫道：

> 雙手和手臂自由活動，雙腳牢牢站在地面，如果這樣對人類有好處……那麼依我看來，人類祖

先站得愈來愈直或更加用雙足行走，沒有理由不會更有好處。只要雙手和手臂一直被用來支撐身體全部重量……或只要它們特別適合於爬樹，雙手和手臂幾乎不可能變得好到足以製造武器，或瞄準目標丟擲石頭和矛。

這段話裡，達爾文直接把人類演化出的獨特移動模式與製造石頭武器連結起來。他還進一步把這些演化造成的變化與人類犬齒的由來連接在一起。人類犬齒與無尾猿短劍般的犬齒相比，小得反常，達爾文在《人類的祖先》裡解釋道：「人類的老祖宗 ...... 很可能也有大犬齒，但他們漸漸習慣使用石頭、棍棒或其他武器與敵人或對手打鬥之後，用嘴和牙齒噬咬廝殺的機會愈來愈少。這種情形下，顎骨和牙齒會變得愈來愈小。」

達爾文認為，這些會使用武器、雙腳行走的生物發展出了更密切的互動關係，而這需要更多思考能力。我們的祖先變得愈聰明，工藝和社交活動複雜性變得愈高，反過來又需要比以前更大的智慧。如此循環之下，每一項特性的演化結果，又變成另一項特性演化的原因。這種環環相扣的「連鎖演化」假設，非常清楚地交代了人類起源的情節大綱，從此主導了人類學的走向。

按照上面描述的情節，最早的人類物種不只是雙足行走的無尾猿，牠已經具備某些我們珍視的智人特性。這幅圖像如此有力，而且言之成理，使得人類學家很長一段時間能夠圍繞著它編織具有說服力的假設。但這個腳本還有超越科學的意涵：如果人類從無尾猿演化分支出來是既突然又古老的事，我們和自然界其他物種之間的差距必然相當大。對於那些堅信智人基本上是一種獨特生物的人來說，這個觀點或許會讓他們安心不少。

始祖鳥 *Archaeopteryx*

歐文（Richard Owen，1804-92），赫胥黎（Thomas Henry Huxley，1825-95）

1860年，德國南部巴伐利亞的索倫霍芬石灰岩（Solenhofen limestones；譯按：索倫霍芬是當地一個小鎮）發現一根羽毛化石，首次提供了動物兩個主要類別——爬蟲類和鳥類——之間的「失落環節」，由於證據可信，從此改變我們對演化的了解。

巴伐利亞出產細緻的侏羅紀石灰岩，被開採來做高品質的平版印刷石板，但石塊時常裂開兩半，露出保存良好的化石，採石工人就把化石賣給收藏家。那個時候認爲羽毛是鳥類獨有的特徵，所以有羽毛的地方一定也有鳥。羽毛化石發現六個月後，在1861年，一具大致完整的鳥骨骸適時出土，翼骨四周有不對稱飛行羽的痕跡。

大英博物館自然史收藏部門負責人歐文買下這個標本。歐文是當時的解剖學大師，也是達爾文演化觀念的嚴厲批評者。歐文對這具一億七千萬年前化石的精湛描述顯示，雖然它「明明白白是隻鳥」，卻具備他認爲只有在現生鳥類胚胎裡才找得到的特徵。

不過英國生物學家赫胥黎發現，這隻始祖鳥（*Archaeopteryx*，意爲古老的翅膀）兼有爬蟲類和鳥類的特性，是達爾文演化論的絕佳例證。隨後在相同礦床又發現類似始祖鳥的小型兩足恐龍「細顎龍」（*Compsognathus*），讓他的論點更加有力。在赫胥黎看來，不同種類的動物，雖然身體結構和生理機能看起來不同，但要找到兩者之間的關聯並無根本困難。只要發現一個共同祖先，就可以跨越其他差距，而歐文的胚胎證據支持這種理論，因爲當時普遍相信胚胎的發育過程是物種演化過程的快速重演。

中國大陸遼寧省現在已經發現有羽毛的恐龍化石，而大部分專家認爲鳥類是似猛禽恐龍的一個類別。

▶ 參見〈比較解剖學〉（106-107頁），〈「發明」恐龍〉（154-155頁），〈活化石〉（324-325頁），〈恐龍滅絕〉（458-459頁）

右圖：始祖鳥是世界最有名的化石之一，具有許多小型恐龍的特徵，如骨質的長尾巴和滿嘴牙齒。但翅膀顯示牠是隻鳥，而且能飛。

大腦語言區 Mapping speech

布羅卡（Pierre Paul Broca，1824-80）

大腦不同區域關係不同的心理機能，這個觀念引人注意是在 19 世紀初，神經科學家高爾（Franz Josef Gall）的著作問世之後。高爾認爲心智能力反映在大腦形狀，因此也反映在頭顱形狀。「顱相學家」（phrenologist）把這個觀念操弄得婦孺皆知，他們宣稱只要觸摸一個人頭顱凸起部分，就能夠推斷他或她的個性。顱相學很快被正統醫學界揚棄，成爲江湖郎中的把戲。

但「大腦區域化」（cerebral localization）的概念 1861 年又在布羅卡手中起死回生。布羅卡是一位巴黎外科醫生，也是病理學家和解剖學家。治療失語患者的臨床經驗，以及隨後對患者遺體的解剖，讓他聯想失去講話能力與腦皮層特定區域的損傷有關。1861 年他指出，清楚說話能力的中心位於左腦半球第三額回，這就是所謂的「布羅卡區」（Broca's area）。

可惜布羅卡辨別語言中樞的精確度未能通過時間考驗。不過他的研究首度清楚顯示，特定功能可以追溯至大腦的特別區域，不久之後英國神經病學家傑克遜（John Hughlings Jackson）對癲癇病患的研究也支持他的看法。繪製「大腦地圖」的研究對神經外科確實有幫助。例如 1884 年英國醫生加德利（John Rickman Godlee）替一名病人摘除腦額葉與頂葉之間胡桃大小的腫瘤，就是從病人的症狀正確診斷出腫瘤的位置。20 世紀時，神經科學家專注於辨認與各種行爲和情緒相關的大腦區域。結果導致用外科手術干預精神病患病情，最著名的實踐者是葡萄牙神經學家莫尼茲（Antonio Egaz Moniz）。他首創前額葉切斷術（prefrontal lobotomy），以切斷額葉與腦部其他部分的聯繫來控制精神分裂和其他精神疾病，因此贏得 1949 年諾貝爾獎。這種「精神外科手術」（psychosurgery）現在卻是聲名狼藉。

▶ 參見〈語言本能〉（386-387頁），〈右腦，左腦〉（400-401頁），〈頭腦圖像〉（478-479頁）

右圖：腦子：一個各得其所、井然有序的地方。雖然顱相學在1850年代失去科學地位，但仍是一門流行的玩意，1923年的這張圖可為代表。

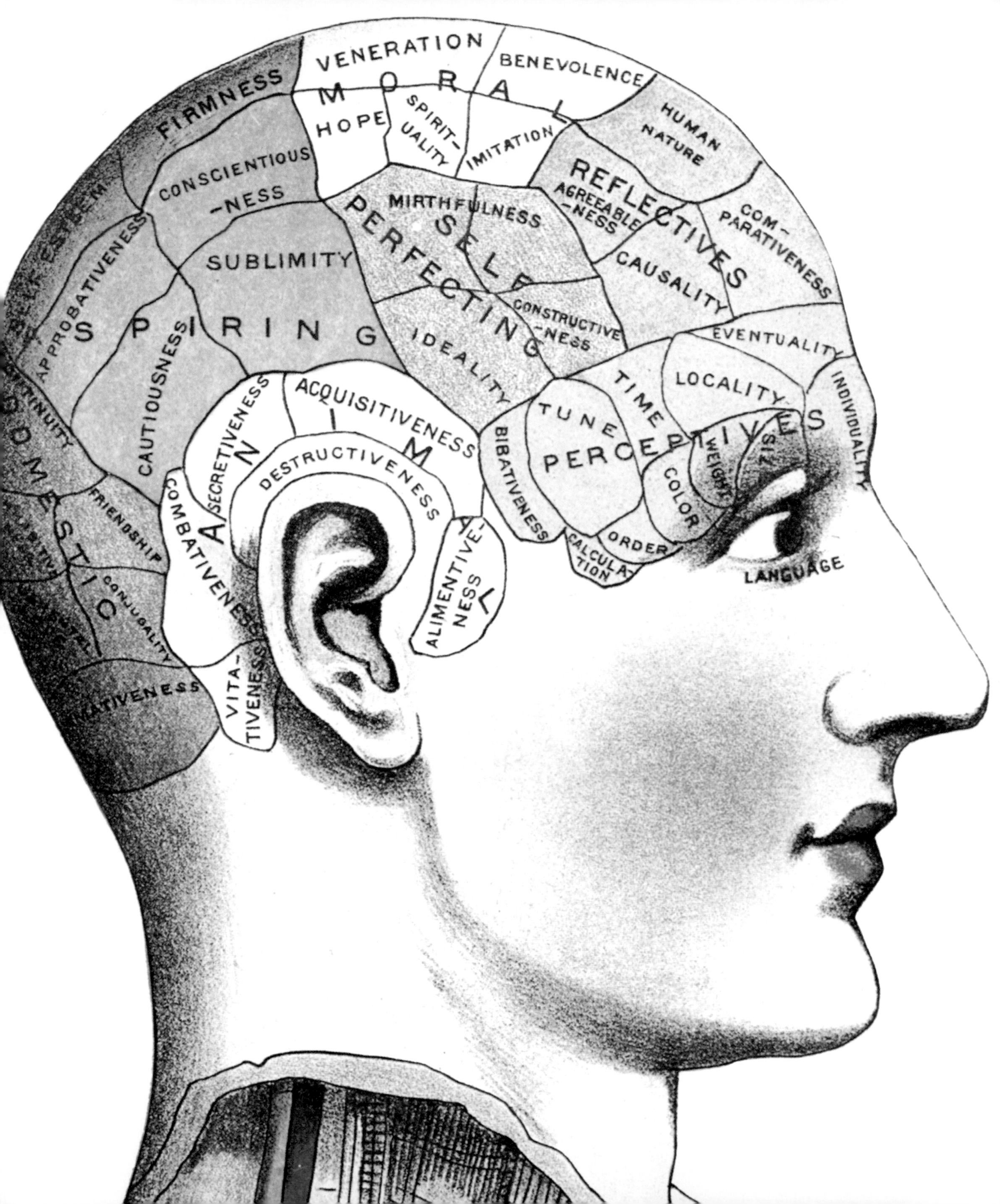

VENERATION
BENEVOLENCE
MORAL
FIRMNESS
HOPE
SPIRIT-UALITY
IMITATION
HUMAN NATURE
REFLECTIVES
CONSCIENTIOUS-NESS
MIRTHFULNESS
AGREEABLE-NESS
COM-PARATIVENESS
SELF-ESTEEM
APPROBATIVENESS
SUBLIMITY
SELF PERFECTING
CAUSALITY
CONSTRUCTIVE-NESS
EVENTUALITY
SPIRING
IDEALITY
CAUTIOUSNESS
CONTINUITY
LOCALITY
TIME
INDIVIDUALITY
ACQUISITIVENESS
TUNE
SECRETIVENESS
DESTRUCTIVENESS
BIBATIVENESS
PERCEPTIVES
WEIGHT
SIZE
COLOR
ANIMAL
DOMESTIC
FRIENDSHIP
COMBATIVENESS
ORDER
CALCULA-TION
LANGUAGE
ALIMENTIVE-NESS
CONJUGALITY
VITA-TIVENESS
ATIVENESS

溫室效應 Greenhouse effect

丁鐸爾（John Tyndall，1820-93）

英國物理學家、繪圖員、地質家和登山專家丁鐸爾是第一位登上阿爾卑斯山魏斯峰（Weisshorn）的人，還差一點成爲第一位征服馬特洪峰的人，只因爲嚮導拒絕跟他爬上最後一段陡坡而功敗垂成。他也是第一位提出溫室效應的人。1863 年，他發表關於氣體放射性質的實驗報告，探討的氣體包括氧、氮和二氧化碳（他稱之爲「碳酸」〔carbonic acid〕）。丁鐸爾發現這些氣體吸收及傳導熱的能力差別非常之大，熱幾乎可以完全穿透氧和氮，而水氣、二氧化碳和臭氧非常接近於沒有傳導性。

這些氣體無色亦無形，只有這一點表現令人迷惑，他卻從中得到讓人非常吃驚的結論：水氣在地球大氣中如此普遍，吸熱如此有效率，因此在調節地表溫度上一定有重要作用。如果沒有水氣，地球將會「被冰霜的鐵鉗牢牢夾住」。丁鐸爾又描述水氣與二氧化碳濃度變化將如何導致氣候變遷，也就是現在人盡皆知的溫室效應。1896 年，瑞典化學家阿瑞尼斯（Svante Arrhenius）也指出大氣中的二氧化碳是「捕熱器」（heat trap），並推測二氧化碳濃度稍微下降就可能引發冰河期。

丁鐸爾還解釋爲什麼天空是藍色的：大氣中大粒分子散射陽光中的藍色光，強度超過散射其他顏色的光。同樣理由可以解釋爲什麼夕陽是紅色的。因爲愈接近地平線，太陽光線必須旅行的距離愈遠，才能穿過大氣到達觀看者眼睛。在旅途中藍光和其他顏色的光都已經被散射掉，只剩下紅光。這就是所謂的「丁鐸爾效應」（Tyndall effect）。

▶ **參見〈拆解彩虹〉（36-37 頁），〈冰河時期〉（152-153），〈固氮作用〉（208-209頁），〈天氣循環〉（276-277頁），〈核能〉（330-331頁），〈蓋婭假說〉（432-433頁），〈臭氧層破洞〉（438-439頁）**

右圖：這張1890年的照片顯示美國匹茲堡一家工廠煙囪冒出濃密的黑煙。燃燒石化燃料排放的二氧化碳，一直是造成溫室效應的重要原因。

馬克斯威爾方程式

Maxwell's equations

馬克斯威爾（James Clerk Maxwell，1831-79）

蘇格蘭物理學家馬克斯威爾混合電力和磁力，結果出現了光！當時已經知道電力和磁力多少有關聯，19 世紀初丹麥科學家奧斯特（Hans Christian Oersted）曾觀察到電流會使羅盤針轉向，法拉第則發現相反現象——不斷移動磁鐵會引起鐵線圈感應產生電流。法拉第認為，所有這種現象，都可以用磁鐵和電荷產生的磁力場與電力場來解釋。1860 年代，馬克斯威爾利用法拉第的想法設計了一整套方程式，不但充分描述這兩種力，還把它們統合成單一力場：電磁力（electromagnetism）。

他又發現，他的程式還有一個解，就是波。這種波由不斷起伏的電磁場構成，以每秒三億公尺巨闊步伐在虛空中行進。他的發現得來全不費功夫。早在 1676 年時，丹麥天文學家羅默（Olaus Roemer）已經率先測量了光速。他發現當地球接近木星時，木衛一艾歐（Io）似乎比計算的軌道稍微超前，而在地球遠離木星時，它又稍微落後。唯一解釋是，光必須花些時間才能抵達我們。羅默算出光速約每秒二億公尺多，後來的測量修正為約三億公尺。對馬克斯威爾來說，結論顯而易見：光是一種電磁波。他的方程式甚至顯示為什麼光線穿過透明物質如水和玻璃時會減速。

其他科學家簡直沒有辦法接受他的理論。但隨後在 1888 年，德國物理學家赫茲發現了另一種波長遠超過光的電磁波，也就是我們現在所說的無線電波（radio wave），而馬克斯威爾的理論早就預測到這種情形。無線電波、微波、毫米波、紅外線、可見光、紫外線、X 光和伽瑪射線構成了完整光譜，全都由馬克斯威爾的統一電磁力產生。

▶ 參見〈拆解彩虹〉（36-37頁），〈電池〉（116-117），〈光的波動性質〉（118-119頁），〈X光〉（220-221頁），〈太陽風〉（388-389頁），〈創世餘暉〉（412-413頁），〈統一力〉（416-417頁），〈伽瑪射線爆發〉（434-435頁）

右圖：馬克斯威爾描述均勻磁場受電流干擾的情形。他用數學方程式呈現法拉第的直覺發現——電流和磁性都會產生力場。

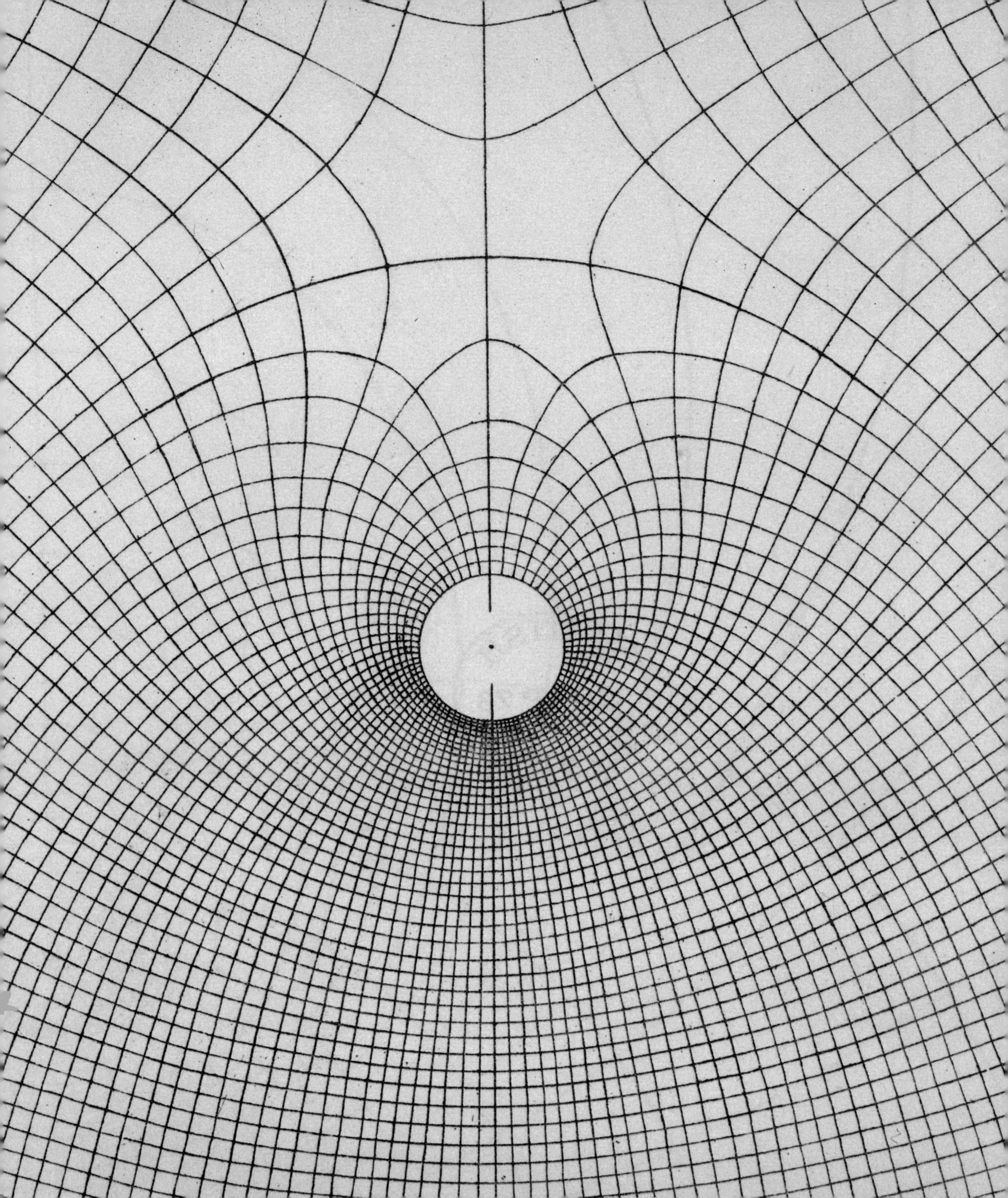

調節身體 Regulating the body

波納（Claude Bernard，1813-78）

法國生理學家波納爲了在實驗室裡做研究而放棄行醫。他認爲在病床旁做研究，是一種以觀察而非實驗爲主的被動方式。而且，臨床觀察不會帶來精確的科學知識，因爲醫生處理的總是疾病的結果。在他看來，研究疾病來龍去脈的最佳場所是環境可以控制的實驗室。

他在《實驗醫學介紹》（*An Introduction to the Study of Experimental Medicine*，*1865*）裡勾勒出他的科學醫學宣言。波納不是空口講白話，他在1840年代和1850年代做了廣泛而出色的生理實驗，他的宣言是建立在實驗之上。他大膽解剖活體，找出胰腺分泌物的消化功能、肝臟在「肝糖」輔助下合成葡萄糖的角色（以往認爲動物只能分解脂肪、糖和蛋白質，不能製造它們），以及神經如何控制血管（進而控制血流）、紅血球如何輸送氧、一氧化碳又如何破壞它的功能，還有箭毒的毒性、箭毒與神經控制肌肉的關聯。

這一切導致他主張，身體會爲自身的活細胞群創造出一個穩定不變的內在環境。當外在環境變動時，複雜的生理機制會趨向保持血液和組織液穩定，也就是維持水分、溫度、氧氣供應、壓力和化學成分固定不變。1902年哈佛大學生理學家坎農（Walter Cannon）替這種平衡機制創造了一個名詞──「體內衡定」（homeostasis）。他研究第一次世界大戰期間士兵的驚嚇反應，結果顯示，幫助身體維持內部平衡非常重要，例如補充流失的液體以穩定血壓。這些原則至今仍被外科手術與緊急醫療奉爲圭臬。

▶ 參見〈血液循環〉（58-59頁），〈細胞社會〉（174-175頁），〈酵素作用〉（218-219頁），〈制約反射〉（242-243頁），〈檸檬酸循環〉（320-321頁），〈一氧化氮〉（496-497頁）

右圖：波納解剖兔子活體。他在1870年與妻子離異，他的妻子是保護動物人士。

苯環 Benzene ring

柯庫勒（Friedrich August Kekulé，1829-96）

1890 年德國化學家柯庫勒講了一個故事，講他在 25 年前發現苯分子結構的經過。當時他是根特（Ghent）大學化學教授，1865 年有天晚上，他在爐火邊椅子上睡著了，而且做了一個夢，夢見一條蛇咬著自己的尾巴盤成環狀。醒來時，柯庫勒突然悟出苯分子式的答案。苯的分子式是 C_6H_6，當時化學家都不能了解，一般情況都是一個碳原子與四個氫原子結合，怎麼變成六碳六氫？但如果分子由環狀的六個碳原子構成，每個碳原子都與一個氫原子連結，彼此又以單、雙鍵交替連結成六角形的環，這麼一來，問題迎刃而解。

柯庫勒的苯環構造式也解決了另一道謎題：為什麼分子裡的每個碳原子都彼此相同？用另一種原子取代苯的一個氫原子，永遠得到一模一樣的產物。答案很明顯，如果分子是完全對稱的環形，那麼所有碳原子相等，所有產物也會相同。

發現苯環構造之後，幾年以內柯庫勒就推論出有機化學領域裡其他化合物的結構，開啓了「芳香族」化合物研究；稱為芳香族（aromatic compounds），因為這些化合物有獨特氣味。於是，柯庫勒的名字從此和苯環及其他具有類似的環狀結構的化合物連在一起。但他眞是在夢裡找到答案嗎？或是他曾經讀過奧地利化學家洛希米特（Johann Josef Loschmidt）早幾年出版的小冊子？在那本出色（但遭到世人忽視）的小冊子中，洛希米特提出的苯分子排列方式與柯庫勒完全一樣。柯庫勒似乎知道洛希米特對化學鍵的想法，雖然他從未承認這些想法是他的靈感來源。

▶ 參見〈原子理論〉（124-125頁），〈淡紫染料〉（172-173頁），〈原子模型〉（272-273頁）

右圖：「原子之蛇急切地扭進扭出，尾巴輕快地旋轉著滑進口中。」英國詩人葛雷夫斯（Robert Graves）如此描述苯分子結構。

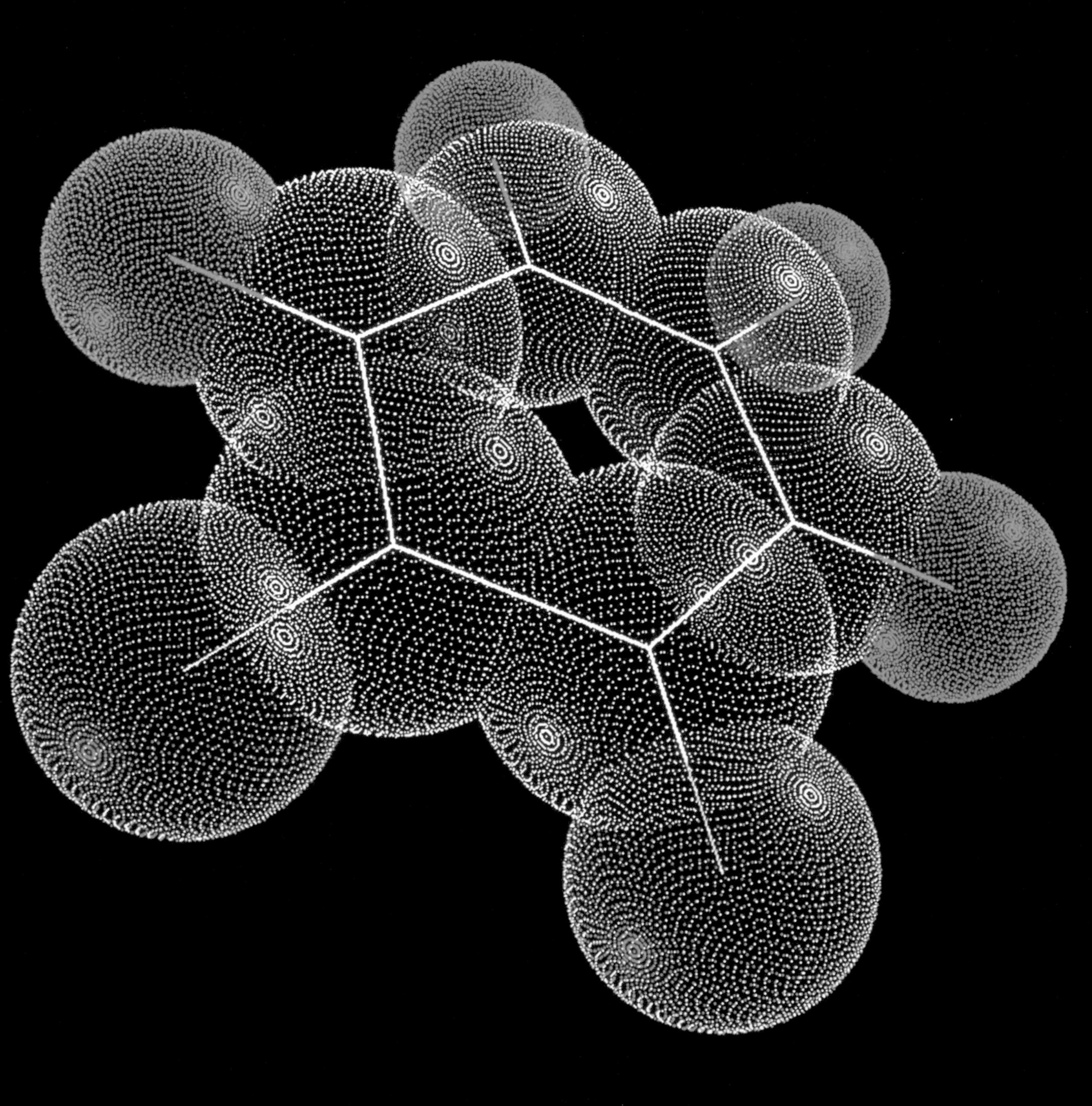

1865

孟德爾遺傳定律
Mendel's laws of inheritance

孟德爾（Gregor Mendel，1822-84）

子女與父母明顯相像，單只這個事實就代表一定有某種生物遺傳機制存在。開啓現代對此機制了解的是豌豆雜交實驗，實驗者是奧地利修士孟德爾，地點在位於布倫（Brünn，現在捷克的 Brno）的修道院花園裡。

孟德爾用兩個品種的豌豆開始實驗，兩種豌豆可觀察的外在特徵截然不同，如一種花是紫色，另一種是白色。他把兩種豌豆雜交，得到全部是紫花的子代。他再把這些第一子代混合雜交，發現第二子代紫花和白花的比例是 3：1。他的解釋是：花色由兩個「因子」（factor）控制，一株豌豆會從親代雙方各獲得一個因子。紫色因子比白色因子「占優勢」，亦即「顯性」（dominant），而白色是「隱性」（recessive），以致所有第一代植株的花都是紫色。但第二代植株有 1/4 繼承兩個白色因子，所以是白花。孟德爾的發現 1865 年登在一本冷門期刊上。我們現在知道，遺傳大部分由成對基因控制，而基因又像孟德爾的遺傳因子一樣由繼承得來。

爲什麼孟德爾能弄清楚遺傳原理，其他人不能？一個理由是他把研究量化，用上了機率理論（例如解釋 3:1 的比例）。此外，他專注於個別的特徵，例如紫花和白花。其他人研究的特徵如身高等，並非分明不同的狀態。子女身高往往介於父母的中間，要從這些連續差異性的特徵來找出遺傳定律，遠比前者困難。

孟德爾的理論無人重視達 35 年之久，因爲大家以爲這個規則只能用在豌豆少數特徵上，並非普遍適用的遺傳理論。1900 年，三位生物學家——荷蘭的德弗里斯（Hugo de Vries）、德國的科倫斯（Karl Correns）和奧地利的契馬克（Erich Tschermak von Seysenegg），分別發現了孟德爾的遺傳定律，不過三人後來都大方地推崇孟德爾才是遺傳定律發現人。

上圖：孟德爾以後的生物學家都以挑剔他的豌豆花雜交實驗為樂，認為雜交結果似乎太過吻合理論。

▶ 參見〈後天性狀〉（128-129頁），〈測量變異〉（212-213頁），〈先天代謝異常〉（258-259頁），〈遺傳基因〉（264-265頁），〈新達爾文主義〉（282-283頁），〈鐮形紅血球貧血症〉（358-359頁），〈雙螺旋鏈〉（374-375頁）

右圖：孟德爾在1868年當上修道院院長，首要身分是管理人，其次才是做實驗的園丁。他過世很久之後，世人才承認他是一位真正的科學家。

炸藥 Dynamite

諾貝爾（Alfred Bernhard Nobel，1833-96）

諾貝爾出生在一個科學家與發明家輩出的瑞典家庭，他的父親曾在俄羅斯聖彼得堡經營一家爆炸物工廠。1863 年，父子二人聯手研究硝化甘油，這是一種具有爆炸性的油，1847 年由義大利化學家索布利洛（Ascanio Sobrero）首先製出。索布利洛把甘油加入濃硝酸與濃硫酸的混合物中，甘油分子在此情況下硝化，它的三個碳原子各與一個硝基（NO2）結合。硝基可以氧化甘油分子，釋出足夠的能量和氣體，引起整個樣本突然爆炸分解。

硝化甘油是強烈爆炸物，很容易無預警地炸開來，諾貝爾 1864 年在瑞典設立的硝化甘油製造工廠曾發生爆炸，造成多人死亡，其中包括他的弟弟艾米。瑞典政府不准他重建工廠，他就搬到一艘大型平底船上繼續研究，開始實驗安全搬動硝化甘油的方法。他發現如果把硝化甘油混入一種名爲「矽藻土」的多孔細緻石粉中，就可以安全搬動，而且只能用一種雷管引爆（諾貝爾剛在 1863 年申請到一種用雷汞做成的引爆裝置專利）。他的新爆炸物可以塑成棒狀，包在防油紙裡，諾貝爾稱它爲「炸藥」（dynamite），並於 1867 年取得專利。諾貝爾還發明了炸膠（gelignite），也是用硝化甘油製成，但加入了硝化纖維素和硝酸鈉，具有威力更強卻更能安全儲存的優點。

炸藥和炸膠用來開炸礦場、鐵道和隧道相當理想，結果諾貝爾變得極其富有。他把財富留下來，設立了以他爲名的諾貝爾獎。

▶ 參見〈淡紫染料〉（172-173頁），〈合成阿摩尼亞〉（256-257頁），〈尼龍〉（316-317頁）

右圖：雖然諾貝爾被人看成瘋狂的科學家，惡意製造毀滅；事實上他以為他的炸藥威力如此之強，將使戰爭變得太恐怖而被禁止。

1869

元素週期表 Periodic table

門得列夫（Dmitri Ivanovich Mendeleyev，1834-1907）
邁耶（Julius Lothar Meyer，1830-95）

1858 年，義大利化學家坎尼札羅（Stanislao Cannizzaro）發表第一份可靠的原子重量表。其他化學家立刻引用這張表的資料，按照原子量增加順序來排列元素，並注意到相似特性會以規律的間隔重複出現。1865 年，英國 27 歲的化學家鈕蘭茲（John Newlands）設計了一份粗略的週期表，但未受同輩重視。

第一份獲得廣泛接受的週期表是俄羅斯化學家門得列夫的傑作，這位聖彼得堡大學化學教授了解週期表的眞正重要性。1869 年，他正在撰寫一本化學教科書，苦思要如何完善地描述當時已知的 65 種化學元素。他把元素名稱、原子量和它們的一些特性寫在 65 張卡片上，一個冬天寒冷的日子裡，他留在屋裡開始排列組合這些卡片，橫著排又直著排，像在玩考驗耐心的遊戲。

突然間靈光一閃，他看出他的排列組合存在一種基本規律，更重要的是，他發現元素行列間有些空白，認爲有一天這些空白會由尙未發現的元素塡補。門得列夫非常肯定自己是對的，甚至預測好幾種尙未見蹤影的元素性質。（隨後幾年這些元素一一發現，與他所預言的完全相同。）門得列夫迅速發表他的元素週期表和他的預測。幾乎同一時間，德國化學家邁耶也有所發現，也揭露了元素之間的規律性。他繪製了一張圖表，分別用原子量和原子體積做軸，同樣顯示元素之間的周期關係。不過審閱邁耶論文的人耽誤時間，而讓門得列夫先發表，拔得頭籌。

雖然現在已經知道 115 種元素，現代週期表行列都比門得列夫的表多，但他設計的格式仍然包含在現代週期表裡，面貌依稀可見。

上圖：蘇格蘭化學家拉姆賽爵士（Sir William Ramsay）形容門得列夫是「一位奇怪的外國人，頭上每根頭髮都特立獨行」。

▶ 參見〈波義耳的《懷疑的化學家》〉（70-71頁），〈原子理論〉（124-125頁），〈光譜線〉（130-131頁），〈中子〉（312-313頁），〈核能〉（330-331頁）

右圖：門得列夫發表的第一張週期表。據他自己說：「我夢到一張表，所有元素都在恰當位置上，醒來後，我立刻把這張表記下來。」

но въ ней, мнѣ кажется, уже ясно выражается примѣнимость выставляемаго мною начала ко всей совокупности элементовъ, пай которыхъ извѣстенъ съ достовѣрностію. На этотъ разъ я и желалъ преимущественно найдти общую систему элементовъ. Вотъ этотъ опытъ:

			Ti=50	Zr=90	?=180.
			V=51	Nb=94	Ta=182.
			Cr=52	Mo=96	W=186.
			Mn=55	Rh=104,4	Pt=197,4
			Fe=56	Ru=104,4	Ir=198.
			Ni=Co=59	Pl=106,6,	Os=199.
H=1			Cu=63,4	Ag=108	Hg=200.
	Be=9,4	Mg=24	Zn=65,2	Cd=112	
	B=11	Al=27,4	?=68	Ur=116	Au=197?
	C=12	Si=28	?=70	Sn=118	
	N=14	P=31	As=75	Sb=122	Bi=210
	O=16	S=32	Se=79,4	Te=128?	
	F=19	Cl=35,5	Br=80	I=127	
Li=7	Na=23	K=39	Rb=85,4	Cs=133	Tl=204
		Ca=40	Sr=87,6	Ba=137	Pb=207.
		?=45	Ce=92		
		?Er=56	La=94		
		?Yt=60	Di=95		
		?In=75,6	Th=118?		

а потому приходится въ разныхъ рядахъ имѣть различное измѣненіе разностей, чего нѣтъ въ главныхъ числахъ предлагаемой таблицы. Или же придется предполагать при составленіи системы очень много недостающихъ членовъ. То и другое мало выгодно. Мнѣ кажется притомъ, наиболѣе естественнымъ составить кубическую систему (предлагаемая есть плоскостная), но и попытки для ея образованія не повели къ надлежащимъ результатамъ. Слѣдующія двѣ попытки могутъ показать то разнообразіе сопоставленій, какое возможно при допущеніи основнаго начала, высказаннаго въ этой статьѣ.

Li	Na	K	Cu	Rb	Ag	Cs	—	Tl
7	23	39	63,4	85,4	108	133		204
Be	Mg	Ca	Zn	Sr	Cd	Ba	—	Pb
B	Al	—	—	—	Ur	—	—	Bi?
C	Si	Ti	—	Zr	Sn	—	—	—
N	P	V	As	Nb	Sb	—	Ta	—
O	S	—	Se	—	Te	—	W	—
F	Cl	—	Br	—	J	—	—	—
19	35,5	58	80	190	127	160	190	220.

1873

狀態變化 Changes of state

凡得瓦爾（Johannes Diederik van der Waals，1837-1923）

對許多粒子行為的描述，不論是氣體、液體和固體裡的原子或分子，還是金屬裡的電子，基本上是一個統計問題。這種描述方法源自 19 世紀的研究成果，當時科學家試圖銜接「微觀」（microscopic）看法與「巨觀」（macroscopic）看法。在微觀看法裡，氣體粒子按照牛頓定律移動；在巨觀看法裡，壓力、溫度與氣體體積的關係遵循來自經驗的「氣體定律」。

溫度是度量氣體粒子動能（運動能量）的單位。壓力則來自粒子與盛裝容器內側的碰撞。1860 年代，馬克斯威爾推算出定溫氣體中任一隨機選擇的粒子具有特定速度的機率。他的計算確定了氣體的基本特性，其他性質隨之浮現。1872 年，波茲曼（Ludwig Botzmann）又證明這種「機率分布」為什麼必然因粒子隨機運動而產生。

氣體動力理論假設氣體粒子無限小，而且相隔非常之遠，以致從不感覺彼此存在。這種說法用來描述稀薄氣體沒有問題，但用在比較濃密的氣體就不大適合。荷蘭科學家凡得瓦爾在 1837 年完成的博士論文中，致力修正氣體動力理論，想辦法解決這種偏差。他先承認氣體粒子雖小但還是有一定體積，而且粒子之間具有短距離吸引力，然後求得一個簡單的「狀態方程式」（equation of state），說明壓力、溫度和體積的對應關係。但這個方程式並未預測壓力會隨著體積（或密度）平順地改變，相反地，它暗示當低於一定「臨界溫度」時，大量聚集的粒子會採取兩種穩定狀態之任一種——其中一種比另一種更緊密。比較緊密的狀態相當於液體，壓縮或膨脹可能引起「相變」（phase transition），從一種狀態變成另一種狀態，亦即凝結和蒸發。

上圖：荷蘭物理學家昂內斯（Heike Kamerlingh-Onnes，右）受同胞凡得瓦爾（左）影響，投入低溫工作，結果製出液態氦，還發現了超導電性。

▶ 參見〈氦和水〉（98-99頁），〈布朗運動〉（254-255頁），〈混沌邊緣〉（490-491頁），〈物質新態〉（510-511頁）

右圖：1910年凡得瓦爾獲頒諾貝爾物理獎。紀念章背面刻有他的「狀態方程式」和圖表。

PROF DR J D VAN DER WAALS ÆTATIS LXXIII

NED-BELG-VEREENIGING-DER-PENNING-VRIENDEN
NOBELPRIJS-1910
F.E. JELTSEMA

1877

火星上的「運河」'Canals' on Mars

史基帕洛里（Giovanni Virginio Schiaparelli，1835-1910）

荷蘭天文學家惠更斯（Christian Huygens）在 1659 年成爲首先辨識出火星表面特殊地形的人。他看到一大片三角形暗塊（後來稱爲席爾蒂斯大平原〔Syrtis Major〕），還測出火星自轉周期與地球相同。六年後，卡西尼發現火星南北極冠。火星上的暗塊隨即被認爲是古老海床，滿布植物，而比較明亮的橘紅區塊是陸地。

最早用現代望遠鏡觀測火星的是義大利米蘭市布雷拉天文台（Brera Observatory）台長史基帕洛里。他在 1877 年到 1890 年間繪製了火星表面圖，並記錄火星表面「渠道」(channel) 縱橫交錯。不幸的是，義大利文的 canali 也有「運河」（canal）的意思，這樣翻譯之後，影響接下來 40 年的火星研究。有些「運河」似乎成雙成對，而且形狀多變。很快地人們開始談論人工水道、智慧生命和火星的灌溉系統。

鼓吹火星上有生命最賣力的是出身波士頓望族的羅威爾（Percival Lowell）。從 1895 年起，他在亞歷桑納州旗桿市的私人觀測站開始製作一張又一張的火星地圖，每一張都顯示複雜和不斷改變的運河網。這些地圖，再加上火星顏色季節性的變化，讓羅威爾堅決相信火星上有生命，而且是一個農業發達的星球。他還認爲火星的極冠是水形成的，而我們現在知道極冠主要由結凍的二氧化碳構成。羅威爾避開枯燥乏味的學術研究期刊，寫了一系列暢銷書，發表他的發現。美國人今天對太空飛行和星際探險興致勃勃，多半也應該是他努力播下的種子。

上圖：「魚眼」鏡頭下的火星，中央是水手谷峽谷系統，延伸近4,800公里長。

不過美國太空船「水手四號」1965 年飛越火星時，沒有看到任何運河的蹤影。人類的眼睛在視覺的邊緣搜尋模糊的細節時，顯然跳接了一大串其實並不相接的暗塊，自行組成連貫的地形。

▶ 參見〈透過望遠鏡觀天〉（54-55頁），〈外星智慧〉（388-389頁），〈行星世界〉（512-513頁），〈伽利略任務〉（514-515頁），〈火星微化石〉（518-519頁），〈月球上的水〉（522-523頁）

右圖：史基帕洛里的火星圖，圖上標示了他所謂的「雙渠道」（double channels）。

B
D
X
T
T
R″
Y
S
V.
G
E
U

1878

細菌理論 Germ theory

巴斯德（Louis Pasteur，1822-95）

幾世紀以來，人們都相信傳染病是空氣中的毒素造成的。雖然也有人懷疑微生物可能是病原體，不過直到 1878 年，法國化學家巴斯德才把細菌的角色講了個清楚。巴斯德用一連串精彩實驗顯示，發酵、腐壞和感染全都是活的微生物污染所致，所以微生物是造成變化的原因，而不是結果。他的研究立刻發揮實際用途：辨別出感染蠶的微小寄生蟲，拯救了法國蠶絲工業；利用高溫消毒（後來稱爲「巴氏殺菌法」〔pasteurization〕）防酒變酸，讓法國釀酒業欣欣向榮；以及證明接種疫苗能有效預防動物炭疽病和人類狂犬病。

巴斯德只概括性地證明細菌可以致病，至於哪種細菌會造成哪種疾病，要歸功於德國鄉下醫生柯霍（Robert Koch）。他開發了一些實驗技術，如平板培養法、顯微攝影術等，用來分辨不同形態的細菌，並在 1880 年代初期分離及辨認出引起肺結核和霍亂的桿菌。柯霍還訂定判別疾病與特定細菌關係的準則：這種細菌必須一直與這種疾病有關（亦即所有染病個體內都能找到同一病菌）；病菌必須從病體分離出來做純系培養；培養出的細菌會讓健康的個體染患同一疾病，也會在實驗動物身上複製這種疾病，並且可以由感染的組織中重新分離出病菌。德國病理學家亨勒（Jacob Henle）也曾提到過這些條件，但展示如何實際操作的是柯霍，因此現在稱爲「柯霍氏法則」（Koch's postulates）。

外科消毒法擴大了巴斯德細菌理論的用途。英國外科醫生李斯特（Joseph Lister）獲悉柯霍關於腐爛和感染的研究之後推論，傷口化膿是受細菌感染所致。1867 年，他開始用石碳酸這種眾所周知的殺菌劑來浸泡手術器材和繃帶、紗布。三年後，他又採用一種石碳酸噴劑殺菌。無菌手術繼之迅速興起，此後手術場所一律徹底消毒殺菌。

上圖：1895年，法國雜誌《小報》（*Le Petit Journal*）刊出巴斯德的肖像向他致敬，天使手中拉著綵帶，上面的獻詞是：「世界同表感激」。

▶ 參見〈微生物〉（76-77頁），〈自然發生說〉（90-91頁），〈接種疫苗〉（102-103頁），〈霍亂與水泵〉（168-169頁），〈抗毒素〉（214-215頁），〈細胞免疫〉（204-205頁），〈盤尼西林〉（302-303頁），〈普里昂蛋白〉（466-467頁），〈AIDS病毒〉（472-473頁）

右圖：政客像細菌：水滴中的各式各樣怪異生物，與人類世界明顯不同。圖為1883年倫敦*Punch*雜誌上的漫畫。

ESSENCE OF PARLIAMENT.

EXTRACTED FROM

THE DIARY OF TOBY, M.P.

House of Commons, Thursday (*anticipatory*).—Members all back as delighted as if they were going away. Everybody shaking hands with everybody else. PETER RYLANDS doing the honours of the place, as it were; quite in boisterous spirits.

"Another good Under-Secretaryship gone wrong," DRUMMOND-WOLFF slily whispers in his ear. "You'd better come over and join us."

"Thanks; but I'll wait a bit longer," PETER says. "CHILDERS was all very well at the War Office; it's different at the Treasury. I give him six months there, then there may be a call for a man who has finance at his finger's ends, is trusted by the country, and is a pretty fair speaker."

BRADLAUGH in high spirits. Tells me he's been round spending half an hour with GOSSET practising the steps. Sergeant-at-Arms, it seems, who has not forgotten his old skill, wants to reverse when they waltz backward from the Mace. After the practice of three Sessions, BRADLAUGH can do the forward step well enough, but finds it hard to reverse. Still means to try.

"The eyes of the country are upon us," he says, "and we must do the thing well."

Black Rod arrived shortly after two o'clock. Door shut in his face as he

1882

細胞免疫 Cellular immunity

梅契尼科夫（Elie〔Ilya Ilyich〕Metchnikoff，1845-1916）

俄羅斯裔動物學家梅契尼科夫1882年客居義大利西西里島梅西納（Messina）期間，在顯微鏡底下看到透明海星幼蟲體內一些四處遊走的細胞「攝食」異物。他稱這些細胞爲「吞噬細胞」（phagocytes，源自希臘文，意爲吃東西的細胞）。這個現象讓他想起以前看過的一件事。大約20年前，他曾在蛔蟲細胞裡觀察到類似的吞食過程，並且拿來和原蟲等單細胞生物的消化機制相比。梅契尼科夫是達爾文的忠實信徒，希望找到證據顯示簡單生物和複雜生物之間的關聯，認爲兩者的胚胎發育及基本生命機能具有某些共同特性。

梅契尼科夫推論，雖然在簡單有機體中吞噬細胞明顯具有直接消化功能，但在比較複雜的有機體裡，它們可能參與抵抗如細菌等異物入侵。當列舉證據支持這個「免疫細胞理論」時，他把海星細胞活動拿來比擬動物血液（包括人類血液）裡的白血球，因爲顯微研究已經揭露，受傷或感染疾病時，白血球會群集在發炎部位，攻擊並吞噬有害細菌。梅契尼科夫宣稱吞噬細胞是免疫力的基礎，招來持續批評。大多數細菌學家認爲，白血球吞食致病因子只是要把這些因子散布到身體更遠部位。他們比較喜歡另一種理論，亦即免疫力主要來自血液不含細胞的部分。雖然當時對體液或血清的免疫作用了解得不多，但不久後因爲發現了化學抗毒素，體液免疫學說頓時水漲船高。

上圖：梅契尼科夫晚年專注於老化和死亡問題，鼓勵大量食用富含乳酸菌的發酵酸奶（優酪乳）以增進健康。

梅契尼科夫陷身苦戰，批評紛至沓來，甚至劇作家都要帶他一筆。在蕭伯納（George Bernard Shaw）名劇《醫師的困境》裡，自大的外科醫生Sir Colenso Ridgeon一再催促病人「刺激吞噬細胞！」以便收取不必要的手術費用。

但白血球的免疫角色終究獲得承認，梅契尼科夫也成爲1908年諾貝爾生理或醫學獎兩位得獎人之一。

▶ 參見〈細菌理論〉（202-203頁），〈抗毒素〉（214-215頁），〈移植排斥〉（356-357頁），〈生物自我辨識〉（430-431頁），〈單株抗體〉（448-449頁），〈AIDS病毒〉（472-473頁）

右圖：掃描式電子顯微照片拍得人體肺部的兩個吞噬細胞，下方細胞正伸長自己以吞下一顆小圓粒子。

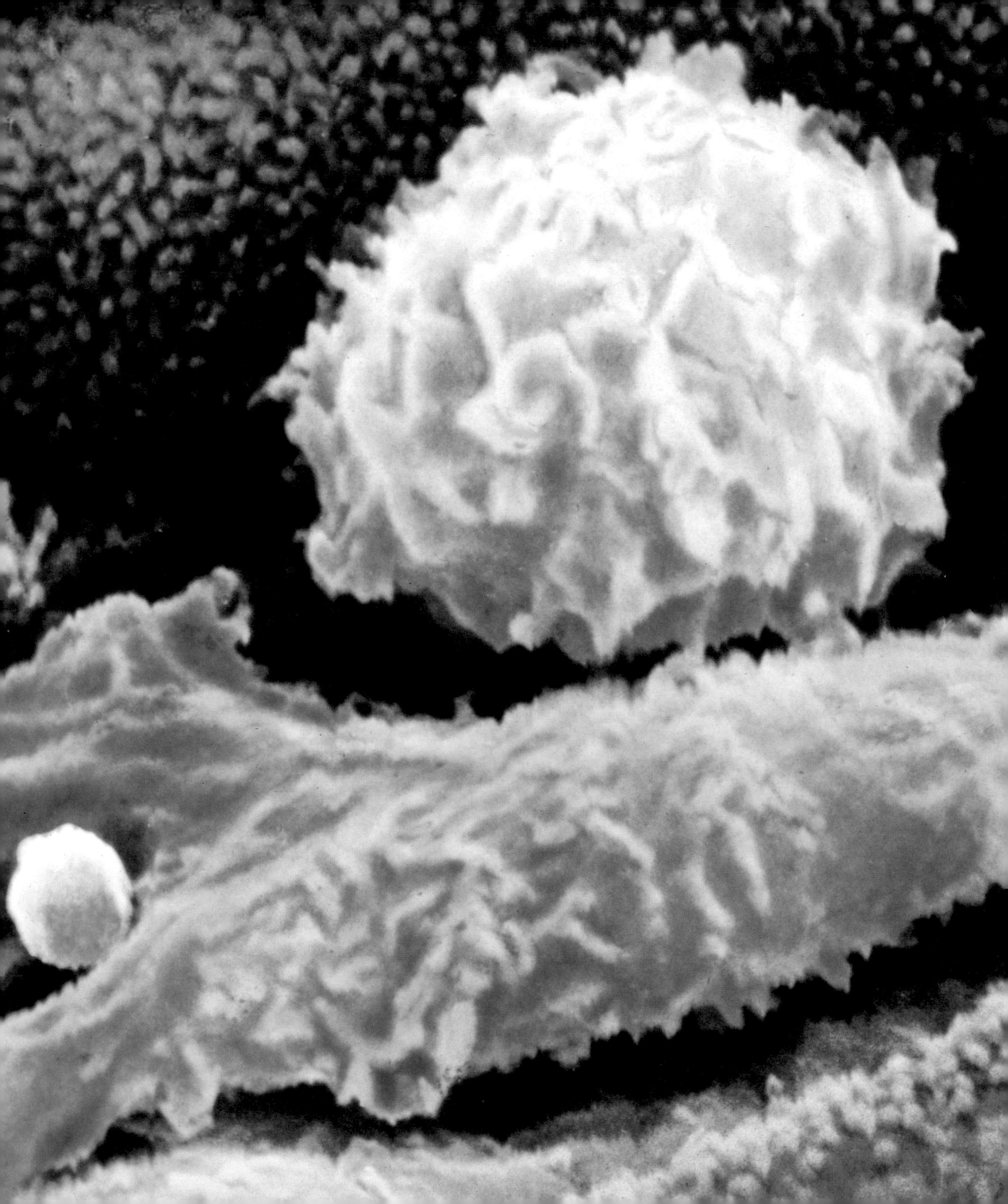

山脈的形成 Mountain formation

史魏斯（Eduard Suess，1831-1914）

奧地利地質學家史魏斯寫了五大冊專論《地球面貌》（*Das Antlitz der Erde*，1885-1909），第一冊出版時，看待山脈成因的新方法也宣告誕生。史魏斯看出歐洲大阿爾卑斯山脈各地特色如出一轍，他也是第一位從整體著眼，把山系當成一個地質體來考慮的人。他有全球性眼光，例如，他認出阿爾卑斯山與喜馬拉雅山之間的相似處。有這樣的眼光，所以他敢主張古早以前南半球曾有一個超級大陸塊，後來分裂成今天的幾大洲。

當時興起一股山脈研究風潮，史魏斯是其中一員大將。在瑞士阿爾卑斯山，瑞士地質學家馮德林斯（Arnold Escher von der Linth）找到規模巨大的褶皺證據，還發現那裡存在著很大的平斷層，岩層逆衝疊在底盤岩層上；在北美洲，羅吉斯兄弟（William & Henry Rogers）描述了阿帕拉契山緊密褶皺又破裂的岩層；在蘇格蘭高地，地質學家仔細勘測之後發現，類似的褶皺和逆衝推覆作用將岩石帶到許多公里以外。1896 年左右，斯堪地那維亞也記錄到逆衝斷層曾經把一大片岩層推動 130 公里之遠。

所有這些現象都意謂著地球曾經平行移動，規模之大使得高山隆起。這種革命性想法卻因爲提不出造山運動的機制，屢屢被斥爲荒謬。要待將近一個世紀之後板塊構造理論出現時才明白，是地球板塊的碰撞擠壓造就了連綿山脈。史魏斯傑出之處在於，他以形成年代爲基礎，把世界各地山系拼成一個整體。例如，阿帕拉契山脈與蘇格蘭和斯堪地那維亞的群山連成了加勒多尼亞山鏈（Caledonian chain），彷彿中間沒有大西洋存在。

▶ **參見〈地球循環〉**（100-101頁），**〈萊爾的《地質學原理》〉**（146-147頁），**〈冰河時期〉**（152-153頁），**〈萬古磐石〉**（252-253頁），**〈大陸漂移〉**（270-271頁），**〈板塊構造說〉**（414-415頁）

右圖：中國與尼泊爾交界高原的喜瑪拉雅山壯闊景象。四千多萬年前現在稱為印度的地塊與亞細亞大陸碰撞，邊緣隱沒推擠出這些高山。

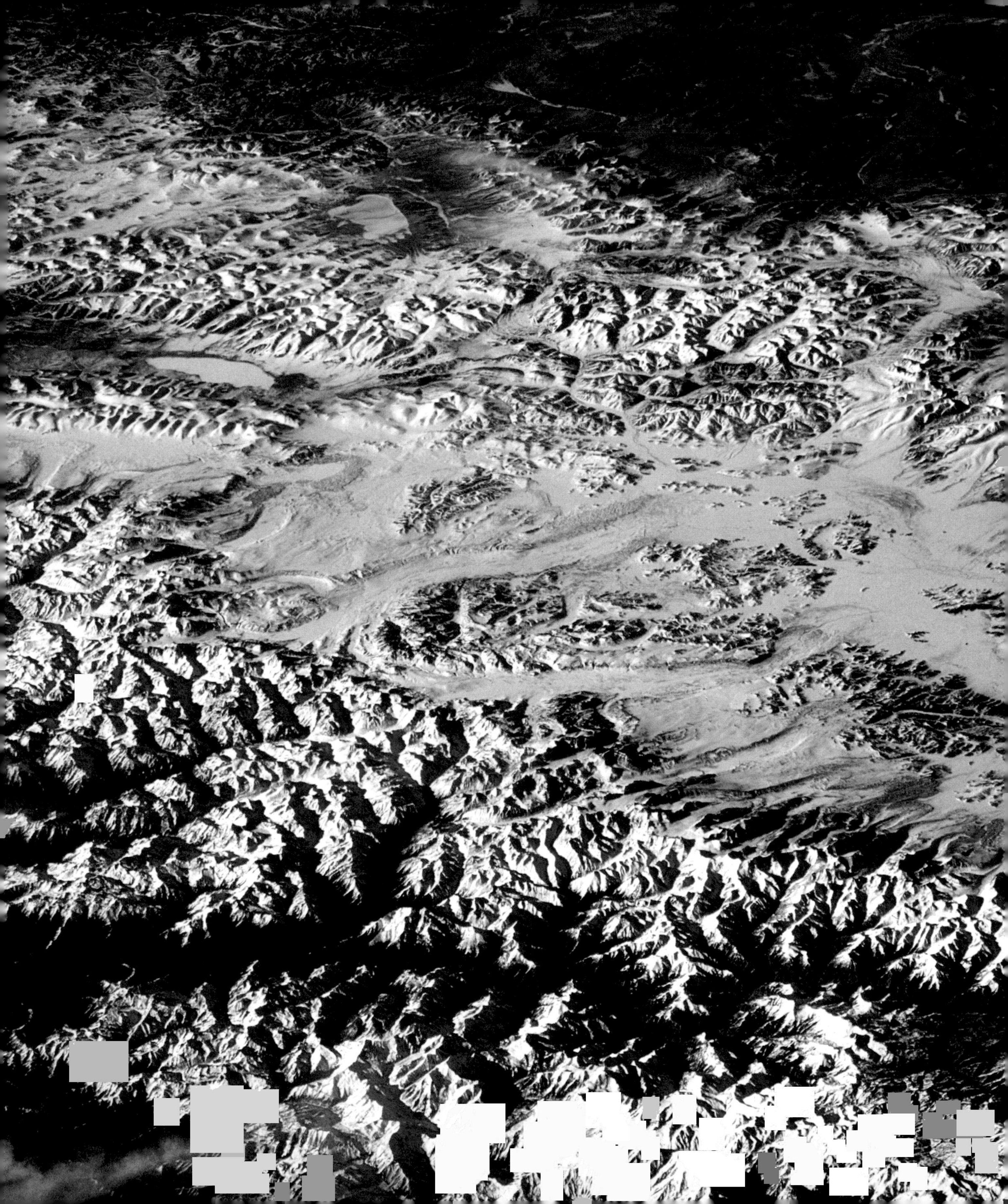

固氮作用 Nitrogen fixation

赫爾里奇（Hermann Hellriegel，1831-95）
威爾法斯（Hermann Willfarth，生卒年不詳）

從古希臘時代開始，農人就知道，作物種在剛生長過豆子的土地，收成會比較好，而狄奧佛拉斯塔是最早注意到這個好處的人。經過兩千多年時間，到了1886年時，兩位德國農業化學家赫爾里奇與威爾法斯認出根瘤菌（*Rhizobium*）是「固氮」細菌，這種現象才得到充分解釋：原來豆子的根上有瘤，住在瘤中的細菌會把空氣裡的氮轉變成植物生長可以利用的形式 。

豆科植物包括豆類、苜蓿、紫花苜蓿等，與根瘤菌形成一種互惠共生關係，豆科植物供給根瘤菌能量和碳基分子，交換氮化合物。可溶性氮也會釋入土裡，豆類作物收成後腐爛的根釋出尤多，因此其後種下的任何作物都能吸收到殘留的氮，而這項優點現已應用在有機農業栽培上。每一萬平方公尺的紫花苜蓿作物，可以貢獻350公斤氮肥給土地；世界各地共生的豆科植物與根瘤菌每年從大氣固定的氮素高達兩億公噸。這種過程幾乎是地球上所有食物鏈的基礎。

不同種類根瘤菌與其共生植物之間有一種特別關係，並非各種搭配都一樣有效，因此把種子與優良根瘤菌種接芽，能使作物產量提到最高。眼光放遠一點來看，利用基因工程把控制共生結合的基因植入穀類作物，可以減少依賴耗費能源又會造成汙染的無機氮肥；但這種轉殖牽涉很多基因，不是件容易的事，而且還得考慮擴大固氮植物家族的生態後果。

▶ 參見〈植物學誕生〉（18-19頁），〈合成阿摩尼亞〉（256-257頁），〈作物多樣性〉（292-293頁），〈檸檬酸循環〉（320-321頁），〈光合作用〉（344-345頁），〈綠色革命〉（428-429頁），〈蓋婭假說〉（432-433頁）

右圖：掃描式電子顯微鏡鏡頭下白花三葉草根部的菌瘤。這個瘤是三葉草和固氮菌互惠共生之下的產物。固氮菌和植物的根毛細胞共生，形成瘤塊。

神經系統 Nervous system

高爾基（Camillo Golgi，1843-1926）
卡哈爾（Santiago Ramóny Cajal，1852-1934）

19 世紀後期，細胞是生物學最新的研究重心。然而，要辨別出細胞的成分，要弄清楚個別細胞如何組成整體的運作系統，科學家需要新的技術。顯微技術的改進固然不可或缺，但要待細胞染色法問世，生命的細微結構才顯露原形。

義大利組織學家是開路先鋒，他首先使用銀鹽來給細胞染色。以往對腦和脊髓（中樞神經系統）的探索進展緩慢，因為它的結構緊密而複雜，讓研究人員無從下手。1873 年，高爾基用銀鹽將大腦組織染色，發現他可以分辨個別神經細胞，而且暴露的細胞形狀空前詳細，可以看清細胞體和一些細緻的延伸部分，也就是短小的樹狀突（dendrite，或稱樹突）和較長的軸突（axon）。他相信軸突的纖細末梢會與其他軸突的枝椏融合，構成一個連續的通訊網絡，這就是「網狀理論」（reticular theory）。他還確定大腦會從身體的感覺神經接收訊息，然後傳給各部位的運動神經。

西班牙醫師卡哈爾改進高爾基的硝酸銀染色劑，然後用來研究神經細胞之間的聯繫。到了 1889 年時，他已經研究出腦和脊髓灰質裡細胞嚴密的連結模式。卡哈爾指出，神經細胞的樹狀突接收訊息，然後經由軸突送出，軸突末梢不會與其他細胞任何部分融合，因此推翻了「網狀理論」。他的觀察結果證實了神經元理論（neuron theory），亦即神經細胞是獨立單元，彼此間會建立起通訊連結。英國生理學家薛靈頓（Charles Sherrington）將這種連結命名為突觸（synapse）。日後發現突觸其實是神經元間的微小空隙。

1906 年，高爾基與卡哈爾共同獲得諾貝爾生理或醫學獎。頒獎典禮上，高爾基利用致詞機會替網狀理論辯護，攻擊卡哈爾，弄得場面相當尷尬。

▶ 參見〈微生物〉（76-77頁），〈細胞社會〉（174-175頁），〈制約反射〉（242-243頁），〈神經傳導物質〉（274-275頁），〈人工神經網路〉（334-335頁），〈神經細胞生長〉（368-369頁），〈視覺的化學基礎〉（382-383頁），〈記憶分子〉（470-471頁）

右圖：卡哈爾繪製的鴿子小腦神經細胞顯微圖。他小時被認為是個懶孩子，行醫的父親還把他送去當理髮師和鞋匠的學徒。

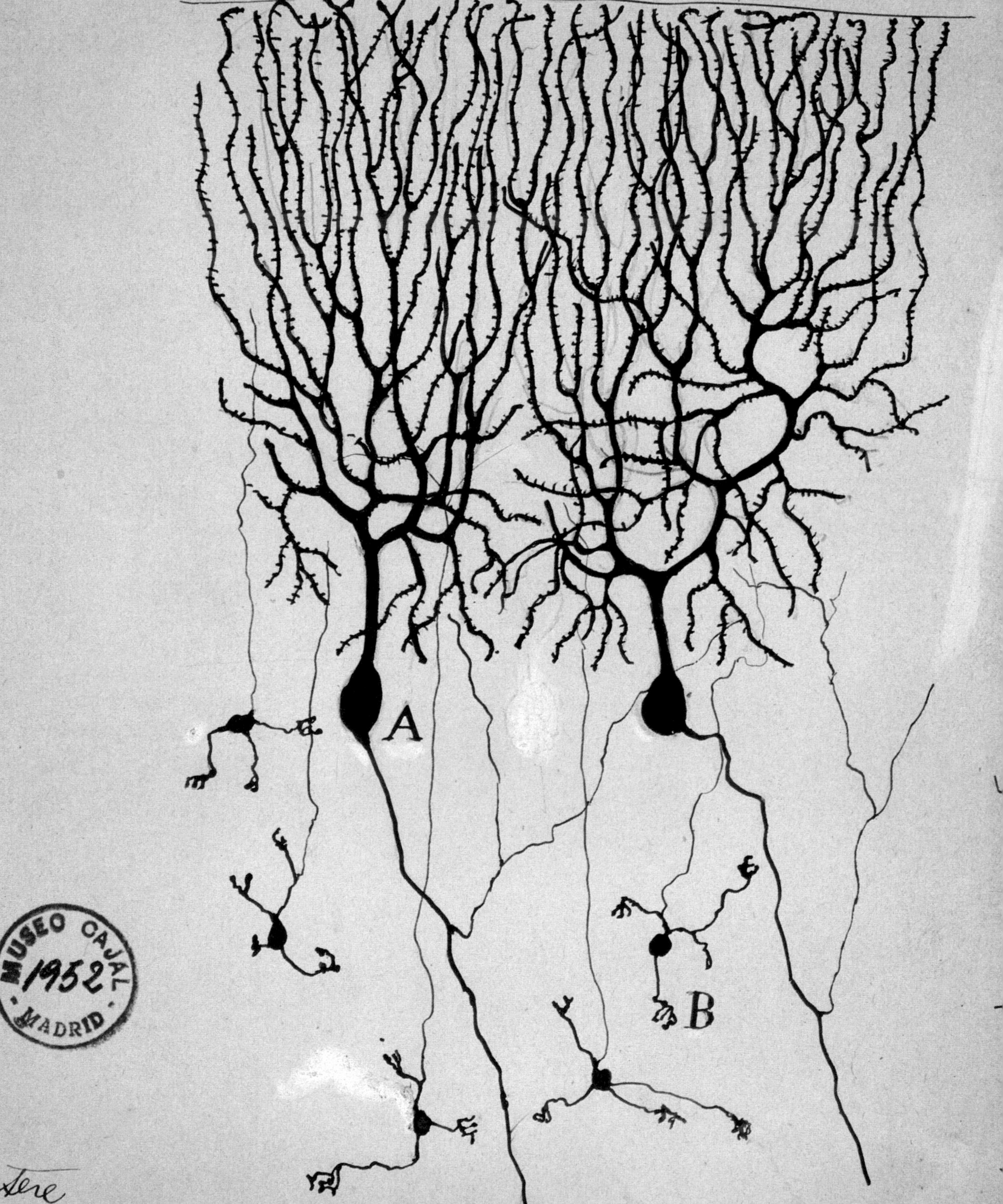
A
B
MUSEO CAJAL
1952
MADRID

測量變異 Measuring variation

高爾頓（Francis Galton，1822-1911）

生物學家將同一物種個體之間可以觀察到的差異分成兩類：個別差異（discrete variation）和連續性差異（continuous variation）。某些特徵如眼睛顏色屬於個別型，有的個體眼睛是藍色，有的是褐色。某些特徵如身高，多半屬於連續性差異。很可能大部分生物特性都呈現連續性差異，而不是個別差異。我們必須了解差異量及差異如何遺傳，再根據這些知識來解釋演化過程，進而改良農作和家畜。這件事還關係到人類不平等的政治問題。現代關於連續性差異的科學研究稱作「生物統計」（biometry）。（譯註：在生物統計學裡，一般把這兩型稱作離散變異和連續變異。）

雖然「生物統計」是個新名詞，但這方面的研究大半是由維多利亞時代的怪才高爾頓起的頭，他是達爾文的表弟。高爾頓發現人口特性通常呈現「鐘形曲線」（bell curve）。例如，大部分人的身高大致上是平均高度，當從平均高度往高和矮兩端看，人數愈來愈減少。高爾頓 1889 年在《自然遺傳》（*Natural Inheritance*）一書中報告他的發現，並將這種狀況稱爲「常態分布」。德國數學家高斯以前曾用數學描述過這種分布。當某件事物受眾多獨立因素影響，而每項因素的影響力微小，就會呈現常態分布。例如身高就受到很多基因和營養、健康、疾病等因素影響。任何一項因素都可能是「有利的」或「不利的」，亦即可能增加或減少一個人的高度。眾多加加減減因素在人口中作用的結果，少數人的身高會比平均高很多或矮很多。大部分個體碰到的情況是有利與不利因素參雜，結果在他所屬群體中他的身高是在平均高度左右。

高爾頓對連續性差異如何遺傳的解釋，最後證明是錯的，要待生物學家用孟德爾的理論詮釋高爾頓的統計資料後，我們才眞正弄清楚連續性差異問題。

▶ 參見〈孟德爾遺傳定律〉（192-193頁）、〈遺傳基因〉（264-265頁）、〈新達爾文主義〉（282-283頁）

右圖：高爾頓的信條是：「能計數，就計數。」這張20世紀初黎卡里尼教授（James Ricallini）與喀什米爾人的合照顯示，人類的身高差異極大。

抗毒素 Antitoxins

貝林（Emil von Behring，1854-1917）
北里柴三郎（Shibasaburo Kitasato，1852-1931）

歌德在《浮士德》裡，稱頌「血是一種非常特別的汁液」。1890 年，德國細菌學家貝林與日本細菌學家北里柴三郎發現動物血清有一種神祕的保護作用，可以防止感染白喉和破傷風，證明歌德的話一點不假。

貝林是德國醫生柯霍在柏林的助手，一直在尋找身體內部的殺菌物質，希望用來治療傳染病。他知道巴黎巴斯德實驗室的胡斯（Emile Roux）和葉赫森（Alexandre Yersin）已經分離出白喉桿菌和破傷風桿菌釋放的毒物或「毒素」（toxin），很多白喉和破傷風的危險症狀由這些毒素造成。兩年後，貝林與當時在德國做研究的北里柴三郎合作，證明受感染動物會產生「抗毒素」（antitoxin）物質，能夠中和毒性，帶來對白喉和破傷風的免疫力。他們還發現這種免疫力可以經由血清傳給其他動物，接受的動物也可以抵擋傳染。

兩人的發現打開「血清療法」（serum therapy）大門。貝林最初試驗血清療法並不成功，他供應的血清效力不足。胡斯則利用馬來大規模製造抗白喉血清，1894 年成功治療許多罹病兒童。血清療法後來也普遍用來對付很多其他疾病，包括肺炎、淋巴腺鼠疫及霍亂，雖然從來沒有神奇療效，但已提供證據讓「細胞免疫理論」的批評者可以宣稱，在抵抗細菌的戰爭裡，血球細胞只是配角，主將是「血清抗毒素」；也就是現在所說的「抗體」（antibody）。這種另類「體液理論」在 1897 年獲得更有力的支持，因爲德國細菌學家埃爾利希（Paul Ehrlich）提出「旁鏈」（side-chain）分子的概念，解釋了細胞、抗體及抗原之間的化學反應。但直到 1930 年代才辨認出抗體是蛋白質；到了 1950 年代和 1960 年代，美國生化學家艾德曼（Gerald Edelman）與英國生化學家波特（Rodney Porter）顯示它們是 Y 形大分子，由重鏈與輕鏈胺基酸組成。

▶ 參見〈接種疫苗〉（102-103頁）、〈霍亂與水泵〉（168-169頁）、〈細菌理論〉（202-203頁）、〈細胞免疫〉（204-205頁）、〈血型〉（236-237頁）、〈移植排斥〉（356-357頁）、〈生物自我辨識〉（430-431頁）、〈單株抗體〉（448-449頁）

右圖：1890年代，巴斯德研究所在製作抗白喉血清過程中替馬注射疫苗。

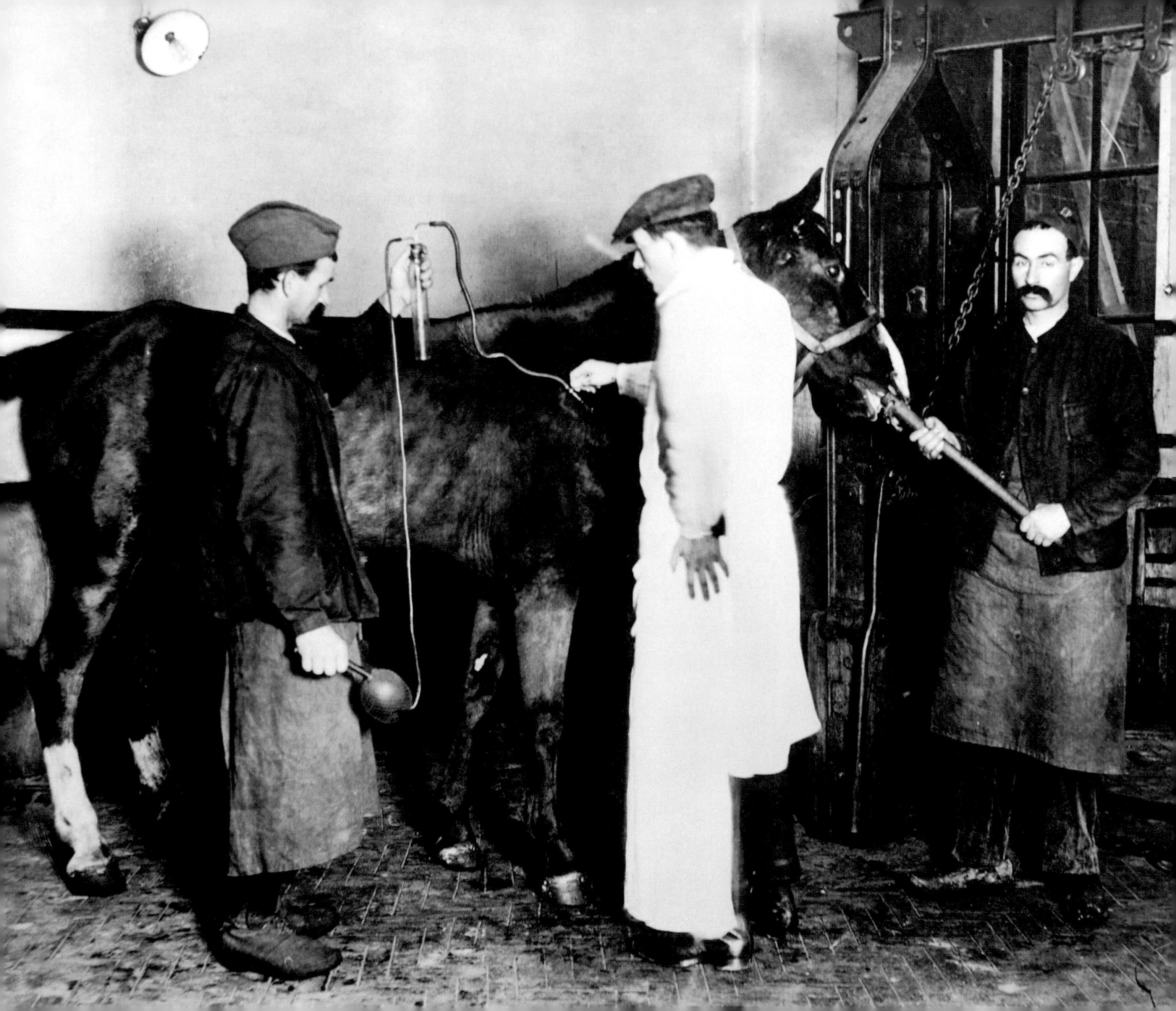

1891

爪哇人 Java man

杜布瓦（Eugène Dubois，1858-1940）

1891 年 9 月，荷蘭軍醫杜布瓦發現一個似人猿的牙齒化石，埋在印尼爪哇島特里尼村（Trinil）附近索羅河（Solo River）河岸土裡，進一步挖掘又找到一片頭蓋骨和大腿骨。杜布瓦認爲他證明了海克爾（Ernst Haeckel）的理論，東南亞是人類發源地。海克爾是德國生物學家，虔誠的達爾文信徒；他宣稱在現存靈長類中，從遺傳學角度來看，印尼紅毛猩猩與「智人」（Homo sapiens）最接近，因此應該會在那個區域發現我們人類的祖先。

杜布瓦在阿姆斯特丹大學教書時，受到華萊士有關荷屬東印度群島的文章啓發，自願從軍，而且設法被派到蘇門達臘，以尋找海克爾所說的「失落的演化環節」（missing evolutionary link），也就是無尾猿與人類之間的血緣聯繫。出土化石很多，但沒有像人類的骨骸。1890 年，一次瘧疾發作過後，他被調到爪哇附近擔任非主管職工作，在那裡他用了點手段取得殖民當局支持，展開比較大規模的挖掘。

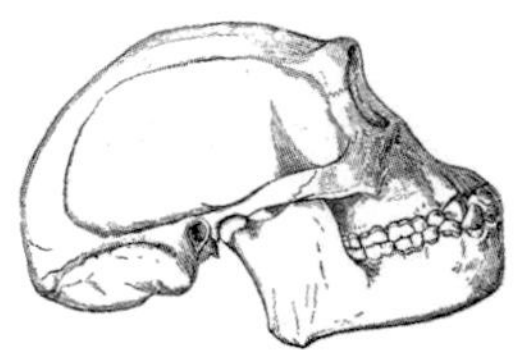

上圖：海克爾畫的爪哇人頭骨。他在杜布瓦發現化石之前，早已把此一「失落環節」命名為猿人。

從成噸沈積土裡，勞改犯人尋出 12,000 多件動物化石，包括滅絕的大象、土狼、老虎在內，然後才發現杜布瓦宣稱的「失落環節」。起初他將之命名爲 *Anthropithecus*（像人的猿），後來改爲 *Pithecanthropus erectus*，意思是「直立猿人」（upright man-ape），也就是現在所稱的「直立人」（*Homo erectus*）。

1895 年，杜布瓦返回荷蘭，試圖說服歐洲考古學家承認他的發現意義重大。但一直等到 1920 年代末期，「爪哇人」才終於被接受爲一支滅絕人種，雖然不是起源於東南亞。「直立人」則如達爾文所說的，起源於非洲，約在 200 萬年前離開非洲，約 170 萬年前抵達黑海，80 萬年前到爪哇；在爪哇最晚可能生存到 27,000 年前，並曾與現代人類同時存在。

▶ 參見〈史前人類〉（148-149頁）、〈尼安德塔人〉（170-171頁）、〈陶恩孩兒〉（298-299頁）、〈奧都韋峽谷〉（392-393頁）、〈古老的DNA〉（476-477頁）、〈納里歐柯托米少年〉（480-481頁）、〈遠離非洲〉（492-493頁）、〈冰人〉（504-505頁）

右圖：按照杜布瓦發現的骨頭重建的爪哇人（直立人）。杜布瓦曾帶著這些化石走遍歐洲參加科學會議，還曾大意遺落在一家咖啡店。

酵素作用 Enzyme action

費雪（Emil Hermann Fischer，1852-1919）

酵素是天然催化劑，能增加化學反應速度。最好的例子或許是釀酒這類運用，釀酒要靠酵母細胞分泌的酵素把糖類轉化成乙醇和二氧化碳。長久以來，沒有人確切知道這些催化劑是什麼構成的，也不知道它們如何作用；但只要啤酒味美，酒精濃度夠高，也沒有人眞正在乎這些複雜曲折的化學變化。

19 世紀接近尾聲時，世界知名的德國有機化學家費雪正埋首於所有有機化學家的傳統使命，也就是研究特定化學化合物的結構，他對釀酒顯然不是特別感興趣，不過他花了十年時間探討糖類和相關化合物的結構，例如，己糖（hexose）是由 6 個碳原子、12 個氫原子和 6 個氧原子所構成，有 16 種組成方式，形成分子式相同但排列不同的立體異構物（stereoisomers），而形狀各個不同。費雪使用好幾種酵素把糖變成酒精，發現每一種酵素都有它不同的專一性，只會認定某一種形式的糖，而不理會其他糖。1894 年左右，他開始稱這種現象爲「鎖鑰機制」，推論所有酵素都有獨特結構，只認可一種特定化合物，幾乎排斥所有其他化合物。隨之又假設所有活細胞都有大批酵素，各有專司的特別催化任務。後來證明確實如此。

費雪在這項偶然的發現之外，對化學還有很多貢獻，1902 年獲頒諾貝爾獎，可謂實至名歸。但長年處理有毒化學物質對他造成傷害，第一次世界大戰又帶來壓力；他起初支持這場戰爭，後來認爲這是德國的愚蠢行動。1919 年，重度抑鬱加上健康欠佳，費雪自殺身亡。

▶ 參見〈調節身體〉（188-189頁）、〈苯環〉（190-191頁）、〈先天代謝異常〉（258-259頁）、〈檸檬酸循環〉（320-321頁）

右圖：獲得諾貝爾獎時費雪已經開始研究蛋白質化學結構，後來證明這與他早年對糖和嘌呤（一作普林）的研究同等重要。

X光 X-rays

倫琴（Wilhelm Konrad Röntgen，1845-1923）

1895 年 11 月 8 日，德國物理學家倫琴正在用陰極射線管做實驗。他把一塊多餘的螢光屏放到另一個工作檯上，以免妨礙實驗。不過當他把陰極管通電時，這塊棄置的屏幕突然發亮。倫琴馬上想到有些東西從陰極管跑出來，或許是科學界還不知道的無形射線。他發現這種射線可以穿透所有種類的材料，包括木頭、玻璃、橡膠、鋁和其他金屬在內。當他把手放進這種光線裡，竟看到自己骨頭的影子。

倫琴射線大爲轟動。讓人能夠看穿固體的特性就像魔術一般，有些人甚至認爲是巫術，所以發明襯了鉛的防X光內衣，以防患任何猥褻用途。

醫生迅速利用這種新工具探視人體內部，而且實驗用 X 光治療所有疾病。不過 X 光的危險性接著浮現，照射強烈 X 光會出現灼傷和掉頭髮的後遺症；1904 年，美國發明家愛迪生的助手達里（Clarence Dally）曾被嚴重灼傷，後來死於癌症。X 光現在仍然使用來消滅腫瘤，但劑量控制得非常小心。

科學家同時也在努力了解 X 光的眞正性質。這種射線像光線般直線前進，但碰到鏡子不會反射，遇到障礙也不會轉彎。它們會不會是以太裡的波？或是像子彈的粒子？謎團直到 1912 年才解開。那年科學家根據德國物理學家勞厄（Max von Laue）的建議做了一項實驗，在實驗中，一束 X 光通過水晶時，散成錯綜複雜的繞射圖樣。這證明 X 光像光線一樣是電磁波，但波長非常短，與晶體裡原子之間的距離相當。X 光繞射已經變成不可少的研究工具，用來探討晶體、工業材料及 DNA 等生物分子的結構。

▶ 參見〈馬克斯威爾方程式〉（186-187頁）、〈放射性〉（224-225頁）、〈電子〉（228-229頁）、〈宇宙射線〉（268-269頁）、〈雙螺旋鏈〉（374-375頁）、〈血紅蛋白結構〉（390-391頁）、〈脈衝星〉（404-405頁 ）

右圖：倫琴妻子手部的X光片，顯示當時她手上正戴著戒指。

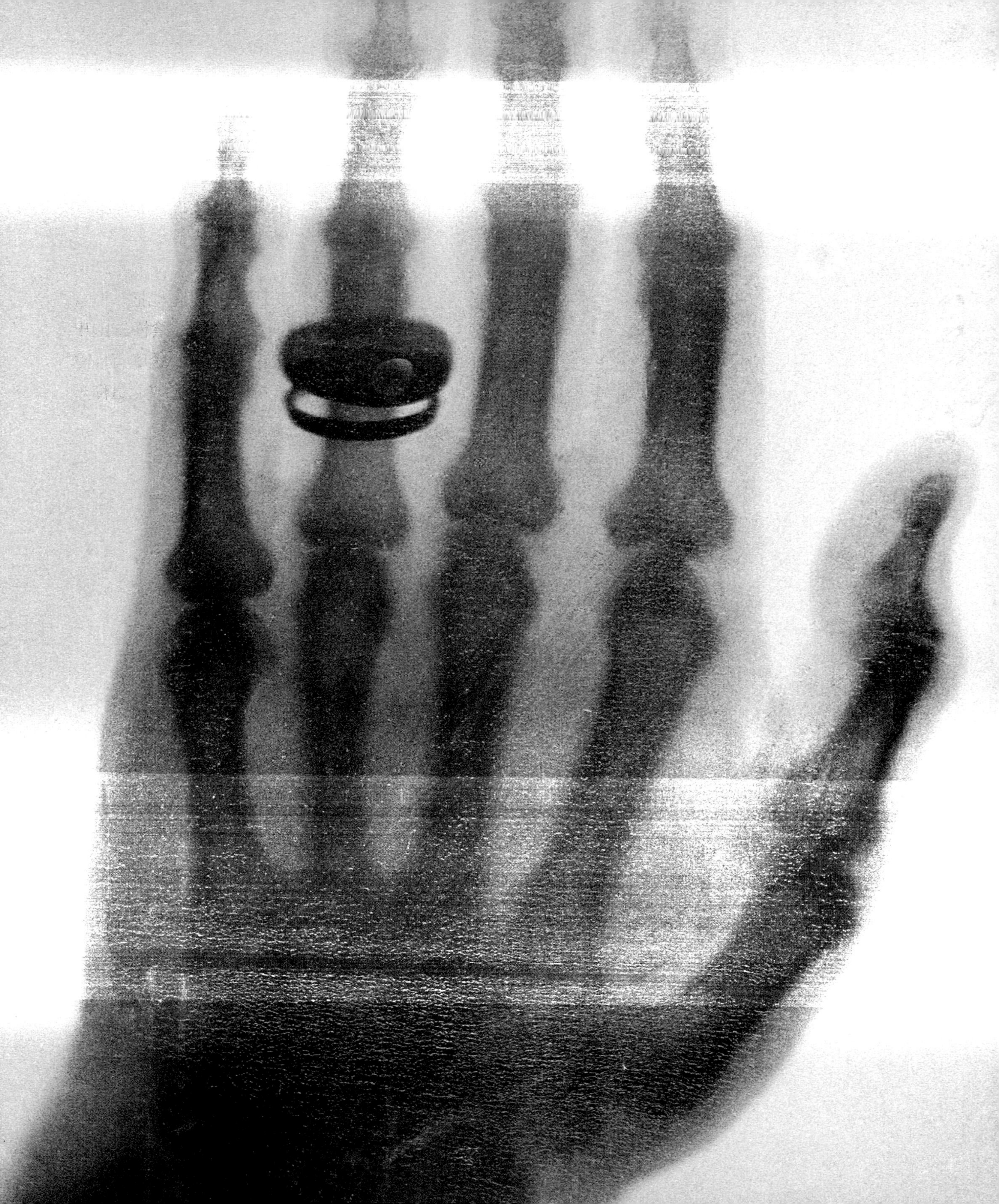

1895

潛意識 The unconscious mind

佛洛伊德（Sigmund Freud，1856-1939）

「歇斯底里」（hysteria）是從希臘時代起就診斷出來的一種病症。1895年，奧地利醫生佛洛伊德和布魯爾（Josef Breuer）重新加以詮釋，並展開新療法。他們的《歇斯底里症研究》（*Studies in Hysteria*）提出兩人共同探討及治療一位年輕婦女的成果，這位維也納中產階級婦女飽受種種複雜的生理和心理症狀折磨。他們使用當時普遍的催眠術治療法，但不久後兩人分道揚鑣，因為佛洛伊德愈來愈相信歇斯底里的成因經常是童年期的性創傷（不論真實的或想像的）。在開創精神分析理論的過程中，佛洛伊德經由與一位名叫弗里斯（Wilhelm Fliess）的柏林醫生親密通信，探討自己的性心理發展過程，他認為那裡面藏著開啓所有精神疾病祕密的鑰匙。

那把鑰匙便是性在正常與變態兩種發展過程中所扮演的角色，佛洛伊德陸續出了幾本書詳細說明，尤其是《夢的解析》（*The Interpretation of Dreams*，1900）與《性學三論》（*Three Essays on the Theory of Sexuality*，1905）。他堅持性無所不在，從嬰兒期開始，我們的生命裡就充滿了性，男孩與女孩都會經歷微妙的性別認同過程，這種過程在他們成熟的個性裡留下永久痕跡。他經由與病人接觸逐漸發展出具體觀念，如伊底帕斯情結、潛意識、心理結構的三重性質（「本我」、「自我」和「超我」）；他相信最能幫助病人的方法是透過自由聯想技巧，讓病人自由自在地敘述進入他／她意識裡的念頭。佛洛伊德後來曾詳細解釋他的觀念與人類學、宗教和歷史的關聯。

佛洛伊德始終認為自己的方法是了解人類心理的寶貴工具，而不只是治療病人的方法。心理分析主宰了精神病學半個世紀，尤其是在美國。它的影響力現在雖然消退不少，但就一般大眾而言，我們仍然是佛洛伊德的孩子。

上圖：佛洛伊德倫敦寓所的內部，許多病人曾躺在圖中的長沙發上接受治療。

▶ 參見〈兒童發展〉（294-295頁）、〈REM睡眠〉（372-373頁）、〈頭腦圖像〉（478-479頁）

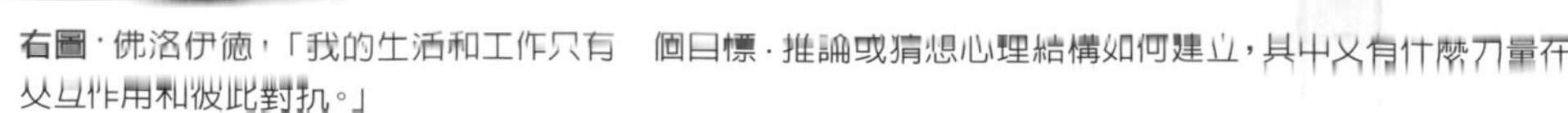

右圖：佛洛伊德，「我的生活和工作只有一個目標：推論或猜想心理結構如何建立，其中又有什麼力量在交互作用和彼此對抗。」

放射性 Radioactivity

貝克勒爾（Antoine Henri Becquerel，1852-1908），居禮夫人（Marie Sklodowska Curie，1867-1934），居禮先生（Pierre Curie，1859-1906），拉塞福（Ernest Rutherford，1871-1937），索迪（Frederick Soddy，1877-1956）

X 光只是 1890 年代的第一個驚奇。新射線很快地一一報到，當時科學界對這些射線更加陌生，甚至無從證明。

法國物理學家貝克勒爾以為 X 光或許由螢光產生，於是他一個接一個拿出螢光化合物，把它們放在用黑紙裹起來的照相底片上，然後留在室外，希望陽光照射會使化合物發出螢光，產生 X 光，而 X 光將會穿透黑紙，把底片變黑。1896 年 2 月，使用鈾鉀硫酸鹽的結果，好像成功了。

不過那是一個沒有陽光的日子，他把整包實驗樣本放進抽屜。幾個星期後，當底片沖洗出來，發現底片也變黑了。貝克勒爾以前對螢光的看法是錯的。事實上，鈾元素會自然放出具穿透性的射線，其他元素也會。1898 年，居禮夫婦發現兩種新放射性元素：釙與強活性鐳。鐳發出的輻射能非常之強，以致丟一塊鐳進一桶水裡，水會沸騰。這些能量哪裡來的？

更叫人吃驚的意外跟著到來。拉塞福和索迪發現放射性是一種鍊金術：本來以為永遠不變的元素不斷改變，轉換成其他元素。由於當時不了解放射性、量子力學和核物理學，這些現象變成無法理解的謎。

物理學家已確定放射性有三種形式。α 粒子是赤裸裸的氦原子核；β 射線是高能電子；γ 射線是高能電磁波。早期風靡一時的放射治療，在清楚輻射可能致病和致癌之後已經不再流行；放射線現在有效地應用在醫療攝影和消除腫瘤上，此外還有上千種其他用途，從鑑定古老岩石和藝品的年代到供給太空船動力及保存水果等等。

▶ **參見〈電磁〉**（134-135）、**〈馬克斯威爾方程式〉**（186-187頁）、**〈電子〉**（228-229頁）、**〈萬古磐石〉**（252-253頁）、**〈中子〉**（312-313頁）、**〈反物質〉**（314-315頁）、**〈放射性碳定年法〉**（346-347頁）、**〈伽瑪射線爆發〉**（434-435頁）、**〈頭腦圖像〉**（478-479頁）、**〈冰人〉**（504-505頁）

右圖：居禮夫婦在實驗室裡。就像當初誤認放射線由「光線」構成，這張1904年的圖畫顯示，當初以為居禮先生是主要研究者。

阿斯匹靈 Aspirin

霍夫曼（Felix Hoffmann，1868-1946），艾成格倫（Arthur Eichengrün，1867-1949）

乙醯水楊酸是20世紀的特效藥之一，它的歷史卻充滿弔詭。這種藥1897年在德國藥廠拜耳公司實驗室裡合成，兩年後以「阿斯匹靈」的名稱上市，從那時起便一直叫這個名字。不過拜耳的化學家裡，到底是霍夫曼還是艾成格倫在1897年合成這種藥，至今仍有爭論。然而不管是誰，早在1850年代，法國化學家傑哈特（Charles Gerhardt）就已經調製出水楊酸化合物，1880年代甚至曾經上市。拜耳首次推出的產品並沒有成功，但研究部門經理杜伊斯柏（Carl Duisberg）知道他挖到了金礦。

阿斯匹靈最初的動物和人體試驗敷衍了事，藥物副作用一堆（服用後會傷胃、過量則影響呼吸等），換在今天，絕不可能通過藥物檢驗的關卡。不過它很幸運，現代藥物法訂定以前，它已經變成家庭藥櫥裡的常備用藥。阿斯匹靈可以止痛、消炎和退燒，對關節炎和其他長期疼痛病患有如天賜良藥。因爲化學結構接近李斯特的手術消毒劑石碳酸，醫界認爲阿斯匹靈或許是一種「體內消毒劑」，而且因爲治療風濕性心臟病年輕病患很有效，更多人相信這種說法。

醫藥當局近來傾向反對隨便服用阿斯匹靈止痛，雖然英國科學家凡恩（John Vane）早已證實它的作用模式。凡恩發現它是天然荷爾蒙前列腺素的抑制劑，因此獲得1982年諾貝爾生理或醫學獎。抑制前列腺素會阻止血小板凝結成血塊，因此阿斯匹靈現在用來治療心臟病，而且用低劑量來預防動脈硬化造成的問題。

▶ 參見〈藥用植物〉（28-29頁）、〈細菌理論〉（202-203頁）、〈神奇子彈〉（262-263頁）、〈盤尼西林〉（302-303頁）

右圖：自從1899年上市以來，阿斯匹靈就變成最普遍的藥品。單只美國一個國家，每年阿斯匹靈用量達一萬至兩萬公噸之多。

BAYER

1897

電子 The electron

湯姆生（Joseph John Thomson，1856-1940）

構成現代世界的第一片材料是 1897 年在一根陰極射線管裡發現的。陰極射線管是 19 世紀物理學家的最愛，也是大部分電視螢幕的基本元件，本身構造則相當簡單：一根抽掉空氣的玻璃管子，一端是加熱的金屬電極。當通上高壓電時，這個陰極電極會發出一種射線，射線在擊中塗在管子另一端的螢光材料以前，完全看不見。擊中後螢光材料會發亮，往往在 19 世紀的陰極射線管裡形成神祕圖形。

物理學家用陰極射線管實驗了數十年，卻沒有人知道這些射線的眞正性質。一個普遍的看法是，這些射線是以太裡的波，以太則是一種假設充滿空間的流體。湯姆生支持相反看法，認爲陰極射線是「陰極射出的帶負電物體，速度非常快」。換言之，它們是物質。湯姆生知道這些射線路徑碰到磁鐵會彎曲，當被金屬容器抓到時會留下一個電荷。藉由觀察射線通過磁場和電場的情形，他發現不管從什麼金屬射出，這些粒子全部一模一樣，它們的電荷與質量比值完全相同。他不是唯一有此發現的人，但他的了解深入許多。湯姆生表示，他的「微粒」（corpuscle）是宇宙的帶電者，是物質的基本構造要素。

湯姆生認爲原子或許是由龐大數量的電子所構成，而電子嵌在一個帶正電的球體裡。這個模型曾獲得一些迴響，但甚至沒等到拉塞福（Ernest Rutherford）發現原子核，湯姆生的模型就被拋棄了。

由於拉塞福的貢獻，我們現在知道電子不是唯一的粒子，但它們仍然被視爲世界基礎的一部分，而且是無所不在的一種。電子構成所有的化學鍵，把組成物質的原子黏合在一起。

▶ 參見〈光的波動性質〉（118-119頁）、〈X光〉（220-221頁）、〈量子〉（234-235頁）、〈原子模型〉（272-273頁）、〈波粒二象性〉（300-301頁）、〈反物質〉（314-315頁）、〈電晶體〉（350-351頁）、〈量子電動力學〉（352-353頁）、〈夸克〉（408-409頁）、〈脈衝星〉（420-421頁）、〈黑洞蒸發〉（440-441頁）、〈超弦〉（474-475頁）

右圖，各種造型的陰極射線管，科學家研究電流如何通過射線管裡的氣體，結果發現X光和電子。

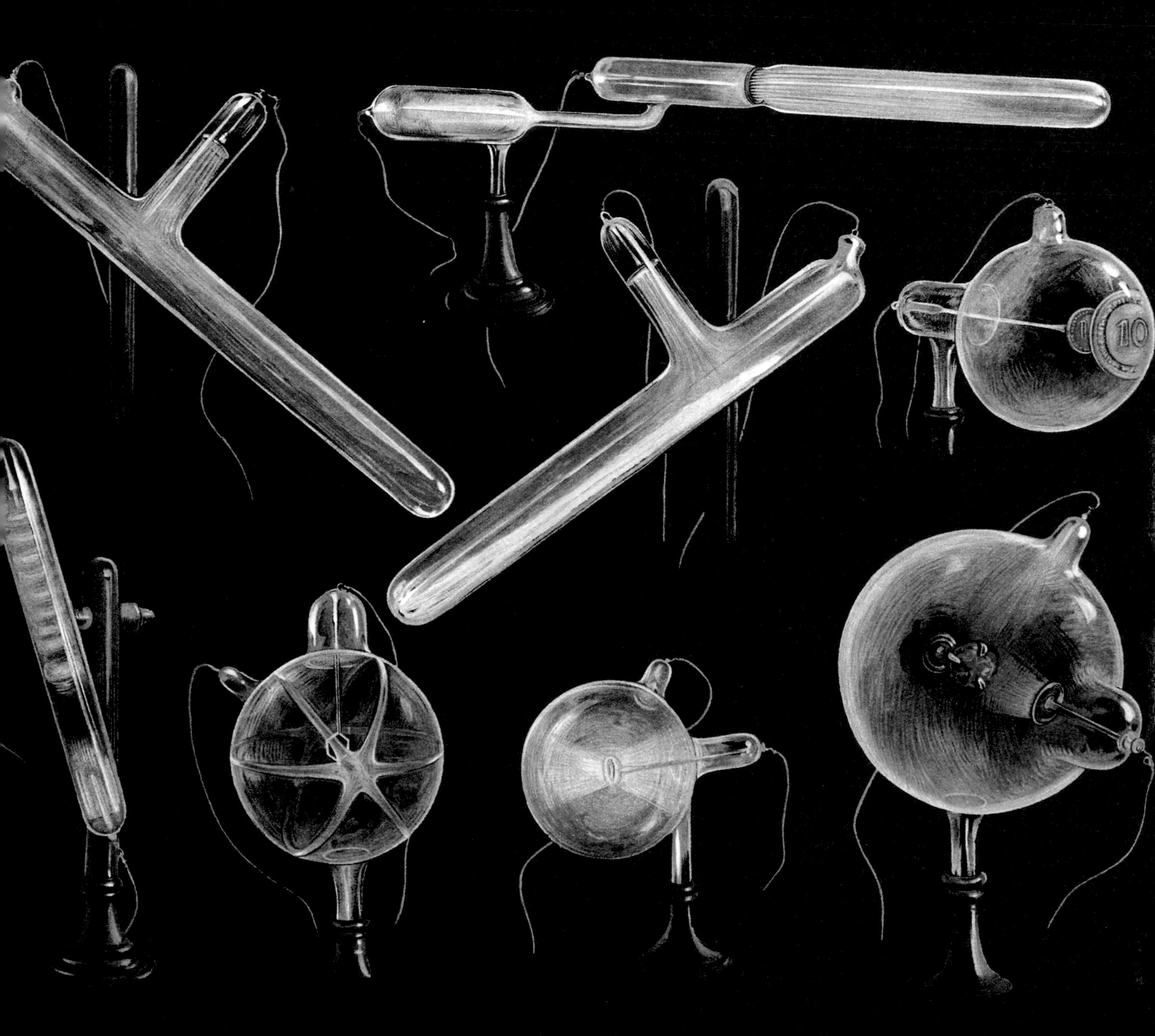
10

1897

瘧原蟲 Malarial parasite

羅斯（Ronald Ross，1857-1932）

所有傳染病中，瘧疾侵襲的人最多。malaria（瘧疾）這個字原來是義大利文 *mal aria*，意思是「壞空氣」。據說造成羅馬帝國衰敗的就是瘧疾，但直到 19 世紀才找出致病原因。第一步由法國醫生拉韋朗（Alphone Laveran）跨出，他在 1880 年發現瘧原蟲（*Plasmodium*），一種單細胞的原生動物（Protozoan）。1894 年，英國醫生萬巴德（Patrick Manson，譯註：他曾在台灣行醫）指出，瘧疾可能是由蚊蟲傳染。而在 1897 年，在印度服務的英國醫生羅斯終於在一隻瘧蚊屬蚊子的胃壁找到瘧原蟲生命周期中間階段的卵。羅斯又花了一年時間收集、飼養和解剖蚊子，追蹤原蟲發育過程，一直看到成熟孢子進入蚊子唾腺爲止。當雌蚊大啖人血時，等在唾腺裡的瘧原蟲孢子會趁機進入人類宿主的體內。

羅斯的上司卻不體諒他，阻礙他在印度的研究工作 。他被調到人類瘧疾罕見的地區後，又著手開創性的研究，探討鳥身上的瘧原蟲。遠在義大利的葛拉西（Battista Grassi）卻搶先羅斯一步做出人類瘧疾的完整傳染過程。接著上演了不堪入目的爭第一戲碼，儘管有些爭議，羅斯還是獲得 1902 年諾貝爾生理或醫學獎。但他的研究確實提供知識架構，確立熱帶醫學爲一特別的專門領域，並促成對其他原蟲與傳染媒介（中間宿主）配對的研究。原蟲和病媒搭檔是造成熱帶疾病流行的主因。

許多科學家積極發展消滅蚊蟲控制瘧疾的方法，羅斯也是其中一人。二次世界大戰期間開始使用殺蟲劑 DDT 時，人人如獲至寶，1955 年世界衛生組織還判斷，掃除瘧疾的目標可以達成，但努力遭遇挫折，蚊子迅速發展出對 DDT 的抗藥性，最後還發現這種殺蟲劑對環境有害。

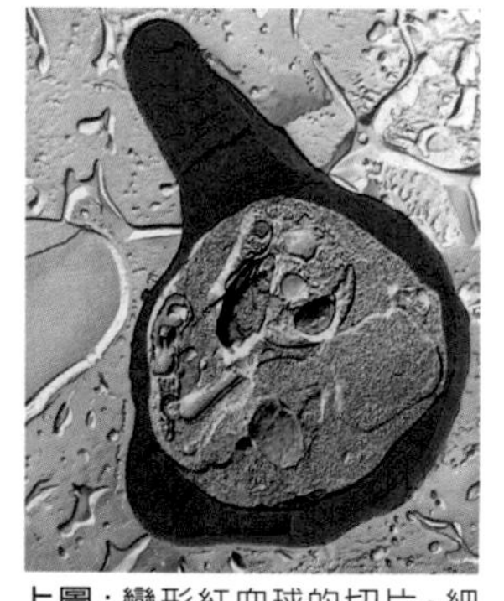

上圖：變形紅血球的切片，細胞裡面布滿瘧原蟲。

▶ 參見〈微生物〉（76-77頁）、〈DDT〉（326-327頁）

右圖：致命瘧疾由雌蚊傳染。羅斯在一隻瘧蚊胃壁中找到瘧原蟲生命周期中間階段的卵囊。

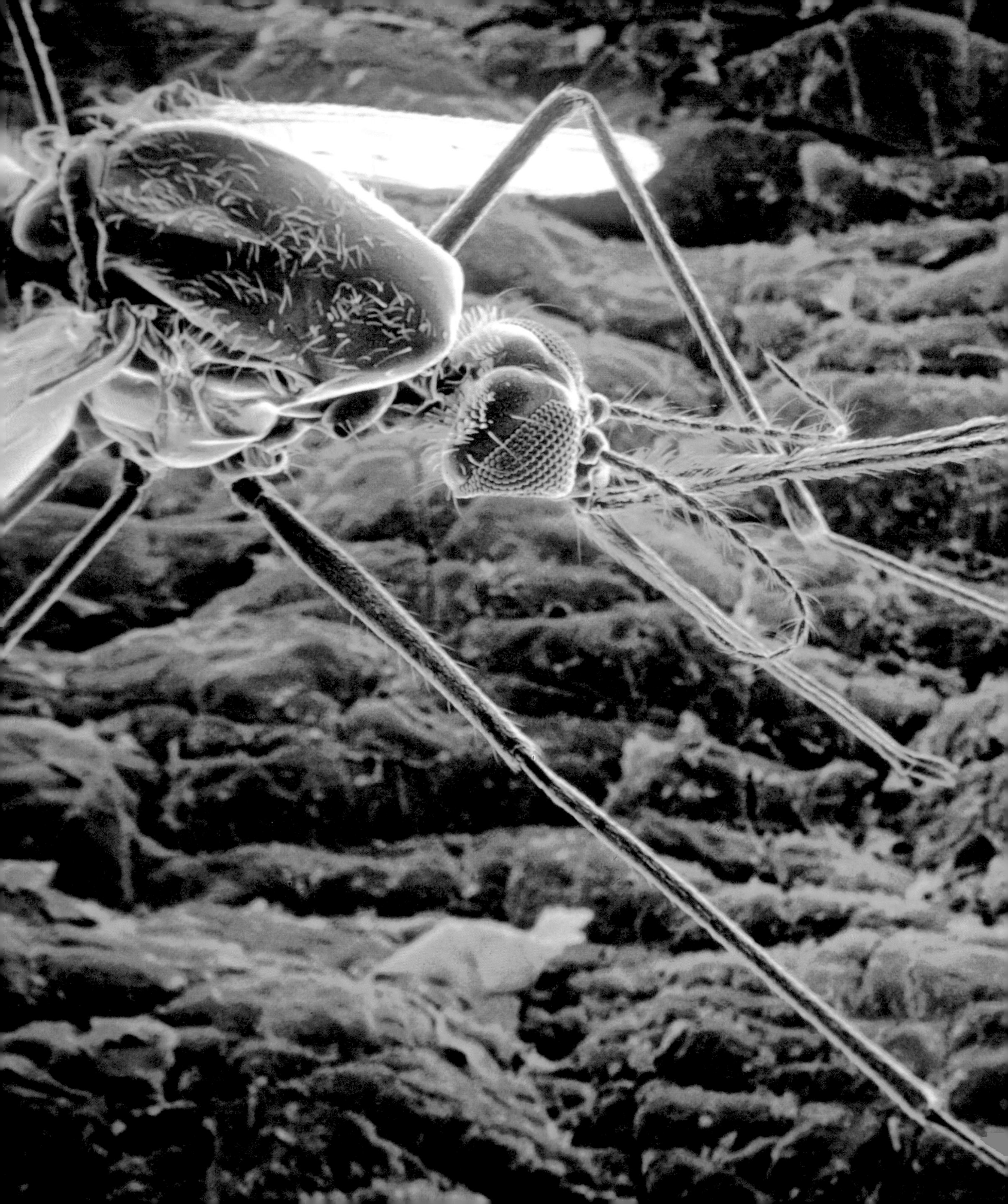

1898

病毒 Viruses

貝葉林克（Martinus Beijerinck，1851-1931）

奠定細菌理論的科學家逐漸領悟，細菌或許不是唯一有能力引起疾病的生物。例如巴斯德就找不到狂犬病的致病因子，而懷疑有一些小得連顯微鏡都看不到的病菌存在。

1895 年，荷蘭植物學家貝葉林克把注意力轉到菸草嵌紋病，這種病會阻礙菸草生長，同時讓葉子變得斑斑駁駁。他碾碎罹病植株的葉子，用最細的瓷濾器過濾葉汁，發現濾出的液體會感染健康植株。不論傳染媒介為何，它都不能在培養基裡生長，化學處理和加熱方法也殺不了它。而且它不是一種毒素，因為它似乎會繁殖，可以感染一株健康的菸草，從被感染的菸葉再傳給另一株，然後一路傳染下去。貝葉林克稱這種媒介為「病毒」（virus，即拉丁文的「毒」），並證明它只能在活細胞內生長與繁殖。他承認他的研究結論驚人，但堅持在 1898 年公諸於世。同年，德國細菌學家羅福樂（Friedrich Loeffler）與佛洛奇（Paul Frosch）發現動物口蹄疫病毒；1901 年，確認第一種病毒造成的人類疾病——黃熱病；1909 年，美國病理學家勞斯（Peyton Rous）在雞隻身上首次辨認出腫瘤病毒。人類致癌病毒則遲至 1960 年代才分離出來。

後來還發現特定病毒會捕食細菌。這些細菌殺手由英國科學家特沃特（Frederick Twort）和法國細菌學家德賀烈（Felix D'Hérelle）各自發現，時間分別是 1915 和 17 年。儘管爭執誰第一鬧得很難看，所謂的「噬菌體」發現時卻贏得一片讚美聲，認為傷寒、霍亂等傳染病療法將全盤翻新。雖然諾貝爾文學獎得主辛克萊．路易士（Sinclair Lewis）在 1925 年的小說《艾羅史密斯》（*Arrowsmith*）中寫到噬菌療法，這種療法卻從未證明有效，並且在盤尼西林廣泛應用後迅速被人們遺忘。但有關噬菌體的研究並未鬆懈，它仍然是深入了解分子生物學的基礎，揭露如何開關基因並提供載體把外來基因插入細菌體內的祕密。

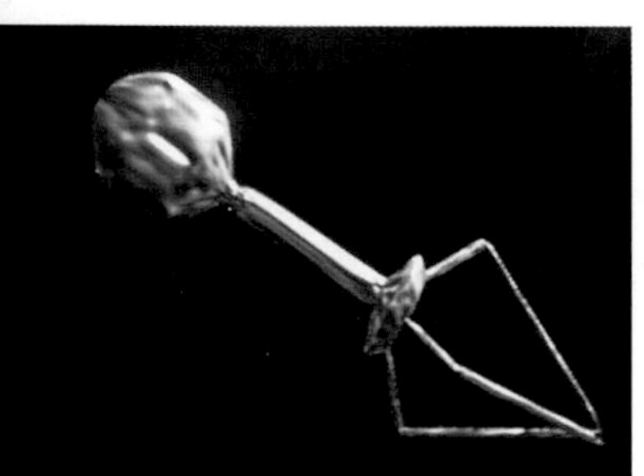

上圖：噬菌體的大小和形狀都不同。圖中模型有一個細長20面體的頭。

▶ **參見〈微生物〉（76-77）、〈霍亂與水泵〉（168-169頁）、〈細菌理論〉（202-203頁）、〈抗毒素〉（214-215頁）、〈細菌的基因〉（332-333頁）、〈基因工程〉（436-437頁）、〈普里昂蛋白〉（466-467頁）、〈AIDS病毒〉（472-473頁）**

右圖：電子顯微攝影顯示菸草嵌紋病毒（亦稱菸草鑲嵌病毒）的桿狀粒子，平行條紋反映構成蛋白質外膜的次單位呈螺旋對稱。

1900

量子 The quantum

蒲朗克（Max Planck，1858-1947）
愛因斯坦（Albert Einstein，1879-1955）

量子理論是從一個熱盒子跑出來的。1900 年，德國物理學家蒲朗克試圖解釋發熱物體如撥火棒為什麼會發出有顏色的光，從紅光到白熱光不等。他不只希望能找出近似的顏色，還想算出它們散發的不同波長光的精確光量。

他把熱物體想成是一個黑盒子，裡面有一個小洞。利用一般古典物理學，蒲朗克幾乎可以解釋從黑盒子出來的光——但不徹底。實驗發現長波長的光，輻射比蒲朗克程式預測的稍多。為了解決這個問題，他發現自己必須做一個怪異假設：能量不是連續性地離開盒子，而是以塊狀的「量子」形式離開。

蒲朗克於 1900 年 12 月 14 日發表他的想法時，並不確定這些能量子代表什麼。到了 1905 年愛因斯坦才指出，光眞的是成塊出來，也就是我們現在所說的光子。

愛因斯坦用這個觀念解釋光如何擊落金屬表面的電子。1902 年，德國物理學家李納德（Philipp Lenard）注意到電子的能量與光的強度無關。如果光只是平滑的古典波，應該光線愈強電子能量愈高。但愛因斯坦領悟，如果把一個電子從金屬表面擊落只需要一個光子，不論附近有多少光子，擊落電子需要的光子量不變。

光量子的觀念經過多年才被接受，但量子理論終究征服了世界。物理學家現在相信每樣東西都來自不可分割的量子；不只能量，電荷、動量、旋轉，甚至空間和時間都來自量子。

上圖：蒲朗克是個出色的音樂家，會彈鋼琴、唱歌和作曲，愛因斯坦有時會拉小提琴替他伴奏。

▶ 參見〈光的波動性質〉（118-119）、〈電子〉（228-229頁）、〈超導現象〉（266-267頁）、〈原子模型〉（272-273頁）、〈波粒二象性〉（300-301頁）、〈量子電動力學〉（352-353頁）、〈量子詭異性〉（464-465頁）、〈物質新態〉（510-511頁）

右圖：石墨基質上的金原子在掃描穿隧顯微攝影下現形。按照量子理論，振動的原子每個都有屬於自己的不連續能量組態。

血型 Blood groups

蘭斯坦納（Karl Landsteiner，1868-1943）

繼哈維（William Harvey）在1628年發現血液循環後 ，英國建築師列恩（Christopher Wren）顯示藥物可以直接引進靜脈裡，另兩位皇家學會早期會員威爾金斯（John Wilkins）與羅爾（Richard Lower）也展示兩條狗之間如何換血。在法國，德尼斯（Jean-Baptiste Denys）成功地把小羊血液輸給一名病童，但不久後第二名輸血病患死亡，德尼斯被控謀殺。雖然後來獲判無罪，大部分歐洲國家從此禁止輸血療法，之後150年裡不曾有人再進一步嘗試。後來倫敦蓋氏（Guy's）醫院的婦產科醫生布蘭德（James Blundell）證明，不可能安全地從一個物種輸血給另一個物種。他輸給幾名病患人類血液，輸血才變成可以接受的療法。由於很多病人出現嚴重反應，有時還會致命，因此不到最後關頭不會動用輸血療程。

奧地利醫生蘭斯坦納把輸血變得安全。1900年，他發現人類血清會使來自某些人的紅血球「凝塊」，但另一些人的不會。而後他在1901年提出，血塊凝結是因爲接受者血清裡的「抗體」分子與捐血者紅血球表面的「抗原」起反應——抗體是蛋白質，保護身體對抗外來物質侵襲。他因此斷定，有兩種相關的抗原，分別是A型和B型。有些細胞帶有A抗原，有些帶B抗原，有些兩種都帶，有些兩種都不帶。因此四種血型分別是A、B、AB和O。

血型必須正確配對，輸血才能成功，如果不對，紅血球進到體內會被抗體當成「異物」，聚攏起來摧毀，後果很危險。1910年左右又發現A、B、O血型按照孟德爾定律遺傳，因此血型可以用來鑑定親子關係，製作早期人類遷徙路線圖，還可以充當疑似基因疾病的標記。從那時起又鑑別出更多不同的血型系統。

▶ **參見〈血液循環〉**（58-59頁）、**〈孟德爾遺傳定律〉**（192-193頁）、**〈抗毒素〉**（214-215頁）、**〈移植排斥〉**（356-357頁）、**〈生物自我辨識〉**（430-431頁）

右圖：約1692年把羊血輸給人的景象。雖然人類接受動物血液早年曾有成功例子（純屬好運），但許多案例以死亡收場，因此遭到禁止。

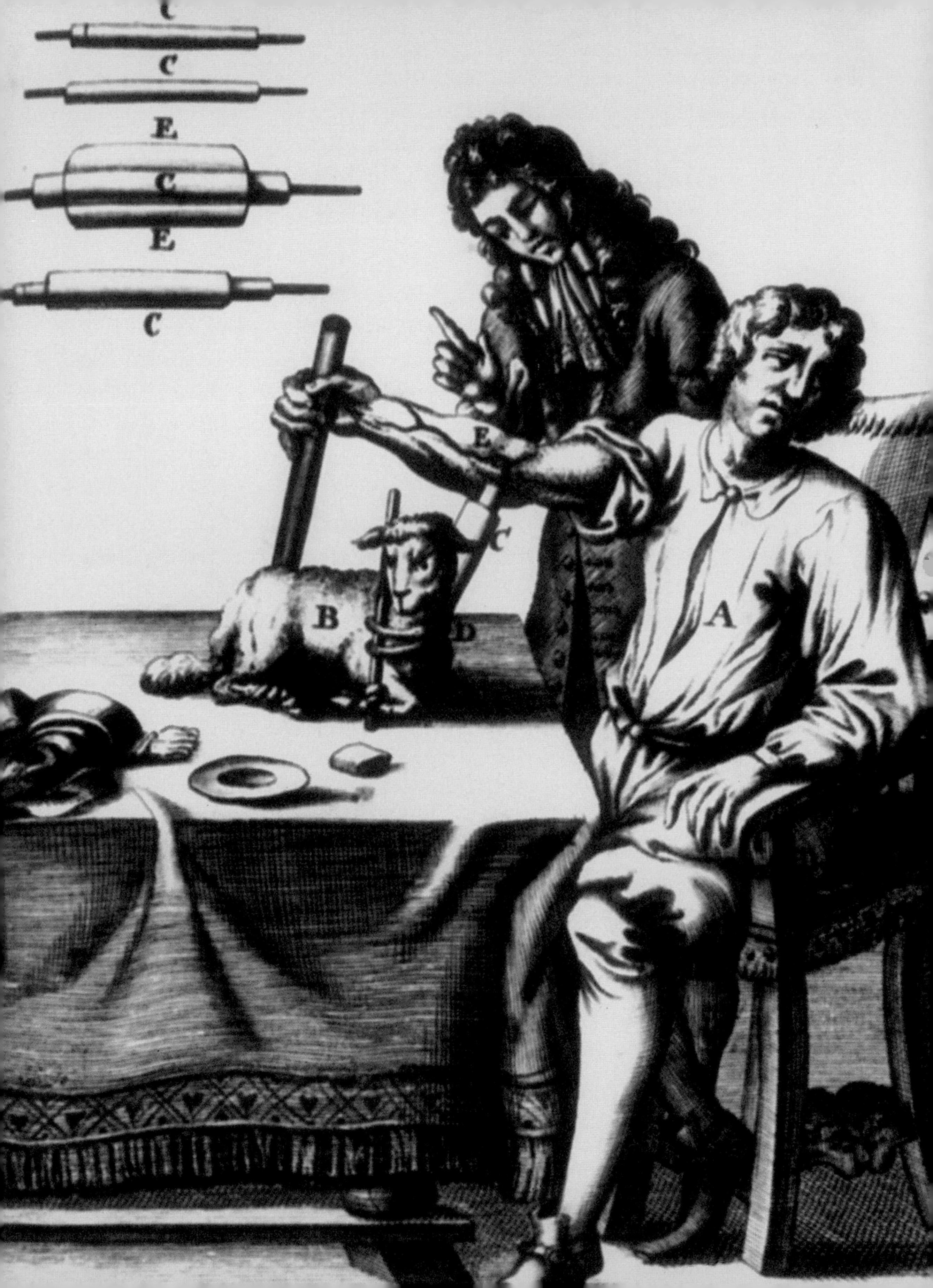
C
E
C
E
C
E
C
B
D
A

混沌理論 Chaos theory

龐加萊（Jules Henri Poincaré，1854-1912）

搞科學革命必須有個信念，就是天地萬物均可預測。只要代表一個物理系統的數學公式正確，科學家自信可以說清楚它的來龍去脈。到了 19 世紀末，這種機械式的宇宙觀陷入高度不確定中。巴黎索邦大學數理教授龐加萊當時正在研究簡化的太陽系運動，也就是包含太陽、地球與月球的所謂三體運動問題。他在 1903 年指出，儘管這是個簡單動態系統，而且受牛頓重力和運動定律支配，但運轉方式照樣複雜而不可預測。只要初始條件有些微改變就可能產生巨大差異，這個觀念後來成爲混沌理論的基礎。

1961 年，美國麻省理工學院教授勞倫茲（Edward Lorenz）以電腦模型預測天氣變化，意外發現混沌行爲的數學系統。初始條件微小的改變，產生了天差地別的長期天氣預測，因此預測完全無效，這個現象就是著名的「蝴蝶效應」（butterfly effect）。曼德布洛特（Benoit Mandelbrot）於 1970 年代將研究延伸進碎形幾何領域。在古典物理的認知裡，行星的橢圓軌道是「吸子」（attractor）；但在混沌系統裡，吸子是不規則的碎片，因此碎形幾何和混沌運動有關。

電腦已經變成數學的實驗室和畫布，呈現的圖象比以前看過的任何東西還像眞實世界。大部分眞實世界的運作本來就是一片混沌。這並不代表沒有秩序，而是運作基本模式遠比以前假設的錯綜複雜。碎形與混沌理論現在是廣義複雜系統領域裡的一支，這個領域還包括人工智慧、細胞自動機和遺傳演算法則。電腦模擬能夠幫人洞悉表面不同的現象，如空氣亂流和股市波動等。混沌系統的結果仍由初始條件決定，但還是無法預測——就像我們知道會有未來，但不到未來不知未來的面貌。

▶ 參見〈歐幾里德的《幾何原本》〉（20-21頁）、〈氣象預報〉（284-285頁）、〈碎形〉（446-447頁）、〈混沌邊緣〉（490-491頁）

右圖：電腦繪製的一種混沌系統，名為「里亞普諾夫空間」（Lyapunov space），有顏色的形狀代表秩序，黑色區域則是混沌。

智力測驗 Intelligence testing

比奈（Alfred Binet，1857-1911）

今天大家已經認定智力測驗是應用心理學家的一項工具，同時也是一項高度爭議的題目，不斷惹起激烈討論。但直到 20 世紀開始，測量智力的工具尚未出現。科學家非常努力地界定智力，想把決定智力的因素歸結到一些被認爲和心理優越性有關的能力差異，例如反應速度、感官辨別力和短期記憶等。但在法國人比奈簡單深刻的見解問世後，他們的努力方式宣告失敗。

比奈學法律出身，卻對心理學感興趣。他在 1890 年代努力改進智力的理論定義，接著在 1904 和 05 年發展出實用方法，打算在法國教育系統裡運用。他注意到兒童年齡愈大，解決難題的能力愈強，但不是所有兒童的能力都同步成長。經過長期謹愼觀察後，他發現簡單明瞭的測驗方法，例如重複一個短句或計數一定的數目，可以鑑別不同年齡兒童的能力水準，然後按順序排列。讓兒童接受這些測驗，並找出他們在哪一個水平開始失敗，就能判別他們的「心智年齡」（mental age）——50% 至 75% 兒童能夠到達此一水準的典型年齡。心智年齡大於實際年齡的兒童被認爲比較聰明，而心智年齡低於實際年齡的兒童比較不聰明。

從此智力開始用可觀察的行爲差異來判定，當測驗發展和施行實務獲得長足進步之時，解釋智力差異原因的努力退居次位。比奈的方法還強化一種觀念，認爲比較不聰明的孩子「發育遲緩」（retarded），這個用語普遍使用到近幾年爲止。他並未發明智力商數（intelligence quotient，簡稱 IQ），智商是在他過世後那一年，由德國心理學家史騰（Wilhelm Stern）提出，是心智年齡與實際年齡比率乘以 100 的一個代表值。

▶ 參見〈兒童發展〉（294-295頁）、〈人工神經網路〉（334-335頁）、〈語言本能〉（386-387頁）

右圖：反應遲鈍？比奈替法國學童設計智力測驗，卻由美國和英國率先採用。他的簡單睿見創立了心理測驗行業，後來發展出許多複雜的測驗技巧。

1904

制約反射 Conditioned reflexes

巴夫洛夫（Ivan Petrovich Pavlov，1849-1936）

俄國生理學家巴夫洛夫起初只對消化系統的功能感興趣，尤其是控制口水和胃部消化液流出的機制。他用狗來實驗，在狗身上造出人工管道（瘺管），從胃部通到體外；出乎他意料之外，狗只要看到食物，或甚至只要聽到他的腳步聲，就開始流口水和分泌胃液。隨後幾年裡，他更積極地探索這種「心理刺激」（psychic excitation）。他發現不只直接與吃相關的刺激會讓他的狗流口水，任何刺激只要牠們知道與食物有關，即使是鈴聲或閃光，都會讓牠們垂涎。他稱這種現象爲「制約反射」（conditioned reflex）。

他繼續尋找建立與解除制約反射的最佳方法，並將結論架構在薛靈頓（Charles Sherrington）的「反射弧」（reflex arcs）之上；反射弧是感官信號的路徑，可以把信號傳送到脊髓，直接與運動神經聯繫，膝蓋抽動就是這樣的直覺反射。巴夫洛夫對消化系統的研究贏得 1904 年諾貝爾生理或醫學獎。

在事業後半期，巴夫洛夫延續他的發現，主張所有人類的學習和行爲，都可以用先天和制約生理反射來解釋，包括人格和精神異常在內。美國心理學家華森（John Watson）、桑戴克（Edward Thorndike）和史金納（B. F. Skinner）迅速運用這套生理心理學發展出「行爲主義」——根據客觀調查而非內省方式建立的一門心理學。巴夫洛夫的研究中，影響力歷久不衰的應是他對精神官能症的看法，他認爲如恐懼症和焦慮症等精神問題，都是不良制約反射的結果；20 世紀後半許多精神病學家都採納了這個觀點。

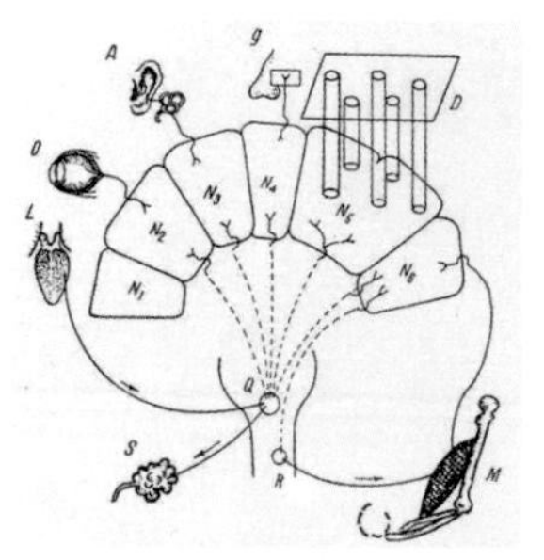

上圖：巴夫洛夫繪製的制約唾液反射圖。

▶ **參見〈神經系統〉**（210-211頁）、**〈兒童發展〉**（294-295頁）、**〈行爲增強〉**（322-323頁）、**〈人工神經網路〉**（334-335頁）、**〈記憶分子〉**（470-471頁）

右圖：巴夫洛夫的狗兒們正在接受消化系統實驗。著名戲劇家蕭伯納曾說，巴夫洛夫會「活煮嬰兒，只為了要看看結果如何」。

狹義相對論 Special relativity

愛因斯坦，1879-1955

1905 年，愛因斯坦徹底破壞了空間和時間。而他所做的只是把兩個事實結合起來。第一個是，以不同速度移動的人會發現相同的物理定律——他們的實驗會產生相同結果。這和我們的經驗相符。我們不會直接「感覺」（feel）自己在繞著太陽轉動，而且我們能在飛行中的飛機裡隨意漫步。

但第二個事實比較讓人不安。如果飛馳的太空船發射一道雷射光束，你或許以爲這道光的速度一定比從靜止火箭發射得要快。事實不然。不論從哪裡來，不論誰在測量，光速完全一樣。

爲了解釋這兩種現象，愛因斯坦必須放棄牛頓的絕對空間與時間。距離和時間必須視誰在測量而定。對你來說，乘坐在一艘疾馳著的太空船上的乘客看起來像壓扁的生物，這個景象就是所謂的「羅倫茲收縮」（Lorentz contraction）。他們移動速度反常地緩慢，反映時間膨脹。然而在他們眼裡，你也是壓扁的、緩慢的。在狹義相對論裡所有運動都是相對的，沒有「優先座標系」（preferred frame）存在。

根據狹義相對論的說法，當相對速度接近光速，也就是極速時，時間膨脹和羅倫茲收縮變得極大。物理學家每天看到加速器裡飛快閃出的粒子愈來愈符合相對論的描述，天文學家則看到遙遠的星系快速離我們而去，卻跑得好似被拖住了腳步般。

愛因斯坦又把相對論用到能量概念上，發現了最有名的公式 E=mc2。這個公式代表物質隱藏的能量非常驚人，相當於物體的質量乘上光速平方。任何東西，只要一公斤的重量，就含有足以燒滾一千億壺開水的能量，或是足以摧毀一座城市的能量。

▶ 參見〈牛頓的《原理》〉（78-79頁）、〈馬克斯威爾方程式〉（186-187頁）、〈廣義相對論〉（278-279頁）、〈恆星演化〉（286-287頁）、〈膨脹的宇宙〉（306-307頁）、〈核能〉（330-331頁）

右圖：愛因斯坦：「當男子有漂亮的少女陪伴，一小時猶如一分鐘。但讓他坐到熱火爐上，一分鐘可能比一小時還久。這就是相對論。」

從牛頓到愛因斯坦 From Newton to Einstein

撰文：馬丁．芮斯（Martin Rees）

牛頓之後兩個多世紀，愛因斯坦提出他的重力理論，亦即眾所周知的「廣義相對論」。按照這個理論，行星事實上在一個被太陽彎曲的「時空」（space-time）裡，循最直的路徑行進。一般宣稱愛因斯坦「推翻」牛頓物理學，不過這是誤解。牛頓定律描述太陽系運動還是相當精確（最有名的偏差是水星軌道稍微異常，用上愛因斯坦的理論才解決），推算月球和行星探測器的發射軌道也能勝任。愛因斯坦的理論與牛頓不同，適合處理速度接近光速的物體、能夠造成巨大速度的超強重力，以及重力對光線本身的作用。更重要的是，愛因斯坦加深我們對重力的了解。牛頓始終不解，爲什麼所有物體以相同速度墜落，而且遵循完全相同的軌道？爲什麼所有物質受到的重力和慣性速度完全相同（這與電力相反，電力的「電荷」和「質量」不成比例）？愛因斯坦的理論則顯示，所有物體在被質量和能量彎曲的時空裡採取相同「最直」（straightest）路徑，自然會有這種結果。因此，廣義相對論代表觀念上的突破，而最讓人驚異的是，它完全出自愛因斯坦的深刻洞見，而非任何特別實驗或觀察的產物。

愛因斯坦並沒有「證明牛頓錯誤」，而是超越牛頓的理論，將之整合進更周全且更能廣泛應用的架構裡。事實上，如果他的理論冠上不同名稱，不用「相對論」，而用「恆定理論」（the theory of invariance），可能更容易了解，而且排除濫用這個理論來解釋文化現象的風氣。愛因斯坦的成就是發現一套公式，任何觀察者都可以使用，而且把非常情況納入考慮 ，無論在何處進行實驗，不論觀察者如何移動，所測量出的光速恆常相等……

經驗塑造我們的直覺和常識：我們吸收那些直接影響我們的物理原則。就某方面來說，牛頓定律像「深植」（hardwired）在猴子體內，讓牠們自信地從一棵樹盪到另一棵樹。但在遙遠的太空，環境與我們安身的地球截然不同。碰上茫茫的宇宙距離，或極高的速度，或變得強大的引力時，不必訝異常識性觀念毫無作用。

一個智慧生物如果掙脫現行科技束縛，在飛速遨遊太虛時，只受基本物理原則限制，它會擴大自己對空間和時間的直覺，納入獨特而表面怪異的相對因果關係。光速將具有非常特殊的意義：你可以接近光速，卻絕對超越不了。這個「極速」卻不會限制你有生之年的旅行距離，因爲當太空船趨近光速，計時器愈走愈慢（船上的時間「膨脹」了）。如果你到一百光年外的恆星旅行再返回，家中已過了兩百多年歲月，你卻感覺年輕如故。你的太空船沒有辦法跑得比光速快（依據待在家中的觀察者測量所得），但速度愈接近光速，你的年歲增長愈少。

這種效果應違反直覺，純粹因爲我們只有慢速度經驗。航空客機飛行速度只有光速的百萬分之一，還不夠快得讓時間膨脹到可察覺的地步，即使搭飛機旅行上癮的人，一輩子因此暫停的時間不到一毫秒。不過利用精確度達百億分之一秒的原子鐘實驗時，測量出了這種微乎其微的差異，發現與愛因斯坦的預測相符。

重力也會引起同類型的「時間膨脹」：靠近質量大的物體時，鐘走得較慢。這種現象在地球上幾乎也無法察覺，因為我們只習慣「慢」動作，只遭遇「弱」重力。然而在設定出奇精準的全球衛星定位系統時，除了計算軌道運行的影響外，還必須考慮時間膨脹因素。

測量物體重力強度的一種方法是，計算拋體脫離物體重力掌握的發射速度。脫離地球需要每秒11.2 公里的速度。這個速度和光速（每秒三十萬公里）相比微不足道，但對只有化學燃料可用的火箭工程師來說，這已經是一大挑戰；化學燃料只能把十億分之一所謂的「靜止質量能量」（愛因斯坦的 $E=MC^2$）轉換成有效動能。脫離太陽表面的速度則是每秒 600 公里，仍然只是 1% 光速的五分之一。

1906

維生素 Vitamins

霍普金斯（Frederick Gowland Hopkins，1861-1947）

我們可以從水手身上明顯看到海上生活對他們的傷害，他們飽受壞血病折磨，牙齦、皮膚和關節都會出血。1747 年，在一項使用不同食物的實驗中，曾任英國海軍軍醫助理的蘇格蘭醫生林德（James Lind）證明，這種疾病可以用柑橘類水果治療。1758 年，他建議海軍將柑橘類水果列爲基本食物。那些採納他建議的地方，壞血病不再發生。在 19 世紀末發現糙米和腳氣病有關、魚肝油和佝僂症有關以前，沒有再辨認出其他「食物缺乏相關疾病」。但在英國生化學家霍普金斯的研究問世後，這類疾病全面受到科學檢驗。

1900 年，霍普金斯發現身體無法製造色胺酸，必須由食物中攝取；色胺酸是一種胺基酸，是合成蛋白質的基礎材料。隨後他對「合成食品」很感興趣，這類食物應當包含維持生命所必需的營養成分，例如純胺基酸、碳水化合物、脂肪和鹽。但經過研究之後，他在 1906 年發表結論，合成食物不敷身體所需。他的看法遭到質疑，因爲他主張重要的是熱量（卡路里），而不是微量的「補助食物因子」（accessory food factors）。霍普金斯重返實驗室研究老鼠的成長與健康，他餵食老鼠合成食品，有些還添加一點牛奶。他的實驗嚴謹，沒有因控制不良或消化吸收不全造成的誤差。結果證明他是對的。

1912 年，霍普金斯宣布研究結果的那年，馮克（Casimir Funk）將補助食物因子命名爲維生素（vitamines），意即「維生所需的胺」（vital amine），認爲這些因子都是胺類化學物質，當發現並非所有維生素都是胺之後，便去掉了 vitamine 中的 e，變成 vitamin。當每種維生素辨認及分離出來時，科學家就用一個新字母來代表，雖然有好幾種維生素事實上是不同成分的組合物或複合物。壞血病是缺乏維生素 C（抗壞血酸）所造成的。

上圖：生育醇的結晶。它是維生素E群中最有效的一種。

▶ 參見〈細菌理論〉（202-203頁）、〈先天代謝異常〉（258-259頁）、〈視覺的化學基礎〉（382-383頁）

右圖：1890年魚肝油副食品的廣告。滿意的顧客感謝道：「言語不足以形容我們對貴公司食品的感激，它讓我們養大四個好孩子。」魚肝油富含維生素A和D。

地球內部 Inside the Earth

歐德漢（Richard Dixon Oldham，1858-1936）
莫合洛維奇（Andrija Mohorovičić，1857-1936）

災難性地震常讓人想起地球內部壓抑的動力。地震本身不會死人，但會在地裡海底產生震波，傳播出去，震垮建築，引發致命土石流。地震頻繁造成眾多死傷，促使中國最早在西元 132 年便嘗試偵測地震活動。1755 年，葡萄牙里斯本全城毀於地震，歐洲科學家也試圖了解和預測地震，只是成就有限。但地震研究得到一項副產品，就是揭露地球內部的層狀結構。

1897 年印度阿薩姆大地震過後，英國調查地質學家歐德漢發現，用 1880 年米爾恩（John Milne）新發明的地震儀所做的紀錄，他能分辨兩種內部體波（body wave）。法國數學家布瓦松（Siméon Denis Poisson）在 1829 年即預測有兩種波存在，分別是初波或壓縮波（P），以及次波或剪力波（S）。到了 1906 年，歐德漢清楚指出，如果地球內部深處有相當的同質性，則 P 波穿過地球抵達震央對面的時間會比預期來得慢。他因此判斷，地球一定有個緊密的核（直徑將近七千公里），才使得 P 波的速度趨緩。

三年內，克羅埃西亞地球物理學家莫合洛維奇發現，P 波和 S 波裡的速度微妙改變，顯示地球表面也是層層相疊。稀薄的外殼（平均 30 公里厚）壓在較緊密也較熱的地函（約 2900 公里厚）上，兩者間由一層地震間斷面分隔，稱作「莫合（氏）不連續面」（Mohorovičić discontinuity）。現在知道這層不連續面約在陸地底下 20 到 80 公里不等的深處，而在海床底下約七公里的深度。1960 年代曾計畫鑽一個「超深洞」（mohole）穿透堅硬地殼，達到不連續面，以研究下面的地層，但後來此一稱爲莫合鑽探的計畫並未實現。

▶ 參見〈地球循環〉（100-101頁）、〈火成論者的地質學〉（108-109頁）、〈萊爾的《地質學原理》〉（146-147頁）、〈冰河時期〉（152-153頁）、〈萬古磐石〉（252-253頁）、〈大陸漂移〉（270-271頁）、〈地磁倒轉〉（304-305頁）、〈板塊構造說〉（414-415頁）、〈聖海倫火山爆發〉（462-463頁）

右圖：看不見的熔爐。17世紀時，地球被看成一個堅硬的球，很多管狀裂縫連接地心熔岩與地表的火山口。

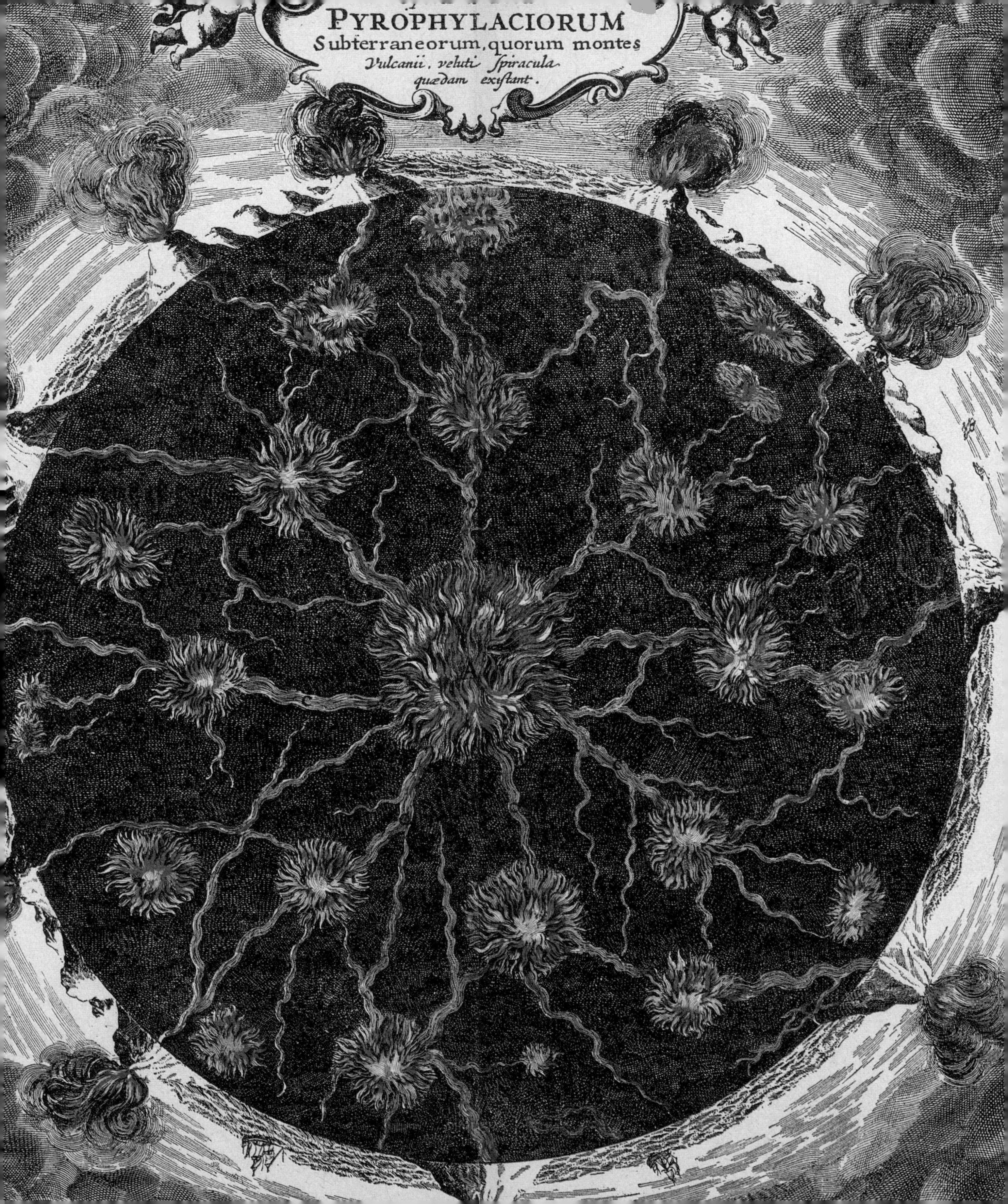
PYROPHYLACIORUM
Subterraneorum, quorum montes
Vulcanii, veluti Spiracula
quædam existant.

萬古磐石 Rock of ages

波特伍德（Bertram Boltwood，1870-1927）

1907 年，美國化學家波特伍德測量一塊從康乃狄克州格拉斯頓伯里（Glastonbury）挖出的礦石，根據放射性同位素鈾（變異形式的鈾）與鉛的比例，算出這塊礦石形成於 4 億 1000 萬年前（後來修正為 2 億 6500 萬年前）。之前他已持續拉塞福的研究，顯示富含鈾的岩石也含有大量鉛與氦。波特伍德推測，鈾會自然衰變成一系列放射性同位素，而鉛是鈾分裂的穩定終極產物。這是科學家首次以合理準確的方法推斷地球火成岩年代。

早兩百年以前，愛爾蘭阿爾瑪郡（Armagh）大主教烏舍爾（James Ussher）等學者，根據猶太教－基督教聖經經文推斷，創世記發生在西元前 4004 年。這個日期被廣泛接受，甚至當成史實印在聖經裡；1925 年在美國聲名狼藉的斯科普斯（Scopes）審判案中，還被引用來反駁演化論。

但到了 18 世紀後期，科學家紛紛嘗試估算地球的年齡。法國博物學家布豐從冷卻速度著手，估計為 75,000 年；蘇格蘭地質學家赫登指出地質作用過程非常緩慢，六千年的時間不足形成今日面貌。再過一個世紀，萊爾和達爾文猜想地球已存在好幾億年時間。英國物理學家湯姆森（William Thomson）對這樣的地質估算嗤之以鼻。他從已知岩石的熔點推算，熱擴散需要約兩千萬年時間才能把地球從最初的熔化狀態冷卻成現狀。當時輻射扮演內部熱源的角色尚未為人所知，以致湯姆森嚴重低估了冷卻時間。

我們現在知道地球形成於 45 億 7000 萬年前，而現在的地體在 45 億 1000 萬年至 44 億 5000 萬年前才告成形。現知地球最古老的岩石物質是澳洲出土的一塊鋯石，2001 年 1 月利用鈾鉛定年法推算有 44 億年歷史。

▶ 參見〈地球循環〉（100-101頁）、〈火成論者的地質學〉（108-109頁）、〈萊爾的《地質學原理》〉（146-147頁）、〈放射性〉（224-225頁）、〈恆星演化〉（286-287頁）、〈膨脹的宇宙〉（306-307頁）、〈放射性碳定年法〉（346-347頁）、〈萬古磐石〉（410-411頁）

右圖：鋯石是地球最古老的礦物之一。由於它們非常不易風化，因此熬過許多次地質循環。至今發現年代最久遠的一顆鋯石有44億年歷史。

1908

布朗運動 Brownian motion

布朗（Robert Brown，1773-1858）；波茲曼（Ludwig Eduard Boltzmann，1844-1906）；愛因斯坦（Albert Einstein，1879-1955）；皮蘭（Jean Baptiste Perrin，1870-1942）

大多數科學家安於把原子論視爲一個方便且實用的假設，彷彿假定物體實質小到不能觀察是信心問題。還有人相信萬物的根源是能量而非原子物質。然而奧地利物理學家波茲曼堅持，熱只是分子運動，此外無他。他引用布朗運動來支持自己描繪的狂亂微觀世界。布朗運動一直是個謎，蘇格蘭植物學家布朗（Robert Brown）在 1827 年發現，懸浮水中的花粉粒在顯微鏡下會游移不定，因此這種現象以他的名字命名。至於布朗運動的原因，數十年來爭論不休。有些人重彈生命活力的老調，有些科學家甚至建議這是一種違背熱力學第二定律的永久運動。

波茲曼相信微小粒子恆常受到分子撞擊，分子雖然小得看不見，仍有足夠動力把粒子推往新的方向。由於分子隨機運動，使得懸浮粒子的方向變動不規則，且無跡可循。1905 年，愛因斯坦利用這些概念提出嚴謹的理論解釋。他明白試圖計算粒子速度會徒勞無功，因爲粒子運動實際上不可測量，因而轉向推算粒子從起始點移動的平均距離如何隨著時間改變。雖然粒子隨機轉變方向，但會逐漸穿過懸浮媒介。他看出這就是讓液體均勻混合的擴散作用的由來，並且顯示他的理論提供了「決定原子實際大小的新方法」。

實驗科學家立刻接受他的挑戰，準確地測量了懸浮粒子的運動。到了 1908 年底，法國物理化學家皮蘭證實了幾乎所有愛因斯坦的預測，並且算出水分子大小。原子論終究獲得平反。

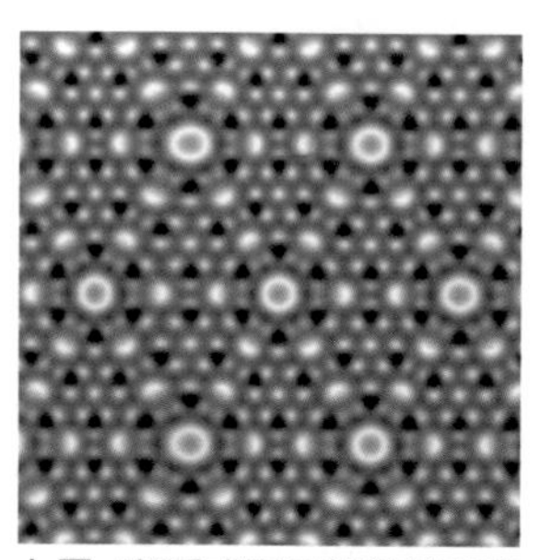

上圖：穿透式電子顯微鏡頭底下的矽晶原子表面。

▶ 參見〈原子理論〉（124-125頁）、〈狀態變化〉（198-199頁）、〈原子模型〉（272-273頁）

右圖：雷射陷阱（laser trap）困住一團原子雲，即圖中的紅光點。波茲曼認為原子真實存在，而與堅信「能量說」的學者不時激烈爭辯，這或許是他自殺的原因之一。

1909

合成阿摩尼亞 Synthesis of ammonia

哈柏（Fritz Haber，1868-1934）

雖然地球大氣 80% 是氮，這種氣體卻非常具有惰性，只有少數生物，如細菌和其他微生物，能把它轉換成有用的氣體阿摩尼亞（NH_3），轉換程序則是現知的「固氮」作用。其他生物依賴這種程序產生胺基酸來維持生命。不過微生物能固定的氮量有限。

19 世紀的化學家曾嘗試用氮氣（N_2）和氫氣（H_2）直接合成阿摩尼亞（氨），但不論溫度多高、壓力多大，這兩種氣體就是不起反應。後來在 1904 年，德國化學家哈柏把混合熱氣體通過鐵粉催化劑，發現有微量阿摩尼亞產生，雖然起反應的氮氣只有 0.01%。這是化學工業幾乎不會感興趣的結果，或者如他所說的，當他和當時頂尖化學公司 BASF 討論這件事時，對方要求他再仔細研究反應程序；到了 1908 年，他找出把阿摩尼亞產量提高到 6% 的方法。

BASF 公司化學家包希（Carl Bosch）表示，這樣的產量已具有商業開發價值。而且阿摩尼亞析出之後，剩下來還未反應的氮和氫可以再次使用，重複相同的程序。包希鼓勵哈柏擴大研究規模，到了 1909 年 7 月 3 日，一座實驗工廠開始生產阿摩尼亞，儘管一小時產出才 80 公克。很快地在德國奧堡（Oppau）建立了一座大阿摩尼亞廠，一小時生產一公噸。今天哈柏 - 包希阿摩尼亞廠遍布世界，每年製造阿摩尼亞超過 1 億 5000 萬公噸，供應生產世界糧食作物所需的氮肥。

上圖：哈柏是十分愛國的德國人，一次世界大戰期間致力於毒氣戰，在他的指導下，德國最早在戰場上使用氯氣和芥子毒氣。

▶ 參見〈合成尿素〉（142-143頁）、〈固氮作用〉（208-209頁）、〈作物多樣性〉（292-293頁）、〈綠色革命〉（428-429頁）、〈蓋婭假說〉（432-433頁）

右圖：英國的阿摩尼亞工廠。德國比較早發展出哈柏化學合成程序，因此第一次世界大戰期間從不缺乏製造火藥需要的硝酸鹽。

先天代謝異常 Inborn metabolic errors

蓋洛德（Archibald Garrod，1857-1936）

1897 年左右，英國小兒科醫生蓋洛德在幾名病人身上診斷出黑尿病，這是一種生理異常疾病，會讓病人尿液變成黑色，還經常導致關節炎。1859 年發現了造成尿液變色的化學物質，後來確定是一種與酪氨酸有關的酸；酪氨酸則是構成蛋白質的胺基酸之一。

蓋洛德的生化研究顯示，這種疾病由「新陳代謝天生異常」引起，換句話說，是一種先天性疾病。他發現四分之三病童的父母沒有這種病，卻是表兄妹結婚，而生下有病的孩子。1901 年，將孟德爾論文譯成英文的遺傳學家貝特森（William Bateson）指出，這是繼承到某種隱性特徵的標準模式，也就是雙親都帶有不正常遺傳因子，他們的子女有四分之一機會得到黑尿病。在《新陳代謝天生異常》(*Inborn Errors of Metabolism*，1909) 書中，蓋洛德描述眞正的問題在於缺少一種酶，以致酪氨酸代謝過程中有一環無法處理。代謝障礙造成分解中的生成物排進尿液，而空氣氧化結果則使尿液變得墨黑。

蓋洛德的研究是新孟德爾遺傳學早期應用的結果，也是美國生物遺傳學家畢多（George Beadle）與生化學家塔唐（Edward Tatum）研究計畫的先聲，30 年後他們兩人提出每個基因只負責製造一種特別的酶（酵素）。畢多最初研究果蠅的眼睛顏色，認爲是一系列酵素反應造成，但因這個系統太過複雜而無法深入探討。他和塔唐合作，轉向研究一種簡單得多的生物──紅麵包黴菌（Neurospora）。這種黴菌可以在只含有極小量養分的培養基中生長，因此很容易偵測到特定的代謝變異。畢多和塔唐兩人證明，產生色氨酸的代謝過程中，每個階段由不同基因控制，因此他們以蓋洛德之前所預言的方式，將遺傳學與生物化學結合起來。

▶ 參見〈**調節身體**〉(188-189頁)、〈**孟德爾遺傳定律**〉(192-193頁)、〈**酵素作用**〉(218-219頁)、〈**遺傳基因**〉(264-265頁)、〈**檸檬酸循環**〉(320-321頁)、〈**人類基因體序列**〉(524-525頁)

右圖：子宮裡的男性胚胎，約19週大。

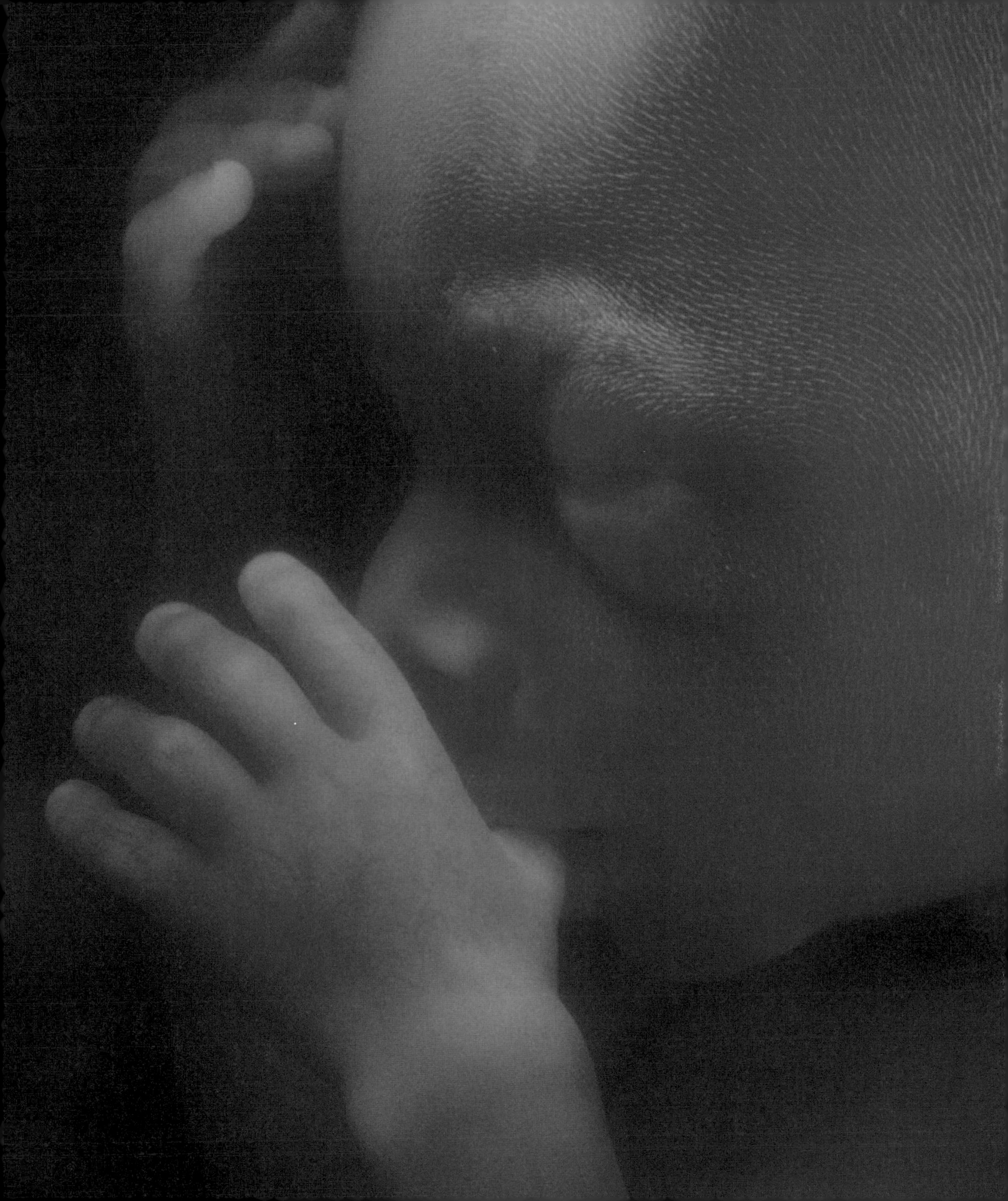

柏吉斯頁岩 Burgess Shale

華科特（Charles Doolittle Walcott，1850-1927）

美國古生物學家華科特在加拿大洛磯山脈高山上發現 5 億 2000 萬年前的化石，開啓一扇世界最有名的「窗口」望進遠古。現稱柏吉斯頁岩的古老海床沈積岩，含有數千個保存狀況驚人的化石，其中許多柔軟部位仍然完好。這些化石提供了一幅寒武紀海洋生命的生動畫面，當時早期的節肢動物，也就是螃蟹等無脊椎動物的祖先橫行地球時，我們最古老的脊椎祖先還只是狀似七鰓鰻的微小生物。頁岩出土所在的英屬哥倫比亞約霍（Yoho）國家公園，目前已被列爲世界遺產而受到保護。

雖然這個地區在 1884 年曾經出土三葉蟲化石，華科特發現柏吉斯頁岩仍屬意外，他在 1909 年 8 月 31 日穿越費德山（Mount Field）到瓦普塔山（Wapta Mountain）途中，偶然看見一大塊碎岩中有化石露頭，立刻警覺到這些化石的重要性。接下來八年裡，他挖掘出七萬件左右標本，送回華府他服務的史密生博物館（Smithsonian Institution），但行政職位不容他利用他的重大發現。柏吉斯頁岩的豐富內涵大抵透過他的學生，亦即英國古生物學家惠廷頓（Harry Whttington）與其他加拿大古生物學家的研究公諸於世。

不管怎麼估量，柏吉斯的海底世界都由節肢動物主宰（現知有二十多個不同種屬），此外還有海綿、棘皮動物、肢吻蠕蟲、腕足類動物、軟體動物和一種稱作匹凱亞（*Pikaia*）的奇特泳行生物；匹凱亞或許是我們最早的脊椎祖先之一。多采多姿的生命顯示，當時已經演化出類似現代海洋生態系統的分工。這麼早就演化出多樣生命與複雜生態，讓人懷疑如今繽紛的生命是否眞來自前寒武紀與寒武紀交替之際的物種大爆發。看起來比較像多細胞動物長時間發展的結果，而且開始的時間更早，可以追溯到前寒武紀時代。

▶ 參見〈化石〉（46-47頁）、〈地層〉（72-73頁）、〈最古老的化石〉（410-411頁）、〈生命五界〉（426-427頁）、〈恐龍滅絕〉（458-459頁）、〈繽紛的生命〉（468-469頁）

右圖：柏吉斯頁岩的生物群落。圖前方是名為怪誕蟲（*Hallucigenia*）的生物，根據最初重建的圖像，它用高蹺般的七對棘在海床上行走。現在認為這些棘在它身上形成一排防衛用的刺。

1910

神奇子彈 A magic bullet

埃爾利希（Paul Ehrlich，1854-1915）

想像有一種藥物，可以消滅引起特定疾病的細菌，卻不會傷害周遭身體細胞。這是德國醫生埃爾利希的靈感，驅使他努力尋找如此的「神奇子彈」（magic bullet）。他注意到使用紡織業的新合成染料替細胞著色時，只有特定構造會上色，他自己在 1880 年代就用這種方法替剛發現的結核桿菌染色。1890 年代，他再把觀念推進一步，指出抗體和抗原交互作用本質上是一種化學反應，成群「側鏈」分子像鑰匙插進鎖孔般緊密結合。他推想，會不會有些染料能以相同方式選擇性地摧毀細菌，就像個體本身的抗體會瞄準入侵細菌一樣？

他開始研究有機砷化合物對錐體蟲的作用；錐體蟲是一種寄生蟲，會引起嗜睡疾病。但 1905 年梅毒螺旋菌（Treponema pallidum）在顯微鏡下現形後，他調整研究方向，帶領團隊專注於梅毒治療方法。這件工作非常辛苦，總共合成和測試了 606 種砷化物，才找到一種讓他滿意的藥物，能夠殺死梅毒螺旋菌而不傷害其宿主。1910 年 4 月 19 日，他在德國威斯巴登（Weisbaden）舉行的內科醫學會年會中宣布他的發現。

這種藥物原來稱作「阿斯凡納明」（arsphenamine），但旋即改名爲「洒爾佛散」（salvarsan，又稱砷凡納明），推出之時曾因爲注射不當而造成幾起死亡事故。後來改良成比較安全的化合物新洒爾佛散，替化學療法找到一片天地，科學家也開始尋找其他合成化學藥物對付感染或惡性疾病。1935 年又找到了新型抗菌藥物——磺胺類藥劑。二次世界大戰以後，醫生已經有抗生素和各種效力日益強大的抗癌藥物可用——雖然沒有一種像埃爾利希夢想的那樣神奇。

上圖：埃爾利希一天要抽25根濃雪茄，經常忘了吃飯，很得年輕同事敬重。

▶ 參見〈淡紫染料〉（172-173頁）、〈細菌理論〉（202-203頁）、〈抗毒素〉（214-215頁）、〈盤尼西林〉（302-303頁）、〈人類癌症基因〉（456-457頁）

右圖：1890年左右的法國醫學教科書插圖，顯示罹患三期梅毒男子的面貌。梅毒在法國稱作義大利病，在義大利稱作法國病。

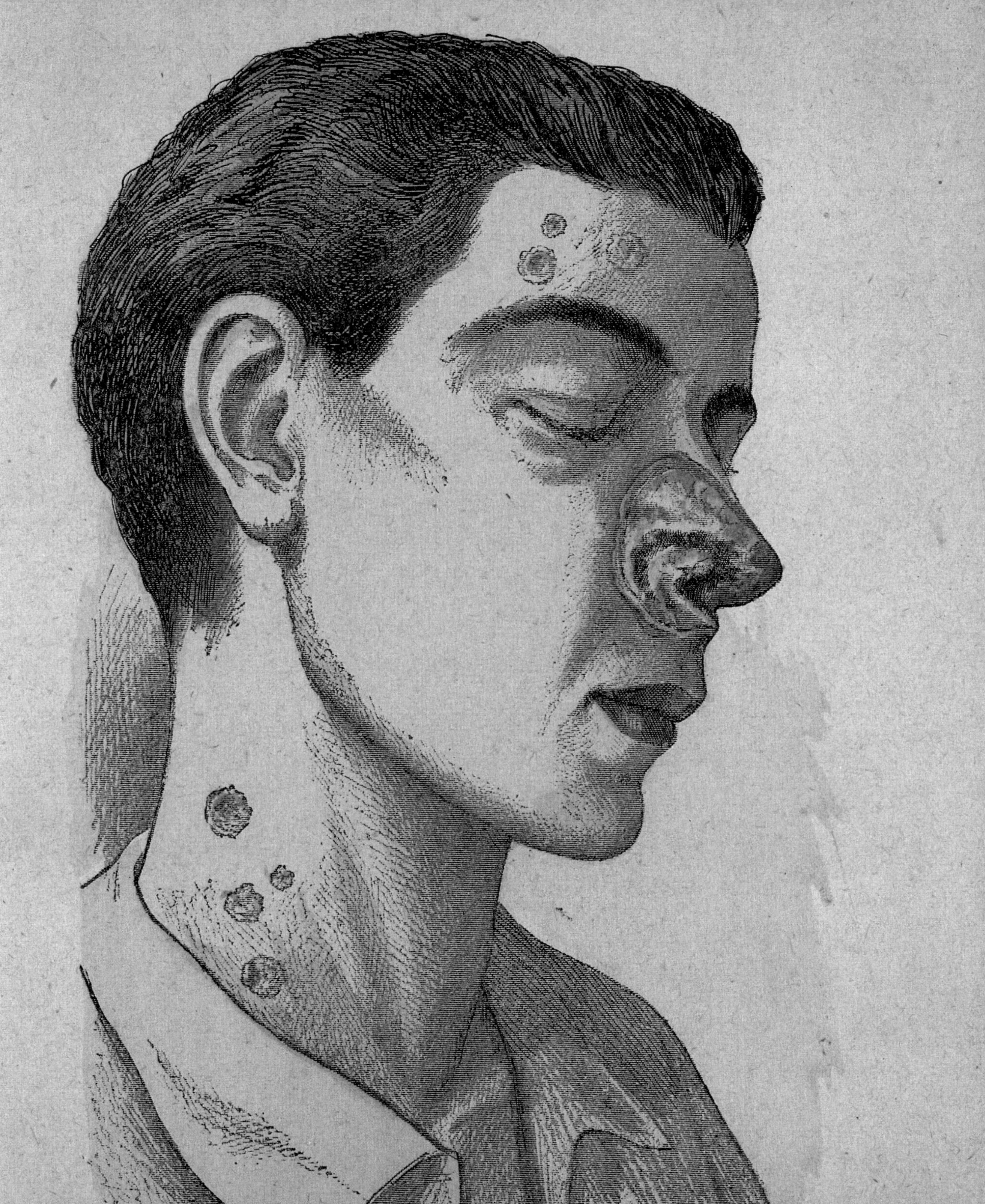

遺傳基因 Genes in inheritance

摩根（Thomas Hunt Morgan，1866-1945），史德特文（Alfred Henry Sturtevant，1891-1970），布里吉斯（Calvin Bridges，1889-1938），穆勒（Hermann Joseph Muller，1890-1967）

父母究竟從自己身上傳給了子女什麼東西，使子女長大後與父母相像？生物學家一層層探究遺傳物質的準確位置，從細胞到細胞內部結構再到分子。到了19世紀末發現，遺傳物質的載具似乎是稱作染色體的棒狀構造物，有時在細胞核內明白可見。顯微鏡觀察揭露，染色體以符合孟德爾遺傳定律的方式，在父母細胞內分裂，在子女細胞內組合。

接下來的進展來自紐約哥倫比亞大學的「果蠅室」（fly room）。這間著名實驗室的主持人是摩根，但他的學生史德特文、布里吉斯和穆勒（亦作繆勒）也得到同等重要的發現。他們顯示遺傳來自染色體上攜帶的單元，稱作基因（gene）。摩根獲得第一個突破是在1910年。他發現有一種突變的果蠅，眼睛是白的（正常果蠅是紅眼），體內一個特別染色體（X染色體）帶有不正常的基因。1911年，還只是大學生的史德特文接著揭露，可以推斷哪些染色體攜帶哪些基因，控制果蠅幾種不同性狀。他將具有各種不同性狀組合的果蠅一再雜交，利用大量實驗結果繪製了第一份「基因圖譜」（gene map），此後許多基因研究目標都在辨認控制特定性狀的基因，並標示出它們在染色體上的位置。

1927年，穆勒證明X光照射可以造成基因突變。此一發現讓科學家能夠製造更多種類的果蠅來做基因研究，同時展開突變的科學研究。

▶ **參見**〈**卵與胚胎**〉（140-141頁）、〈**孟德爾遺傳定律**〉（192-193頁）、〈**先天代謝異常**〉（258-259頁）、〈**細菌的基因**〉（332-333頁）、〈**鐮形紅血球貧血症**〉（358-359頁）、〈**跳躍基因**〉（362-363頁）、〈**雙螺旋鏈**〉（374-375頁）、〈**人類癌症基因**〉（456-457頁）、〈**動物形態遺傳學**〉（460-461頁）、〈**男性基因**〉（502-503頁）、〈**人類基因體序列**〉（524-525頁）

右圖：關於果蠅研究的科學報告多達十萬份左右，大部分與基因變異有關。圖左的果蠅複眼排列明顯異常。

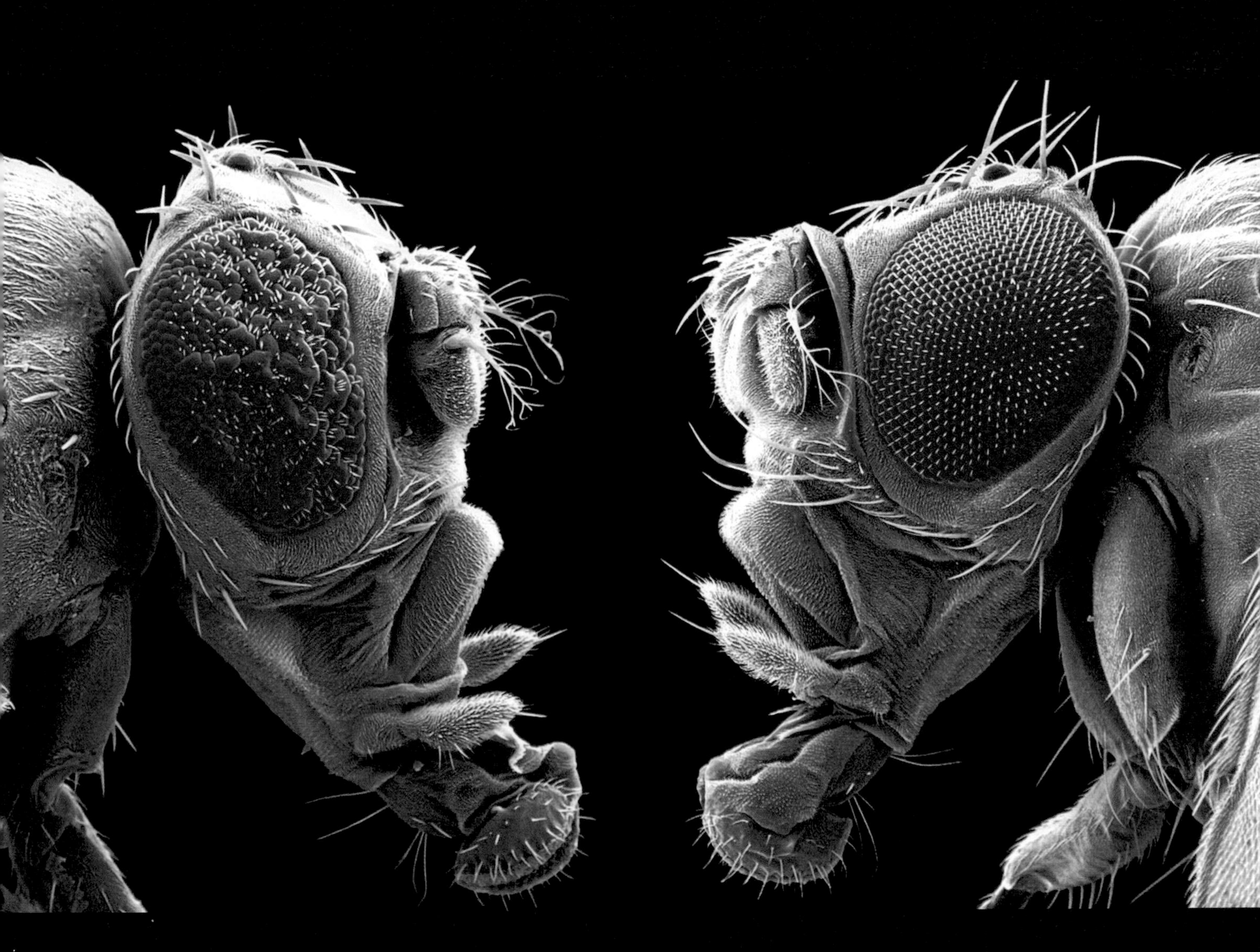

超導現象 Superconductivity

昂內斯（Heike Kamerlingh Onnes，1853-1926）

當探險家阿蒙森（Amundsen）和史考特（Scott）探索地球冰凍的極地之時，物理學家也在努力接近一個遠比極地更冷的目標。絕對零度不可企及，只能步步逼近，卻絕對到達不了。不過這個極冷之地藏著很多驚奇。

得到第一個驚奇發現的是昂內斯。1908 年，這位荷蘭物理學家把氦冷卻到絕對零度以上 4°，或零下 269℃，結果成為第一位將氦液化的人。但接著在 1911 年 5 月，挪威探險家阿蒙森抵達南極的同年，昂內斯看到完全無法解釋的怪事。他安排兩位同事在萊登大學的實驗室操作冷金屬實驗，測量這些金屬的電阻。當他們將水銀樣本冷卻到絕對零度以上 4.2° 時，電阻突然間完全消失。

這簡直讓人目瞪口呆。如果電阻是零，電流可以在線圈上永久流動。這種現象代表什麼？昂內斯很快想到，它可能是金屬的新狀態，或許與新的量子理論有關。他稱之為「超導性」。但一直到 1957 年超導現象才得到充分解釋。美國物理學家巴丁（John Bardeen）、古柏（Leon Cooper）和薛瑞佛（Robert Schrieffer）三人找出電子如何結合，以及如何經由量子力學的古怪作用不理會周遭金屬。

超導體可以替我們節省龐大的能源，將火車或汽車懸浮在軌道或道路上，還可以帶動超快、超小的電腦和電動馬達——只要超導體不必維持在如此低的溫度。科學家夢想找到能在室溫或室溫以上發生作用的超導體。1986 年，德國的貝諾茲（Georg Bednorz）和瑞士的穆勒（Alex Mu:ller）發現一種陶瓷材料，在零下 238℃時具有超導性，此後又發現有的陶瓷在堪稱暖和的零下 100℃也有超導性。但至今仍不確切知道這些高溫超導體是怎麼形成的。

▶ 參見〈量子〉（234-235頁）、〈波粒二象性〉（300-301頁）、〈物質新態〉（510-511頁）

右圖：一塊磁鐵懸浮在液態氦冷卻的超導陶片上。工程師希望利用這種效果將火車懸浮在軌道上，以消除摩擦阻力。

1911

宇宙射線 Cosmic rays

赫斯（Victor Francis Hess，1883-1964）

來自外太空的殺手射線正在攻擊地球！在20世紀頭幾年，這還只是瘋狂的想法。當時科學家發現了離子——帶電的原子和分子——自然出現在空氣中，認為是由地球輻射性礦物造成的，由於輻射剝掉原子的電子，使原子變成帶電。

如果這是離子的唯一來源，那麼離開地球表面愈遠，輻射線逐漸被空氣吸收，離子應該愈稀少。1911至13年間，奧地利物理學家赫斯做了一系列氣球旅行，測試這個想法是否正確。他帶了一種稱作驗電瓶的裝置升空，測量電荷強度。

赫斯的驗電瓶顯示，當他上升穿過空氣時，離子確實減少，但升到1500公尺以後，反而開始增加。他判斷這些離子係由更高處的一些東西造成，屬於某種能夠穿透大氣層的輻射。他發現了宇宙射線。

上圖：這張氣泡室照片記錄到宇宙射線撞擊時迸出的粒子軌道。

宇宙射線是能量飽滿得嚇人的帶電粒子，大部分是質子。科學家認為，幾乎所有宇宙射線都來自我們的銀河系裡面。有些恆星老邁死亡時發生大爆發，形成超新星，並持續產生龐大的擴張震波。在數千年時間裡，這些震波可能將質子和其他粒子加速變成巨大能量。

但至今見過最大能量的宇宙射線所包含的質子量，是地球任何粒子加速器撞擊出的十億倍。要到達如此極端的能量，超新星恐怕都力有未逮。這些射線很可能來自我們的銀河系以外，或許來自類星體、宇宙弦或大霹靂殘餘的奇特粒子。天文物理學家至今仍在猜測中。

而且它們眞的是殺手。人體吸收的平均自然輻射劑量中，宇宙射線占了15%，每年可能引起超過十萬例致命癌症。

▶ 參見〈放射性〉（224-225頁）、〈碳十四定年法〉（346-347頁）、〈類星體〉（404-405頁）、〈創世餘暉〉（412-413頁）、〈超新星1987A〉（488-489頁）、〈月球上的水〉（522-523頁）

右圖：偵測宇宙射線穿越大氣時的交互作用，必須利用氣球把設備送到海拔最高點。

1912

大陸漂移 Continental drift

魏格納（Alfred Lothar Wegener，1880-1930）

自從大西洋邊緣地的地圖面世以來，大家就看出美洲海岸線好似非洲和歐洲海岸線的鏡中影像，1720 年代英國哲學家培根（Francis Bacon）已經注意到兩者像拼圖般契合。但直到 20 世紀才有具體證據顯示這絕非偶然。1911 年，德國氣象學家暨極地探險家魏格納最先提出大陸漂移說，並用好幾方面的大量證據來支持他的說法。

魏格納在 1908 年從格陵蘭探險歸來後，應聘擔任馬堡（Marburg）大學氣象及航海天文學教授。他喜歡研究古代氣候，對同種類植物化石散布在印度、南美、非洲和澳洲等南半球各大洲感到不解。史魏斯等地質學家稱南半球各洲的聯合體爲「岡瓦納大陸」（Gondwanaland），曾試圖用陸橋或地球不斷收縮或擴張等不同概念解釋植物分布問題。但北極圈的斯匹茲卑爾根（Spitsbergen）煤礦層裡有熱帶植物化石，而南非靠近赤道的地方有冰河殘留的沈積物，又該如何解釋？

1911 年，魏格納最先找到解答，但直到 1912 年才發表他的理論，指出所有陸塊曾經聯結在一起，他按希臘文 *pan gaia*（整個陸地）稱這個超級陸塊爲盤古大陸（Pangaea），包圍在四周的是盤古海洋（Panthalassa，亦源自希臘文 *pan thalassa*，意爲整個海洋）。盤古大陸從南向北移動，然後分裂成今天的各大洲，至於漂移機制爲何，魏格納含混表示：或許海床「似橡皮般拉長」，或許受到某種離心力或月球重力拉扯的影響。他的理論解決了許多地質問題，但比較可信的機制——板塊構造說——直到魏格納離世後的 1960 年代才提出。

上圖：魏格納1915年繪製的地圖顯示，盤古大陸約在五千萬年前在始新世時期分裂。

▶ 參見〈地球循環〉（100-101頁）、〈火成論者的地質學〉（108-109頁）、〈萊爾的《地質學原理》〉，〈山脈的形成〉（206-207頁）、〈地球內部〉（250-251頁）、〈板塊構造說〉（414-415頁）、〈聖海倫火山爆發〉（462-463頁）

右圖：1920年，有位地質學家輕蔑地表示，大陸漂移說「對於我們想解釋的現象一無解釋」。他渾然不知大陸漂移正是造成1906年舊金山毀城大地震的原因。

原子模型 Model of the atom

拉塞福（Ernest Rutherford，1871-1937）
波耳（Niels Bohr，1885-1962）

「就好像你發射一枚 15 英吋砲彈，打到一張薄紙上，結果砲彈反彈回來打到你。」拉塞福如此描述導致他發明核原子模型的現象。

1907 年，拉塞福的學生對準一片金箔發射阿爾發粒子光束。阿爾發粒子具有重量級的放射能，照理大部分射出的粒子會穿透金箔，結果卻有少數反彈回來。如果按照以前的說法，金箔裡的原子只是重量輕的電子排列，由散布的正電荷結合在一起，那麼粒子反彈毫無道理。拉塞福得出了不同的結論，認為帶有正電荷的應該是每個原子中心的原子核。大部分阿爾發粒子完全沒有碰到原子核，但有少數剛好打中其中一個原子核，因此彈了回來。拉塞福發展出的原子模型是：一個微小緊密的核，有一連串比它小很多的電子繞著它團團轉。

他的模型不只修正我們腦中的原子圖像，1913 年還促成丹麥物理學家波耳發展出更激進的理論。他把拉塞福的構想混進新出爐的量子理論裡。在波耳的模型裡，電子繞著原子核旋轉，具有某種固定的能量。如此一來，原子為何能維持穩定眞相大白：電子不可能喪失所有能量，否則會掉進原子核裡，它們不得不安頓在所謂的基態（ground state）。

這些固定的電子軌道說明了為什麼會有原子光譜線，也就是原子會放射單一波長的光。因為電子從一個軌道躍遷到另一軌道時，多餘能量變成相同能量的光子，因此放射出固定波長的顏色。所以，看起來莫名其妙的量子不僅掌管變幻莫測的光之王國，也統治具體世界，掌管構成我們的物質。

▶ 參見〈原子理論〉（124-125頁）、〈光譜線〉（130-131頁）、〈元素周期表〉（196-197頁）、〈放射性〉（224-225頁）、〈電子〉（228-229頁）、〈量子〉（234-235頁）、〈波粒二象性〉（300-301頁）、〈中子〉（312-313頁）、〈核能〉（330-331頁）、〈夸克〉（408-409頁）、〈統一力〉（416-417頁）、〈超弦〉（474-475頁）

右圖：拉塞福和波耳發展的古典原子模型，電子繞著原子核旋轉；後來發現原子核由質子（紅色）與中子（藍色）組成。

1914

神經傳導物質 Neurotransmitters

戴爾（Henry Hallett Dale，1875-1968），巴傑（George Barger，1878-1939），羅威（Otto Loewi，1873-1961）

神經系統的各部分如何溝通是個老問題。早先認爲念頭轉動和身體行動同步發生，但 19 世紀生理學家測量脈衝沿周邊神經傳遞速度後，推翻了這些想法。讓人困惑的問題之一是，神經末梢交會處，也就是薛靈頓所說的「突觸」，發生了什麼事？

大部分科學家認爲電流模型或許能提供解答，但英格蘭生理學家戴爾和德國生理學家羅威從化學著手。戴爾與化學家巴傑合作，探討生理上活躍的體內化學物質，包括組織胺和麥角鹼在內。身體釋放組織胺時會產生過敏症狀，而麥角鹼在婦女早產時減緩子宮收縮。1914 年，他們從麥角菌調製的配方分離出乙醯膽鹼（acetylcholine），並且顯示這種物質引發的作用與副交感神經相似；副交感神經是自主神經的一支，負責控制血壓、消化和流汗等意識不能左右的神經作用。1920 年代末期，戴爾和他的同事做了一系列經典實驗，顯示身體釋放乙醯膽鹼的位置在副交感神經末梢（以及隨意肌神經末梢）。

羅威獨力用離體心臟進行研究，一個與心臟原來的神經連接，另一個不連接，結果顯示神經受刺激會產生一些物質，加到切除心臟的灌流裡，可以減緩或加速心跳，至於是哪種情形，要看操作的是交感神經（加速）或副交感神經（減緩）。戴爾和羅威建立起神經脈衝靠化學傳導越過突觸間隙的概念，兩人因此共同獲得 1936 年諾貝爾生理或醫學獎。

他們發現兩種基本神經傳導物質，分別是乙醯膽鹼和正腎上腺素。其他傳導物質隨後也被發現，包括血清素和多巴胺，還有一種稱作腦內啡的類鴉片天然物質，可以抑制疼痛纖維活動而減輕疼痛。

▶ 參見〈調節身體〉（188-189頁）、〈神經系統〉（210-211頁）、〈神經脈衝〉（366-367頁）、〈固氮作用〉（496-497頁）

右圖：一個突觸。神經細胞末端釋出化學神經傳導物質，使神經脈衝能夠通過突觸間隙。神經傳導物質貯存在囊泡，也就是圖中的小紅圈裡。

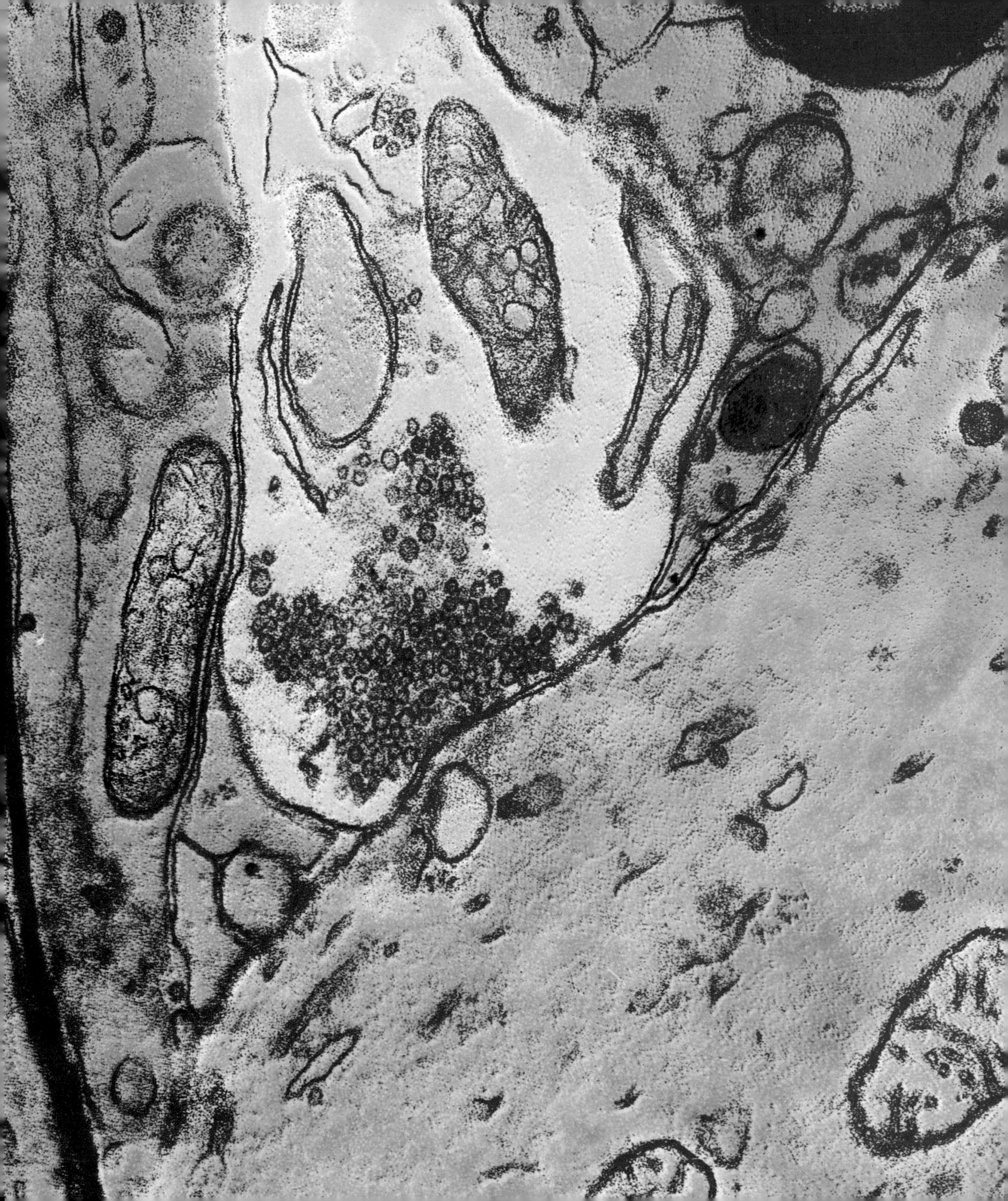

天氣循環 Climate cycles

米蘭科維奇（Milutin Milankovitch，1879-1958）

南斯拉夫地球物理學家米蘭科維奇曾經淪爲戰俘，1914 至 18 年被監禁在匈牙利布達佩斯，這段期間他繼續研究，而且愈來愈相信要了解過去的氣候變遷，必須掌握太陽輻射抵達地球隨時間和緯度改變的情形。

這項理論有三個主要變數。第一，地球軌道從圓形拉長成比較橢圓再回復圓形，周期估計在十萬年左右。雖然地球與太陽的平均距離爲 1 億 5000 萬公里，在軌道最橢圓時，這個距離會在 1 億 4000 萬公里與 1 億 6000 萬公里之間年年改變。由於地球接收到的熱能隨著與太陽距離拉大而迅速滑落，因此上述改變造成重大差異。第二，地球自轉軸會搖晃，或有所謂的地球「歲差」（precesses）現象，像傾斜旋轉的陀螺，北極的位置每 26,000 年連成一個完整的圓。當北半球冬天不尋常地暖和時，可能只是北極區指向偏離太陽，而地球與太陽距離最小的時候。第三，地球赤道面與軌道面的夾角每 40,000 年改變幾度。當角度變動數值比較小時，季節的差異比較不明顯，而角度愈大愈明顯。

這三種不同節奏的循環同時演出。米蘭科維奇發現，三種因素交織造成的陽光改變，在某些地理區域留下痕跡，反映冰河時期與溫暖時期之間的氣候變化。某個地區的平均日照減少，則會有更多雪堆積。

1970 年代，馬里蘭大學的維尼卡（Anandu Vernekar）繼續這項研究。現代對地磁倒轉的了解，讓我們更確定過去冰河時期的年代。米蘭科維奇的理論至今仍然非常適用，我們現在正處於全球暖化的天氣，同時不可避免地朝下一個冰河時期邁進。類似的循環同樣影響鄰近地球的火星。

▶ **參見〈天文預測〉**（26-27頁）、**〈冰河時期〉**（152-153頁）、**〈太陽黑子周期〉**（158-159頁）、**〈溫室效應〉**（184-185頁）、**〈蓋婭假說〉**（432-433頁）、**〈臭氧層破洞〉**（438-439頁）

右圖：冰河結冰成塊掉進海裡的景象。只有在各種天氣循環因素湊在一起，使夏天異常高溫而融化結冰時，冰河時期才會結束。

1915

廣義相對論 General relativity

愛因斯坦，1879-1955

成功避開絕對空間和時間之後，愛因斯坦拿起宇宙，把它扭成不可思議的新形狀。按照牛頓的萬有引力定律，引力是立即作用，不論距離多遠。但按照狹義相對論，沒有任何東西能比光速快。愛因斯坦試圖消除這個矛盾。1907 年，他坐在瑞士伯恩（Bern）專利局裡，突然靈光一閃，想到往下墜的人感覺不到自己的重量，可見加速度和引力一定多少相等。1915 年，在這個想法引導下，他發展出可能是物理史上最具革命性的理論。

在廣義相對論的世界裡，空間和時間都是彎曲的。所有物體，包括地球、太陽，甚至這本書，都造成原本應該平面延展的時空凹陷。因此當物體經過起伏的地貌時，在我們眼中，它們的路徑是彎曲的。這就是爲什麼地球會繞著太陽轉。廣義相對論預言光也一定會被重力折彎。因此當英國天文學家愛丁頓（Arthur Eddington）於 1919 年宣布，看到太陽重力影響其他恆星偏移位置後，廣義相對論從此深植科學家腦海，也進入一般人的想像裡。

但還有比這個遠爲驚人的預測。當足夠的物質被擠壓得非常緊密時，空間會被拉到破裂點，時空連續體出現一個無限深的井，重力變得其強無比，任何東西都無法逃脫。這是一個黑洞。天文學家現在相信宇宙中布滿這些怪物，而且有一個巨大的黑洞就盤踞在我們自己的銀河系中央。新的實驗正在搜尋其他詭異效應。龐大的地底偵測器尋找重力波，這種波在災難事件如黑洞成形產生的時空裡蕩漾。一艘名爲「重力探針 B」（Gravity Probe B）的太空船即將升空，準備探看時空被地球旋轉曳動，就像糖漿被湯匙扭轉一般。廣義相對論甚至能夠描述整個宇宙的形狀及演化。公式裡一個簡單的常數或能解釋，爲什麼最新測量結果顯示，宇宙似乎正在加速膨脹。

上圖：《華盛頓郵報》紀念愛因斯坦逝世的漫畫，中間的地球寫著「愛因斯坦住在這裡」。

▶ 參見〈落體〉（60-61頁）、〈牛頓的《原理》〉（78-79頁）、〈非歐幾何學〉（144-145頁）、〈量子〉（234-235頁）、〈狹義相對論〉（244-245頁）、〈膨脹的宇宙〉（306-307頁）、〈伽瑪射線爆發〉（434-435頁）、〈黑洞蒸發〉（440-441頁）、〈超弦〉（474-475頁）、〈大吸子〉（498-499頁）

右圖：巨大星系團（中央）的重力把來自更遙遠星系的光線彎折，使之分成五個不同的圖像（藍色部分）。愛因斯坦曾用廣義相對論預言這種「重力透鏡」的存在。

1918

我們在宇宙的位置

Our place in the cosmos

勒威特（Henrietta Swan Leavitt，1868-1921），夏普里（Harlow Shapley，1885-1972），巴德（Walter Baade，1893-1960）

從英國的赫歇爾到荷蘭的卡普坦（Jacobus Kapteyn），早期天文學家眼中的宇宙是以太陽爲中心的單一扁平恆星系統，從地球上看，像一條群星閃爍的乳白色飄帶圍繞天球。不過銀河系的大小還不知道，除了兩個稱作麥哲倫星雲的不規則星系，銀河系以外是否還有其他物體，也沒有答案。

美國天文學家勒威特一直在研究亮度周期性改變的恆星，尤其是麥哲倫星雲裡所謂的「造父變星」（Cepheid variables）。她發現造父變星愈亮，亮度變化周期愈長。由於麥哲倫星雲裡所有恆星跟我們之間的距離大致相同，她在 1912 年指出，這種光變周期與絕對光度的關係，可以用附近造父變星來測定，並用來測量空間裡的距離。

另一美國天文學家夏普里接下這項挑戰。球狀星團是組織緊密的恆星聚集，含有豐富的造父變星。他用測定的造父變星絕對光度（根據光變周期推算出來）與它們的視亮度相比較，算出星團的距離。1918 年他發表結論指出，球狀星團實際上與銀河相連，而且圍繞銀河中心均勻分布成一個鬆散的球形。除了暗示我們的銀河系眞正巨大無比外，夏普里的發現把太陽放逐到距離銀河系中心 60,000 光年以外，在中心到邊緣三分之二的位置。

二次世界大戰期間嚴格管制燈火，德國出生的美國天文學家巴德充分利用這個大好機會，在 1945 年發現兩個星族：年輕的星族 I 比年老的星族 II 含有更多重金屬元素。可惜他錯用造父變星群來測定光變周期和絕對光度的關係，後來在 1952 年發表更正，一口氣將宇宙的規模加倍。

上圖：M13球狀星團，大約包含了50萬顆星星。

▶ 參見〈透過望遠鏡觀天〉（54-55頁）、〈螺旋星系〉（160-161頁）、〈膨脹的宇宙〉（306-307頁）、〈大吸子〉（498-499頁）

右圖：銀河的中心。銀河盤面充滿暗雲和氣體，妨礙視線，不過在長時間曝光的照片裡，哈雷彗星的路徑仍然清晰可見。

新達爾文主義 Neo-Darwinism

費雪（Ronald Aylmer Fisher，1890-1962），哈爾丹（John Burdon Sanderson Haldane，1892-1964），萊特（Sewall Wright，1889-1988）

1859 年達爾文發表他的天擇演化理論之後，演化論立刻普遍獲得接受，天擇說卻廣遭排斥。天擇說似乎有太多問題沒有解決，甚至連遺傳如何發生都是用假設的。生物遺傳直到 1859 年還是個謎，但隨著 1900 年孟德爾的遺傳理論復活，有關天擇的種種問題應該告一段落。事實不然，早期的孟德爾信徒全都激烈反對達爾文學說。

孟德爾的理論有個大麻煩，它似乎只適用於個別性狀，例如性別；然而演化主要由連續可變性狀的改變造成，例如身高。直到 1910 年代數學生物學家才發現，自高爾頓以來累積的有關連續性性狀的資料，全部可以用孟德爾的理論解釋。然後他們才能夠證明，天擇說可以和孟德爾的遺傳理論配合無間。這些研究大多在 1910 年代和 1920 年代由英國生物學家費雪及哈爾丹，以及美國生物學家萊特完成。現在回頭來看，他們做得非常成功，使大家認爲孟德爾的理論挽救了達爾文的天擇說。孟德爾和達爾文理論的結合，有的人稱爲新達爾文主義或綜合演化論，也有人稱爲現代綜合論。

1930 年後，現代綜合論伸進所有生物學領域。例如 1942 年，德裔美國生物學家邁爾（Ernst Mayr）提出新物種起源說。他認爲當祖先種（ancestral species）的一個次群體遭到地理隔離，會另行演化，變得與祖先不同，新的物種就此產生。邁爾的新物種起源「地理隔離」理論，現在已有大量證據支持。

▶ 參見〈後天性狀〉（128-129頁）、〈達爾文的《物種原始》〉（176-177頁）、〈孟德爾遺傳定律〉（192-193頁）、〈測量變異〉（212-213頁）、〈遺傳基因〉（264-265頁）、〈隨機分子演化〉（422-423頁）、〈定向突變〉（494-495頁）

右圖：巴特茲1862年描述的蝴蝶群擬態。新達爾文派的基因分析證實，有毒種系和無毒種系日益相像是

4
5
6
4a
6a
7
8
7a
8a

氣象預報 Weather forecasting

威廉・白堅尼（Vilhelm Friman Koren Bjerknes，1862-1951，父）
雅各・白堅尼（Jacob Aall Bonnevie Bjerknes，1897-1975，子）

威廉・白堅尼 1862 年生於挪威克利斯蒂尼亞（Christiania，即今奧斯陸）。這位地方大學數學家的兒子對氣象著迷，而且相信天氣可以用數學模型準確地描述。他認爲只要充分描寫現行天氣狀況，然後把資料放進數學模型裡，就可能預測天氣變化型態。因爲這項洞見，他常被認爲是現代氣象學之父。

但白堅尼面對重重困難。傳統流體動力學是關於氣體或液體等流體的理論，無法描述天氣動態，因爲這種理論假設流體密度全由所承受的壓力決定，但影響天氣的流體只有包含水分的大氣或海洋，而決定天氣型態的因素事實上不只如此，溫度和因地而異的氣象結構都會發生作用。

1904 年，白堅尼提出新理論，結合流體動力學與熱力學來說明壓力的眞實變化。他建構出一套數學模型，創立了今天稱作數值天氣預報的學科。不過他的公式非常困難，無法靠紙筆計算，因此直到可以使用電腦運算時，世人才眞正認識這套系統的價值。

第一次世界大戰後，在 1920 年，白堅尼與兒子雅各共同發展一套理論，描述熱氣團和冷氣團在中緯度地區互動形成氣旋的方法。他們借用戰場前線術語，用「冷鋒」（cold front）和「暖鋒」（hot front）來形容這些氣團的分界線。父子二人也最早了解大部分天氣變化沿著這些界線發展。這套理論後來稱作「極鋒理論」（polar front theory），成爲現代每種氣象預報系統的基礎。

▶ 參見〈貿易風〉（86-87頁）、〈傅科擺〉（166-167頁）、〈溫室效應〉（184-185頁）、〈混沌理論〉（238-239頁）、〈天氣循環〉（276-277頁）、〈蓋婭假說〉（432-433頁）、〈臭氧層破洞〉（438-439頁）

右圖：1996年9月4日的衛星雲圖顯示，颶風佛蘭從加勒比海捲向北美陸地。白堅尼父子促進了對發展中旋風的了解。

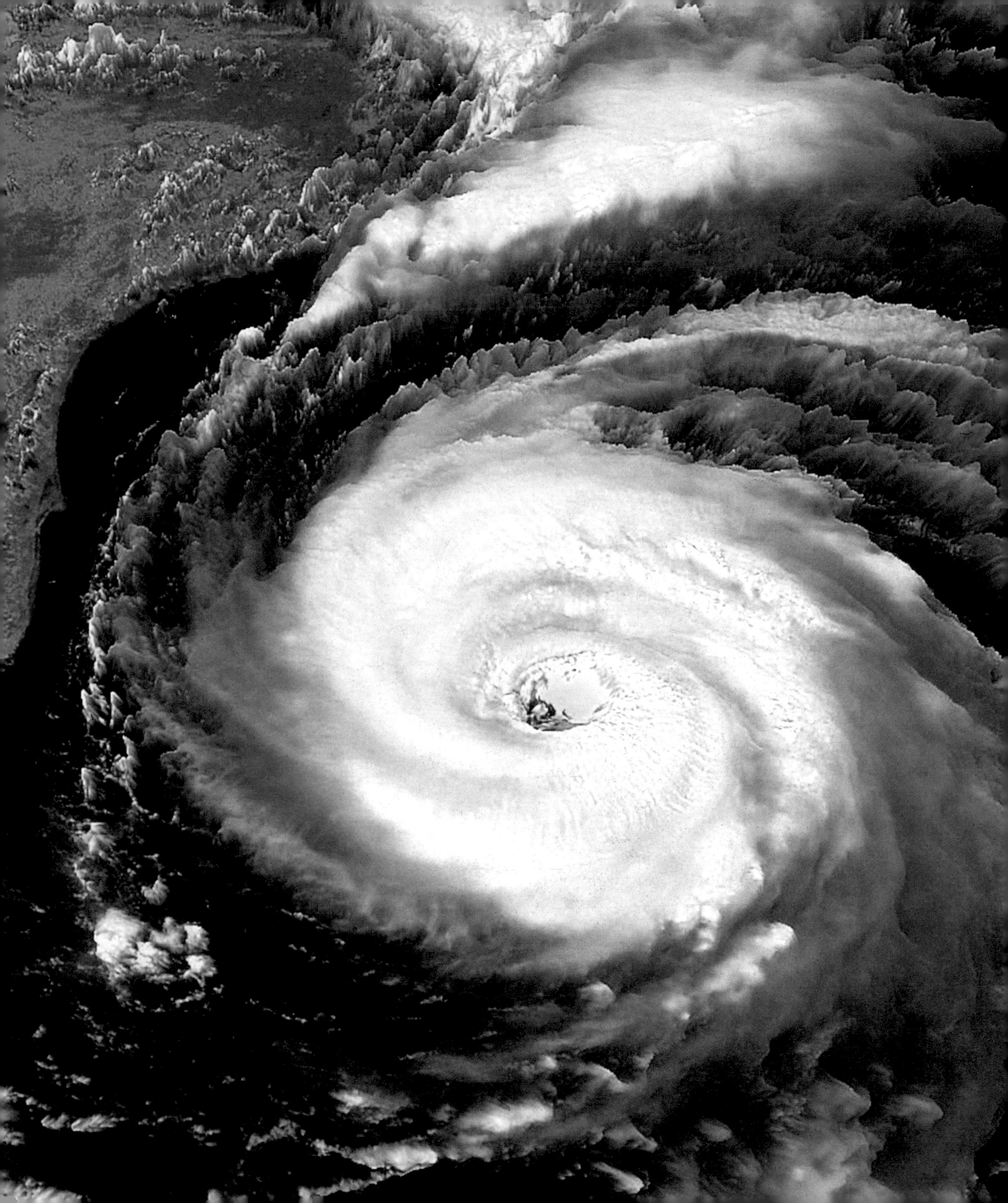

1920

恆星演化 Stellar evolution

愛丁頓（Arthur Stanley Eddington，1882-1944），貝特（Hans Bethe，1906-2005），魏柴克（Carl von Weizsäcker，1912-），赫茲布朗（Ejnar Hertzsprung，1873-1967），羅素（Henry Russell，1877-1957）

恆星能量的來源在 19 世紀末是讓人百思不解的謎。放射性元素定年法顯示地球至少存在了 20 億年，而其他恆星應該也一樣老。因此簡單的想法，如塵粒和彗星掉落使恆星有源源不絕的燃料、燃燒自身煤礦或收縮將潛在能量轉成動能等，都不可能是答案。

1920 年，英國天文學家愛丁頓建議從不同方向思考。他指出恆星中心處於高溫高壓情況下，氫會慢慢轉變成氦。太陽不過是一枚氫彈，外面罩著重力蓋子，而且因爲太陽 70% 左右是氫，所以有足夠的「燃料」以目前的速度繼續發光、發熱一百億年。

由於一個氦原子的質量比產生它的四個氫原子質量總和小，按照愛因斯坦的著名公式 $E=MC^2$，融和過程中多餘物質會轉換成能量，以放射線形式釋出。正確轉換機制於 1938 年由德裔美籍物理學家貝特與德國物理學家魏柴克各自發現。到了 1950 年代中期，已經可以了解恆星如何製造所有重元素。

恆星的生命周期現在已經清楚多了。1910 年代，丹麥天文學家赫茲布朗和美國天文學家羅素不約而同繪製圖表，有效地揭示恆星的絕對光度跟著表面溫度變化。這些「赫羅圖」（H-R diagrams）已經成爲天文學最有用的圖表。圖表上的恆星不是隨意散置：大部分沿著對角線或所謂「主星序」（main sequence）分布，從暗淡的冷星排到明亮的熱星。伴隨著「矮星」的是一群「巨星」，一般要大上 10 到 100 倍。天文學家現在知道主序星穩定，因爲它們經由相同氫氦聚變反應發光。當氫原子耗盡時，恆星核心將塌陷，溫度升高，然後氦核轉變成碳和其他高質量的星核。這種過程造成恆星膨脹成紅巨星。最終大部分恆星將冷卻變成白矮星。

上圖：太陽是一顆普通的恆星，大概已經過了一半壽命。

▶ 參見〈光譜線〉（130-131頁）、〈狹義相對論〉（244-245頁）、〈萬古磐石〉（252-253頁）、〈核能〉（330-331頁）、〈脈衝星〉（420-421頁）、〈伽瑪射線爆發〉（434-435頁）、〈超新星1987A〉（488-489頁）

右圖：獵戶座星雲（圖下方）距地球1500光年，星雲直徑達2.5光年。由於氫氣被其中的年輕熱星離子化，因此閃爍發光。愛丁頓發現恆星的光度幾乎完全由質量決定。

胰島素 Insulin

班廷（Frederick Banting，1891-1941）
貝斯特（Charles Best，1899-1978）

最早記錄糖尿病症狀的是西元二世紀的希臘醫生阿雷提烏斯（Aretaeus），而發現病患尿液有甜味的則是17世紀英國醫生威利斯（Thomas Willis）。1775年左右，英國醫生多卜生（Matthew Dobson）在病患血液中發現糖分，顯示糖尿病不只是腎臟有問題，整個身體都受影響，而這點和以往相信的不同。1840年代，法國生理學家波納（Claude Bernard）研究消化和糖類代謝，顯示消化和代謝過程受到身體「內分泌物」影響，而開啓內分泌學研究的大門。這些分泌物是種傳遞訊息的化學物質，1905年由英國生理學家史塔林（Ernest Starling）重新命名爲「荷爾蒙」。

以波納的研究爲基礎，英國生理學家梅林（Joseph von Mering）和明考斯基（Oscar Minkowski）在1899年切除一隻狗的胰臟，幾個星期內這隻狗就死於糖尿病，證明糖尿病與胰臟器官的缺陷有關。但嘗試使用胰臟組織萃取物來治療糖尿病卻沒有成功。其中一種萃取物來自「胰島」，也就是胰臟表面的細胞群；糖尿病患都有胰島退化現象，因此假設胰島會分泌一種物質控制糖分。

加拿大外科醫生班廷相信，早期科學家失敗，是因爲胰液破壞了這種分泌物。1921年，他和美國生理學家貝斯特合作，他把狗的胰管紮起來，讓胰臟萎縮，只留下胰島保持原狀，然後把這隻狗的胰島萃取物注射到瀕死的糖尿病狗身上，幾個小時後，本來快死的狗恢復健康。

班廷和貝斯特找上在多倫多大學任教的麥克勞德（John Macleod），三人在麥克勞德的實驗室裡專心製造能安全用在醫療上的「島素」（isletin），後來改名「胰島素」（insulin）。生化學家柯利普（James Collip）隨後加入團隊，負責從牛胚胎胰臟提煉胰島素，因爲牛胚胎胰臟幾乎全由胰島細胞構成。臨床試驗成功後，禮萊（Eli Lilly）藥廠從1923年開始大規模生產胰島素。從1980年代開始，人體胰島素都用基因工程製造。不過因爲嚴重疏忽，只有班廷和麥克勞德獲得1923年諾貝爾生理或醫學獎。

▶ **參見〈調節身體〉**（188-189頁）、**〈基因工程〉**（436-437頁）

右圖：哺乳類動物胰島細胞切片的電子顯微照片。

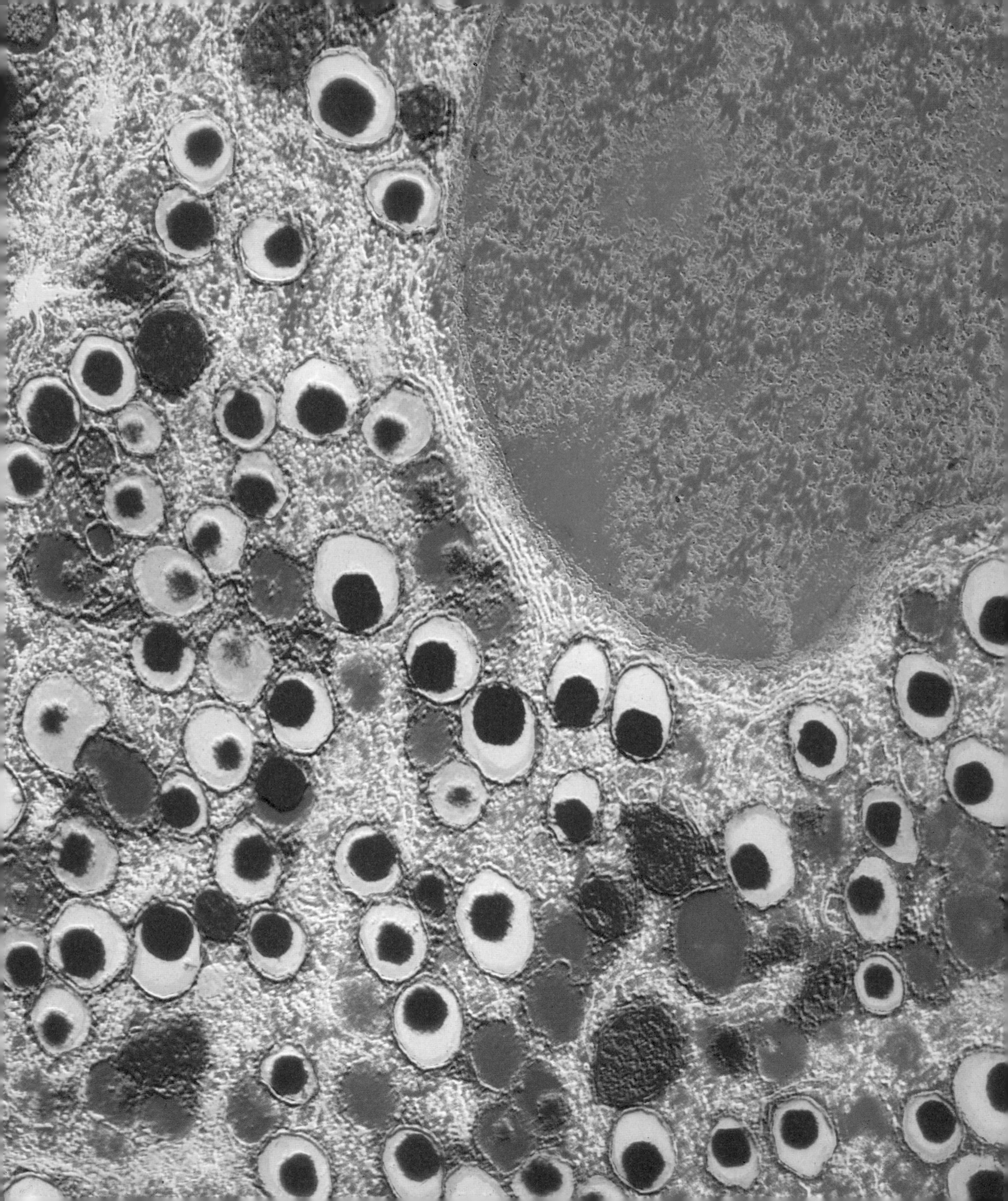

鰻魚洄游 Eel migration

施密特（Johannes Schmidt，1877-1933）

現代研究告訴我們，動物遷徙主要爲了利用季節氣候來繁殖、覓食或過冬，而且很多動物知道如何利用地球磁場定位。但歐洲鰻魚的洄游行爲卻有幾方面與科學解釋相悖。

亞里斯多德相信鰻魚是由潮濕土壤自然生出的，羅馬時代博物學家普林尼（Pliny）則說是從馬鬃長出來的。直到 1893 年，義大利動物學家葛拉西才認出柳葉魚是鰻魚的仔魚，這種扁平透明狀似柳葉的小魚，是鰻魚在海洋發育的階段。1922 年，丹麥海洋生物學家施密特找到鰻魚繁殖地。他追蹤柳葉魚在大西洋的分布，回溯魚體愈來愈小的地方，然後繪製魚體由大變小的路線圖，一直追到西印度與亞速爾群島間的藻海（Sargasso Sea），認爲這就是魚卵孵化的地點。一幅柳葉魚生命周期的圖畫就此浮現。最先牠們乘著洋流展開長達一年的旅程，從藻海漂回家鄉河流，然後長成幼鰻，溯河到上游居住，經過十年或十年以上時間長大成鰻魚，接著重返河口，牠們的內臟萎縮，憑藉著貯存的脂肪爲動力，游回藻海，在那裡繁殖後代及死亡。不過直到今天，仍然沒有人抓到一尾從家鄉河流游往藻海途中的鰻魚，或親眼目睹牠們產卵，或指認牠們的導航系統，雖然眾說紛紜，包括星光、磁場及海洋氣味等都有人提，但問題至今無解。

爲什麼鰻魚要洄游？一般相信牠們離開家鄉河流聚集到藻海，是爲了混合雜交，盡量增加物種的基因變化。但加拿大生物學家沃斯（Thierry Wirth）和柏納契茲（Louis Bernatchez）最近用分子基因分析結果，不同河流的鰻魚在藻海仍是各自成群交配。牠們如何抵達藻海、爲什麼到那裡去、到了之後做什麼，已經成爲貫穿整部科學史的不解之謎。

▶ 參見〈天然磁力〉（50-51頁）、〈動物本能〉（318-319頁）、〈蜜蜂溝通〉（338-339頁）

右圖：歐洲鰻。成熟的鰻魚通常在秋天沒有月亮的夜晚順河而下游到河口入海，必要時也取道一小段陸路。

1923

作物多樣性 Crop diversity

瓦維洛夫（Nikolai Ivanovich Vavilov，1887-1943）

蘇聯植物學家瓦維洛夫的命運有著可怕的諷刺，他奉獻一生研究農作物，自己卻餓死在史達林的薩拉托夫（Saratov）集中營。

瓦維洛夫擔任聖彼得堡應用植物研究所所長期間，曾經作了上百次考察旅行，採集64個國家的作物。他收集的種子數量傲視全球，共計約20萬個種類，其中四萬多是不同品種的小麥。1923年，他設立了115個試驗站，遍及蘇聯各地，嘗試種植這些作物。他提出作物「中心起源論」（centres of origin）認爲作物起源於種類最多樣的地區，這個觀念在現代收集及保存作物的努力中變得相當重要，雖然這些多樣中心往往反映出人爲影響，而不是作物的生物地理源頭。

1970年代綠色革命後已經確認，作物喪失野生產地和傳統栽培方式會威脅到糧食供應。瓦維洛夫的先見之明，反映在收集作物種子的後續策略中，這項工作正由總部設於羅馬的國際植物遺傳資源研究院贊助進行中。收集的種子目前貯存在種原銀行，而這些銀行都設在瓦維洛夫所說的多樣中心地區或附近。

1930年代，瓦維洛夫與他以前的學生李森科（Trofim Denisovich Lysenko）起了爭執。李森科是拉馬克學派信徒，認爲後天性狀可以遺傳；瓦維洛夫則堅持孟德爾遺傳理論，相信基因決定生物體命運。兩者相較，李森科顯然比較能迎合共產主義的教條。李森科向史達林告發瓦維洛夫反蘇維埃運動，導致瓦維洛夫在1940年代被捕，而後遭到監禁至死。

瓦維洛夫在1950年代再度受到尊崇，聖彼得堡設立了瓦維洛夫植物產業研究院紀念他，研究院內收藏的作物種原數量在世界上數一數二。培育新作物來餵養變動環境中快速增加的人口，全球各地的種原中心是極其重要的資源。

上圖：瓦維洛夫從研究現代植物著手，尋找農作物的起源。

▶ 參見〈人口壓力〉（110-111頁）、〈後天性狀〉（128-129頁）、〈孟德爾遺傳定律〉（192-193頁）、〈綠色革命〉（428-429頁）、〈繽紛的生命〉（468-469頁）

右圖：1946年，蘇聯的明信片上寫著：「夏季豐收，一年溫飽！」但政府強迫農民採用李森科異想天開的耕作方法，結果讓蘇聯陷入饑荒。

ДЕНЬ ЛЕТНИЙ
ГОД КОРМИТ!

1924

兒童發展 Child development

皮亞傑（Jean Piaget，1896-1980）

皮亞傑是瑞士心理學家，他的觀念深刻影響我們對兒童發展方式的認知。他起先觀察自己的孩子，對孩子在不同年齡所犯的不同錯誤很感興趣，同時開始尋找其中模式。雖然皮亞傑在事業起步之初，曾於巴黎和比奈的合作者西蒙（Theodore Simon）共事，但他的方法和比奈剛好相反；比奈注意的是孩子開始能夠正確完成特殊動作的年齡。

皮亞傑注意到兒童有時似乎會有倒退現象，或許剛正確地說了「I went」，又開始說「I goed」這種錯誤語法。他解釋這是到達新認知階段的表現：了解字詞不是孤立項目，有些規則控制它們的使用方式。「I went」並未遵守標準規則，因此必須當成例外來重新學習。例如，兒童也必須經過學習才知道，杯子的水如果倒進另一種形狀的杯子裡，水量其實不變。許多成人偏好用細長杯子喝啤酒，不喜歡矮胖的杯子，暗示我們在這一點上學習不足。

兒童經由發展「基模」（schemata）、結構或規則系統等途徑發展他們的智慧，而能夠愈來愈有效地應付這個世界。他們原來看世界的方法完全集中在自身感官—運動經驗，經過不同的「調適」與「同化」階段之後，才認知到世界還有按照客觀原則運作的其他部分獨立存在。

皮亞傑的著作難懂又帶有哲學意味。他的經典研究如《兒童的語言和思想》（*Language and Thought of the Child*，1924），英語系國家直到1950年代末和1960年代才真正開始感受其影響力。雖然有人批評他只觀察少數兒童，就以偏概全下了結論；不過他的深刻見解對教育思想和實務都有重大影響。

上圖：皮亞傑迷人且友善，但他的理論引發學術界爭議。

▶ 參見〈潛意識〉（222-223頁）、〈智力測驗〉（240-241頁）、〈語言本能〉（386-389頁）

右圖：小孩的玩意兒：1925年，一隻被認為具有五歲孩童心智的猩猩，正下車前往紐約一家醫院探視病童。

語言與規則 Words and rules

撰文：史蒂芬・平克（Steven Pinker）

英文文法錯誤如 bleeded 和 singed，長期以來被當作兒童心智簡單、混沌初開的象徵。這些錯誤其實是創造的表現，兒童從他們短暫的經驗裡挖出一個模式，運用無懈可擊的邏輯創出新字，渾然不覺這些字在成人世界裡被武斷地當成例外處理。英國作家芭芭拉・懷恩（Barbara Vine）在小說《適應黑暗的眼睛》（*Dark-Adapted Eye*）裡寫到一個不討人喜歡的男孩，說他「會用『adults』代替『grownups』，過去式完全正確，絕不會把『rode』說成『rided』，或把『ate』說成『eated』」。

兒童所犯的不規則動詞錯誤，在有關語言和心智性質的辯論中也很受注意。神經學家萊尼柏格（Eric Lenneberg）和語言學家喬姆斯基（Noam Chomsky）第一次辯論語言是否是一種本能時，他特別舉出兒童犯的這些錯誤爲例；心理學家魯墨哈特（David Rumelhart）和麥克里蘭（James McClelland）首次指出語言可以由一般類神經網路獲得時，也以這些錯誤爲檢查基準。心理學教科書熱切敘述這些錯誤，用來強調兒童認知時愛好秩序與簡單；而研究成人學習的學者指出，這些錯誤是人類習慣過度使用規則來概括例外的典型範例。

對語言和規則的理論來說，沒有比解釋兒童如何學會規則並運用——當然還有濫用——規則在語言上更重要的事。這些錯誤看起來簡單明瞭，其實是種假象。要解釋兒童爲什麼開始犯這些錯其實並不容易，而要解釋他們爲什麼停止犯錯則更難。

過度類化（overgeneralization）的錯誤是無限制創造語言的表象，兒童一學會造句，會馬上沉迷於創造語言。嬰兒大概 18 個月大就開始吐出兩個字組成的迷你句子，如「See baby」和「More cereal」。有些只是簡單重複父母講的話，但很多具有原創性。有個寶寶想到公園玩時說：「更多外面！」（More outside ！）而另一個在媽媽幫他洗掉手指上的果醬後說：「黏黏都走了！」（Allgone sticky ！）我最喜歡的一句是：「圈圈吐司！」（Circle toast ！）孩子一再重複叫，但他的爸媽就是聽不懂他要的是貝果。到了兩歲，孩童開始說比較長和比較複雜的句子，也開始使用語法詞素（grammatical morpheme），如 -ing、-ed、-s，以及助動詞。大概在快滿三歲和快滿四歲時，兒童碰到不規則動詞一概使用 -ed。所有兒童都是如此，雖然父母未必都能注意。

珍妮佛・甘傑（Jennifer Ganger）和我懷疑，至少部分語言發展的時機由身體發育時鐘控制，包括過去式規則在內。兒童可能在特定年齡開始學會規則，道理和他們在特定年齡長毛、長牙或乳房發育一樣。如果發育時鐘部分由基因控制，同卵雙生發展語言會比異卵雙生來得同步，因爲異卵雙胞胎只有一半基因相同。我們曾取得數百位雙胞胎的母親支持，逐日告知我們孩子講的新詞和字詞組合。紀錄顯示，同卵雙生的語彙成長，亦即第一次字詞組合及過去式錯誤率，時間都較異卵雙生一致。這個結果告訴我們，讓孩子說出 singed 的心智活動（mental event），至少部分是可遺傳的。然而第一個過去式的錯誤卻和遺傳無關。當一個雙生子第一次犯下 singed 的錯誤，同卵雙生的手足跟著犯錯的時間不會比異卵雙生更快。具有相同基因的兩個孩子一起學習語言，出現第一次過去式錯誤的時間間隔平均是 34 天，顯示在兒童發展過程中，純粹機率也是重要因素……

童言童語的錯誤在詩、小說、電視報導和親職教育網站上都是迷人的有趣題材，在科學上或許也可以幫助我們解開最複雜的謎團之一，也就是先天遺傳與後天教養孰重的問題。當一個孩童說「It bleeded」和「It singed」時，學習痕跡布滿整個句子。每個字的點點滴滴都是學來的，包括過去式字尾的 -ed 在內。錯誤本身來自一個尚未完成的學習過程：還未掌握 bled 和 sang 等不規則動詞變化。

如果沒有內在組織迴路來處理學習這件事，學習是不可能的，而這些錯誤提供我們線索了解內在迴路的運作方式。兒童天生就會注意字詞發音的微小差別，如 walk 和 walked。他們會爲句子意義或形式上的差異，尋找一套有系統的根據，而不會把差異當作語法上的偶然變化而忽略它。他們把時間二分爲過去和非過去；而且把一半時間線與短促的字尾相關聯。當在記憶中發現與規則對立的形式時，他們會擱置規則，這一定是與生俱來的傾向，因爲沒有來自父母的有效回饋，他們不可能有機會學到擱置原則（blocking principle）。他們對規則的運用部分受基因引導，雖然頭次使用的那一刻或許不是。孩童自發地把他們的新規則用在實驗人員或自己創造的廣泛字詞上，也用在不規則變化模糊得記不住的動詞上。孩童按照自己的語法系統邏輯把規則嵌在適當位置，把規則形式和某些字詞結構分開，也把不規則變化和其他形式分開。

我懷疑在我們心理的其他部分，天性和環境之間的互動也有類似情形：每一點內容都是學來的，但系統以一種內在指定的邏輯做學習工作。達爾文提過這種互動，他稱人類語言是「天生想要獲取的技能」，並且強調：「語言當然不是眞正的本能，因爲每一種語言都必須學習才會。不過它與所有一般技能差別極大，因爲人生來就想講話，從小孩子咿咿呀呀講不停就可知道；而沒有小孩生來就想釀酒、炊食或寫作。」

陶恩孩兒 Taung child

達特（Raymond Arthur Dart，1893-1988）

儘管達爾文曾經預測，循著人類祖先的足跡往回走，會一路走到非洲；但杜布瓦於 1890 年代發現「爪哇人」以後，海克爾的亞洲起源說比較盛行。不過 1925 年澳洲解剖學教授達特在南非得到一個頭顱化石，終究證明達爾文是正確的。

達特在一次世界大戰時擔任軍醫，戰後成爲倫敦大學學院的解剖學家，不久後離開，接下南非金山（Witwatersrand）大學新設教授職位。由於教學缺少標本，只要學生能夠提供有趣的骨頭，他就賞給他們一點錢。1924 年，薩洛蒙斯（Josephine Salomons）帶來一個狒狒頭骨化石。達特爲之著迷。這個頭骨化石來自波札納（Botswana）陶恩鎮（Taung）的採石場，達特要求相同地點如果發現其他化石，一定要送給他。

過了不久，有天達特收到一個盒子，當時他已經打扮整齊準備參加一場婚禮，還是抗拒不了誘惑而打開盒子，結果大吃一驚，他看到一個天然的大腦石模，還有臉骨、牙齒和下巴。1925 年，達特發表他對這個小非洲南猿（*Australopithecus africanus*）的描述，臉垂直、牙齒小，他宣稱小南猿就是無尾猿與人類之間「失落的環節」。起初反應相當熱烈，但鼓吹「皮爾當人」（Piltdown man）才是失落環節的英國人類學家濟斯（Arthur Keith）迅速反駁，表示達特的標本只是一個年輕無尾猿。

1930 年，達特抵達倫敦希望贏得支持，卻又碰上加拿大人類學家步達生（Davidson Black）和他的「北京人」造成轟動，達特光芒盡失。受此挫折，他放棄研究陶恩孩兒許多年。只有在南非工作的蘇格蘭醫生布魯姆（Robert Broom）相信達特。1936 年，布魯姆終於在史特克方丹（Sterkfontein）發現更多南猿化石。即使如此，還是要等到 1950 年代李基家族在非洲的重大發現問世，達特的說法才獲得肯定。

▶ **參見〈史前人類〉（148-149頁）、〈尼安德塔人〉（170-171頁）、〈爪哇人〉（216-217頁）、〈奧都韋峽谷〉（392-393頁）、〈古老的DNA〉（476-477頁）、〈納里歐柯托米少年〉（480-481頁）、〈遠離非洲〉（492-493頁）、〈冰人〉（504-505頁）**

右圖：非洲南猿是一種直立、雙足行走的「人猿」（man-ape）。很多專家相信南猿是現代人的祖先。

波粒二象性 Wave-particle duality

海森堡（Werner Karl Heisenberg，1901-76），薛丁格（Erwin Schrödinger，1887-1961），德布羅意（Louis-Victor de Broglie，1892-1987）

量子力學顚覆可預測的規律宇宙，換上比較難以捉摸的運作方式。爲什麼要這樣做？我們知道光的表現像波：它會產生干涉圖形，就好像水面的波紋。但浦朗克和愛因斯坦已經確定光以碎片形式行進，也就是我們稱作光子的粒子。光怎麼可能有時是波，有時是粒子？這個困惑，加上早期量子理論的其他矛盾，使物理學家不能不去尋找更能完整描述微觀世界的方法。而其中兩個人獲得了成功。

德國物理學家海森堡放棄圖像化描述方式，而在 1925 年設計了一套數學公式，把可觀察的相關現象聯結起來。隔年，奧地利物理學家薛丁格採取另一種方法，利用法國物理學家德布羅意提出的觀念，把電子等物質粒子也視爲波。薛丁格的波動方程式就在描述這些「物質波」如何運動。

兩人的理論其實是討論同一奇怪微觀世界的不同方法。按照量子力學的說法，每件東西既是波也是粒子，同時又不是波也不是粒子。一個量子體有可能擴展成一團不確定的模糊狀態，有可能同時出現在兩個地方，甚至本身形成干涉圖形。只有當你查看它在哪裡時，它才獲得一個特定的位置，並由既存的可能性中隨機選擇位置。因此有些現象事出無因，比方說，不穩定的核子隨時可能發生衰變，我們所能知道的只有它發生的機率。

用這樣的觀點看世界或許讓人不安，但相當管用。它可以解釋原子、核子和分子的常見特性，也藏在奇特的超導現象、玻思—愛因斯坦凝結（Bose-Einstein condensation）、白矮星、中子星的背後。很快地有一天，我們或許會擁有量子電腦，它的「位元」同時是 0 也是 1，而以空前的速度進行運算。

▶ 參見〈光的波動性質〉（118-119頁）、〈放射性〉（224-225頁）、〈量子〉（234-235頁）、〈超導現象〉（266-267頁）、〈量子電動力學〉（352-353頁）、〈資訊理論〉（354-355頁）、〈物質新態〉（510-511頁）

右圖：利用掃描穿隧顯微鏡與量子測不準特性，物理學家能測量個別原子的位置，同時重現化學元素和化合物的三度空間面貌。

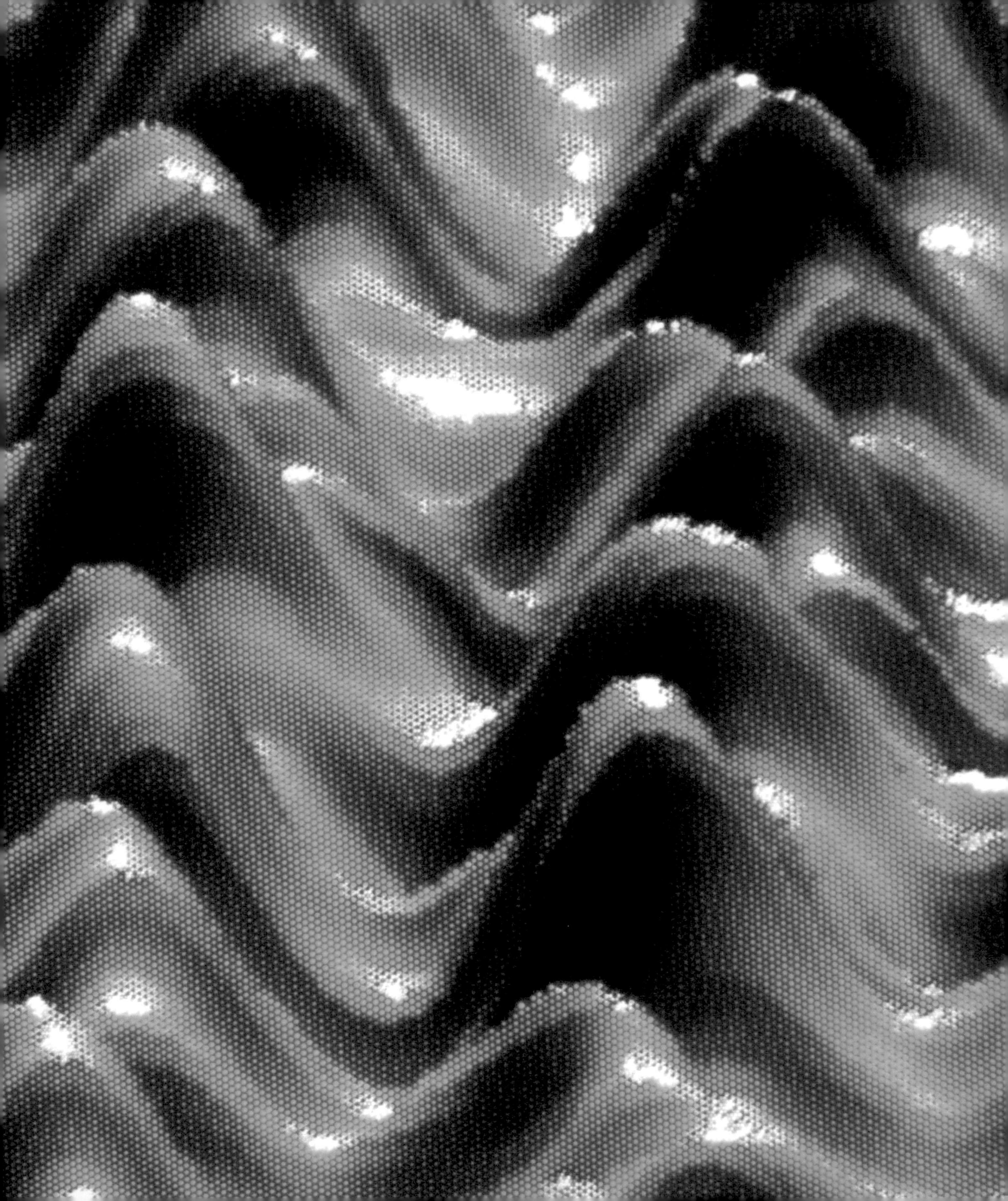

盤尼西林 Penicillin

弗萊明（Alexander Fleming，1881-1955）

「幸運之神眷顧有妥善準備的頭腦。」這是巴斯德的句子，很適合用來形容英國細菌學家弗萊明意外發現抗生素盤尼西林的經過。他當然有充分準備，1921 年他已經在鼻涕培養基中發現一種類似的溶解細菌物質，他稱之爲溶菌酶（lysozyme），不過這種物質不能純化供臨床使用，對付引發疾病的細菌也沒有特別效果。

七年之後，1928 年，弗萊明發現遭青黴菌（*Penicillium notatum*）意外污染的培養介質中，葡萄球菌不會生長，而在黴菌周遭生長的菌落透明且有水分。顯然黴菌生產了某種毒殺細菌的東西，弗萊明稱它盤尼西林（即青黴素）。稀釋的青黴菌液體抑制很多種類的細菌生長，包括葡萄球菌、鏈球菌、肺炎雙球菌，而且似乎不會傷害健康組織或干擾白血球的防衛作用。盤尼西林看起來有效又安全，但很難生產，而且不穩定，所以在弗萊明手上仍然只是實驗物品。

後來把盤尼西林變成抗生素的是澳洲病理學家弗洛瑞（Howard Florey）和德國難民生化學家錢恩（Ernst Chain）。弗洛瑞也和弗萊明一樣對溶菌酶感興趣。他確定這種酵素可以溶解細菌細胞壁的糖鏈，而且決心研究所有已知由黴或細菌產出而能消滅其他黴或細菌的物質。1940 年，弗洛瑞和錢恩在英國化學家希特利（Norman Heatley）協助下，製造出足夠做動物實驗的濃縮盤尼西林（約 100 毫克），在 1941 年完成第一宗人體試驗，效果顯著。美國在 1941 年底加入二次世界大戰的同時，也加入量產盤尼西林的競爭。在新發酵法幫助下，第一種特效藥很快上市。弗萊明、弗洛瑞和錢恩三人同獲 1945 年諾貝爾生理或醫學獎。

▶ 參見〈微生物〉（76-77頁）、〈霍亂與水泵〉（168-169頁）、〈細菌理論〉（202-203頁）、〈神奇子彈〉（262-263頁）、〈細菌的基因〉（332-333頁）、〈定向突變〉（494-495頁）

右圖：意外的發現：弗萊明當初培養出青黴菌的培養皿。

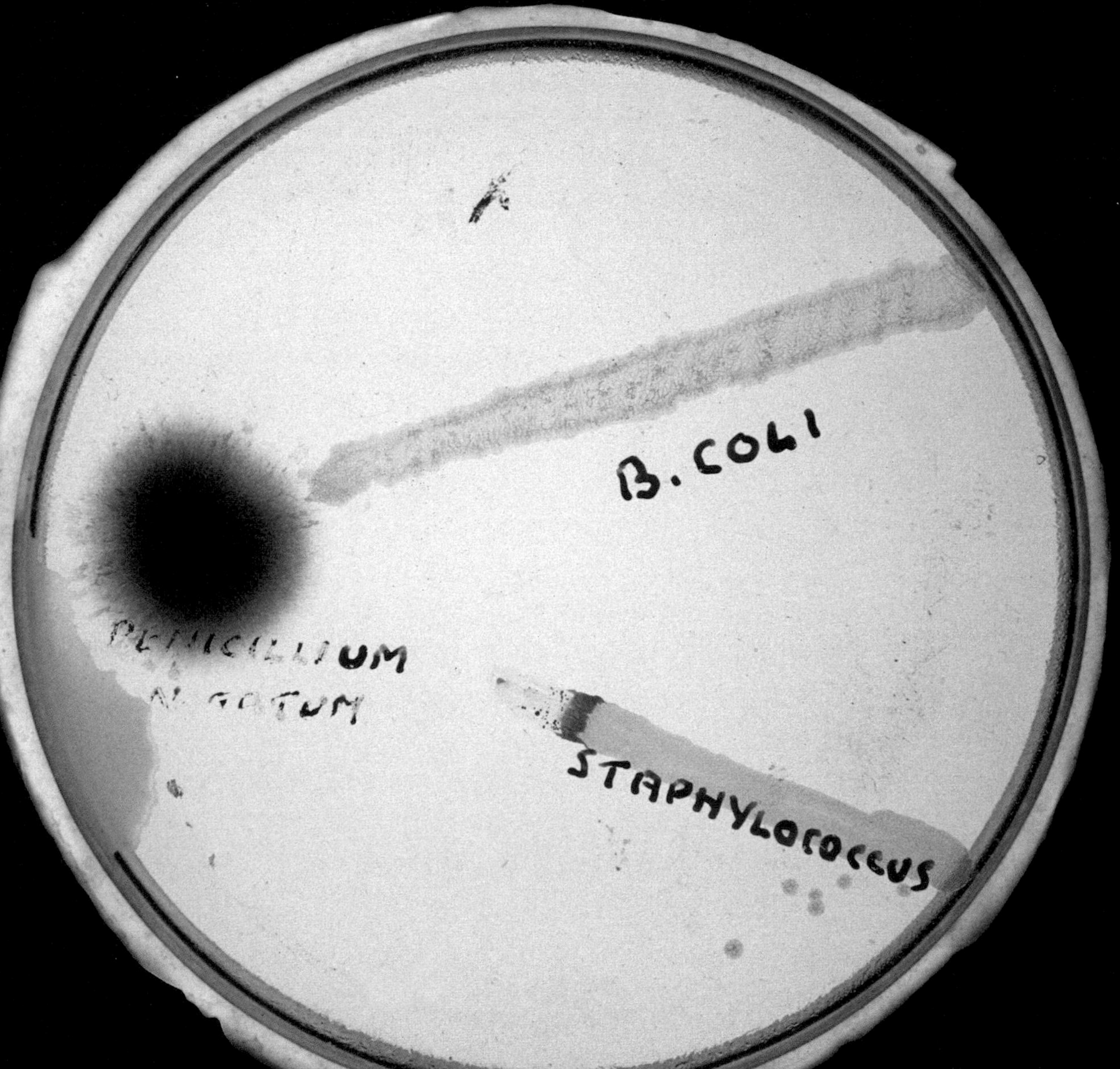

B. COLI

PENICILLIUM

STAPHYLOCOCCUS

1929

地磁倒轉 Geomagnetic reversals

松山基範（Motonori Matuyama，1884-1958）

古希臘人知道磁石（磁鐵礦）具有天然磁性，西元前 300 年的中國人把磁石做成「指南針」，這是世界第一個羅盤。他們發現，一根湯匙匙柄狀的磁石，端端正正放在圓盤上保持平衡，會一直指向南方；而在第一個千禧年開端時，中國人已經設計出第一具航海羅盤。

但要到 17 世紀才了解地球磁場的性質。1600 年，英國伊莉莎白女王的御醫吉伯特（William Gilbert）發表專著《論磁性》（*De Magnete*），書中表示地球本身是一個巨大的磁球，羅盤指針不指向天，而是指向地球磁極。到 1635 年又了解到，地球的磁場並非均勻分布在每個地方，它的強度和方向因地而異。

20 世紀初期發現許多火成岩冷卻結晶時磁化，排列方向與地球磁場平行。1906 年，法國物理學家布呂納（Bernard Brunhes）首先測量岩石磁化強度。但直到 1929 年日本地質學家松山基範才表示，地球磁場的兩極在過去兩百萬年間曾經倒轉。當時松山正在研究玄武岩的殘餘磁力，這種岩石保存磁場的狀況特別良好，結果在層狀連續熔岩中測出磁極轉換現象。換言之，磁北曾經變成磁南，而磁南反過來變成磁北。他的發現日後在發展板塊構造學說中扮演關鍵角色。

1960 年代，地質學家測量得知，過去五百萬年裡，磁極曾倒轉二十多次。磁場如何形成、爲什麼反轉，目前都還無法完全了解，但可能與地核液態外核的導電物質在地底深處不斷繞轉有關。

上圖：許多火成岩冷卻結晶時被地球磁場磁化，圖中的玄武岩保存磁場的情形特別良好。

▶ 參見〈天然磁力〉（50-51頁）、〈洪堡的旅程〉（114-115頁）、〈地球內部〉（250-251頁）、〈萬古磐石〉（252-253頁）、〈大氣循環〉（276-277頁）、〈板塊構造說〉（414-415頁）

右圖：巨大的磁石：19世紀中葉地球磁性已經標明在地表大半區域上。

PHYSIQUE ILLUSTRÉE.

MAGNÉTISME.

膨脹的宇宙 Expanding universe

哈伯（Edwin Powell Hubble，1889-1953）

第一次世界大戰甫結束，美國就在加州帕沙迪納（Pasadena）威爾遜山建造了一座天文望遠鏡，稱作虎克（Hooker），口徑達 2.5 公尺，讓美國天文學家哈伯受惠良多。他利用這座當時最大口徑的絕妙反射望遠鏡，證實另一美國天文學家斯里弗（Vesto Melvin Slipher）1914 年的光譜資料正確。根據這份光譜資料，許多稱作星雲的朦朧光斑其實是遙遠的星系，與我們的銀河系相似。哈伯進一步把這些星系分類爲正常旋渦星系、棒旋星系、橢圓星系和不規則星系。雖然他起初相信自己的分類呈現一種演化順序，後來也懷疑和事實不符。而我們現在知道他弄錯了。

斯里弗花了數百小時測量暗淡的遙遠旋渦星雲的光譜。光譜線的「都卜勒位移」（Doppler shift）朝光譜紅端移動，顯示幾乎所有星雲逐漸離我們遠去。到了 1925 年他已利用「紅移」找出 44 種視向速度。由於最大視向速度每秒超過一千公里，斯里弗因此判斷星雲在銀河系之外。哈伯則專心估算星雲的距離。1929 年，他和同事赫馬森（Milton Humason）收集了 49 個旋渦星雲的數據資料，此時星雲已經開始改稱星系了。哈伯訝異發現星系愈遙遠，紅移便愈大，換言之，離開我們的速度愈快。紅移與距離的關係暗示，宇宙正持續膨脹（或說「擴張」）中，而且在某個時間點上有一個確切起始點。比利時宇宙學家勒梅特（Georges Lemaître）與蘇聯數學家費萊德曼（Aleksandr Friedmann）曾根據愛因斯坦廣義相對論做過宇宙膨脹的預測，哈伯的觀測與他們的預測相符合 。

這種速度與距離的關係梯度稱爲「哈伯常數」，也就是宇宙膨脹速度。倒過來可以測量宇宙的年齡：大霹靂發生以來消逝的時間。可惜最初的哈伯常數值估算宇宙年齡只有數十億年，比地球還年輕。後來重新估算銀河距離，才消除這種矛盾。目前一致看法是宇宙年齡約 130 億年。

▶ 參見〈光譜線〉（130-131頁）、〈都卜勒效應〉（156-157頁）、〈螺旋星系〉（160-161頁）、〈萬古磐石〉（252-253頁）、〈我們在宇宙的位置〉（280-281頁）、〈創世餘暉〉（412-413頁）、〈統一力〉（416-417頁）、〈大吸子〉（498-499頁）

右圖：放眼宇宙：1992年，哈伯正透過威爾遜山100英吋口徑的牛頓式望遠鏡觀天。他是牛津大學羅德獎學金得主，卻放棄讓人羨慕的法律事業鑽研天文。

1931

數學極限 Limits of mathematics

哥德爾（Kurt Gödel，1906-78）

數學一直被認爲是人類最精確和最有邏輯的努力成果。所以爲什麼不嘗試把整個數學放在形式邏輯的基礎上，讓它徹底嚴謹？20世紀初，數學家曾試圖把符號邏輯運用在最基本的數學系統——算術上，然後把其他所有數學分支，包括最根本的數字觀念，統統建立在符號邏輯基礎上。最引人注目的嘗試，是英國哲學家羅素（Bernard Russell）與數學家暨哲學家懷海德（Alfred North Whitehead）合著的鉅作《數學原理》（*Principia Mathematica*，1910-13）。1900年，德國數學家希爾伯特（David Hilbert）還表示，希望有人能夠證明算術既完備又有自我一致性，任何數學命題都可以毫不含糊地證明眞僞。

1931年，奧地利數學家哥德爾出手重擊上述兩種野心。哥德爾本來是維也納大學教授，1938年才剛結婚就經由蘇俄和日本移民美國，加入普林斯頓高等研究院。他在1931年的論文提出兩項經典證明，也就是著名的「不完備定理」（incompleteness theorems）。第一項定理顯示，任何公設系統，甚至像算術這麼基本的系統，都包含有自身無法證明眞僞的命題。這類命題就好像說「這個句子是錯的」，陳述是眞或僞無法確定。第二項定理則闡示，任何邏輯系統，甚至像算術這樣的系統，都不完備。如果沒有外在幫助，它無法證明本身內在的一致性。

然而不完備不必然代表數學無效。電腦——基本上是算術機器——出現後，數學家把注意力轉向實用面，尋找有哪些問題可以用電腦來計算，而較少理會有哪些問題可以用哲學推定。但電腦終究無法回答每道數學問題，因此數學基本上仍然屬於一種人類的創造活動。

上圖：哥德爾懷疑他的醫生要毒害他，最後死於「精神病造成營養不良和虛弱」。

▶ 參見〈歐幾里德的《幾何原本》〉（20-21頁）、〈電腦〉（340-341頁）、〈四色圖定理〉（450-451頁）

右圖：基礎動搖：義大利數學家巴喬里修士（Luca Pacioli）1543年版《計算概要》（*Summa Arithmetica*）的插圖顯示數學各分支的關係。

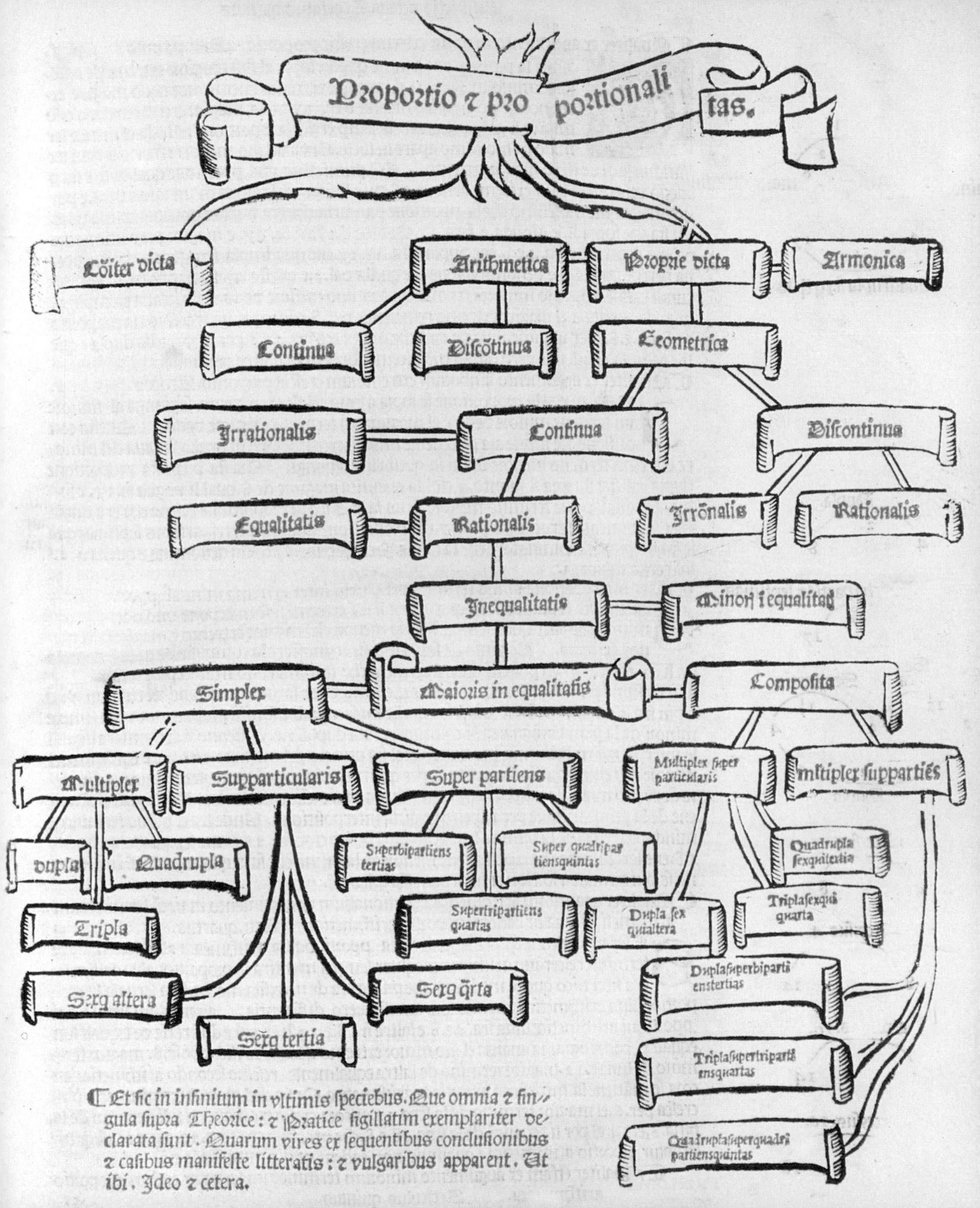

Et sic in infinitum in vltimis speciebus. Que omnia ⁊ singula supra Theorice: ⁊ Pratice sigillatim exemplariter declarata sunt. Quarum vires ex sequentibus conclusionibus ⁊ casibus manifeste litteratis: ⁊ vulgaribus apparent. Ut ibi. Ideo ⁊ cetera.

1931

白矮星 White dwarfs

錢卓（Subrahmanyan Chandrasekhar，1910-95）

1844年，天狼星跨越天際時，這顆北方天空最亮的星卻顯得步履蹣跚，搖搖晃晃。它受到一顆昏暗得看不見的伴星重力牽扯。由它的軌道判斷，這顆伴星（「天狼B星」，天狼星是A星）質量必然和太陽相同，而且大小應該也和太陽差不多，只是比較暗淡、比較冷。但在1915年，美國天文學家亞當斯（Walter Sydney Adams）得到的光譜顯示，天狼B星和A星一樣熱，而且比太陽熱。熱又昏暗，代表這顆星必然是一顆微小的星，體積比較接近地球而非太陽。

當太陽之類的恆星走到生命盡頭，核融和支持力不復存在時，就會塌陷形成像天狼B這種「白矮星」。英國天文學家愛丁頓（Arthur Stanley Eddington）在1920年代算出白矮星密度超過水的十萬倍。在這種奇特物理狀態中，原子緊密靠在一起，緊得身上所有電子都被剝除。最後量子效應阻止這些「簡併態」（degenerate）電子進一步擠壓，而造成穩定恆星的外向壓力。

但有時外向壓力無法阻止進一步重力塌陷。質量比較大的白矮星實際上體積反而比較小，這個事實吸引了聰明的印度天文物理學家錢卓。1931年他斷言，恆星質量如果超過太陽的1.44倍，這顆恆星不可能穩定。它會演出超新星爆炸，炸掉表面的多餘質量，或者質子再抓住電子產生中子和微中子。質量是太陽的1.44至3.2倍的恆星，可能形成穩定的中子星。質量超過太陽的3.2倍，則會繼續塌陷，逐漸形成黑洞。

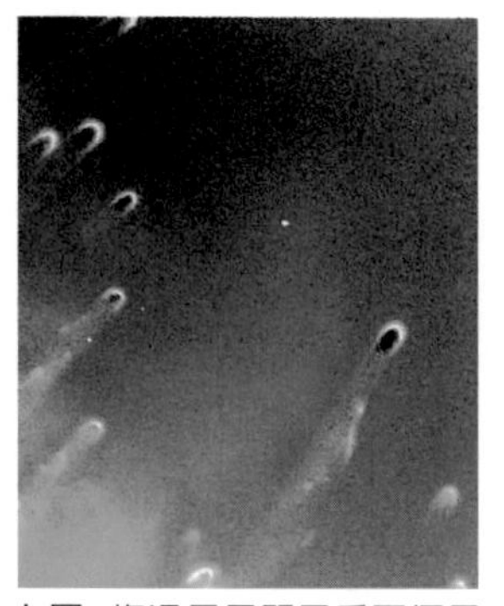

上圖：旋渦星雲顯示垂死恆星附近兩團氣體相撞的結果。蝌蚪狀的氣體稱作「彗星結」。

▶ 參見〈恆星演化〉（286-287頁）、〈脈衝星〉（420-421頁）、〈伽瑪射線爆發〉（434-435頁）、〈黑洞蒸發〉（440-441頁）、〈超新星1987A〉（488-489頁）

右圖：MyCn18「沙漏星雲」讓人見識行星狀星雲的瑰麗與詭異，看到和太陽相似的恆星垂死時如何餘暉閃爍。圖中央的明亮白點是原始恆星殘留下來的白矮星。

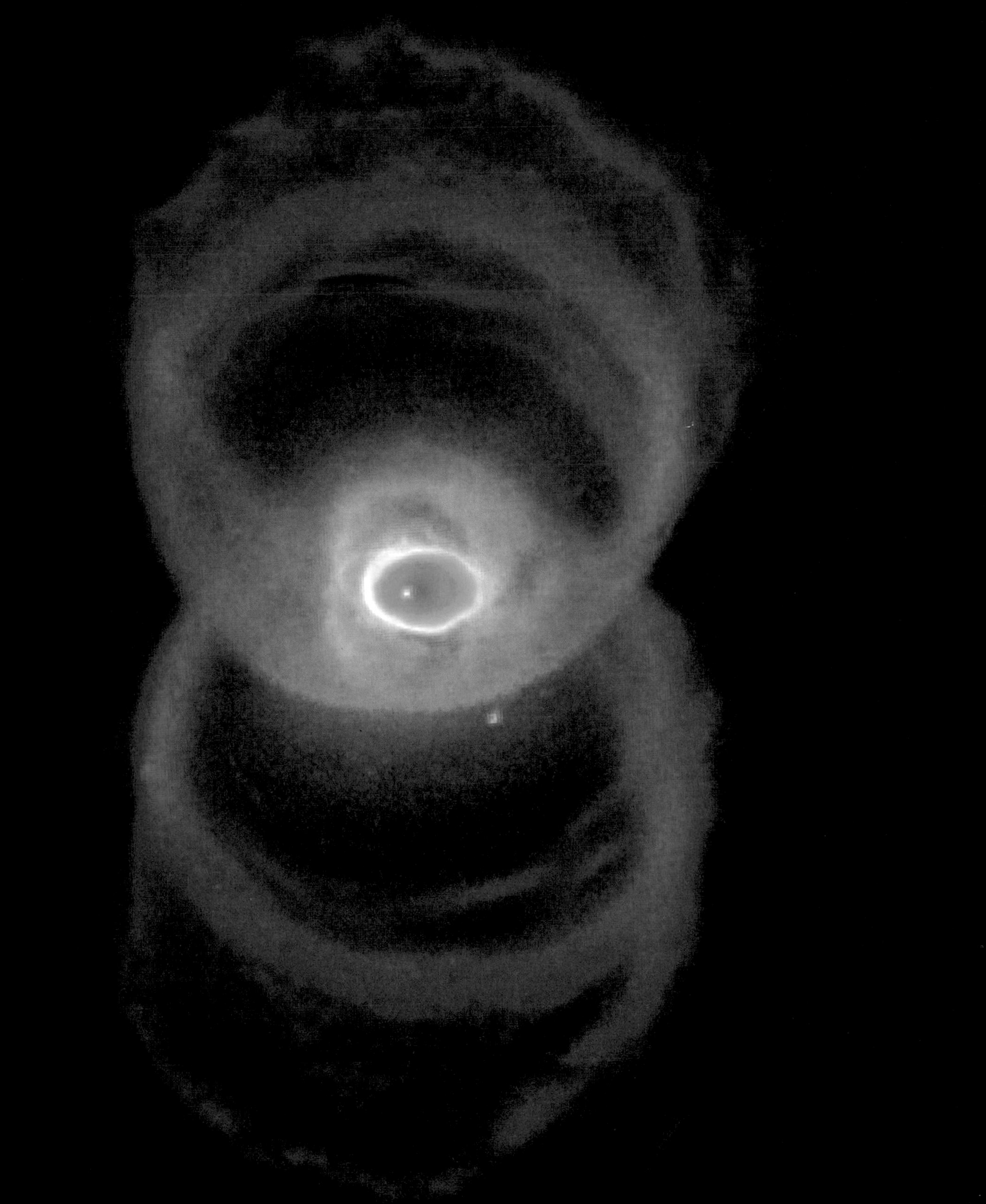

中子 The neutron

查德威克（James Chadwick，1891-1974）

1920 年代，物理學家認爲萬物都由兩種元件構成：電子與質子。當時盛行的理論認爲，在每個原子裡，重量輕、帶負電的電子繞著微小緊密的原子核快速飛馳，原子核包含帶正電而重量大的質子，還有更多的電子。

然後在 1930 年代初出了意外。物理學家發現，α 粒子放射線能誘使輕元素鈹的樣本放出不同形式的射線，這種射線還特別善於把其他元素的質子撞出來。1932 年，英國物理學家查德威克在劍橋重複進行這些實驗，並發現如果 α 粒子從鈹原子核撞出了其他粒子，他能解釋接下來的現象，每個撞出的粒子都像質子般重，不過沒有電荷，而這些中性粒子接著又會撞出其他元素的質子。

查德威克一度以爲他的「中子」不是基本粒子，只是緊密結合的電子和質子。但 1934 年測量結果顯示，中子稍微重了些，不可能是電子和質子的結合。物理學家不得不接受物質有一個新基本成分。構成原子核的不是質子和電子，而是質子和中子。一個特定元素的各種同位素的質子數相同，但中子數不同，因此具有相同的化學性質，可是重量不同。

此一發現讓核子物理學在 1930 年代飛快發展。中子是核子連鎖反應的關鍵，每個原子核分裂時，中子飛出像砲彈碎片，擊中其他核子，又再引發分裂，而這種連鎖反應可以推動發電機、引爆原子彈。中子現在也有不那麼暴力的用途，可以用作物質結構的探針，因爲不帶電，不會被原子周遭的電荷偏轉。

▶ **參見**〈原子理論〉（124-125頁）、〈元素週期表〉（196-197）、〈放射性〉（224-225頁）、〈電子〉（228-229頁）、〈量子〉（234-235頁）、〈原子模型〉（272-273頁）、〈核能〉（330-331頁）、〈夸克〉（408-409頁）、〈統一力〉（416-417頁）、〈超弦〉（474-475頁）

右圖：原力：拉塞福（右）在劍橋的卡文迪西實驗室。左側門通往查德威克發現中子的房間。

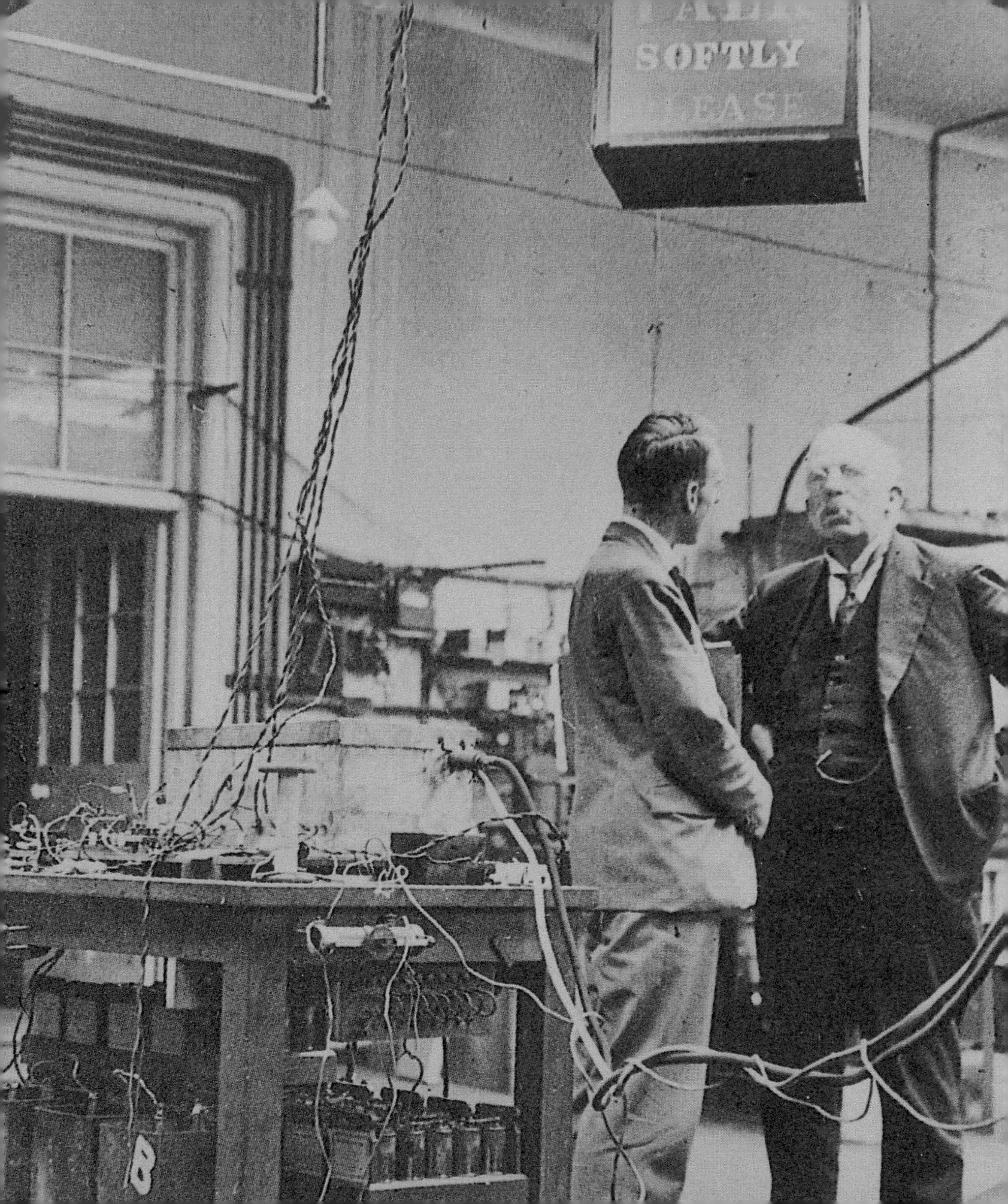
SOFTLY

反物質 Antimatter

狄拉克（Paul Adrien Maurice Dirac，1902-84）
安德森（Carl David Anderson，1905-91）

狄拉克發現了反物質。1928 年，他著手尋找新版本的量子力學，因爲薛丁格的波動方程式與愛因斯坦的狹義相對論不合，結果卻意外找到一個比較複雜的程式，能夠適合狹義相對論——但也隱含著與電子有關的其他東西。

首先，這個程式要求粒子本身自動旋轉。幸運的是，剛好兩年前發現了電子的自旋性質。而程式牽涉的另一個問題就比較麻煩。狄拉克對程式所做的詮釋意謂必然有另一種形態的電子存在，一種帶正電荷而非負電荷的粒子。但安德森隨之在 1932 年發現，這種粒子出現在宇宙射線撞擊裡。他稱之爲正子。

狄拉克認爲質子應該也有反物質形式，而最終也發現了反質子。事實上，後來證明大多數粒子都有一個反物質對應。狄拉克甚至猜測可能有全部由反物質構成的恆星和太陽系。但他很可能猜錯。當粒子碰上它的反粒子時，兩個會同歸於盡，而迸發放射線。如果狄拉克的臆想爲眞，天文學家會在物質與反物質交界處看到洩露反物質行藏的放射線。因此，不管出於什麼理由，宇宙大部分是物質。

但地球上有一些反物質。某些種類的放射性原子會放出正子；正子與電子互相毀滅時產生的獨特放射線，目前已被醫界用在正子斷層攝影，或稱 PET 掃描上。瑞士日內瓦歐洲核子研究中心（Conseil Européen pour la Recherche Nucléaire ，簡稱 CERN）的物理學家正在製造比較具體一點的反物質，他們把正子與反質子結合，形成幾個反氫氣原子。反氫原子應該看起來和氫原子毫無二致。要是結果不一樣，物理學或許必須全盤翻新來解釋原因。

▶ 參見〈放射性〉（224-225頁）、〈狹義相對論〉（244-245頁）、〈波粒二象性〉（300-301頁）、〈左旋的宇宙〉（380-381頁）、〈夸克〉（408-409頁）、〈伽瑪射線爆發〉（434-435頁）、〈黑洞蒸發〉（440-441頁）、〈超弦〉（474-475頁）、〈頭腦圖像〉（478-479頁）

右圖：氣泡室裡不可見的伽瑪射線光子產生成對的電子（綠色）和正子（紅色）。

尼龍 Nylon

卡羅瑟斯（Wallace Hume Carothers，1896-1937）

1928 年，美國化學家卡羅瑟斯加入總部設在德拉瓦州（Delaware）威明頓（Wilmington）的杜邦（DuPont）公司，負責領導一組人員研發新聚合物。聚合物（或稱高分子）由成千上萬不斷重複的分子單元組成。有機聚合物包括纖維素、橡膠和羊毛。1931 年，卡羅瑟斯聚合單一碳氫化合物，做出了氯丁橡膠，換言之，他只用一種碳氫分子重複連結成長鏈（多達一百萬個原子），得到這種合成橡膠。

卡羅瑟斯相信，不同種類的分子也可以首尾相連形成聚合物。1934 年，他轉向注意天然纖維少不了的化學鍵，尋找會產生這些鍵的分子，例如絲就是醯胺鍵連結的聚合物。胺和酸反應會產生醯胺，而卡羅瑟斯顯示，可以用具有六個碳原子鏈的分子製成良好的聚合物。胺的碳原子鏈兩端各是一個胺基，會與兩端爲酸基的變體酸反應。當這些化學物質混合時，會立即反應，尾端相接產生聚醯胺（6,6'-polyamide），一種非常強韌的聚合物，可以拉長成爲像絲般的細線。

商業生產從 1939 年開始，取名尼龍 66（Nylon 66）。一般認爲這個名字是 New York 和 London 的合成字，事實不然。杜邦公司原來希望稱這種新原料 Nulon 或 Nilon，但這兩個名字已有人註冊使用，最後只好採用 Nylon。杜邦公司把尼龍製成迷人的長襪，在 1939 年舊金山萬國博覽會和紐約世界博覽會展出，一砲而紅。可惜那時卡羅瑟斯已經死了，他得了憂鬱症，兩年前自殺。

雖然尼龍絲襪立刻鋪貨到商店出售，不過只賣了很短時間；二次世界大戰時，政府徵收了所有尼龍原料，拿來製作傘兵所需的降落傘。

▶ 參見〈淡紫染料〉（172-173頁）、〈苯環〉（190-191頁）

右圖：尼龍問世不只帶動絲襪工業，還預示合成纖維的新紀元來臨，化學家逐漸掌握製造聚合物的知識。

動物本能 Animal instincts

弗里希（Karl von Frisch，1886-1982），勞倫茲（Konrad Zacharias Lorenz，1903-89），丁柏根（Niko Tinbergen，1907-88）

動物行為研究很晚才加入生物學領域。整體解剖已經做了幾個世紀，細部解剖和分子機制研究在適當技術出現之後也變得可行。但要做動物行為的科學研究，必須先解決兩個問題。擬人化是其一：用動機來解釋行為似乎僅僅適用於人類，例如，你可以問一個人：「你怎麼走這條路？」他會回答：「因為我想回家。」而動物不會回答，內在動機又無法觀察，以致很難或甚至不能做科學研究。

另一個問題是行為的定義模糊，我們很難用界定腿、手或眼的方法來界定行為。1930 年代，三位科學家各自展開動物行為研究，其中兩位是奧地利人（弗里希與勞倫茲），一位是荷蘭人（丁柏根），他們避開擬人化，使用與科學界其他領域完全相同的客觀觀察和實驗技巧。

弗里希的偉大發現是揭露蜜蜂的舞蹈語言。蜜蜂必須和蜂巢同伴溝通食物所在的方向、距離和數量。牠們傳達訊息的方法是跳一種特別的「搖擺」舞，弗里希在實驗中更動食物來源位置，然後靠著仔細觀察，破解了蜜蜂舞蹈密碼。

勞倫茲和丁柏根並非以單一偉大發現著名；相反的，他們各自做了一系列堪為典範的研究。勞倫茲以馴化動物為主要對象，貼近觀察。他研究幼小動物跟從特定對象的「銘記」行為，通常跟的是父母，但如果勞倫茲在適當時間介入，牠們可能會跟從勞倫茲。丁柏根則以野生環境的非馴養動物為主。他是非侵入性實驗大師，揭露了行為背後機制。他最出名的實驗是，利用模型海鷗嘴喙，辨識雛鷗向父母索食時使用的刺激信號。

▶ 參見〈制約反射〉（242-243頁）、〈行為增強〉（322-323頁）、〈賽局理論〉（336-337頁）、〈蜜蜂溝通〉（338-339頁）、〈黑猩猩文化〉（396-397頁）、〈合作演化〉（406-407頁）、〈記憶分子〉（470-471頁）

右圖：扮演媽媽 勞倫茲發現新孵化的小鵝會傾向於跟從任何移動中的物體，把它認作媽媽，感情上依附它，即使這個物體是勞倫茲本人亦然。

1937

檸檬酸循環 Citric-acid cycle

克雷布斯（Hans Adolf Krebs，1900-81）

人們早已知道動物「燃燒」食物以取得能量。18 世紀下半，拉瓦錫提出可信的分析顯示，動物在「呼吸」當中產生二氧化碳和水。到了 19 世紀，德國化學家李比希（Justus von Liebig）測量動物吸收的脂肪、糖和碳水化合物，再檢查排出的水、二氧化碳和尿液。但進出之間發生了什麼變化，則不在他的關心範圍內。

本來大家就認爲，植物合成有機分子，動物只是將之分解而已，李比希的作法使這種信念更加鞏固。不過科學家漸漸發現動物可以合成複雜的分子，而有機體內的活動，絕不是單純的吸收、排出。「中間代謝」問題困擾了 19 世紀末許多化學家，包括克雷布斯的老師瓦爾堡（Otto Warburg）。瓦爾堡的壓力計是一件簡單的實驗裝置，可以收集組織切片在不同環境和化學藥品中產生的少量廢物。

利用瓦爾堡的壓力計，克雷布斯探討各種代謝途徑，起初在德國做，待納粹整肅異己時，逃到英國繼續做。他是第一位描述「鳥胺酸」（ornithine）循環的科學家；身體排除廢尿素的過程牽涉到這種循環。接著他把注意力轉到碳水化合物代謝。從 1930 年代晚期開始，一系列嚴謹的實驗證明檸檬酸在分解碳水化合物過程中扮演要角。更多的研究揭露這是一種普遍的代謝途徑，動物用來代謝許多複雜分子。檸檬酸循環（又稱「克氏循環」）可以逆轉，成爲了解生物體內合成與分解兩種反應的重要關鍵。克雷布斯與美籍德裔生化學家李普曼（Fritz Lipmann）共同獲得 1953 年諾貝爾生理或醫學獎；李普曼因發現代謝過程中的基本酵素而得獎。

▶ 參見〈燃燒〉（94-95頁）、〈氫和水〉（98-99頁）、〈合成尿素〉（142-143頁）、〈調節身體〉（188-189頁）、〈固氮作用〉（208-209頁）

右圖：能量轉換。班尼斯特（Roger Bannister）在1954年創下四分鐘跑完一英哩的紀錄。就在前一年，克雷布斯因研究生物如何從食物獲得能量而獲頒諾貝爾獎。

AAA
41

行爲增強 Behavioural reinforcement

史金納（Burrhus Frederic Skinner，1904-90）

史金納鼓吹的觀念認爲，我們的行爲多半按照嚴格的法則「塑造」與「增強」。他是絕對的行爲主義者，不理會行爲的心理、生理和神經基礎，只管個體行動與結果之間的關係。他的實驗工作主要使用老鼠和鴿子，很有名的一項實驗是證明鴿子可以訓練成投彈員。他發明了一個密封的「史金納箱」，裡面的鴿子或老鼠有孔洞可啄或有控制桿可壓，燈光則以不同組合方式開啓或關閉，還有機制分送一點食物或給予電擊。

他的實驗顯示，動物能夠學會以特定方式行爲，只要按照動物表現符合要求的程度，給予選擇性的獎賞或懲罰（分別是正和負「增強」）。他還發展出複雜而有時違反直覺的增強行爲相關法則，例如，經由部分增強建立的行爲（只是有時給予獎賞），當取消獎賞時，行爲消失所花的時間往往比恆常增強建立的行爲來得長，這就是所謂「部分酬償抗消除效果」（partial reinforcement extinction effect）。

史金納的「操作制約」方法見諸 1938 年出版的《有機體行爲》（*The Behaviour of Organism*），與巴夫洛夫的「古典制約」方法不同。在操作制約中，有機體經由選擇性的賞罰學會新行爲；在古典制約中，有機體以建立好的方式反應新刺激。巴夫洛夫的狗學會聽到鈴聲流口水，史金納的鴿子學會以複雜的模式啄孔洞以獲得食物。史金納的觀念影響深遠，而且進入日常生活思考中，因爲他的方法確實能夠應用在廣泛的學習情境中。後來他和喬姆斯基對於人類是否具有語言本能意見相左，史金納堅持語言由塑造學得，並藉由經驗增強。

▶ 參見〈制約反射〉（242-243頁）、〈動物本能〉（318-319頁）、〈服從心理〉（402-403頁）、〈記憶分子〉（470-471頁）

右圖：史金納箱裡的老鼠終於學會按壓控制槓，獲得食物獎賞，從而強化行為。

活化石 A living fossil

拉蒂莫（Marjorie Courtenay-Latimer，1907-2004）
史密斯（James Leonard Brierley Smith，1898-1968）

發現腔棘魚（*Latimeria chalumnae*）應該是最好的捕魚故事之一，當然也是 20 世紀最重大的生物發現之一，因爲這是碩果僅存的腔棘魚。1839 年，瑞士博物學家阿加西最先將腔棘魚描述成已經滅絕的原始硬骨魚，認爲它約在八千萬年前，也就是在白堊紀時代完全消失。

就在 1938 年耶誕節前，南非的東倫敦博物館館長拉蒂莫接到一通電話，來電的古森斯（Hendrik Goosens）船長有些魚要請她看看。拉蒂莫回憶：「我揀開一層層黏泥巴，底下露出我不曾見過的最美麗的魚。」古森斯船長也說，那條魚確實讓人驚艷，身長五呎、淺藍色大鱗片、兩對像四肢的鰭，以及裂成三瓣的奇特魚尾。他在南非、馬達加斯加和科摩羅群島之間的印度洋拖網捕魚 30 年，從未見過像這樣的魚。

拉蒂莫沒有辦法保存這麼大條魚，只好剝皮製成標本，所幸剩下的部分足以讓南非魚類專家史密斯（J. L. B. Smith）判定這是腔棘魚，一種活化石，而且認出它在演化史上的潛在重要性。當時希望解剖魚體能夠幫忙確定到底哪種魚族爬出水面，成爲最早在陸地上四腳爬行的脊椎動物。在 1939 年大戰開打前的陰沈時刻，腔棘魚的故事登上了全世界的報紙頭版。

由於缺少軟組織部分，史密斯解開演化之謎的希望遭遇挫折，到了 1952 年才又捕獲更完整的標本，顯示這種史密斯稱爲「老四腳」（Old Fourlegs）的腔棘魚不是我們的四足祖先。1987 年攝得的影片顯示，腔棘魚利用鰭在水中平衡身體，而不是在海床行走。1998 年在印度洋水域發現新的腔棘魚族群，代表這些古代倖存者未來還有很長的時間要和我們作伴。

▶ 參見〈比較解剖學〉（106-107頁）、〈始祖鳥〉（180-181頁）

右圖：舉世矚目的「第二條腔棘魚」於1952年在科摩羅群島捕獲。當時普遍相信腔棘魚含有長生不老物質，事實上這種長命物種只是[illegible]

DDT

穆勒（Paul Hermann Müller，1899-1965）

殺蟲劑 DDT（二氯二苯基三氯乙烷）是瑞士化學家穆勒於 1939 年發現的，當時他正在替蓋吉製藥公司（J. R. Geigy）工作。他的研究顯示，DDT 對付虱子、科羅拉多金花蟲、蚊子和好幾種害蟲都很有效。此外，DDT（顯然）對人體無害，而且便宜又容易生產。接下來 30 年裡共製造了 300 萬噸。

DDT 第一次展現威力是在二次世界大戰期間，美軍使用它成功控制了一次斑疹傷寒大爆發。斑疹傷寒是致命性傳染病，由虱子散播，戰爭期間經常流行。這次斑疹傷寒出現時，傳統除虱方法無效。1944 年 1 月，美軍大打 DDT，共噴灑在一百多萬人身上，三週不到就控制住疫情，這是在冬季對抗斑疹傷寒第一次如此神速。利用 DDT 消除各種傳染瘧疾的蚊子也非常有效，甚至家裡的蒼蠅都會死在 DDT 之下，因此減少了腸道疾病發生，如副傷寒、副痢疾等。

由於 DDT 對大眾健康貢獻卓著，穆勒於 1948 年獲頒諾貝爾生理或醫學獎。但在 1962 年，美國作家瑞秋．卡森（Rachel Carson）寫了一本空前著作《寂靜的春天》（*Silent Spring*），書裡敲響警鐘，指出使用 DDT 必須付出破壞環境的代價。它的化學性質穩定，起初認爲是優點，結果卻發現它因此能長久留在土壤和水中。卡森寫道，不計種類的野生動物統統中毒受害。現在懷疑 DDT 也在人體組織裡累積，或許也讓人生病。美國和其他已開發國家從 1972 年起禁用 DDT，然而開發中國家仍用來控制瘧疾。許多昆蟲已經發展出對 DDT 的抗藥性，科學家正著手尋找更安全、更有效的替代殺蟲劑。

▶ 參見〈溫室效應〉（184-185頁）、〈瘧原蟲〉（230-231頁）、〈綠色革命〉（428-429頁）、〈臭氧層破洞〉（438-439頁）

右圖：1945年紐約長島測試噴灑DDT的新機器，海灘上玩樂的人被噴得滿身也不在意。

D.D.T.
Powerful Insecticide
Harmless to Humans
Applied by
TODD INSECT FOG APPLICATOR

蝙蝠回聲定位 Bat echolocation

葛里芬（Donald Griffin，1915-2003），蓋蘭波（Robert Galambos，1914-）

利用聲音而非視覺來引導飛行，以及在黑暗中捕食，並不是蝙蝠專有的本事，但這種系統的演化確實是在這種動物身上達到頂點。

18 世紀晚期，義大利博物學家史帕蘭扎尼利用瞎眼蝙蝠證明，蝙蝠可以在完全黑暗的狀態下飛行，不會撞上途中任何物體；他的實驗還顯示，如果罩住蝙蝠的頭，牠們就會失掉這種能力；由此可見有另一種感官牽連在內。瑞士動物學家，也是與史帕蘭扎尼同時代的朱利尼（Charles Jurine）首先指出聲音是關鍵，如果封住蝙蝠的一隻耳朵，牠就會失掉在黑暗中避開障礙的能力。朱利尼還證明蝙蝠的耳蝸能接收人類無法察覺的聲音頻率。

相信蝙蝠利用聲音勘測周遭環境的看法，到了 1940 年代終於由美國科學家葛里芬和蓋蘭波證實。他們的研究顯示，蝙蝠會發出超音波，再根據回音辨認物體的位置，並判斷距離；而我們聽不到超音波。兩人也證明蝙蝠利用回聲定位方式在黑暗中捕食飛蛾；後來的研究讓故事益發離奇：有些飛蛾演化出偵測蝙蝠超音波的能力，可以採取躲避動作；而另一些飛蛾發出高頻聲音，擾亂蝙蝠的回聲系統。這是掠食者和獵物之間演化出「軍備競賽」的典型例子。

不是每種蝙蝠都具備回聲定位能力，也有少數例外沒有的，而只有屬於食蟲的小翼手亞目的蝙蝠才具有充分發展的系統。回聲定位系統也在與蝙蝠不相關的鳥類和哺乳類身上演化出來，其中包括棲息在洞穴的油鳥和雨燕，以及一些夜行性鼩鼱、齒鯨和鼠海豚，牠們全都在人類經驗所無法企及的感官世界裡活動。

▶ 參見〈動物本能〉（第318-319頁）、〈蜜蜂溝通〉（338-339頁）

右圖：在我們聽不到的世界中，大蹄鼻蝠利用常頻回聲捕捉空中飛蛾。

1942

核能 Power from the nucleus

漢恩（Otto Hahn，1879-1968），史查斯曼（Fritz Strassmann，1902-1980），莉絲．梅特納（Lise Meitner，1878-1968），弗瑞士（Otto Robert Frisch，1904-79），費米（Enrico Fermi，1901-54）

二次世界大戰爆發前幾個月，物理學家找到方法釋放原子核的能量。當時德國科學家漢恩和史查斯曼發射中子撞擊一塊鈾，產生了一些原子，似乎是鋇，一種比鈾輕許多的元素。1939年初，莉絲．梅特納和弗瑞士想到，鈾原子核一定裂成了兩半。他們隨後做了鈾核分裂實驗，釋出巨大的能量。

而在能量之外，還有一些東西跑出來。物理學家發現，分裂中的鈾核會丟出兩或三個中子，這些中子飛出，又去裂解別的鈾核，後者接著放出更多中子。這樣的連鎖反應，會把整塊鈾的能量完全釋出。

大戰期間，同盟國害怕希特勒領導下的德國會利用核子分裂製造毀滅性武器，因此投下大量資源搶先發展。1942年12月2日，義裔美籍物理學家費米和他的團隊在芝加哥大學完成第一次自動持續（self-sustaining）連鎖核反應。費米的反應器設計目的是要製造鈽，一種也會分裂的人工元素。

第一顆原子彈以鈽為原料。1945年7月16日在新墨西哥州三一點（Trinity）試爆，威力相當於18,000噸黃色炸藥。另外兩顆原子彈——「小孩」（Little Boy）和「胖子」（Fat Man）8月投在日本長崎和廣島兩個城市，奪走數十萬人性命。

分裂式核子反應爐目前供應全世界將近五分之一電力。不過大部分國家不敢依賴核能發電，一方面擔心維護安全及處理核廢料成本太高，另方面也害怕發生像1986年車諾比那樣的事故。但現在擔心燃燒石化燃料造成氣候變化，或許會讓核能比較受歡迎。

▶ 參見〈電磁力〉（134-135頁）、〈溫室效應〉（184-185頁）、〈放射性〉（224-225頁）、〈狹義相對論〉（244-245頁）、〈原子模型〉（272-273頁）、〈恆星演化〉（286-287頁）、〈中子〉（312-313頁）

右圖：物理學家的學術研究，幾十年間就變成脫韁野馬，用在他們做夢也想不到的地方，原子彈就是一個絕佳的例子。

細菌的基因 Genes in bacteria

盧里亞（Salvador Edward Luria，1912-91）
德布呂克（Max Delbrück，1906-81）

細菌是無所不在的單細胞生物：活在我們的皮膚上、內臟裡，存在海裡、陸地，甚至在堅硬的岩石中。有些（對我們）友善，有些會引起疾病，但它們在科學上的最大貢獻是解開基因運作之謎。現在對基因運作的分子機制的了解，最早多半都來自細菌實驗，通常是大腸桿菌的實驗。

1940 年時甚至不知道細菌有基因。細菌細胞與動植物細胞不同，它沒有細胞核，而當時已經知道動植物基因藏在細胞核裡。或許細菌是另一種生命形式，遺傳機制有別於動植物。1943 年，來自德國的移民德布呂克與來自義大利的盧里亞在美國合作完成一項經典實驗：他們把細菌樣本放進一種新的食物介質裡，細菌被迫發展新的消化本領才能在新環境裡生長。盧里亞和德布呂克根據實驗推論，細菌產生新消化方式的過程，與已知發生在動植物身上的突變過程相同，因此細菌很可能也有基因，像動物和植物一樣。兩人的實驗只是一連串研究的起點，到了 1950 年代末期，科學家已經確定細菌是探討遺傳分子的最佳生命形式。

細菌的遺傳方式確實與動植物有別，這一點在 1940 年代用抗生素對付細菌之後變得清楚 ，而且很快看到細菌發展出抗藥性。部分原因是，細菌不必靠繁殖，個體之間就可以交換基因。透過「水平」基因移轉，細菌家族可以迅速散布抗藥性，動物和植物則沒有這種能耐。

▶ 參見〈微生物〉（76-77頁）、〈自然發生說〉（90-91頁）、〈細菌理論〉（202-203頁）、〈盤尼西林〉（302-303頁）、〈雙螺旋鏈〉（374-375頁）、〈共生細胞〉（418-419頁）、〈生命五界〉（426-427頁）、〈定向突變〉（494-495頁）、〈火星微化石〉（518-519頁）

右圖：細菌之間正在做三方基因交換。電子顯微圖左方的雄性細菌正透過兩條被噬菌體病毒遮住的管子傳送基因

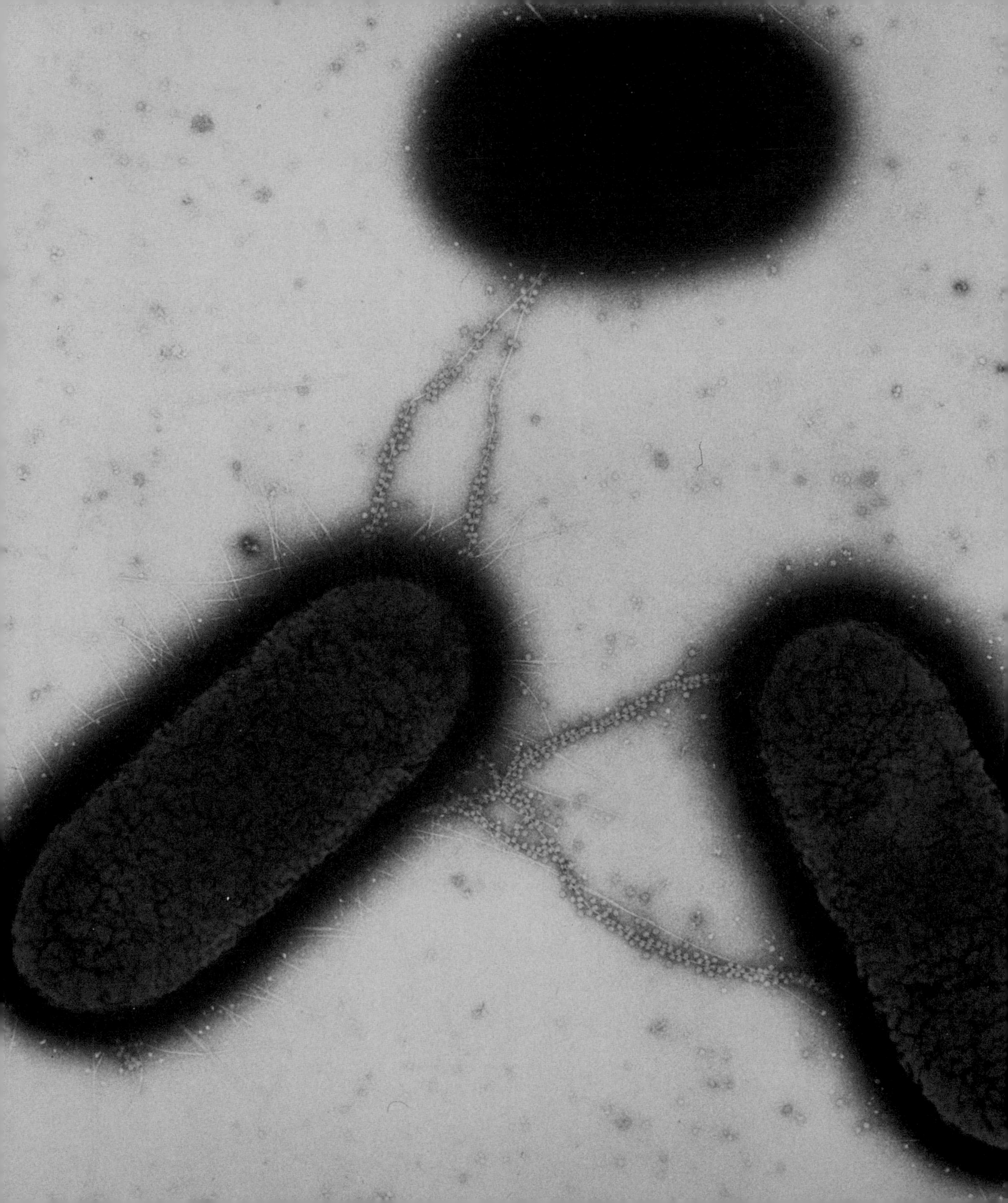

1943

人工神經網路 Artificial neural networks

麥考洛克（Warren McCulloch，1898-1972）
皮茲（Walter Pitts，1923-1969）

傳統電腦不像人腦，它只會亦步亦趨跟著程式指令走，不會照著範本學習。人工神經網路則不然，它會模仿大腦處理資訊的方法。

大腦裡的資訊，經由稱作「突觸」的連結，在數十億神經細胞（神經元）之間傳遞。神經元可以高度分支，每一支都形成突觸與其他數千神經元聯繫，因此真正的神經網路極度複雜，具有強大運算能力。

美國神經生物學家麥考洛克與邏輯專家皮茲合作，1943 年發展出人工神經元。諷刺的是，這個領域進展十分緩慢，直到 1970 年代廉價現代傳統電腦出現後才跟著推進。個別處理單元的性質類似神經元，可以設定程式來運作，單元之間則按照特定網路架構互相聯繫。人工神經網路基本上有一個輸入層、一個輸出層，以及至少一個「隱藏」（hidden）層。簡單的網路裡，訊號只能單向傳送，輸出依照設定與特定輸入聯結，以執行涉及辨識形態的工作；複雜工作如聲音辨識等，則使用允許層間回饋的設計。在這種情況下，網路內部連接模式持續改變，直到達成平衡為止——代表獲得任務解決方案的狀態。

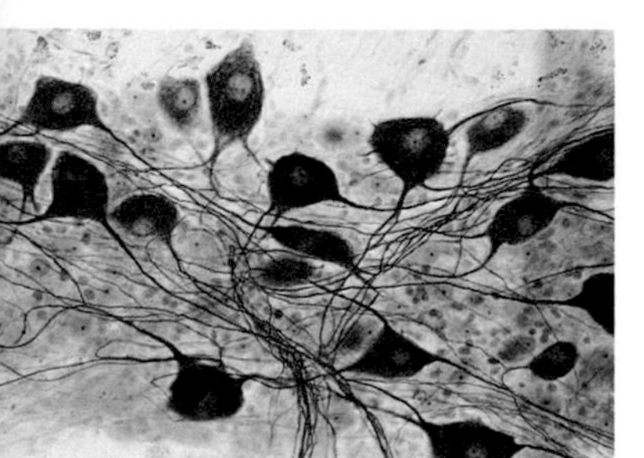

上圖：自然神經網路。人腦包含數十億神經元，每個都可以進行複雜運算，以及與其他數千個神經元溝通。

人工神經網路具有高度適應性。就像我們一樣，即使看到的是陌生人的肖像，也知道要歸類為「臉」，人工神經網路也會從具代表性的例子歸納通則。當需要從複雜的變化資料尋找規律時，人工神經網路就能派上用場，例如在醫學上，它們可以幫忙從心電圖診斷心臟病，或從組織的數位影像判斷癌症，也用在大腦基礎研究上。但人工神經網路將來是否可能發展出「自我意識」，目前還是高度爭論的哲學問題。

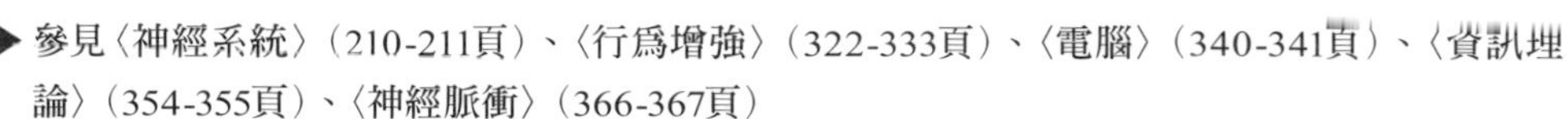

▶ 參見〈神經系統〉（210-211頁）、〈行為增強〉（322-333頁）、〈電腦〉（340-341頁）、〈資訊理論〉（354-355頁）、〈神經脈衝〉（366-367頁）

右圖：麻省理工學院發展的人型機器人Cog包含大型神經網路。它有意識嗎？工程師的答案是：「鄭重聲明，沒有。」

1944

賽局理論 Game theory

馮紐曼（John von Neumann，1903-57）
摩根斯坦（Oskar Morgenstern，1902-77）

人類社會互動中，要達成某種想要的結果，通常要看其他人如何下決定。例如冷戰時期，要不要按下核彈發射紐，部分要看對危險的認知如何，對方會不會發動先制攻擊？對方若先遭攻擊會不會全力報復？

賽局理論家把問題簡化到基本面，試圖辨認各種類型的人類衝突和談判的共同關鍵要素。馮紐曼和摩根斯坦在美國普林斯頓高等研究院奠定賽局理論的基礎。在 1944 年的經典著作中，他們從策略、成本和報酬三方面分析賽局，而以一方所得是另一方損失的對局爲主。在這類對局中，策略是要盡量提高玩家的基本報酬。

但玩家可能有共同利益。例如在「囚犯困境」賽局中，一方可以選擇與對手合作，也可以採取對抗行動。當兩方都決定選擇合作時，會得到最高的共有報酬。但一方決定對付願意合作的「笨蛋」對手時，會獲得較大的單方報酬。在一翻兩瞪眼的賽局中，「背叛」是合理策略。但賽局重複進行，報酬跟著時間累積，最佳策略變成看對手的過去表現而定：如果對手傾向合作，採取合作策略的風險較小。當賽局有多方參與，而對潛在對手的了解程度不同時，反覆的囚犯困局會不斷地微妙變化，而且常有違反直覺的結果。

賽局理論的重要性延伸到社會學和經濟學以外的領域。英國生物學家梅納史密斯（John Maynard Smith）率先提出演化賽局理論，說明了很多方面的動物行爲。演化賽局最後形成「演化穩定策略」的概念，這種策略平均報酬高，因此成爲族群中占優勢的策略，而且不易被其他策略所取代。

▶ 參見〈動物本能〉（[illegible]頁），〈合作演化〉（106-107頁）

右圖：美國曾用賽局理論分析1962年的古巴飛彈危機。甘迺迪總統（右）讓蘇聯相信即使要打核子大戰，美國也不會退卻。

1945

蜜蜂溝通 Honeybee communication

弗里希（Karl von Frisch，1886-1982）

蜜蜂溝通與感官知覺的複雜性最早由弗里希揭露，他是奧地利人，以科學方法研究動物行爲，是動物行爲學的開創者之一。早在 1919 年，他已證明蜜蜂確實利用身體動作溝通；不過最早描述這種現象的是史賓茲納（Ernst Spitzner）教士，時間是 1788 年。弗里希則往前推進，1945 年時詮釋一連串結構複雜的舞蹈，工蜂用這種舞來傳遞訊息給同伴。他在 1927 年出版《舞動的蜜蜂》（*The Dancing Bees*），這本書直到 1955 年才譯成英文。弗里希在書中詳細解釋採集蜂回巢時如何跳「圓圈舞」和「八字舞」。跳舞的速度和方向與蜂巢和太陽位置有關，牠們擺動腹部，通知出巢工蜂花粉和蜜源的距離與方向。

完全透過人類的感覺來詮釋動物的行爲，呈現的畫面可能扭曲動物所居的感官世界。這種情形在蜜蜂的例子上再明顯不過，因爲蜜蜂的感覺能力遠超過人類經驗範圍。經過辛苦的觀察和精緻的實驗，包括訓練蜜蜂探視放置在色卡上的假食源，弗里希顯示蜜蜂看得見紫外線光。我們現在知道，這種能力讓蜜蜂能夠分辨人眼看不見的花瓣圖形。他還探討蜜蜂的嗅覺和味覺，並於 1949 年證明，蜜蜂在飛行時懂得用太陽作參考點定位，即使太陽被雲遮蔽也無礙，因爲牠們參考的是光線在天空中極化的形態。

1973 年，弗里希與另外兩位動物行爲學先驅：丁柏根和勞倫茲共同獲得諾貝爾生理或醫學獎。

▶ 參見〈動物本能〉（318-319頁）、〈合作演化〉（406-407頁）

右圖：返回蜂巢時，一隻採集蜂表演著名的搖擺舞，錯綜複雜的連續移動，向其他蜂解釋到哪裡去找花粉。

電腦 The computer

圖靈（Alan Mathison Turing，1912-54）
馮紐曼（John von Neumann，1903-57）

1890 年，美國工程師荷勒里斯（Herman Hollerith）設計了一台電動機器，協助把美國人口普查資料製表。荷勒里斯的打卡系統非常成功，此後成爲辦公機器和資料處理業的支柱。1940 年代，利用機械零件與機電繼電器製出了可用程式控制的計算機，顯示大規模自動計算可行，但因計算速度太慢，無法供科學和軍事使用。

及至眞空管發明，才造出百分之百的電子機器。第一部通用型可變程式電子計算機是 ENIAC（電子數值積分和計算機），由莫屈里（J. W. Mauchly）和艾克特（J. P. Eckert）在賓州大學摩爾電子工程學院建造。原來目的是要快速製作戰時需要的彈道表，但直到 1946 年都沒有完成。更早三年，還在戰爭期間，英國爲了破解德國密碼，特別建造一部數值可變程式電子計算機——「巨人」（Colossus）。「巨人」的理論基礎由數學家圖靈在 1936 年提出，他指出任何問題都可以用機器解決，只要問題能以操作次數有限的形式表達，機器就可以執行。

圖靈曾經是普林斯頓的研究生，在那一年裡，他遇見另一位電腦理論先驅馮紐曼。二次大戰期間，兩人常合作協助盟軍破解密碼。馮紐曼確實對 ENIAC 寄望很深，認爲它可以執行必要的計算以建造原子彈。ENIAC 有 18,000 支眞空管，每秒可以處理 5000 次運算，可惜程式編碼必須用手動設定開關和接通聯結。馮紐曼著手研究改進模型，1945 年發表一篇學術報告，描述一種用途廣泛及貯存程式的現代電腦，這種電腦分隔控制單位、計算單元、記憶功能、輸入和輸出。1955 年 10 月 2 日晚間 11 時 45 分，ENIAC 關機，功成身退。

▶ 參見〈對數〉（56-57頁）、〈差分機〉（138-139頁）、〈電晶體〉（350-351頁）、〈四色圖定理〉（450-451頁）、〈公鑰加密〉（454-455頁）、〈費瑪最後定理〉（506-507頁）

右圖：ENIAC，第一部通用型電子計算機，包括至少18,000個真空管，消耗電力達100千瓦。

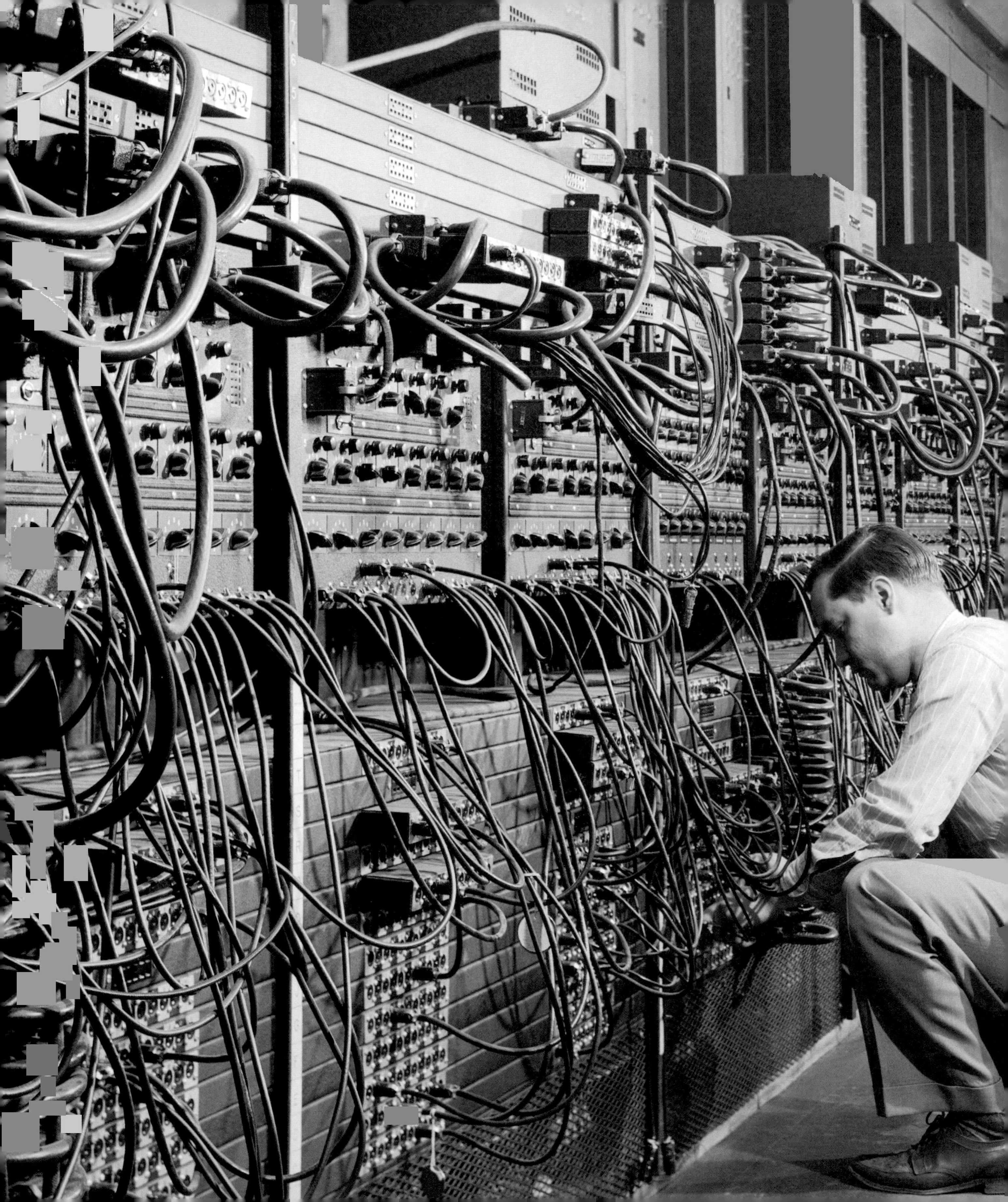

圖靈機 Turing machines

撰文：奚力思（W. Daniel Hillis）

由於電腦能做的一些事很像人類思考，所以有人擔心電腦會威脅人類獨一無二的理性動物地位，還有人用數學證明電腦發展有限才安心。人類歷史上不乏這種爭議。以前認爲地球在宇宙中心非常重要，好像在中心才代表地位崇高。當發現我們沒有占到中心位置，地球不過是眾多繞太陽運轉的行星之一時，很多人深感困擾，天文學的哲學意涵一度成爲激烈爭論的題目。演化理論也帶來類似爭議，因爲它似乎也威脅到人類的獨特性。早年這些哲學危機，都出自誤判人類價值的來源。我相信現在有關電腦極限的哲學討論，大半基於類似錯誤判斷。

運算理論的中心概念是「萬用電腦」（universal computer），也就是一台電腦功能強到足以模擬任何運算裝置。通用型電腦（general-purpose computer）是萬用電腦的一個例子，事實上日常生活裡看到的電腦大多是萬用電腦。只要有適當軟體和足夠時間與記憶體，任何萬用電腦可以模擬任何其他型電腦，或任何與處理資訊沾得上邊的裝置。

萬用原則造成的一個結果是，兩台電腦性能上的重要差異只有速度和記憶體大小。電腦的輸入和輸出裝置或許不同，但這些是所謂的周邊設備，並非電腦主要特徵，不會比電腦大小或價格或外殼顏色來得重要。至於能夠做的事情，所有電腦（及所有其他萬能運算裝置）基本上完全相同。

萬用電腦的構想在 1937 年由英國數學家圖靈釐清並加以描述。圖靈像許多電腦先驅一樣 ，對於製造能夠思想的機器很感興趣，他還設計了一套通用型運算機器的藍圖，圖靈稱這個想像的結構體爲「萬用機器」，因爲在當時，「computer」一詞指的是「做計算的人」。

想知道圖靈機的模樣，不妨想像一位數學家正在紙卷前做計算的情景。再想像紙卷無限長，我們不必擔心缺紙記錄。不管涉及多少次運算，只要是有解的運算問題，數學家就能解決，雖然可能要花掉他非常多的時間。圖靈指出，聰明的數學家能夠做的任何計算，笨拙但細心的辦事員一樣能做，只要遵照一套簡單的規則來讀寫紙卷上的資料即可。事實上他的構想顯示，原來由人擔任的辦事員可以用有限狀態的機器取代。有限狀態機一次只注意紙卷上的一個符號，所以最好把紙卷想成空白紙帶，每行只有一個符號。（有限狀態機具有一套固定的可能狀態，一套容許改變狀態的輸入，一套可能的輸出。輸出全視狀態而定，而狀態又視過去的連續事件而定。）

今天我們稱一台有限狀態機與一條無限長帶子的組合爲「圖靈機」（Turing machine）。圖靈機的帶子類似現代電腦的記憶體，功能也大致相同。有限狀態機做的全部事情是，從帶子上讀或寫符號，按照固定而簡單的規則來回移動。圖靈指出，任何可運算的問題，都可以用在圖靈機帶子寫符號的方式解決，符號不只載明問題，還有解決問題的方法。圖靈機來回移動計算答案，在帶子上讀和寫符號，直到解答寫在帶子上才停。

我發現很難去想圖靈的特殊構造。對我來說，用記憶體取代帶子的傳統電腦，反而是比較容易理解萬用機器的例子。例如，我能輕易看出如何設定傳統電腦模擬圖靈機，卻不知如何反過來做。讓我比較驚訝的不是圖靈想像的結構體，而是他假設只有一型萬用運算機。就我們目前所知，現實世界建造的裝置，沒有一台運算能力比得過圖靈機。更精確地說，任何實際運算裝置能執行的運算，萬用電腦都能執行，只要後者有足夠時間和記憶體。這是很值得注意的事實陳述，它暗示一部萬用電腦如果有適當程式，應該能夠模仿人類大腦運作。

光合作用 Photosynthesis

卡爾文（Melvin Calvin，1911-97）

科學史上有些具里程碑地位的實驗，回想起來似乎有一種優雅的簡單，反而讓人忽略了它們的重要性。一個很好的例子是美國化學家卡爾文的實驗，他揭露光合作用裡固碳的主要步驟，這個程序是地球上所有高等生物食物鏈的基礎，而且不斷移除大氣裡的二氧化碳，維持了地球氣候的穩定。

1779 年，荷蘭醫生英根豪茨（Jan Ingenhousz）就已指出，綠色植物經過陽光照射會吸收二氧化碳。接下來兩個世紀的研究，辨認了很多光合作用裡的關鍵變化，了解綠色植物哪個部位會用空氣裡的二氧化碳製造複雜的碳基分子，產生它們生長所需的蔗糖和澱粉。二氧化碳轉換成糖的生化循環複雜，揭露其中細節的人是俄國移民之子卡爾文。

1946 年，卡爾文出任柏克萊加大勞倫斯放射實驗室主管，剛好碰上放射性同位素碳十四的成品開始供應。卡爾文立刻看出，這種原料可以用來追蹤碳原子在綠色植物葉綠體生化反應的下場。他把放射性碳十四注入培養綠藻的燒瓶裡，然後在不同時間間隔停止生化反應，開始時只間隔幾秒鐘，隨著間隔時間拉長，放射性碳出現在愈來愈多的化合物裡，顯示它通過的一連串化學反應，卡爾文因此能夠描述整個變化過程。

這些反應以卡爾文和他的同事班森（Andrew Benson）爲名，稱作卡爾文－班森循環。因爲這項發現，卡爾文在 1961 年拿到諾貝爾化學獎。在晚年的研究中，卡爾文大力鼓吹使用對環境友善的植物性碳氫化合物代替石化燃料；這種碳氫化合物以沙漠灌叢爲原料，只需要太陽能和光合作用即可製成。

▶ 參見〈溫室效應〉（[illegible]頁）、〈固氮作用〉（[illegible]頁）、〈作物多樣性〉（[illegible]頁）、〈檸檬酸循環〉（320-321頁）、〈共生細胞〉（418-419頁）、〈綠色革命〉（428-429頁）、〈蓋婭假說〉（432-433頁）

右圖：玉米葉葉綠體裡堆疊的顆粒。這是高等植物進行光合作用的場所，顆粒中含有容易感光的葉綠素。

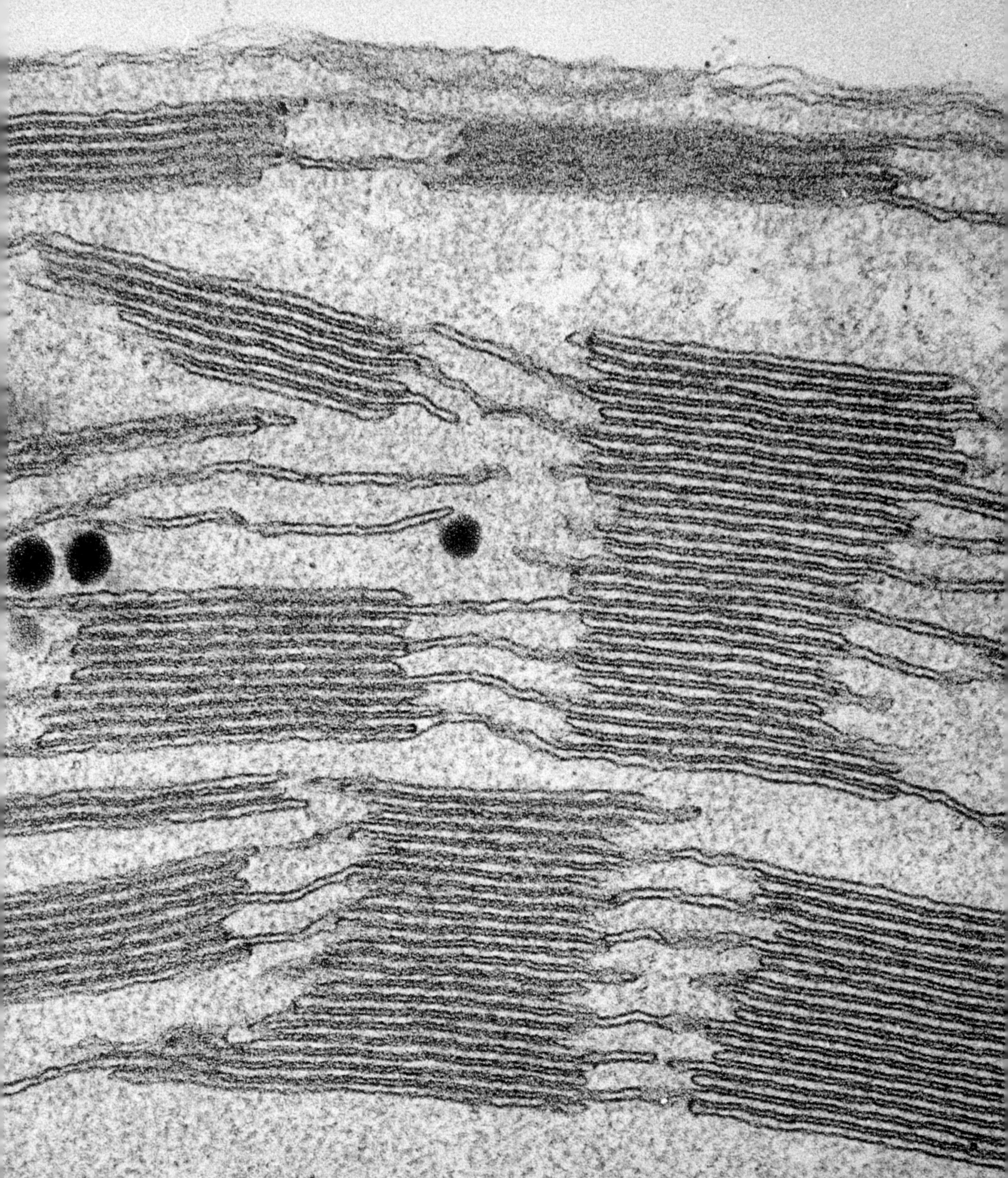

1947

放射性碳定年法 Radiocarbon dating

利比（Willard Frank Libby，1908-80）

1947 年，利比發展出利用放射性碳定年技術，可以測定非常多樣有機物質的年代，從骨頭到木頭到纖維都能測。最近加速質譜儀又擴大了這門技術的應用範圍，更確定它是地質學、人類學、考古學和古生物學不可缺少的工具。

現在只需要很小的樣本，就能測出珍貴物品的年代，例如著名的杜林殮布。1988 年，以放射性碳分析杜林殮布的結果，揭露殮布的亞麻纖維約在西元 1325 年（加減 33 年）收割，證明這是中世紀遺物，不是像外界普遍相信的是耶穌的裹屍布。

利比是美國化學家，二次大戰期間曾加入曼哈頓計畫，研究如何分離鈾同位素來發展原子彈。戰後他轉往芝加哥大學核子研究所，很快了解放射性碳，或謂碳十四元素可以用來判斷有機物的年代。這項發現替他贏得 1960 年諾貝爾化學獎。

1939 年時已發現，宇宙射線衝擊大氣中的氮會形成碳十四。因此二氧化碳含有微量碳十四，而持續被所有生物有機體吸收，而且必然殘留在有機體衍生的有機物中。有機體死亡後，不再吸收碳十四，體內殘留的碳十四開始自然衰變，成為穩定的同位素碳十二。由於知道衰變速度，測量兩種形式碳的比例，可以推斷死亡多久時間。但放射性碳的半衰期是 5,730 年，算是相當短暫的時間，因此碳十四定年法主要用在不到四萬年的物質上。後來發現宇宙射線也會變動，使得碳十四測定的年代需要稍微校正。

▶ 參見〈放射性〉（224-225頁）、〈萬古磐石〉（252-253頁）、〈宇宙射線〉（268-269頁）、〈中子〉（312-313頁）、〈光合作用〉（344-345頁）、〈冰人〉（504-505頁）

右圖：1988年利用放射性碳定年法鑑定杜林殮布事實上是中世紀遺物，大概出於13世紀精心偽造。至於造假的手法仍然是個謎。

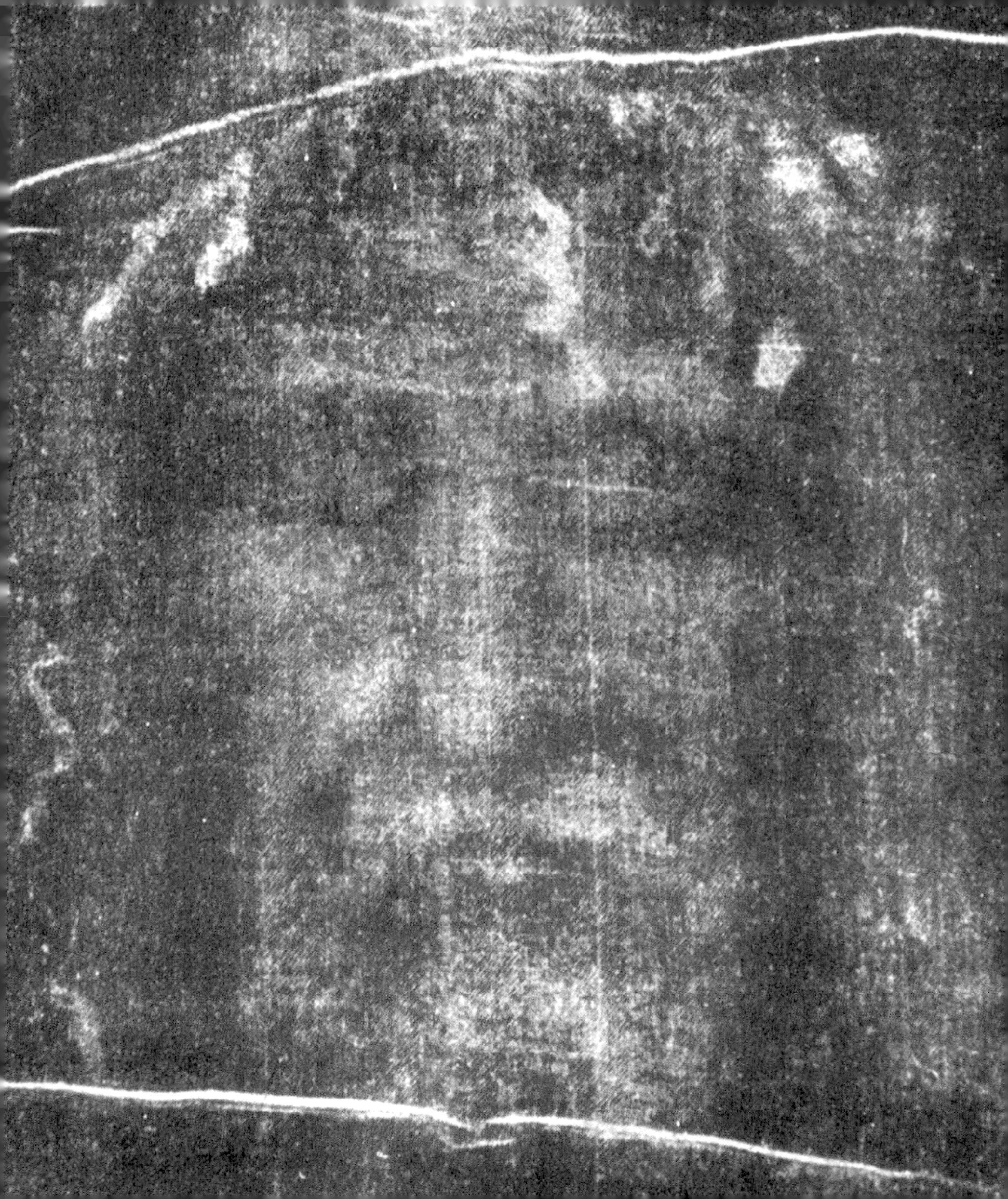

黏菌聚合體 Slime-mould aggregation

波納（John Tyler Bonner，1920-）

黏菌（*Dictyostelium discoideum*）從20世紀初以來就讓生物學家困惑不已。雖然時常被稱為「細胞黏菌」，事實上它既不是菌，也不是一直都黏。比較好的俗稱是「群聚阿米巴」。這種變形蟲最讓人驚訝的是它的生命周期。在第一階段，生命體由個別分散的阿米巴構成，生活在腐爛的木頭上，吃細菌，靠自體分裂為二的方式繁殖，就像大部分單細胞動物一樣。但食物缺乏時，數萬個完全獨立的細胞會湧向集合中心，形成一隻半透明的「蛞蝓」，長約一公釐。這隻蛞蝓爬向有光的地方，然後慢慢「分化」成子實體，包括一條逐漸尖細的纖巧支幹，以及頂端的一個孢子球，兩者都由一層細胞膜硬殼包覆。孢子脫離支幹，硬殼便爆裂，釋放出個別阿米巴，完成生命周期。

以這種方式，原來鬆散集合的個別細胞變形成單一結構的多細胞生命體，眞是讓人吃驚的自我組織行為。美國生物學家波納幾乎獨力完成探討黏菌行為的開創性研究，他在1947年確定，黏菌釋放的傳訊化學物質環單磷酸腺甘（cyclic AMP），在初始聚合過程中非常重要。經過幾小時挨餓後，個別阿米巴開始一波波分泌這種化學物質，造成大群阿米巴集結成漂亮的螺旋羽毛狀圖形，最後匯集形成蛞蝓。

這個過程即所謂的「趨化性」（chemotaxis）——細胞的移動會朝向或避開環境中某種化學物濃度比較高的地點，這或許是細胞之間最原始的溝通方式。自然界很多部分也有相同機制，它甚至可能是隱藏在器官發育背後的因素，把一個球形、未分化的受精卵，變成一個複雜、分化的動物或人類。

▶ 參見〈化學振盪〉（364-365頁）、〈神經細胞生長〉（388-389頁）、〈動物形態遺傳學〉（460-461頁）、〈混沌邊緣〉（490-491頁）

右圖：黏菌的子實體。掃描式電子顯微照片顯示，長度至少一公釐的精巧漸細支幹，頂著一個孢子球。

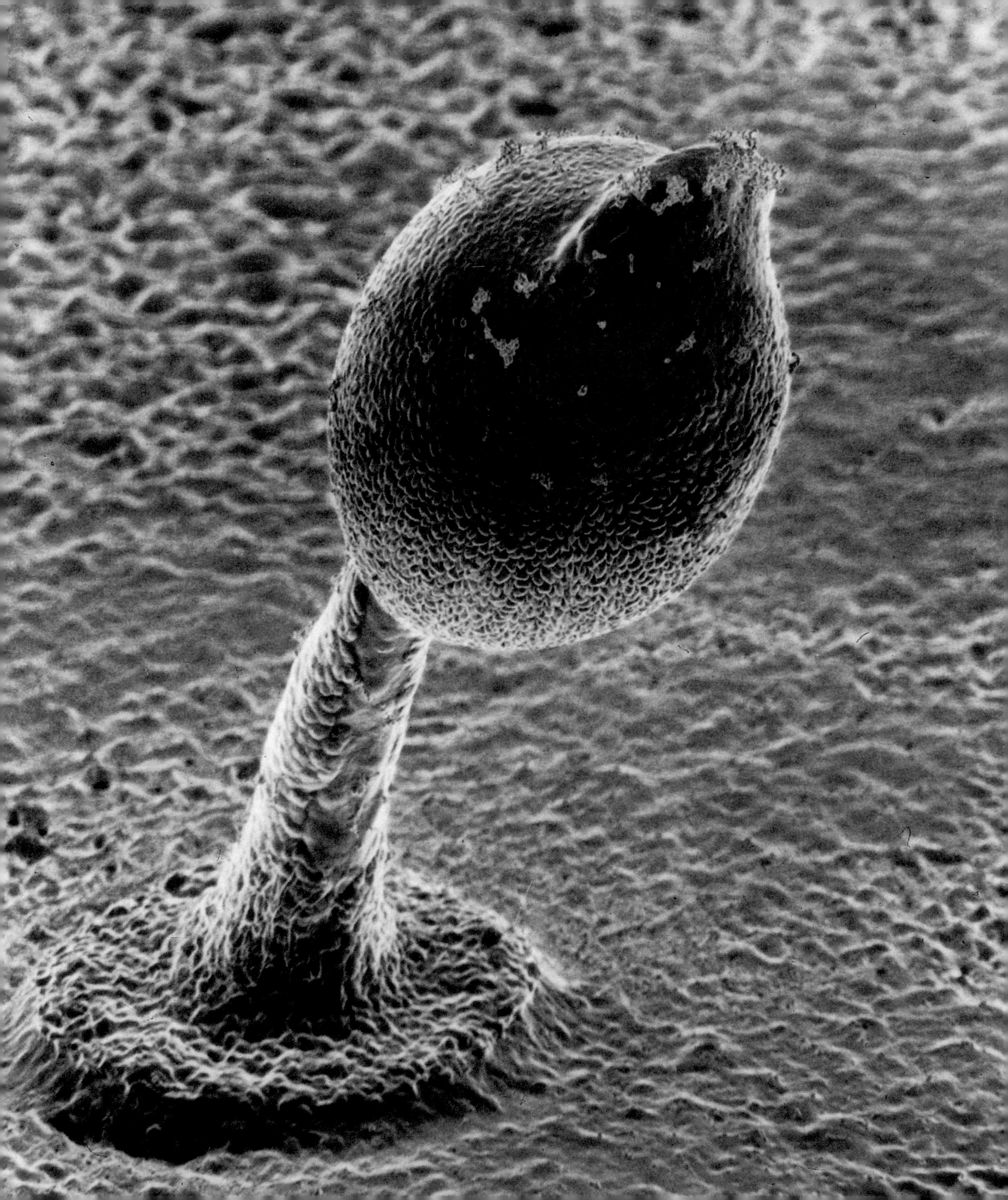

1947

電晶體 The transistor

蕭克利（William Bradford Shockley，1910-89），布拉頓（Walter Houser Brattain，1902-87），巴丁（John Bardeen，1908-91）

在最早的收音機裡，晶體被用來當「整流器」，只容許交流電單向通過。不過這些晶體不可靠，很快就被熱離子管（眞空管）取代，因爲後者既可將交流電變成直流電，又可擴大電流。但眞空管也有缺點：壽命短、耗電凶及體積大。

1930 年代，美國物理學家巴丁在貝爾實驗室研究半導體的特性。半導體是結晶的固體材料，導電性介於金屬（低電阻）和絕緣體（高電阻）之間，而巴丁發現它的表面效應可以調整電流。爲了確保貝爾電話公司在二次大戰後繼續控制電信市場，巴丁與另兩位科學家蕭克利及布拉頓聯手，設法尋找可以取代眞空管的半導體。1947 年 12 月 23 日三人發現，含有雜質的鍺晶不僅是很好的整流器，比早期所用的晶體或眞空管好很多，而且還可以當擴大器使用。由於鍺晶體藉著改變（transforming）電流通過電阻（resistor）來發揮作用，因此他們稱它爲「transistor」。

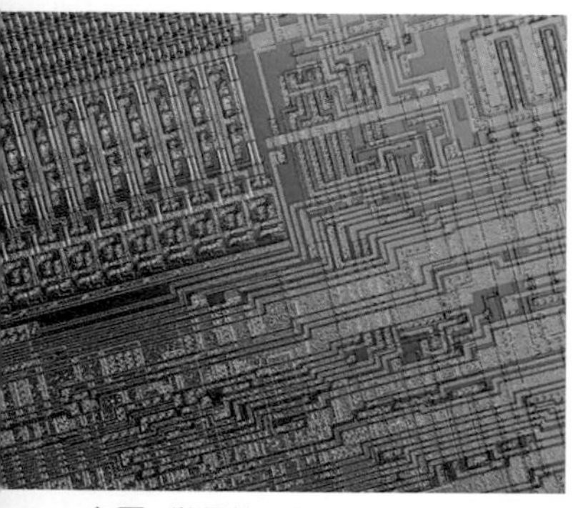

上圖：微晶片可以把一百萬個電晶體整合成一個積體電路，放在還不及指甲大的矽片上。

最早一型的觸點式電晶體電流雜訊多，而且只能控制低功率輸入，所以很快地被接面式電晶體取代；後者由矽晶薄片構成，矽晶的雜質在不同區域形成不同電性，而它的構造基本上是一個「基極」（base）區，帶有過量正電載子（電洞），像三明治般被夾在帶有過量負電載子（電子）的「射極」（emitter）與「集極」（collector）中間。當微小的電壓施加於基極時，多出的電洞集合在基極與集極接觸點，電流也就從半導體三明治的一邊流到另一邊。這型電晶體與老眞空管不同，需要的電力微乎其微，由於它在分子層次上作功，因此可以輕易地微型化。今天數百萬微小的積體電路蝕刻在比指甲還小的矽晶片上，卻能驅動從助聽器到超級電腦等各式東西。

▶ 參見〈超導現象〉（266-267頁）、〈電腦〉（340-341頁）、〈物質新態〉（510-511頁）

右圖：巴丁、蕭克利和布萊頓於1947年耶誕夜發表第一台可運作的電晶體，圖為其仿製品。

1948

量子電動力學 Quantum electrodynamics

施溫格（Julian Seymour Schwinger，1918–），朝永振一郎（Shin'ichiro Tomonaga，1906-79），戴森（Freeman John Dyson，1923）費曼（Richard Phillips Feynman，1918-88）

就像電荷會互斥，把兩個電子靠在一起，它們也會試著背道而馳。爲什麼？它們如何發揮這種稱作電力的神祕力量？量子電動力學的理論，或稱QED，把這個過程描述得好像在玩接球遊戲一樣。

量子電動力學於 1940 年代由施溫格、朝永振一郎和戴森推敲出來，費曼則發明圖解方法顯示兩個帶電粒子如何互動。最簡單的費曼圖描述兩個電子，顯示其中一個電子向另一個發射光子。第一個電子被後座力震得退後一步，第二個電子被光子打到時也啪的往後退。這個程序重複進行，兩個電子被推得愈來愈遠離，好像兩個溜滑輪冰的人用保齡球玩接球遊戲。但在這個遊戲裡，你也可以把夥伴拉近你，因此此一理論也可以解釋相反電荷互相吸引的情形。

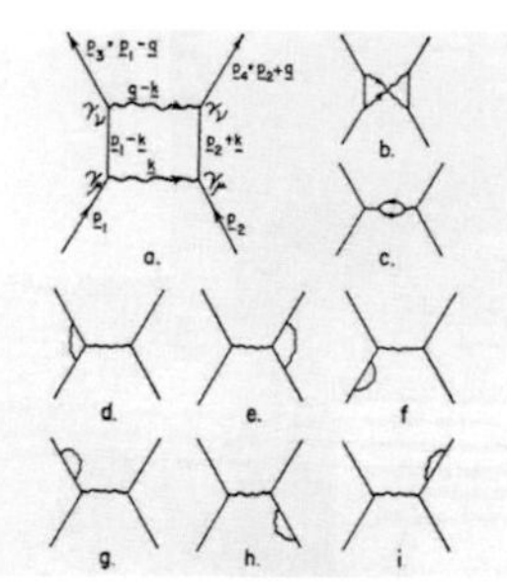

上圖：套用費曼自己的話說，他的費曼圖「表現物理過程及描述它們的數學公式」。

用這樣的方式來描述力似乎相當怪異──怪異還不止於此。攜帶力的光子本身可以被電子吸引或排斥，也暫時轉變成其他形式的帶電粒子，這些粒子又可以發出帶力的光子。按照 QED 的說法，每種可能的複雜狀態瞬間同時發生，但過程愈複雜，貢獻的力相對愈小。更糟的是，QED 依賴一套讓人不安的數學技巧──「重整化」（renormalization）來閃躲問題。

但 QED 理論有效，能夠解釋所有電磁力的表現，而且相當準確。例如氫原子發出的光，波長與 QED 量子迴旋（quantum curlicues）預測的完全相同。QED 還指出，即使虛無的空間也存在片刻即逝的「虛擬」粒子。不過 QED 也有說不通的地方，例如，按照這個理論，真空應該密集粒子，多得不可思議，由於太過濃密，因此宇宙早應在其重力之下塌陷。所以其間一定有些東西不見了。

▶ 參見〈電磁力〉（134-135頁）、〈馬克斯威爾方程式〉（186-187頁）、〈電子〉（228-229頁）、〈統一力〉（416-417頁）、〈超弦〉（474-475頁）

右圖：費曼曾說，量子電動力學理論與實驗契合的程度，就好像預測紐約到洛杉磯的距離，結果只有一根頭髮厚度之差。

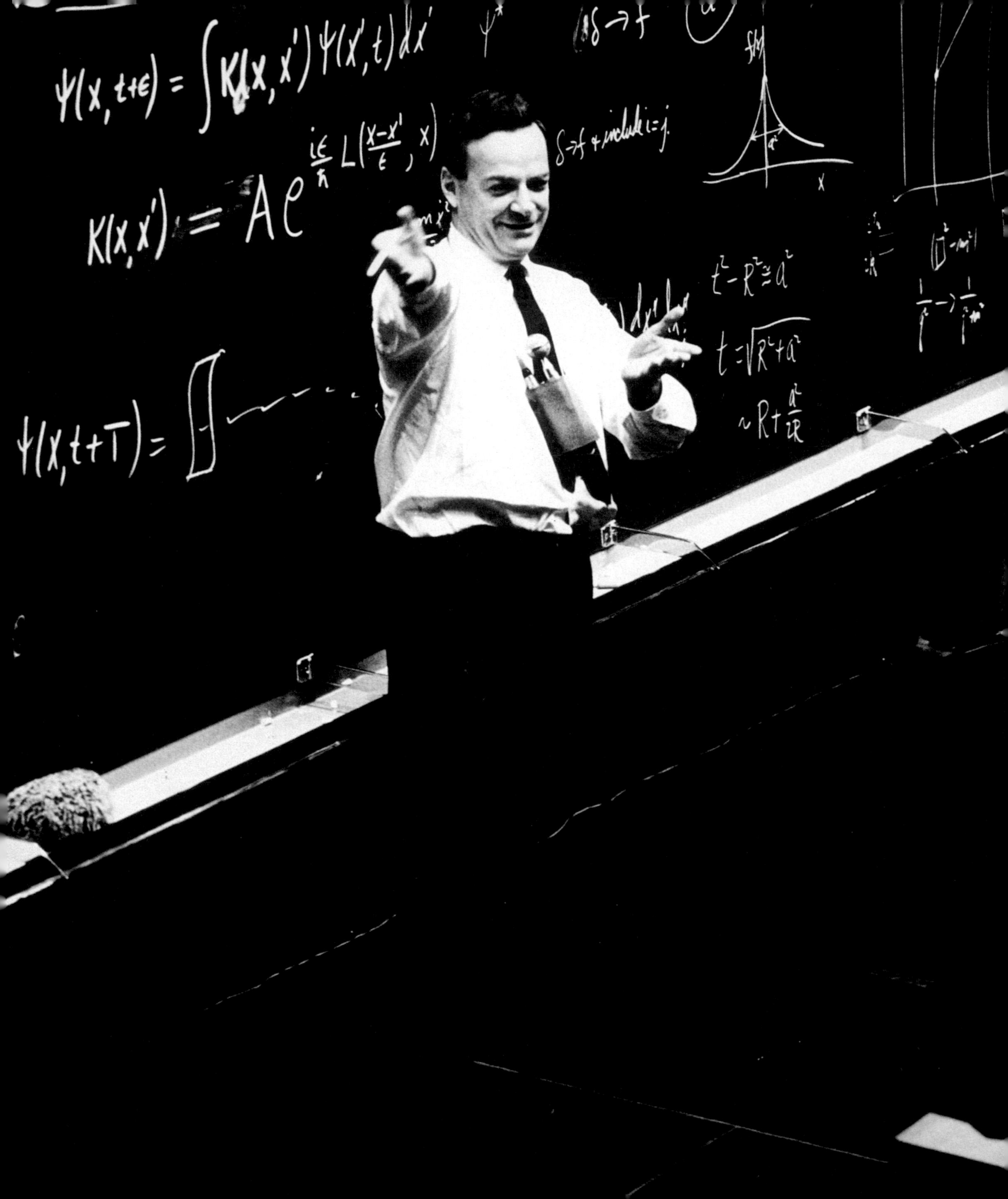

ψ(x, t+ε) = ∫K(x, x') ψ(x', t) dx'
K(x, x') = Ae
ψ(x, t+T) =
t² − R² = a²
t = √(R² + a²)
≈ R + a²/2R

1948

資訊理論 Information theory

向農（Claude Elwood Shannon，1916-2001）

我們行駛在資訊高速公路上，深陷資訊爆炸裡，擁抱最新的資訊科技。但很少人知道奠定資訊時代基礎的是美國數學家向農，他在 1948 年發表他的傳播數學理論，現在稱作資訊理論。

向農給予資訊精確的數學含義。他觀察到「傳播的基本問題是，在一個點上複製另一個點挑選出來的信息，複製結果與原信息是否完全相同？或只是近乎相同？」向農從這個觀察出發，最後寫成了他的學術論文。根據向農的看法，信息的資訊內容由二進位數 1 和 0（位元）構成，可以想成一連串「是一否」（yes － no）情況的表現。今天所有傳播通道都以每秒位元來測量，反映向農所說的「通道容量」（channel capacity）。他的理論顯示，資訊遭曲解的可能性可以用失落的位元、變形的位元，以及增加的無關位元等等來衡量。上限現在可以寫成傳輸速率，而多餘位元、雜訊、甚至熵（作爲資訊量測量單位）等觀念都可以給予數學般精確的定義。 因此工程師能夠改善各種信息傳遞的速度和可靠性，從太空通訊到網際網路再到 CD 唱盤與無線電話等。

向農研究的重要性立刻獲得承認，資訊理論很快應用於生物學、語言學、心理學、經濟學、物理學，甚至藝術和文學。1953 年《財富》（*Fortune*）雜誌曾經寫道：「人類和平進展和戰時安全，比較依賴資訊理論的成功應用，而不是物理證明愛因斯坦的著名方程式能有效發展炸彈或核能電廠；這樣的說法應當不算誇張。 」

上圖：向農以興趣廣泛出名。他設計並建造過下棋機、走迷宮機、雜耍和讀心術機。

▶ 參見〈波粒二象性〉（300-301頁）、〈電腦〉（340-341頁）、〈雙螺旋鏈〉（374-375頁）、〈量子詭異性〉（464-465頁）

右圖：溝通無礙：1883年法國想像20世紀電纜遍布的情景，即使弄錯了溝通方式，也準確預言資訊時代將來臨。

ERGE
XXXV
ARR
RUE 642

移植排斥 Transplant rejection

梅達瓦（Peter Medawar，1915-87）
柏內特（Frank Macfarlane Burnet，1899-1985）

把一個人身上的組織或器官移轉給另一個人是好幾個世紀以來的夢想。多虧法國醫生卡瑞爾（Alexis Carrel）和他的美國同事嘉思理（Charles Guthrie）在 20 世紀初發明傷口縫合術，移植腎臟、心臟和脾臟等器官技術上變得可行。但不同個體的器官通常不相容，經常發生排斥移植現象，只要發生就難逃一死。

二次世界大戰即將結束時，對排斥過程及抑制排斥的了解逐漸成熟。英國動物學家梅達瓦戰時處理受德軍頻繁轟炸燒傷的患者，戰後在動物身上進行了謹慎控制的皮膚移植實驗。這些經驗讓他推斷，移植排斥是患者免疫系統直接攻擊的後果：患者的免疫系統認出移植皮膚上的抗原是異物，因此製造抗體瞄準移植皮膚，然後用白血球加以摧毀。1950 年 6 月在美國完成第一宗人體腎臟移植之後，排斥後果清楚擺在眼前。移植後八個月，外科醫生發現腎臟衰竭的原因。他們看到一個萎縮不堪的器官，被免疫系統修理到無用的地步。

梅達瓦研究排斥機制是受澳洲生物學家柏內特影響。柏內特在 1949 年指出，個體在胚胎發育期間培養辨識「自我」細胞或組織的能力，屬於「後天免疫」（acquired immunity）。1950 年代梅達瓦證明，老鼠能夠接受皮膚移植，只要在胚胎時期讓牠們接觸捐贈者身上的皮膚細胞，建立「後天免疫耐受性」。因此要移植成功，必須引發成體的耐受性或抑制免疫系統。1962 年，英國劍橋大學教授卡尼（Roy Calne）利用抗排斥藥物延長了一位換腎病人的生命，不過要等到 1970 年代末期抑制免疫特效藥環孢素問世，移植排斥問題才真正獲得突破。

▶ 參見〈細胞免疫〉（204-205頁）、〈抗毒素〉（214-215頁）、〈血型〉（236-237頁）、〈生物自我辨識〉（430-431頁）、〈單株抗體〉（448-449頁）

右圖：1967年，護士照料第一位心臟移植病患。可惜他在18天後死於肺炎，不過新的心臟未遭排斥，一直發揮良好循環功能到最後一刻。

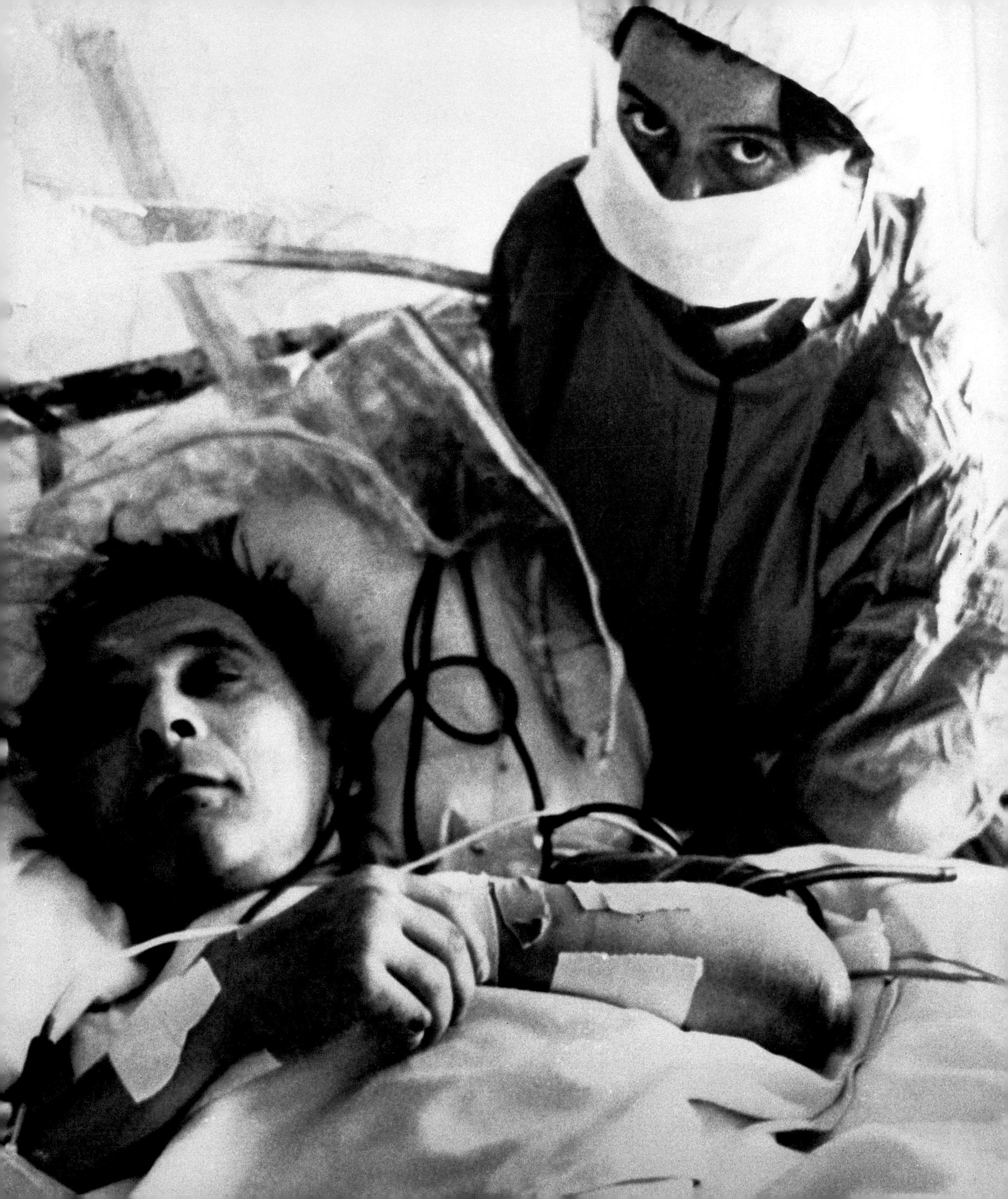

鐮形紅血球貧血症
Sickle-cell anaemia
鮑林（Linus Carl Pauling，1901-94）

健康的紅血球細胞呈圓盤狀，兩面凹陷。遺傳到鐮形紅血球貧血症的患者，紅血球會嚴重變形，成爲新月形（或鐮刀形）。變形的細胞堵住血管，造成循環問題，並使得腎臟和心臟衰竭。這些細胞攜帶和釋放氧的能力比正常紅血球弱，而且壽命比較短，所以會造成嚴重貧血。美國醫生赫里克（James Bryan Herrick）在 1910 年最先描述這種疾病，這種病在印度和一些南歐國家有很多患者，但在非洲族群中最常見。

發現鐮形紅血球貧血症的原因，堪稱分子醫學史的一個里程碑。1949 年美國化學家鮑林顯示，這種貧血病患體內的血紅素分子，亦即讓血液呈現紅色的攜氧蛋白，基本上與正常人不同。1954 年，另一位化學家英格拉姆（Vernon Ingram）追蹤到變異來源。他使用一種稱作色譜指紋圖的技術，分離化學特性不同的蛋白質，發現鐮形紅血球的血紅素與正常血紅素在結構上只有一個胺基酸不同，卻造成第 11 號染色體上的血紅素基因「單點突變」（point mutation）。DNA 密碼只有一個「字母」發生變化，就使得一個人終生受病魔折磨。

鐮形紅血球貧血症讓人好奇還有一個原因。出生時兩個血紅素基因都突變的人會發病，但只有一個基因突變而另一個正常的人，也有鐮形細胞特徵，卻可以過相當正常的生活，同時比一般人能抵抗瘧疾。這或許能解釋爲什麼瘧疾盛行地區的族群，基因突變例子尤其多：帶有單套鐮形紅血球基因不會感染瘧疾，好處超過雙套基因得貧血症的風險。

▶ 參見〈血液循環〉（58-59頁）、〈孟德爾遺傳定律〉（192-193頁）、〈先天代謝異常〉（258-259頁）、〈血紅蛋白結構〉（390-391頁）

右圖：鐮形細胞突變造成紅血球缺氧而萎縮。這種疾病是過去人體對付瘧疾所付出的高昂代價。

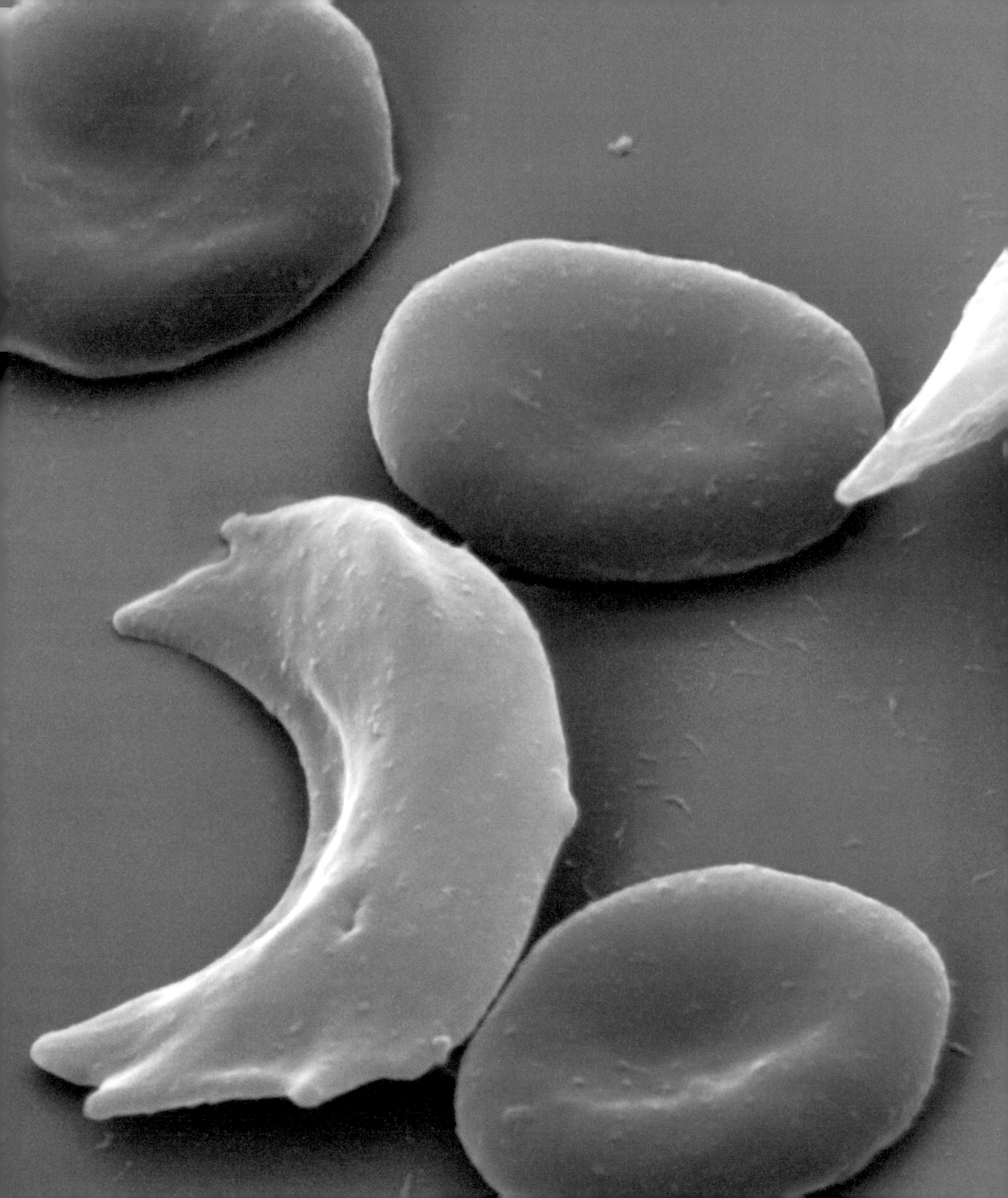

彗星的故鄉 A cometary reservoir

歐特（Jan Hendrik Oort，1900-92）

天文學家按照彗星繞太陽運行所花的時間，把彗星分成兩群。長周期彗星繞日一圈需時兩百多年，短周期彗星不到兩百年。而行星攝動（perturbation）應該把彗星攪和成均勻分布狀態，隨機散布在比較大和比較小兩種軌道上。但丹麥天文學家歐特發現，周期超過一百萬年的彗星比該有的量超出甚多。1950 年他指出，這些彗星來自一個包覆太陽系的巨大球狀雲，涵蓋距離太陽一萬到十萬天文單位之間的區域（最近一顆恆星約 27 萬天文單位遠，一個天文單位是指地球與太陽的距離）。他推算雲球裡應該含有約 10^{12} 顆彗星。

偶爾經過的恆星會擾亂這個歐特雲，或以重力影響，或直接碰撞，將一些彗星擊出太陽系，把其他彗星推向太陽，但軌道周期非常長。被推向太陽的彗星通過主要行星附近，被捉進太陽系裡。此時它們成為短周期彗星，被困在新軌道中，相當快速地消散，形成流星體塵埃流。如果地球經過這些塵埃流，我們就會看到流星劃過高空。而在長周期和短周期彗星群之間或許還有一個過渡階段。

1951 年，荷裔美籍天文學家柯伊伯（Gerard Kuiper）表示，太陽系不會在冥王星軌道驟然結束，冥王星以外應該有一些「髒雪球」小行星體，類似哈雷彗星的結冰物質碎塊，以近乎圓形的軌道運行。這些小行星體在空間裡太過稀疏，沒有辦法聚合成行星。它們的物理和化學性質和彗核相差無幾。柯伊伯帶（Kuiper Belt）的第一個成員於 1992 年 8 月發現。據推估，柯伊伯帶可能包含一百多萬個直徑達一千公里的物體，源源提供短周期彗星群。

▶ 參見〈一顆新星〉（48-49頁）、〈哈雷彗星〉（84-85頁）、〈太陽系的起源〉（104-105頁）、〈舒梅克－李維9號彗星〉（508-509頁）、〈月球上的水〉（522-523頁）

右圖：18世紀插畫顯示觀察到的周期彗星的路徑，並附有克卜勒、卡西尼和哈雷等天文學家對彗星理論的討論。

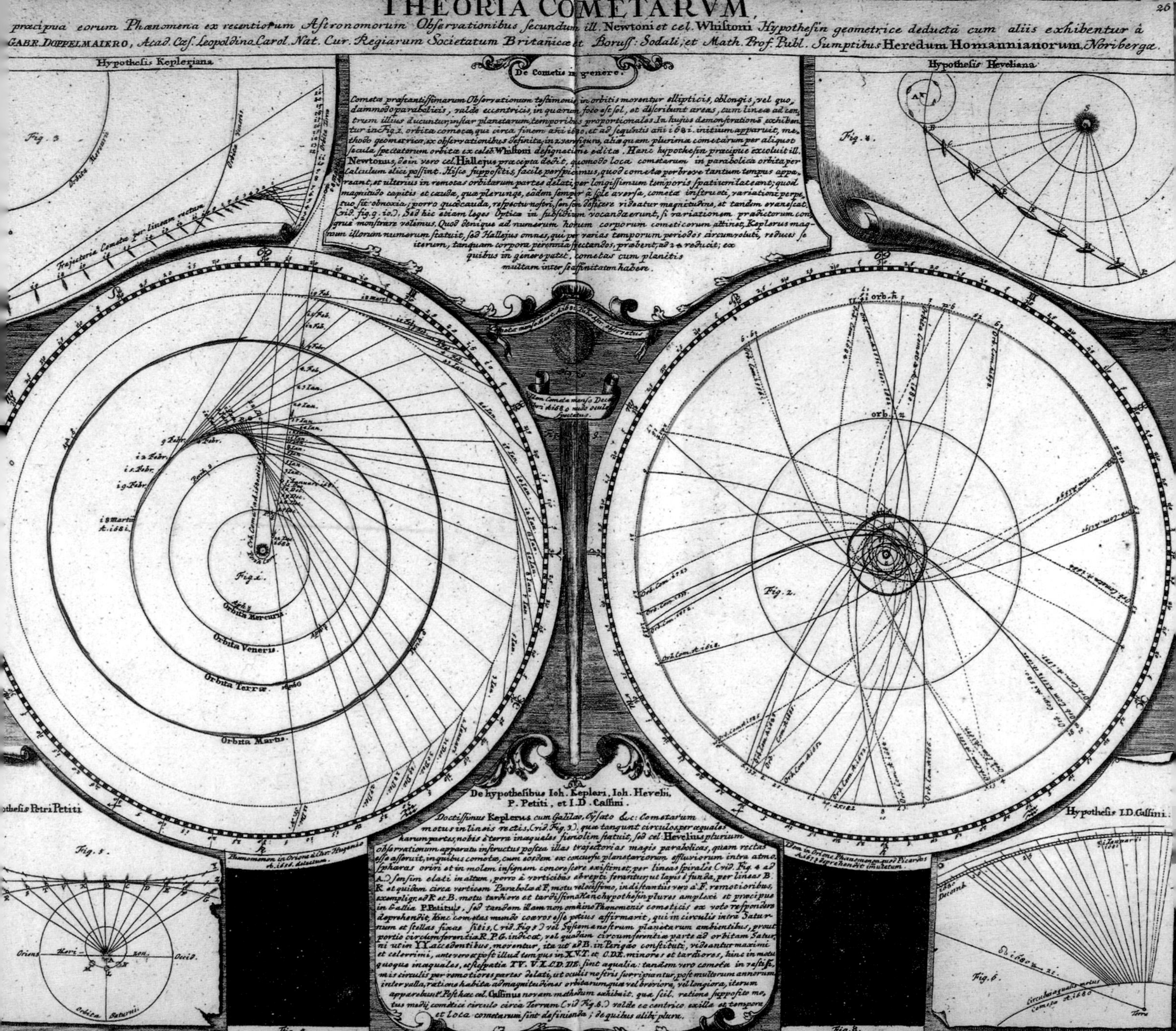

26
THEORIA COMETARUM,
præcipua eorum Phænomena ex recentiorum Astronomorum Observationibus secundum ill. Newtoni et cel. Whistoni Hypothesin geometrice deducta cum aliis exhibentur à
GABR. DOPPELMAIERO, Acad. Cæs. Leopoldino Carol. Nat. Cur. Regiarum Societatum Britañicæ et Boruss: Sodali, et Math. Prof. Publ. Sumptibus Heredum Homannianorum, Noribergæ.
Hypothesis Kepleriana
Hypothesis Heveliana
De Cometis in genere.
Cometæ præstantissimarum Observationum testimonio, in orbitis moventur ellipticis, oblongis, vel quo,
dammodo parabolicis, valde eccentricis, in quarum foco est sol, et describunt areas, cum lineæ ad cen,
trum illius ducuntur, instar planetarum, temporibus proportionales. In hujus demonstrationẽ exhiben
tur in Fig. 1. orbita cometæ, qui circa finem añi 1680, et ad sequentis añi 1681. initium apparuit, me,
thodo geometrica, ex observationibus definita, in 2. vero figura, aliæ quam plurimæ cometarum per aliquot
secula spectatorum orbitæ ex celeb. Whistoni designatione editæ. Hanc hypothesin præcipue excoluit ill.
Newtonus, dein vero cel. Hallejus præcepta dedit, quomodo loca cometarum in parabolica orbita per
calculum elici possint. Hisce suppositis, facile perspicimus, quod cometæ per breve tantum tempus appa,
reant, et ulterius in remotas orbitarum partes delati, per longissimum temporis spatium lateant; quod
magnitudo capitis et caudæ, quæ plerunque, eâdem semper à sole aversa, cometæ instructi, variationi perpe,
tuo sit obnoxia; porro quod cauda, respectu nostri, sensim deficere videatur magnitudine, et tandem evanescat.
(vid. fig. 9. 10.). Sed hic etiam leges Opticæ in subsidium vocandæ erunt, si variationem prædictorum con
grue monstrare velimus. Quod denique ad numerum horum corporum cometicorum attinet, Keplerus mag-
num illorum numerum statuit, sed Hallejus omnes, qui per varias temporum periodos circumvoluti, reduces se
iterum, tanquam corpora perennia spectandos, præbent, ad 24 reducit; ex
quibus in genere patet, cometas cum planetis
multam inter se affinitatem habere.
Fig. 3
Trajectoria Cometæ per lineam rectam
Orbita Mercurii
Orbita Veneris
Orbita Terræ
Fig. 4
Fig. 1.
Orbita Mercurii
Orbita Veneris.
Orbita Terræ
Orbita Martis.
Fig. 2.
orb. ♄
orb. ♃
De hypothesibus Ioh. Kepleri, Ioh. Hevelii,
P. Petiti, et I.D. Cassini.
Doctissimus Keplerus cum Galilæo, Cysato &c: Cometarum
motus in lineis rectis, (vid. Fig. 3.) quæ tangunt circulos, per æquales
harum partes, nobis è terra inæquales fieri olim statuit, sed cel. Hevelius plurium
observationum apparatu instructus postea illas trajectorias magis parabolicas, quam rectas
esse asseruit, in quibus cometæ, cum eosdem ex concursu planetariorum effluviorum intra atmo.
sphæras oriri et in molem insignem concrescere existimet, per lineas spirales (vid. Fig. 4 ad
A.) sensim elati in altum, porro à verticibus abrepti feruntur, ut lapis è funda, per lineas B.
K et quidem circa verticem Parabolæ ad F, motu velocissimo, in distantiis vero à F. remotioribus,
exempli gr. ad K et B. motu tardiore et tardissimo. Hanc hypothesin plures amplexi et præcipue
in Gallia P. Petitus, sed tandem illam non omnino Phænomenis cometicis ex voto respondere
deprehendit, hinc cometas mundo coævos esse potius affirmavit, qui in circulis intra Satur-
num et stellas fixas sitis, (vid. Fig 5.) vel Systema nostrum planetarum ambientibus, prout
portio circumferentiæ R. P. G. indicat, vel quadam circumferentiæ parte ad orbitam Satur,
ni ut in YY. accedentibus, moventur, ita ut ad B. in Perigæo constituti, videantur maximi
et celerrimi, ante vero et post illud tempus in X. V. T. et C. D. E. minores et tardiores, hinc in motu
quoque inæquales, et spatia TV. VX. CD. DE. sint æqualia: tandem vero cometæ in vastis,
mis circulis per remotiores partes delati, ut oculis nostris surripiantur, post multorum annorum
intervalla, ratione habita ad magnitudines orbitarum, quæ vel breviora, vel longiora, iterum
apparebunt. Post hæc cel. Cassinus novam methodum exhibuit, qua scil. ratione supposito mo,
tus medii cometici circulo circa Terram (vid Fig. 6.) valde eccentrico, ex illa et tempora
et loca cometarum sint definienda; de quibus alibi plura.
Hypothesis Petri Petiti
Hypothesis I.D. Cassini.
Fig. 5.
Oriens
Hori-
zon.
Occid.
Orbita Saturni.
Fig. 7.
Fig. 8.
Fig. 6.
Terra

跳躍基因 Jumping genes

麥克林托克（Barbara McClintock，1902-92）

麥克林托克 1927 年拿到美國康乃爾大學植物學博士學位後，便開始研究玉米遺傳問題。當時大部分遺傳學家把果蠅當成「模範」研究對象，但在康乃爾大學，玉米才是研究人員的最愛。因為穗軸上的玉米粒顏色清楚顯現遺傳特徵；攜帶基因的染色體又大，比較容易在顯微鏡下觀察。而玉米突變緩慢，也讓研究人員有比較多時間思考遺傳實驗。

1931 年，麥克林托克的實驗已經顯示，產生生殖細胞——現稱「減數分裂」（meiosis）——交換基因之時，也交換了染色體物質。她的實驗被視為遺傳學史上的里程碑，因為確定了染色體和基因遺傳的關聯。

但麥克林托克比較有名的可能是她對「跳躍基因」（jumping gene）的研究。1941 年，她轉到紐約州冷泉港實驗室（Cold Spring Harbor Laboratory），這個地方後來成為著名的分子生物學先驅集中地。麥克林托克發現她種的玉米，葉子和米粒偶爾出現奇怪的色點和斑塊，開始好奇是什麼機制控制了顏色基因。她發展出的想法是，有一些來去自如的遺傳要素能夠在染色體上跳躍。當跳進基因裡，會干擾基因開關。基因體——細胞裡的整套遺傳物質——流動性遠超過任何人的想像。

當麥克林托克在 1951 年向遺傳學界報告這項研究時，得到的是白眼和漠視，甚至耳語說她有一點瘋。不過到了 1970 年代，麥克林托克的移動遺傳因子正式命名為「轉位子」（transposons），已經在許多生物體上找到。她的拓荒研究得到報償，1983 年獲頒諾貝爾生理或醫學獎。

▶ 參見〈遺傳基因〉（264-265頁）、〈細菌的基因〉（332-333頁）、〈雙螺旋鏈〉（374-375頁）、〈隨機分子演化〉（422-423頁）、〈綠色革命〉（428-429頁）、〈基因工程〉（436-437頁）、〈定向突變〉（494-495頁）

右圖：麥克林托克於1983年榮獲諾貝爾獎，當時她已81歲。她手上拿的正是用來研究轉位遺傳因子的玉米。

化學振盪 Chemical oscillations

貝魯索夫（Boris Pavlovitch Belousov，1893-1970）
查玻廷斯基（Anatoly Zhabotinsky，1938–）

1951 年，俄國生化學家貝魯索夫觀察到游移不定的化學反應。當時他正嘗試做一種「試管版」的代謝過程。他的無機混合物溶液起初爲黃色，後來變透明，但片刻之後又轉成黃色，再變透明。溶液似乎無法達到穩定狀態。他的報告無人理會不是沒有原因，因爲缺乏一個優先定向——時間箭頭——意味著違背了熱力學第二定律：熵值必然持續增加。

其實，美國化學家布雷（William Bray）在 1921 年就已見過振盪反應，甚至嘗試用數學家羅特卡（Alfred Lotka）的模型來解釋此一現象，指出理論上化學反應可能出現短暫而漸弱的振盪。然而要到 1960 年代莫斯科生化學家查玻廷斯基細心實驗之後，才確定貝魯索夫觀察到的振盪是眞實的。查玻廷斯基還變更溶液混合成分，讓顏色在紅色和藍色之間劇烈擺盪。

所謂的貝魯索夫－查玻廷斯基（BZ）反應於 1968 年受到西方科學家矚目，變成國際研究的題目。羅特卡的模型包括關鍵的回饋因素，也就是某個反應產物催化自身的構成物（自動催化）。這種「非線性」表現（意思是結果和原因不成正比）可以出現驚人後果。科學家顯示，有一種假設性的自動催化反應能夠解釋 BZ 振盪現象。熱力學第二定律仍然屹立，因爲失去平衡才會發生化學振盪，振盪現象終究會消失，除非繼續把新的試劑加入混合物，同時移除最終產物。

在特定條件下，顏色變化能夠像同心圓漣漪擴散到媒介物中。這些同心圓可能突變成螺旋形或靜止圖案。類似化學程序可以使動物胚胎發育時長出斑點或條紋。BZ 反應也類似心跳時電子脈衝協調組織收縮的方式。

▶ 參見〈熱力學定律〉（164-165頁）、〈黏菌聚合體〉（348-349頁）、〈動物形態遺傳學〉（460-461頁）

右圖：BZ反應的化學波。貝魯索夫的發現被斥為拙劣實驗技巧造成的工藝品，幾乎埋沒在乏人聞問的大[illegible]

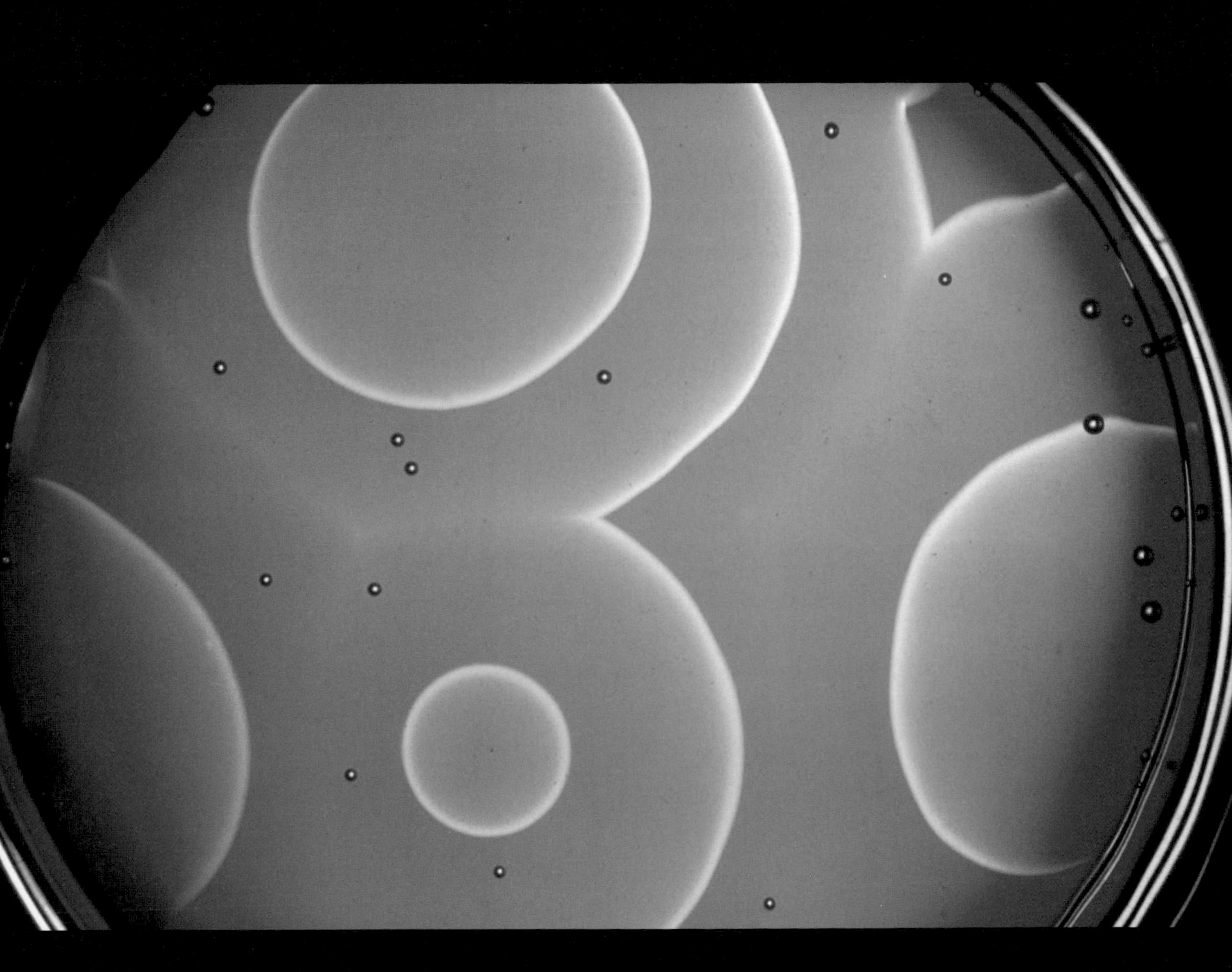

1952

神經脈衝 Nerve impulses

何杰金（Alan Lloyd Hodgkin，1914-98）
赫胥黎（Andrew Fielding Huxley，1917–）

訊息由稱作「動作電位」（action potentials）的電子脈衝攜帶，沿著神經纖維或「軸突」（axons）傳遞。1952 年，英國生理學家何杰金和安德魯．赫胥黎（曾有達爾文「鬥犬」之稱的赫胥黎的孫子）詳細說明了動作電位如何產生及通過軸突。兩人與澳洲神經科學家艾克士（John Eccles）共同獲得 1963 年諾貝爾生理或醫學獎。

何杰金和赫胥黎以烏賊的神經軸突做研究。由於尺寸巨大，取得容易，探討動作電位傳遞過程中電流和生理的變化時，烏賊的神經軸突是相當方便的模型。當處於靜止狀態時，軸突細胞膜產生極化現象，膜內的負電比膜外稍多一點。當細胞膜極化現象消失時，帶正電的鈉原子或鈉離子便湧過特殊通道進入膜內。瞬間的正回饋機制造成更多鈉離子通道開放，使得更大的電流流進細胞裡面。當去極化升高時，鈉離子通道開始關閉，另一些通道開放，將鉀離子抽出細胞，最後使得細胞膜回到靜止電位。這些調節變化的通道則按照通過細胞膜的電壓來決定開和關。

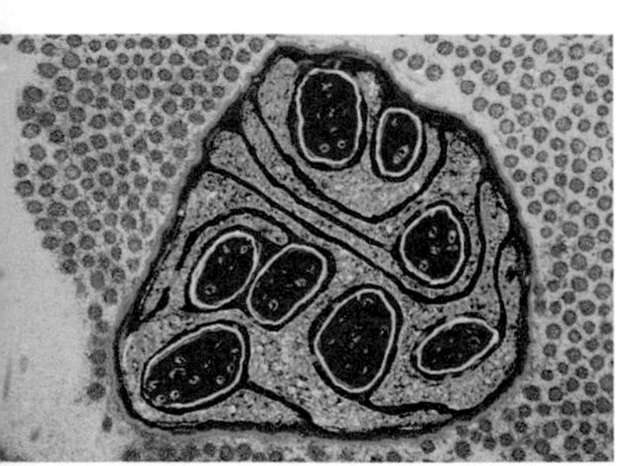

上圖：電子顯微照片顯示神經纖維切片（紅色部分）。

何杰金和赫胥黎繼續導出的程式，幾乎可以完美預測動作電位通過軸突的速度和強度。他們的研究也有助於解釋爲什麼動作電位傳到遠方不會衰退，這是在神經系統裡有效傳遞訊息的必要條件。他們建立的模型包羅廣泛，不只可以用在烏賊巨大的神經軸突，也可以用在許多其他類型的可興奮細胞（excitable cell），以及樹狀突、突觸等其他神經結構部分。

▶ 參見〈神經系統〉（210-211頁）、〈神經傳導物質〉（274-275頁）、〈神經細胞生長〉（368-369頁）、〈固氮作用〉（496-497頁）

右圖：18世紀義大利解剖學家伽伐尼雖然不能用實驗證明「動物發電」，但他的想法是對的，青蛙腿可以產生電流，這種電流會刺激肌肉收縮

神經細胞生長 Growth of nerve cells

列維蒙塔西尼（Rita Levi-Montalcini，1909–）
柯恩（Stanley Cohen，1922–）

二次世界大戰期間，在義大利住家改裝的實驗室裡工作，並生活在反猶太風潮迫害的恐懼中，對出色的女性科學家來說，似乎是沒什麼指望的環境，更不可能是讓研究工作最後拿到諾貝爾獎的理想環境。不過這正是列維蒙塔西尼的處境，這位杜林大學醫學系畢業生，現在以神經細胞生長的研究名滿天下。

周邊神經系統細胞生長時，會由化學信號和生長因子引導，朝肌肉等特定目標投射軸突，但生長因子的性質直到 1940 年代末期還是個謎。列維蒙塔西尼祕密進行研究，使用由廚具拼湊成的設備，揭露了被截肢的雞胚胎如何生長周邊神經細胞。二次大戰後，她轉到聖路易華盛頓大學維克托·漢伯格（Viktor Hamburger）實驗室繼續研究。她有一項重大發現是，胚胎發育期間，神經細胞死亡是正常現象，和細胞生長與分化一樣正常，存活的神經細胞數目與目標組織的大小有關。例如切除胚胎的一個肢體，背根神經節的神經細胞會大量死亡，因為這個部位在常態下負責提供神經纖維給發育中的肢體。

到了 1952 年，列維蒙塔西尼已經發現，如果把老鼠腫瘤移植到雞胚胎身上，腫瘤會產生擴散物質促使附近神經生長，這是一個可以用培養皿中的神經細胞複製的現象。這種物質稱作「神經生長因子」（nerve growth factor），1954 年由美國生化學家柯恩分離出來，並分析了它的化學性質。柯恩和列維蒙塔西尼共同獲得 1986 年諾貝爾生理或醫學獎。

神經生長因子屬於一個稱作「神經營養因子」（neurotrophic factors）的家族，每個因子都經由細胞表面的特定受體發生作用。以這些因子為基礎的療法深具潛力，或許能夠促使成人受損的神經系統復元。

▶ 參見〈神經系統〉（210-211頁）、〈神經傳導物質〉（274-275頁）、〈黏菌聚合體〉（348-349頁）、〈化學振盪〉（364-365頁）、〈動物形態遺傳學〉（460-461頁）

右圖：培養皿中生長的成熟神經細胞。受到神經生長因子影響，不成熟的神經細胞會長出厚塊延伸物。

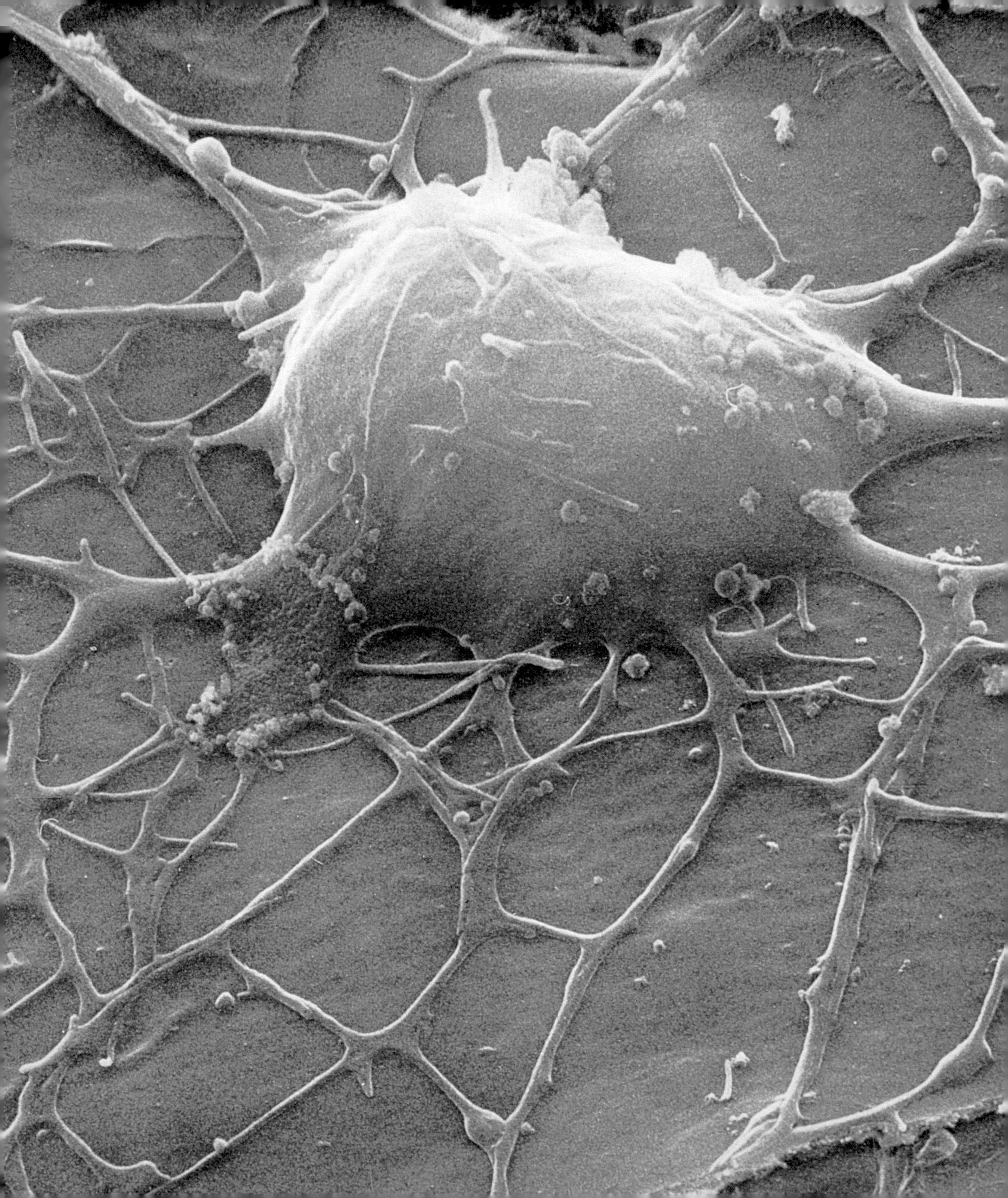

生命的起源 Origin of life

米勒（Stanley Lloyd Miller，1930–）
尤瑞（Harold Clayton Urey，1893-1981）

生物現在都由別的生物繁殖出來，但生命最初怎麼來的？俄羅斯生物學家奧巴林（Aleksandr Ivanovich Oparin）1924 年主張，建構生命的分子可能是由更簡單的化學物質形成。美國大氣化學家尤瑞把這些想法再往前推。尤瑞指出，地球初始尚無生物時，大氣缺氧，但含有氨、甲烷、水氣和氫。閃電釋放的電流或紫外線輻射可能從這些生命前驅分子產生簡單的生物分子，如胺基酸和糖類等現今生物使用到的分子。但這些觀念在尤瑞手中仍然只是理論構想，直到 1953 年才有實驗測試。當時有位學生米勒（Stanley Miller）問尤瑞，能不能以測試這些想法爲論文題目。尤瑞的興趣已不在此，但他准許米勒使用他的實驗室。

才幾個月時間，米勒就享受到驚人成功。他把一支試管裝滿基本化學物質「模擬大氣」，然後催生出各種生物分子。他的成果引起一陣騷動，因爲他摧毀宗教界對科學世界觀殘存的挑戰。在米勒之前，接受演化觀點的人或許還相信神從化學物質創造生物分子。米勒的實驗卻證明大自然的作用可以完成這件工作，他還幫忙打破了生物和非生物之間的區隔。

隨後探討生命起源的研究，很多採用米勒的基本實驗裝置，以相同方法合成了所有建造生命的基本材料。但探索尚未結束。我們還需要了解（米勒實驗產生的）生命的基本分子如何能夠組成自我複製系統。至今仍無人找到破解這道難題的方法。

▶ 參見〈自然發生說〉（90-91頁）、〈合成尿素〉（142-143頁）、〈外星智慧〉（398-399頁）、〈最古老的化石〉（410-411頁）、〈共生細胞〉（418-419頁）、〈動物五界〉（426-427頁）、〈火星的微化石〉（518-519頁）、〈月球上的水〉（522-523頁）

右圖：生命的火花：米勒重做他那有名的生命起源實驗。根據米勒的實驗指導老師尤瑞的說法：「如果上帝不是這麼做的，那他就錯失了大好成功機會。」

REM睡眠 REM sleep

克萊特曼（Nathaniel Kleitman，1895-1999），亞瑟倫斯基（Eugene Aserinski，1921-98），狄曼（William Charles Dement，1928–）

1868 年，德國生理學家葛里森格（Wilhelm Griesenger）不只觀察到睡眠中的人和動物眼皮不停抽動，還想到眼皮抽動可能和做夢有關。美國心理學家萊德（George T. Ladd）主張，熟睡無夢時，眼球會往上轉、往內翻，這是「最好的位置，躲開意識裡所有擾人心神的視覺意象」，但夢境逼眞時，眼球會「在眼窩裡輕輕」移動，「跟著視網膜上的幻象」轉到不同的位置。

美國 1938 年一本探討「輕鬆睡眠 ABC」的暢銷書作者傑考伯森（E. Jacobson）首先指出，這些眼球活動應該可以用電力測量，以及用圖像記錄。但直到 1953 年芝加哥的克萊特曼、亞倫瑟斯基及狄曼才開啓一個以實驗室技巧研究睡眠的時代。在一系列控制實驗中，他們發現大腦電波的特殊圖形、明顯快速眼球轉動（REM）和做夢之間有所關聯。在 REM 睡眠當中，腦波電壓低、頻率高，此時被叫醒，可能說自己正在做夢的人，比其他時候被叫醒的人多很多。而在 REM 睡眠期間，呼吸、心跳和血壓會增加到清醒時的水準。

睡著的人整個晚上會經歷幾次 REM 睡眠期，每次持續約 10 到 20 分鐘。如果在這段時間不斷被打擾，就開始感覺心理挫折，接下來幾個晚上，REM 睡眠期會大幅增加，以補足錯過的夢。即使所謂「沒有夢的人」一樣有 REM 睡眠，亞里斯多德第一個表示有睡就有夢，說不做夢的人只是記不得做過夢罷了。事實上所有動物和鳥類都做夢，連子宮裡的胎兒都有夢，由此可見睡眠做夢必定在演化上扮演重要角色，雖然確切角色如何，仍然眾說紛紜。

▶ 參見〈亞里斯多德的遺產〉（10-17頁）〈調節身體〉（188-189頁）、〈潛意識〉（222-223頁）

右圖：西班牙畫家哥雅1799年畫的「理性之夢生出妖魔」。發現DNA結構的克里克和美國分子生物學家米奇森（Graeme Mitchison）曾主張，夢會消除不想要的聯想和記憶痕跡。

l sueño
e la razon
produce
monstruos.

1953

雙螺旋鏈 The double helix

克里克（Francis Harry Compton Crick，1916–2004）
華生（James Dewey Watson，1928–）

去氧核醣核酸（DNA）是現代最重要的分子。它的地位要從一項關鍵發現談起：DNA 的結構，或形狀。一般說來，了解分子結構未必就能了解分子如何作用，但 DNA 的情形卻不一樣。1951 年，年輕的美國人華生到英國劍橋，和英國博士生克里克一起研究 DNA 結構。當時這是熱門題目，因爲才剛發現 DNA 是生物遺傳分子。

華生和克里克利用一項化學線索和 X 光繞射法推斷 DNA 結構。DNA 太小，不能直接觀察，X 光繞射是找出微小物體結構的間接方法。至於化學線索，來自美國生化學家查加夫（Erwin Chargaff）注意到的一項規則。DNA 包括四個次單位，用 A、C、G、T 四個字母代表。查加夫發現 C 的量與 G 相等，A 則與 T 相等。在華生和克里克看來，這代表 DNA 有雙股，G 在一股上與另一股上的 C 連接，A 就和 T 連接。X 光繞射顯示，雙股呈螺旋狀：DNA 是一條雙螺旋鏈。

華生和克里克在 1953 年《自然》期刊上發表 DNA 結構，這種分子如何複製馬上一目了然（解開雙股，其中一股充作正本製作新的一股），而它如何攜帶生物訊息也昭然若揭（A、C、G 和 T 的排列順序就是密碼）。接下來十年左右，生物學家破解了 DNA 的「密碼」，讓現代分子遺傳學順利登場。

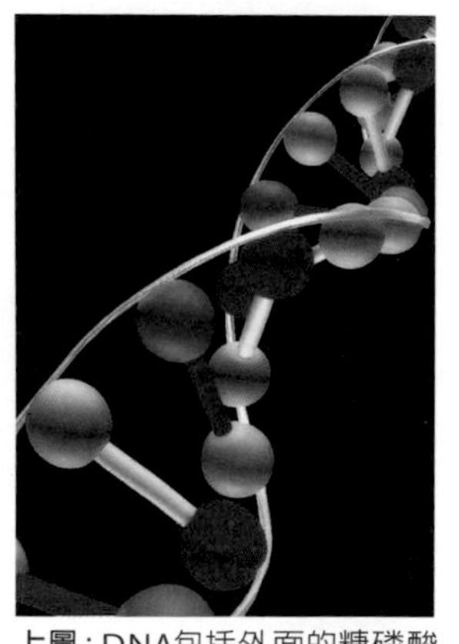

上圖：DNA包括外面的糖磷酸鹽脊柱（淺藍色）和四種構成遺傳密碼的次單位或「鹼基」（鹽基）。

▶ 參見〈X光〉（220-221頁）、〈遺傳基因〉（264-265頁）、〈細菌的基因〉（332-333頁）、〈資訊理論〉（354-355頁）、〈鐮形紅血球貧血症〉（358-359頁）、〈血紅蛋白結構〉（390-391頁）、〈隨機分子演化〉（422-423頁）、〈基因工程〉（436-437頁）、〈人類癌症基因〉（456-457頁）、〈動物形態遺傳學〉（460-461頁）、〈定向突變〉（494-495頁）、〈男性基因〉（502-503頁）、〈人類基因體定序〉（524-525頁）

右圖：華生（左）和克里克和他們的DNA模型。套句生物學家培魯茲（Max Perutz）的話：「1953年是神奇的一年。英國女王加冕。人類登上埃弗勒斯峰。DNA謎題解開。」

數位河流 The digital river

撰文：理察．道金斯（Richard Dawkins）

我們的遺傳系統是道地的數位式系統，地球上所有生命的遺傳系統也一樣。只要逐字逐句精確編碼，你甚至可以把整本新約聖經寫入人類基因體，加到塞滿「垃圾 DNA」的區段裡去；垃圾 DNA 是身體沒有利用，至少不會以平常方式用到的 DNA。你身體裡的每個細胞都包含相當於 46 卷的龐大資料帶，經過眾多讀值頭同時運作而源源流出數位字元。在每個細胞裡，這些帶子——染色體——含有同樣的訊息，但不同類型細胞裡的讀值頭，會根據自己的特定目的，在資料庫的不同部位搜尋。這就是爲什麼肌肉細胞與肝細胞不同。這裡沒有靈魂帶動的生命力，沒有跳動、起伏、成長、原生質的、神祕的果凍狀物質。生命只是一串串位元組合的數位訊息。

基因是純粹訊息，編碼、存碼和解碼都無損也不會改變訊息原意。純粹訊息可以複製，由於是數位形式，複製可以無限地忠於原件。DNA 字元複製之精確，可與現代工程師的能力比美。它們一代代複製下去，只會發生剛好足夠的意外誤差帶來變化。 這些變化中，那些在世界上占比較多數的編碼組合，在身體裡面解碼及執行時，顯然將自動促使身體採取積極步驟來保留及繁衍相同的 DNA 訊息。我們——這裡指的是所有生物——都是數位資料庫的求生機器，被它設定程式以求自身繁衍。所以，達爾文學說是純粹數碼層次上倖存者的求生之道。

以後見之明來看，可能也沒有別的路可走。或許有人會猜想遺傳系統是類比式的。但我們已經見識過類比訊息複製的下場。它簡直像耳語傳播。不論電話系統擴充、再錄製錄音帶、或再拷貝影本，類比式信號非常容易累積損害，能複製的世代有限，超過限度後往往面目全非。反過來看基因，可以自我複製千萬個世代，品質幾乎不會下降。達爾文學說之所以有效，因爲複製程序是如此完美，當然其間也有個別的變化意外，而天擇會篩選這些變化，或淘汰、或保存。唯有數位式遺傳系統有能力度過漫長的地質時代，持續達爾文所說的演化。1953 年，雙螺旋鏈謎底問世的那年，日後不但會被視爲神祕愚昧生命觀的終點，達爾文信徒也將視之爲演化說終於數位化的一年。

純數位訊息的大河堂堂流過地質時代，奔散成 30 億萬條支流，這是何其有力的畫面。但大河在哪裡留下我們熟悉的生命形貌？在哪裡留下軀體、手腳、眼睛和大腦，還有枝葉、樹幹、樹根？又在哪裡留下我們和我們的零件？我們——我們動物、植物、單細胞、眞菌和細菌——只是河岸，數位資料的涓涓細流從中穿過？在某方面來說，確是如此。但如同我曾暗示的，事情不僅如此。基因不只是複製自己，代代流傳。事實上基因也在身體內度過一生，而且影響它們存活於其間的一個接一個身體的形狀和行爲。所以身體也很重要。

舉例來說，一隻北極熊的身體不只是數位溪流的兩岸。它也是複雜度等同熊體的機器。北極熊整個族群的所有基因是一個集合體，基因彼此相伴，又時時互相競爭。但它們不會一直和集合體的所有其他成員在一起：它們會在集合體內更換伴侶。集合體被界定爲一套基因，可能可以與集合體裡面的其他基因交會（但不會與世界上三千萬集合體裡任何其他一支的成員攪和）。實際上的交會永遠發生在一隻北極熊體內的一個細胞裡面。所以說，身體不是一無作用的 DNA 容器。

首先，細胞數量之大，簡直無法想像，大型公熊約有 900 萬百萬個細胞，每個細胞裡面都有完整的一套基因。如果把一隻北極熊的所有細胞排成一列，可以輕鬆的從地球排到月球再繞回來。這些細胞有兩百種不同類型，基本上所有動物都有這兩百種，其中包括肌肉細胞、神經細胞、骨細胞等等。任何一種類型的細胞都集結成組織：肌肉組織、骨骼組織等等。所有不同類型的細胞都含有製造一切細胞必需的基因指令。但唯有適合相關組織的基因會開啓。這就是爲什麼不同組織裡的細胞，形狀大小也不同。

最有趣的是，基因會開啓特定類型細胞，使那些細胞生長成特定形狀的組織。骨骼不是沒有形狀的堅硬、密實團塊組織。骨骼有多種特殊形狀，有中空支架、球形和凹槽形、脊椎和骨刺等。細胞含有內建程式，由內部開啓的基因設定，細胞展開行動時好像知道自己與鄰近細胞的相關位置，而這就是細胞建造組織成爲耳垂、心臟瓣膜、眼球晶體和括約肌等各種形狀的方式。

避孕藥 Contraceptive pill

平卡斯（Gregory Pincus，1903-67），張民覺（Min-Chueh Chang，1908-91），洛克（John Rock，1890-1984）

20世紀前半，生物學家終於弄清楚哺乳類生殖受到荷爾蒙的巧妙控制。在此同時，開發類固醇爲醫療用藥物也獲進展，可體松已經開始量產。在對女性生理周期有新的了解後，科學家漸漸想到，可以用口服性荷爾蒙解決經期困擾、經前緊張及不孕等問題。但在研究能夠繼續以前，他們需要便宜可靠的合成性荷爾蒙，如黃體素；因爲從動物卵巢萃取荷爾蒙太貴又太慢。

1943年，美國化學家馬克（Russell Marker）從墨西哥野生薯蕷抽取類固醇前驅素，並在實驗室中轉換成黃體素（或後來知道的合成「黃體酮」）。缺點則是，需要非常多的薯蕷才能提煉出一次有效口服劑量。1951年，米拉蒙特（Luis Miramontes）在知名化學家翟若適（Carl Djerassi）指導下，稍改變馬克的黃體素，發展出炔諾酮，如果口服，比人類黃體素還有效得多。一年後，另一實驗室的化學家寇頓（Frank Colton）發展出類似化合物異炔諾酮。兩種產品都進入市場，用來治療婦科疾病。

1951年，美國生物學家平克斯和同事確定，新合成的黃體酮可以抑制排卵。長期從事婦女運動的瑪格麗特·桑格（Margaret Sanger）立刻看出其中意義。桑格得到女富豪凱瑟琳·麥考米克（Katherine McCormick）幫忙，安排平克斯、張民覺和洛克取得一大筆經費，研究以荷爾蒙爲主的有效節育方法。1950年代中期，大型臨床試驗在波多黎哥里約佩德拉斯（Rio Pedras）的貧民區進行。1960年5月，美國食品藥物管理局核准異炔諾酮爲口服避孕藥，以Enovid的名稱上市。到了1965年，性革命大舉躍進，超過650萬名美國婦女「服用避孕藥」（on the pill）。

▶ 參見〈調節身體〉（188-189頁）、〈胰島素〉（288-289頁）、〈固氮作用〉（496-497頁）、〈男性基因〉（502-503頁）

右圖：避孕藥帶妳上天堂：在迷惘的60年代，婦女可以自己掌控避孕權。

左旋的宇宙 Left-handed universe

李政道（Tsung Dao Lee，1926–），楊振寧（Chen Ning Yang，1922–）

爲什麼不能用一套法則搞定自然界？因爲有些東西不理這一套。你可以不時改變如位置或方向之類的事情，而物體的表現還是一樣——例如，你的車子往北開，時速可以達到 170 公里，你可以預料往東開時也能達到相同速度。同樣的，每個人似乎都知道，世界應該是鏡像對稱的：如果能使一枚硬幣順時針旋轉，就應該也能使它逆時針旋轉。

然而就是有一個點，鏡像在此破裂。李政道和楊振寧在 1956 年發現，從一些次原子粒子之間的反應看來，自然界好像有一種作用力（造成中子衰變的弱核力）違反鏡像對稱原則。實驗很快證明他們是對的。中子能夠自然衰變成三個一組的粒子，分別是質子、電子和微中子。當發生這樣的衰變時，微中子永遠左旋，它如木塞起子般，以逆時針方向繞著行進方向旋轉。物理學家目瞪口呆，開始懷疑其他自然對稱也有問題。他們很快發現，弱核力打破了另一項古老規則：它對物質和反物質的作用方式稍有不同。這完全在意料之外，應當具有重大意義。（編按：1957 年，李政道和楊振寧以「宇稱不守恆」理論同獲諾貝爾物理學獎。）

如果大自然在物質和反物質之間沒有一點偏心，我們不會在這裡。很早以前，宇宙所有物質會與所有反物質會合、爆炸，化成輻射雨。但如果在大霹靂的混沌鍋裡，物質從次原子粒子持續碰撞中出現的機會多一點，當所有反物質都炸光之後，會有一些剩餘物質留下。那些殘渣就是我們。

▶ **參見**〈電子〉（228-229頁）、〈中子〉（312-313頁）、〈反物質〉（314-315頁）、〈次原子幽靈〉（384-385頁）、〈創世餘暉〉（412-413頁）、〈統一力〉（416-417頁）、〈超弦〉（474-475頁）

右圖：完美對稱。1959年的這張照片顯示不同雪花的六重對稱。雪花清楚呈現出連續對稱被打破、水從液相進到固相的情形。

視覺的化學基礎

Chemical basis of vision

華德（George Wald，1906-97）

當一些光──稱作光子──進入眼睛，打到視網膜上，它們包含的能量必須經過轉換，由一連串複雜步驟轉成電子信號，從視網膜傳到視神經，再到大腦。這個過程的第一部分由桿狀和錐狀細胞裡的視色素負責。桿狀和錐狀細胞是視網膜的光受器。

1956 年，從波蘭移民到美國的生化學家華德找出底下的化學機制。第一次大戰期間已經發現攝取食物若缺乏維生素 A 會造成失明，顯示維生素 A 在視覺上扮演極重要角色。1933 年，華德在哈佛大學工作，成功地從視網膜分離出維生素 A。維生素 A 在視網膜中被用來形成視紫質和其他相關視色素。這些視色素經常由兩部分構成：一是無色蛋白質，稱作視蛋白，跨在感光細胞的膜盤結構上；另個則是在視蛋白深處，並與之結合的一種維生素 A 衍生物，稱作視黃醛。

當光子擊中視網膜時，視黃醛吸收光的能量，同時改變形狀，從原本的「扭結」狀變成「挺直」。因此把視色素分子的視蛋白部分變成活性酵素，引發一連串快速反應，結果在感光細胞和視神經細胞的連接處釋放一種傳導物質。

接觸光線將使視黃醛迅速脫離視蛋白。由於部分視黃醛會毀壞，不能循環使用，因此必須用身體庫存的維生素 A 補充。人體不能自行製造維生素 A，但植物會產生分子胡蘿蔔素，其中就有維生素 A。這就是爲什麼吃紅蘿蔔對視力有好處，也是爲什麼不吃新鮮蔬菜可能造成維生素 A 缺乏而失明。

▶ 參見〈神經系統〉（210-211頁）、〈維生素〉（[illegible]頁）、〈神經傳導物質〉（[illegible]頁）、〈神經脈衝〉（366-367頁）、〈右腦，左腦〉（400-401頁）、〈一氧化氮〉（496-497頁）

右圖：人類視網膜裡的桿狀細胞，數目約在1億3000萬個左右，對於非常暗的光線敏感，因此被認為是夜視的感光細胞。

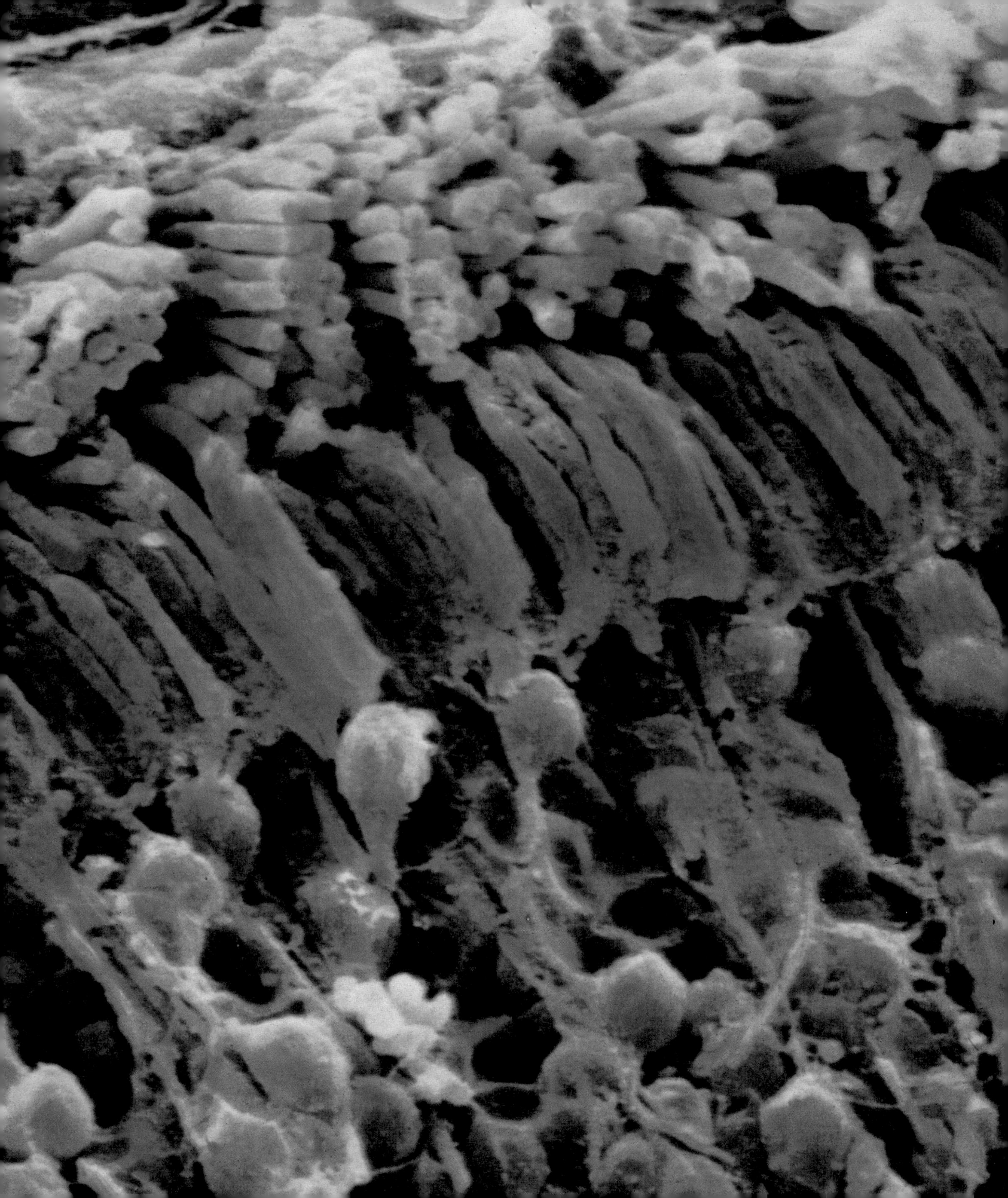

次原子幽靈 A subatomic ghost

鮑立（Wolfgang Pauli，1900-58），芮內斯（Frederick Reines，1918-98）
寇萬（Clyde Cowan，1919-74）

當原子核以釋放電子的方式衰變時，有些能量會消失，至少看起來不見了。這個現象讓物理學家非常不安。1930年，奧地利物理學家鮑立發現一種新的次原子粒子，純粹爲了解釋這個現象。新粒子可以從 β 衰變過程中偷偷拐走能量。聽起來像是應急措施，卻乾淨漂亮地解決了問題。

物理學家費米替這種粒子取名微中子，來自義大利文，意思是「中性的小東西」（little neutral one）。他還發展出一套詳細的 β 衰變理論，包含一種全新的基本力，即所謂的弱作用力。微中子很不尋常，它只感應重力和弱作用力，毫不受電磁力和強核力影響。這樣的特性讓微中子滑溜得足以直接飛越地球，因此能夠偷走 β 衰變讓出的能量而不被察覺。

然而弱作用力還是會讓微中子偶爾與其他粒子相撞。1956年，當芮內斯與寇萬在核子反應器旁裝設他們的偵測器時，就看到微中子撞上質子激發 γ 射線造成的獨特圖形。

微中子望遠鏡——地底深處的大型液體槽，監視這些弱交互作用的附帶產物——現在已能定期測到太陽內部的核融合反應所產生的微中子。事實上，測得的微中子比天文物理學家預測該有的量少，出現落差的原因仍然無法解釋。1987年，同一座望遠鏡測到銀河系附近星系中一顆超新星激烈爆發。微中子爆發證實微小超緊密中子星會在這種爆發中產生。

按照粒子物理的標準模型，微中子沒有質量。但1998年日本超級神岡（Super Kamiokande）微中子偵測器發現證據顯示，微中子實際上有微小的質量。這可能是新的基礎物理學即將來臨的跡象，也可能代表微中子的重力曾經影響星系形成。

▶ 參見〈放射性〉（224-225頁）、〈左旋的宇宙〉（380-381頁）、〈夸克〉（408-409頁）、〈創世餘暉〉（412-413頁）、〈統一力〉（416-417頁）、〈伽瑪射線爆發〉（434-435頁）、〈超新星1987A〉（488-489頁）、〈大吸子〉（498-499頁）

右圖：位在日本東京附近山下一公里深處的超級神岡微中子偵測器，具有五萬噸純水和13,000根光電培增管，能夠察覺微中子撞擊的獨特閃光。

語言本能 Language instinct

喬姆斯基（Noam Chomsky，1928–）

美國學者喬姆斯基在語言方面的創見，對心理學和語言學意義重大，此外，他還以政治立場激進出名。他和史金納等行爲學家唱反調：行爲學派認爲，我們藉著從經驗累積的範例學習語言；喬姆斯基卻盡力證明語言是種人類天生就想獲得的技巧。

1957 年，喬姆斯基出版著作《句法結構》（*Syntactic Structures*），並展開所謂的「生成語言學」（generative linguistics）運動。這個運動的支持者宣稱，我們按照規則了解及產生語言，而最基本的部分即在於，這些規則對人類所有語言來說都是相通的。儘管表面上語言差異非常之大，英文和中文即爲明顯的例子，但這些語言共有一種「深層結構」，所以每個嬰兒都能學會任一種人類語言。只有在「表面結構」上，語言才會南轅北轍。

喬姆斯基提出「衍生語法」（generative grammar）來解釋我們如何能夠認識、明瞭或造出無數我們不曾聽過的句子，又如何對包含陌生字彙的句子略識一二，以及辨識出可能是亂造一通的字詞，如 fteggrup 或 nganga 等。我們能認出結構完整的英文句子，了解各部分的關係，即使句子本身毫無意義，例如：Blotherasts argle contornaceously bethwart mungled chardwicks and fintipled mesterlinks.。

喬姆斯基提出一些規則系統，相當簡單地說明聲音組合和變化的方式，以及字詞如何改變形式，甚至解釋了所謂「不規則」動詞的規則。他的研究引發爭議，部分和他在某種程度上主張語言是本能而非來自學習有關，這種主張引來激烈爭論，尤其史金納等行爲學家更是無法苟同。雖然人類大腦不同區域各有所司，不過至今尚未發現到裡面有個「語言器官」（language organ）——亦即將結構加諸在接收到的言語之上的器官。

▶ **參見〈繪製語言區圖〉（182-183頁）、〈動物直覺〉（318-319頁）、〈行爲增強〉（322-323頁）、〈人工神經網路〉（334-335頁）、〈右腦，左腦〉（400-401頁）、〈頭腦圖像〉（478-479頁）**

右圖：法蘭德斯畫家布勒哲爾（Pieter Brueghel）於1563年畫的〈巴別塔〉。喬姆斯基意圖建立一套「通用語法」，以解釋人為因素造成語言變化的可能範圍。

太陽風 Solar wind

帕克（Eugene Parker，1927–）

1958 年，美國天體物理學家帕克表示，溫度高達攝氏兩百萬度的日冕，正朝四面八方膨脹，產生一股帶電粒子流（電漿），主要由電子和質子構成，往外吹散，遍布太陽系。雖然初提出時遭到許多質疑，「太陽風」理論還是很快就被承認是天文事實。其實太陽風的說法由來已久。20 世紀開始時，愛爾蘭物理學家費茲傑羅（George FitzGerald）和英國物理學家洛奇（Oliver Lodge）就曾暗示，地球遭遇的磁暴與幾天前太陽閃焰與黑子活動增加有關。閃焰射出的某些東西似乎最後抵達了地球，費茲傑羅還從時間差估算，這種東西每秒速度約 500 公里。

後來的研究都支持太陽風理論。英國天文物理學家霍耶（Fred Hoyle）顯示，向外擴張的太陽電漿與周圍星系磁場之間的磁力聯結會使太陽自轉變慢，行星起源於星雲的假說中一個長期的困擾因此順利消除；英國物理學家查普曼（Sydney Chapman）表示，太陽物質噴發撞擊地球磁層的開放磁力線（實際上是高度密集的帶電粒子，像飄帶般伸進太空），造成南北極的極光；德國天文學家霍夫麥斯特（Cuno Hoffmeister）從彗星尾的「風袋」角度算出想像中的太陽風的速度；另一德國天文學家比爾曼（Ludwig Biermann）則假設，噴出加速電漿團（主要是帶電的一氧化碳）是彗星尾斷裂的原因。

帕克的太陽風與太陽自轉的作用加起來，把太陽磁力線扭成阿基米德螺旋。從蘇聯太空偵測器「盧尼克 3 號」（Lunik 3）和「金星 1 號」（Venera 1）1959 年升空開始，一系列太空船曾調查太陽風與行星磁層的交互作用。日冕穩定膨脹有時由太陽閃焰期間的高能物質噴發補充。

▶ 參見〈天然磁力〉（50-51頁）、〈太陽系的起源〉（104-105頁）、〈太陽黑子周期〉（158-159頁）、〈螺旋星系〉（160-161頁）、〈宇宙射線〉（268-269頁）、〈地磁倒轉〉（304-305頁）、〈阿波羅任務〉（424-425頁）

右圖：衛星地面站上方的北極光擺舞。極光是由太陽風與高層大氣裡的氣體分子交互作用造成的。

血紅蛋白結構 Structure of haemoglobin

培魯茲（Max Ferdinand Perutz，1914-2002）

X 光晶體學是探究分子三度空間結構的利器。它使用一束 X 光瞄準結晶樣本。當 X 光穿過，晶體內規則分布的成層原子會使它偏斜，就像光線碰到細光柵就會衍射一樣。X 光繞射形態能記錄在感光片上，用來計算每個原子的位置。

這種方法在 1912 至 15 年間由德國物理學家勞厄（Max von Laue）以及澳洲的布拉格父子（William Henry and William Lawrence Bragg）發展出來；起初只用來研究簡單物體如鹽粒結晶。奧地利出生的生化學家培魯茲則是最早用這方法研究蛋白分子的科學家之一。蛋白分子含有數千個原子，結構遠比礦物質複雜。1937 年，培魯茲在英國劍橋開始研究血紅蛋白，也就是紅血球內把氧從肺送到組織的攜氧蛋白。他培養了馬的血紅蛋白大晶體，他的同事肯德魯（John Kendrew）則去研究相關但較簡單的肌紅蛋白。

培魯茲和肯德魯逐漸改善他們的技術。關鍵的一步是，他們發現把一個重金屬元素如金或水銀的原子加進分子裡，會改善 X 光繞射效果。到了 1957 年，肯德魯破解肌紅蛋白結構，培魯茲緊接著在兩年後找出血紅蛋白結構，而且進一步顯示血紅蛋白四個次單元接收氧時如何改變結構。他還發現，當患有鐮形紅血球貧血症時，血紅蛋白分子會癟縮成鐮刀形。培魯茲和肯德魯的成果，開啓研究蛋白質（細胞主要分子）結構和功能的大門，他們的方法今日仍大量使用。兩位科學家共同獲得 1962 年諾貝爾化學獎。

▶ **參見〈抗毒素〉**（214-215頁）、**〈X光〉**（220-221頁）、**〈鐮形紅血球貧血症〉**（358-359頁）、**〈雙螺旋鏈〉**（374-375頁）

右圖：電腦繪製的血紅蛋白分子。培魯茲回憶道：「這是第一批揭露大自然新奇面貌的蛋白分子結構。」

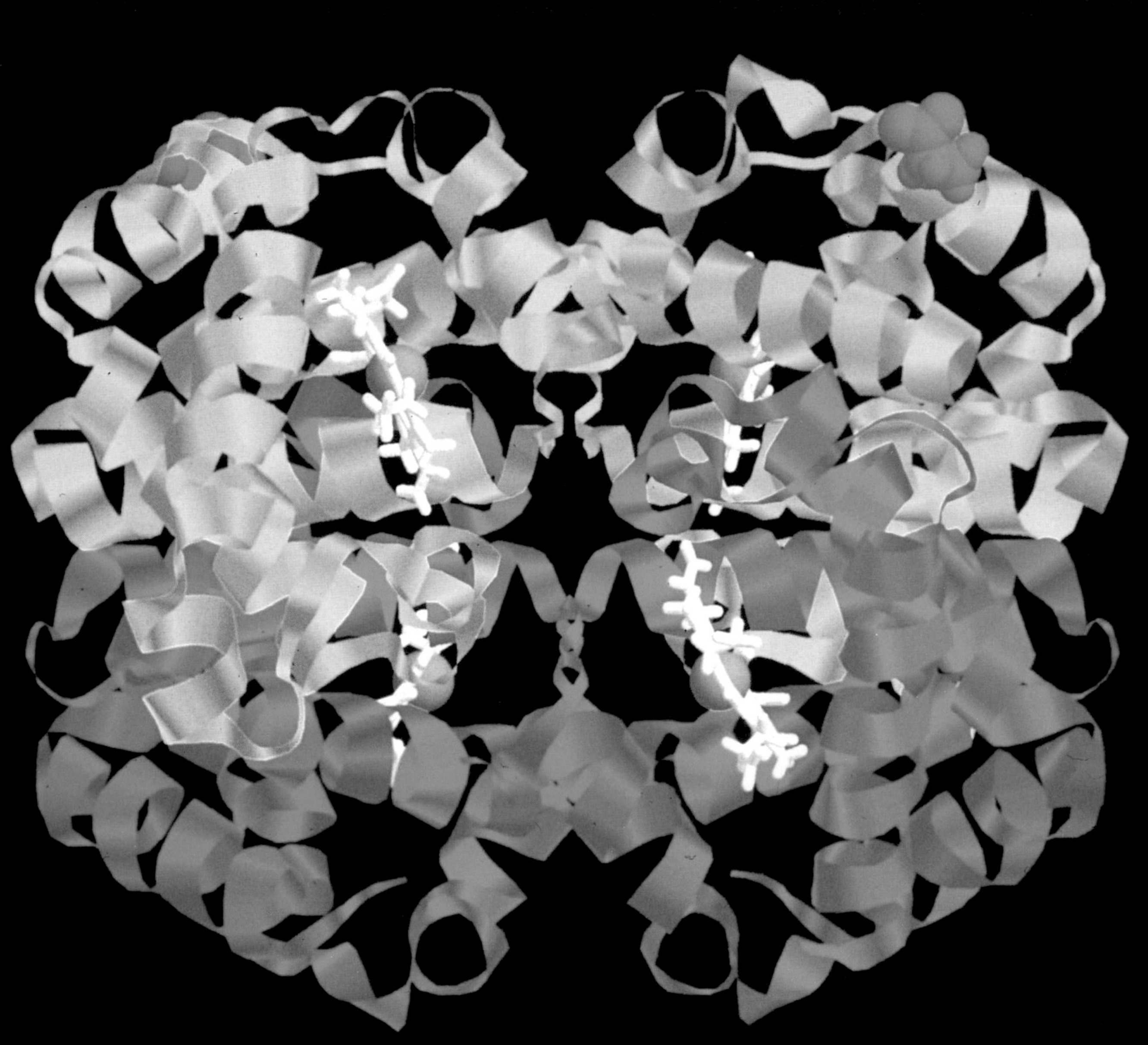

1959

奧都韋峽谷 Olduvai Gorge

路易士．李基（Louis Leakey，1903-72）
瑪麗．李基（Mary Leakey，1913-96）

1959年，路易士．李基和他的第二任妻子瑪麗在坦干伊喀（Tanganyika，即今坦尚尼亞）奧都韋峽谷發現一個175萬年久的鮑氏東非人（Zinjanthropus boisei，東非人現稱類人）的顱骨。李基在劍橋大學時主修法文和肯亞基庫尤族（Kikuyu）的語言，也攻讀人類學，同時參加大英博物館考古隊到坦干伊喀。達爾文預言可以在非洲找到人類起源的證據，李基相信他的說法，後來他在東非尋找與人類有關的化石三十多年，才找到這個他暱稱「胡桃鉗人」（Nutcracker Man）的強壯南猿。瑪麗也對考古感興趣，在倫敦大學學院聽了一些課，然後在1935年加入李基探險隊前往奧都韋。

他們在1959年的發現，強化了達特1924年的主張，即陶恩孩兒的顱骨（非洲南猿）具有重要地位，也讓布魯姆繼達特之後在南非洞穴發現的南猿（非洲南猿和強壯類人）更具說服力。1950年代，布魯姆宣稱250萬年到300萬年前非洲南猿站起來剛好超過120公分，多少能像人類般完全直立行走。

重要的是，李基夫婦是在層狀沈積物裡發現鮑氏東非人，因此可以從一起出土的動物化石推斷相對年代，後來用熔岩與火山灰互層的放射性元素確認了這種類人的生存年代。布魯姆在奧都韋發現的強壯類人，是第一個用鉀－氬同位素確定可靠年代的原人（hominid）。1960年，奧都韋峽谷挖出另一具原人骨骸，同時出土的還有原始石製工具。1964年，路易士．李基、南非解剖學家托比亞斯（Phillip Tobias）和英國人類學家納皮爾（John Napier）將這具骨骸命名為能人（*Homo habilis*），這是當時所知最早製造工具且相當有大腦的原人。

上圖：原人足跡石化在火山灰裡。這段70公尺長的足跡由瑪麗．李基的考古隊在拉托里發現，推斷有375萬年歷史。

1976年，瑪麗率領考古隊到坦尚尼亞的拉托里（Laetoli），發現了現知最古老原人的足印（大約375萬年前留下），證實了布魯姆的說法，南猿能夠完全直立行走。

▶ 參見〈史前人類〉（148-149頁）、〈尼安德塔人〉（170-171頁）、〈爪哇人〉（216-217頁）、〈陶恩孩兒〉（298-299頁）、〈放射性碳定年法〉（346-347頁）、〈古老的DNA〉（476-477頁）、〈納里歐柯托米少年〉（480-481頁）、〈遠離非洲〉（492-493頁）、〈冰人〉（504-505頁）

右圖：古老殘骸：李基夫婦1959年在坦干伊喀研究化石顱骨殘片。

1961

海弗利克極限 Hayflick limit

海弗利克（Leonard Hayflick，1920–）

長久以來生物學家都相信細胞本身不死，只因是生命體的一部分，才跟著生命體死亡。這種想法來自法國外科醫生卡瑞爾的研究，他培養小雞的心臟細胞，想了解它們離開身體能活多久。結果細胞活得比他久，卡瑞爾在1944 年去世，過了兩年這些細胞才被丟棄。

但在 1961 年，美國生物學家海弗利克表示，卡瑞爾錯了，細胞壽命其實有限。他在實驗皿中培養了好幾種人類細胞，結果顯示它們總是在分裂約50 次以後死亡。愈是在實驗開始就培養的老細胞，死亡前能經歷的生命周期就愈少。隨後的研究顯示，細胞分裂次數與生命體壽命有關。老鼠活上三年半，能完成的細胞分裂大概 14 到 28 次。加拉巴哥群島的烏龜壽命約 175年，分裂次數可以增加到 90 至 120 次。根據「海弗利克限制」，人類潛在壽命約 120 年。但多數人活不了那麼久，因爲我們的細胞隨著年齡增長而累積損傷。染色體末端（所謂的端粒）會跟著細胞分裂變短。研究人員正在尋找阻止端粒逐漸變短的方法，視之爲延長細胞生命，間接增加人類壽命的可能途徑。（讓人迷惑的是，1996 年利用一個成羊細胞複製的桃莉羊，端粒比預期的要短。）

所以說，死亡終究不可避免。唯一不死的細胞是癌細胞，絲毫不受限制地加倍複製。在健康狀態下，基因會按照本身程式消滅受損細胞，這種程序稱作凋亡（apoptosis）。因此，科學家現在又忙著尋找各種凋亡療法，希望限制中風等情況造成的組織損害。

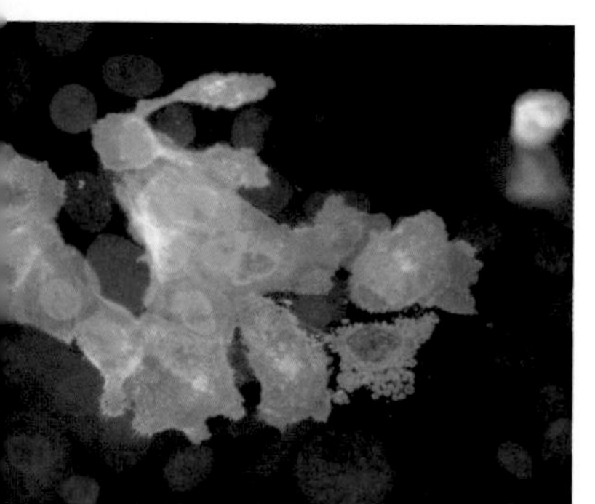

上圖：「凋亡」的細胞，細胞核破成碎片，細胞質萎縮，形成葡萄狀團塊。

▶ 參見〈細胞社會〉（174-175頁）、〈人類癌症基因〉（456-457頁）、〈複製羊桃莉〉（516-517頁）

右圖：海拉（HeLa）細胞。雷克斯（Henrietta Lacks）是名31歲子宮頸癌病患，逝於美國巴爾的摩。她的腫瘤細胞至今還在繼續培養中，當作研究癌症的工具。

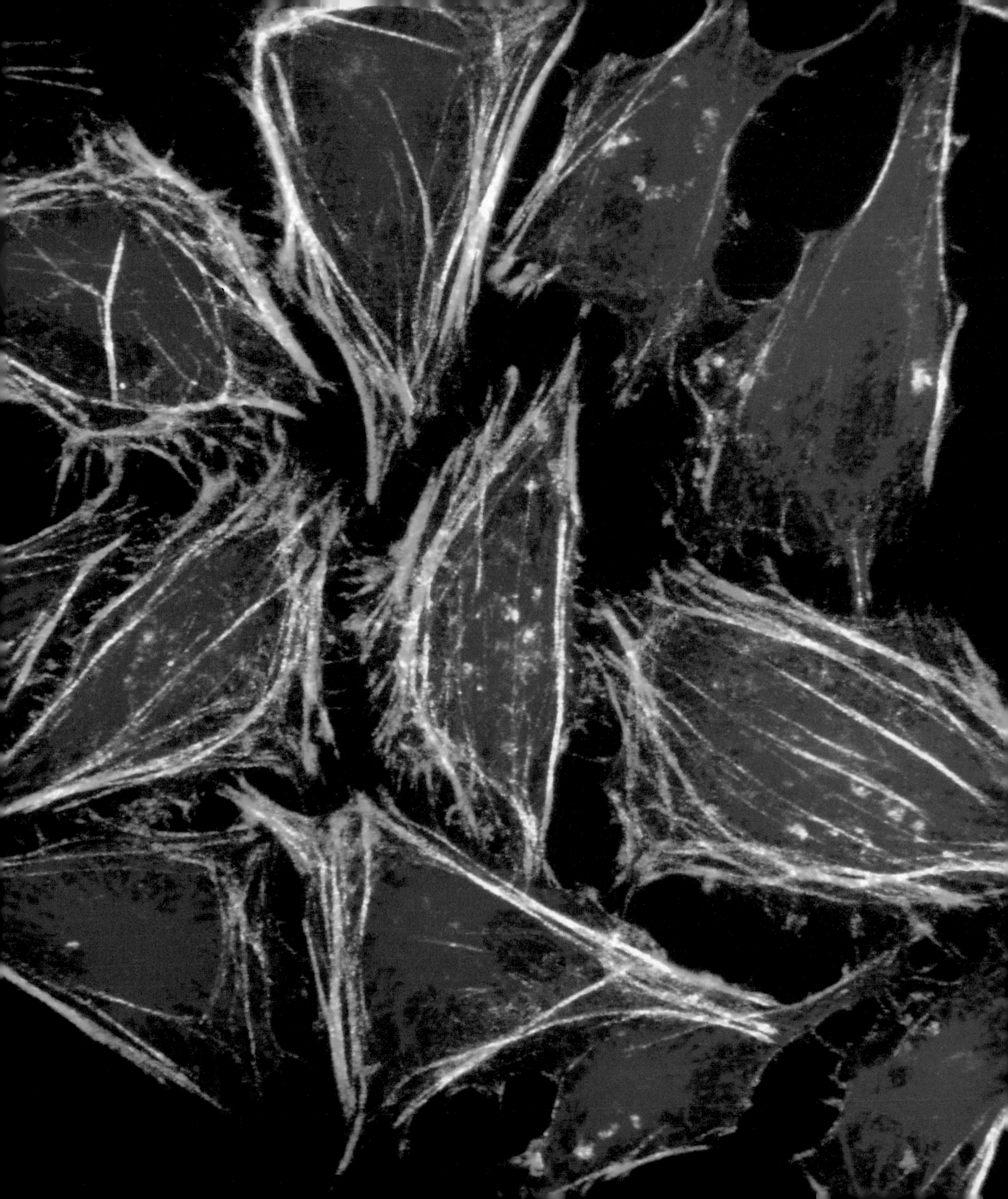

黑猩猩文化 Chimpanzee culture

珍古德（Jane Goodall，1934–）

人類和黑猩猩系出同門，大概500萬年前分家。儘管共存不知多少千年，直到20世紀中葉，人類對血緣最親的姐妹物種的日常生活，仍然一無所知。1961年，英國動物行爲學家珍古德在坦尙尼亞岡貝溪保留區（Gombe Stream Reserve）設立營地。她慢慢耐心地讓岡貝的黑猩猩習慣她的存在，並詳細記錄牠們的行爲日誌。她的研究不僅教導我們認識黑猩猩，也挑戰我們自詡獨一無二的觀念。或許最令人吃驚的發現是，黑猩猩不只會使用，事實上還會製作各式各樣的工具，用這些工具來釣魚和探查食物；他們成群狩獵，分享戰利品；雄性還會對鄰居發動戰爭似的致命攻擊行動。

珍古德開路之後，其他人紛紛跟進，在非洲不同地區展開長期研究，而全盤揭露了黑猩猩的行爲能力。最新一項研究匯整七個長期研究地點共計151年的觀測資料，結果顯示，黑猩猩一如人類，也有非常大的文化差異。例如，不同群體使用的工具不同。西非的黑猩猩用石錘敲碎堅果；東非黑猩猩儘管也有相同材料可用，卻沒有這種習慣。各地不同的習慣有四十多種，連求偶和修飾模式也因地而異。

以豢養黑猩猩爲對象做的研究顯示，牠們能認出鏡中的自己，這種能力其他大型無尾猿（大猩猩和紅毛猩猩）也有。對野生和豢養猩猩的研究結果，都暗示猩猩的心智複雜，尤其和我們人類心理有相似之處，使得一些國家立法保護無尾猿，不准用牠們做生物藥劑實驗。甚至還有個運動要求賦予無尾猿同等「人權」，這可能是半個世紀前想像不到的事。

▶ 參見〈基因表親〉（442-443頁）

右圖：1972年，珍古德在岡貝溪保留區遇見一隻好奇的黑猩猩。

1961

外星智慧 Alien intelligence

德瑞克（Frank Drake，1930–）

1961 年，德瑞克舉辦了一次小型科學家會議，討論如何利用新的 26 公尺口徑碟型望遠鏡搜尋外星文明傳來的訊號。德瑞克是美國電波天文學家，在西維吉尼亞州綠灣國家電波天文台工作。這項計畫跟著《綠野仙蹤》故事裡的女王命名，代號「奧茲瑪」（Ozma）。德瑞克研擬的會議議程以一項簡單的方程式爲探討重點。

這項方程式估算銀河系中可偵測文明的數目。德瑞克提出一系列考慮因素，每項因素的重要性相等，簡單相乘，就是可偵測文明的數目。第一項因素是恆星在星系裡形成的速度，乘以擁有行星系統的恆星所占比率，然後再乘以這些行星系統裡適宜生命居住的行星所占比率，以及確實發展出生命的行星所占的比率。繼續乘上「適於居住」行星演化智慧生命所占的比率，還有智慧生命希望溝通且有能力溝通的比率。最後乘以設法與我們交流的文明剩下可供偵測的時間長度。（當時發展氫彈讓很多參與者擔心，可以交流的文明可能也擁有自我毀滅工具。）

環環相乘之後，得到的答案少則一千，多則一億。搜索外太空智慧的開路先鋒判斷，外太空生命體或許利用電波頻道比較安靜的波段傳遞訊息，約在 1420 兆赫的氫線和 1665 兆赫的氫氧線之間——這個波段現在稱作「水洞」（water hole）。而溝通形式可能是摩斯密碼式的點和劃。天文望遠鏡已經指向類似太陽的恆星，也掃瞄到數小時嘶嘶電波聲。不過嘛……到現在還沒有收到任何信息。

上圖：1974年傳送到太空的圖畫文字電波信息的片段。如果有回音，估計最快要過五萬年才會收到。

▶ 參見〈火星上的「運河」〉（200-201頁）、〈生命的起源〉（370-371頁）、〈行星世界〉（512-513頁）、〈伽利略任務〉（514-515頁）、〈火星的微化石〉（518-519頁）、〈月球上的水〉（522-523頁）

右圖：第一印象：如果我們碰到外星生命，認得出來嗎？

右腦，左腦 Right brain, left brain

史培利（Roger Wolcott Sperry，1913-94）

人類大腦外觀對稱，許多年來被認為兩個腦半球功能大致相同。但美國神經科學家史培利從 1962 年起展開前所未有的精緻研究，深入探討人體，結果發現若干功能明顯由大腦的一邊或另一邊主導。這項成果讓他成為 1981 年諾貝爾醫學獎得主之一。

大腦半球由兩股神經纖維互相連接，其中一股是「胼胝體」（corpus callosum）。史培利和他的學生麥爾斯（Ronald Myers）利用動物探討這些連接纖維的角色，他們切開胼胝體，然後切斷一隻眼連到對邊腦半球的神經纖維，限制兩半球的視覺輸入。這些動物受過訓練，會對出現在一隻眼睛前的圖形做出反應，當圖形出現在另外一隻眼睛前，牠們卻不會反應。 結果很清楚，從一邊腦半球傳送視覺訊息到另一邊，必須仰賴胼胝體。

史培利和同事把研究延伸到人類。有些癲癇病患兩個腦半球互相連接的神經纖維遭切斷，以阻斷癲癇腦波擴及整個腦部，史培利便以這些病患為研究對象。表面上這些病患行為正常，以往研究也假設大腦半球基本上獨立運作。但史培利不只證明人類和動物的胼胝體作用相同，還顯示某些心智活動一邊半球表現比另一邊好。

事實上，雖然大腦兩邊確實有很多功能相同，但左半球長於語言，右半球則長於處理空間和時間問題，譬如在腦中轉動幾何圖形。就好像我們有兩個腦袋（mind），一個是語言的，一個是非語言的，並存在大腦裡面。這種結論具有深刻哲學意涵，影響我們對意識本質和「自我」概念的理解。

▶ 參見〈繪製語言區圖〉（182-183頁）、〈神經系統〉（210-211頁）、〈人工神經網路〉（334-335頁）、〈視覺的化學基礎〉（382-383頁）、〈頭腦圖像〉（478-479頁）

右圖：約1714年繪製的人類大腦和脊椎圖。日常生活中，史培利的病患顯得心智統一；但在實驗室裡，他們的大腦半球各行其是，好像兩個不同的腦袋。

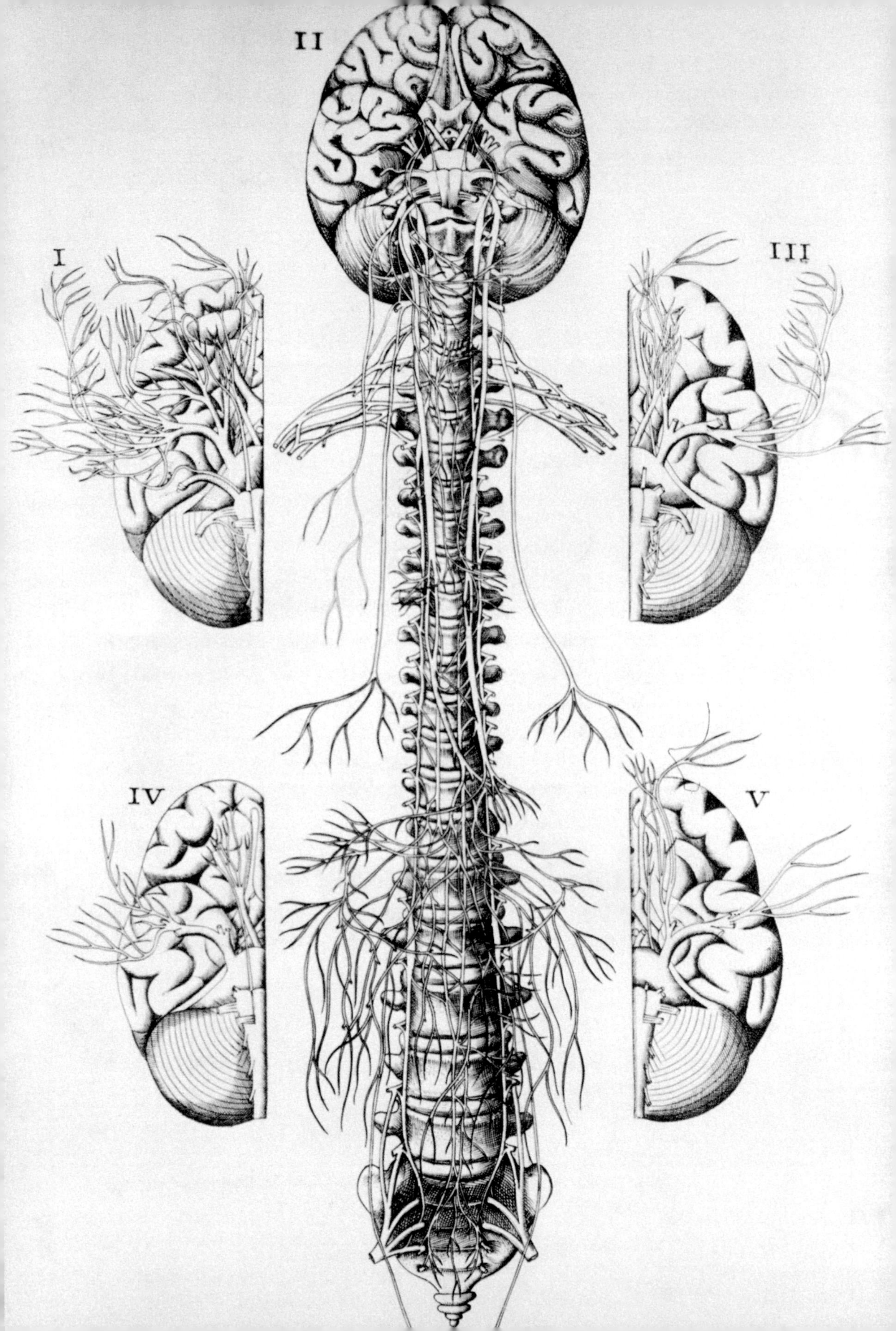
II
I
III
IV
V

服從心理 Psychology of obedience

米格蘭（Stanley Milgram，1933-84）

打從出生起，我們就被灌輸要服從權威──服從父母，服從老師，服從上司，服從法律。事實上這是任何人類社會運作的先決條件。但二次大戰期間，許多本來正直守法的德國公民犯下殘酷暴行，能夠用這種聽命行事的傾向解釋嗎？他們的行爲是否透露我們所有人都可能做這種事？

1961 到 62 年間，美國心理學家米格蘭巧妙地揭露一般人對邪惡命令的反應。志願者進到實驗室，表面上是參與一項探討懲罰對學習影響的實驗。他扮演老師，被帶進一個房間，房間裡還有另一個人──實驗裡的學生，被綁在椅子上，兩隻手腕接上電極。然後這名老師按照指示讀單子上的字詞配對，要求學生回想這些字詞，每次犯錯，就給予電擊，電流強度逐漸增加。當然電擊是假的，這名學生只是裝出痛苦模樣。

駭人的是，在第一次實驗裡，40 名老師中，25 名持續電擊，直到電流達到 450 伏特，這是最高強度電流，還有「危險：嚴重電擊」的標示。憂心忡忡的老師時常會轉向實驗人員，問道：「我會有責任嗎？」只要實驗人員一說他們無須負責，他們似乎鬆了口氣地繼續電擊，雖然很多人在實驗過程中變得高度緊張不安，懇求實驗人員停止。後續實驗顯示，當與學生在同一房間或與實驗人員分開時，假老師比較不肯服從。而婦女的服從程度與男性相同。

從實驗看來，許多人即便受到指示要冷酷殘忍地對付無辜受害人，仍不知該如何反抗權威，這就是不受道德良心規範的服從例子。由此我們想到一個古老問題：什麼是個人自由和社會權威之間的適當平衡？

▶ 參見〈潛意識〉（222-223頁）、〈行爲增強〉（322-333頁）

右圖：不論被電擊的人如何哀求或電擊看來如何痛苦，米格蘭的實驗對象都遵守實驗規定。

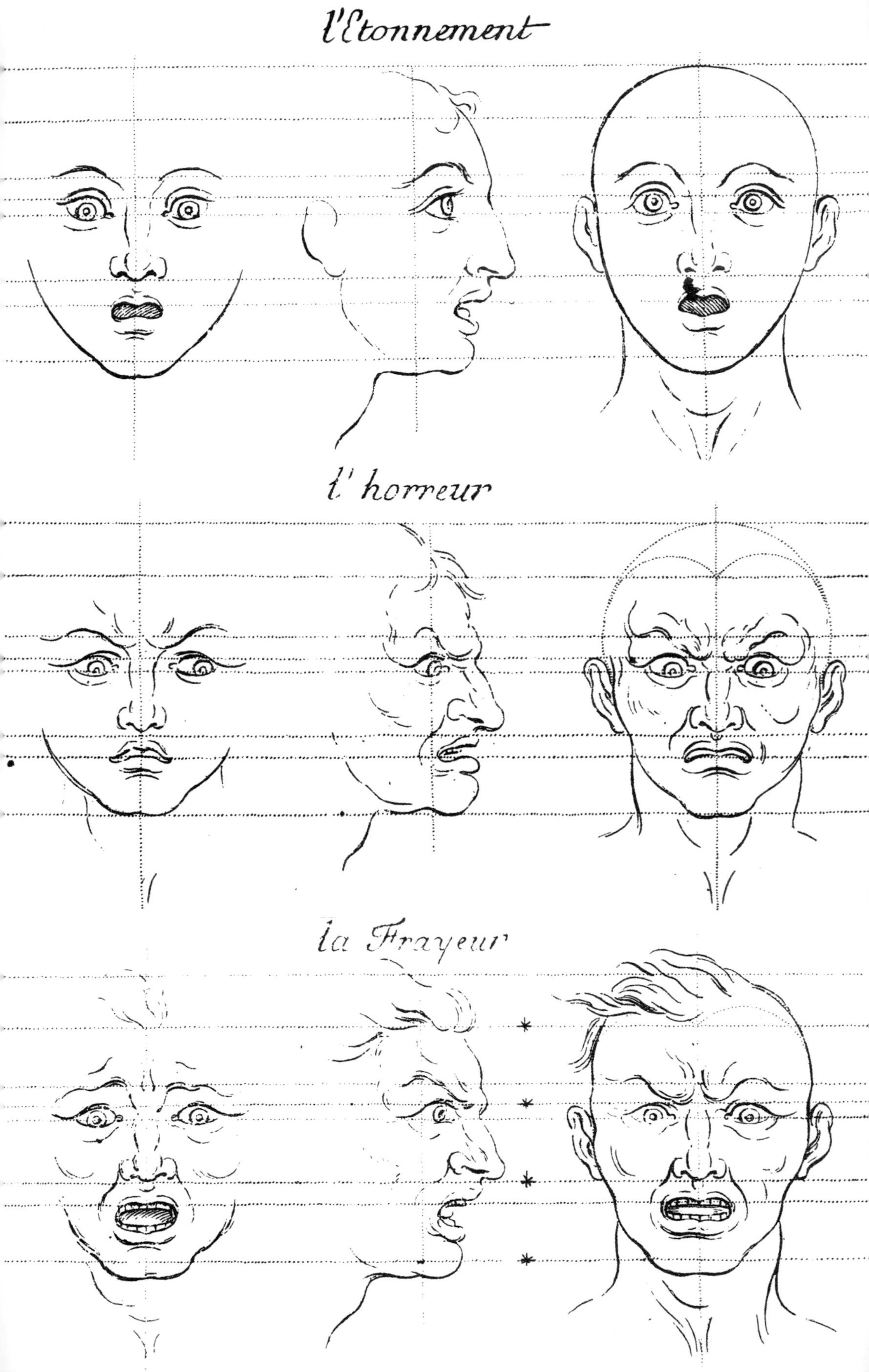
l'Etonnement
l'horreur
la Frayeur

類星體 Quasars

施密特（Maarten Schmidt，1929–）

1950年代中期，電波天文學家手上無法辨識的電波源清單愈來愈長。他們仔細檢查地球最大反射望遠鏡拍的照片，認眞搜索對應的光學恆星或星系。1960年，美國天文學家馬修斯（Thomas Matthews）與山德吉（Allan Sandage）在3C 48的位置準確找出一顆奇怪的藍色「恆星」，星光微弱，變幻不定。1963年，另一顆帶著噴流物質的暗淡「恆星」被指認爲3C 273。這些奇特物體稱作「類星電波源」（quasi-stellar radio sources），或簡稱「類星體」（quasars）。

類星體的光譜讓人困惑：寬闊的放射譜線不曾見過。稍後在1963年，德裔美籍天文學家施密特終於想到，這些譜線絕對由氫所產生，只是已經移向光譜紅端罷了。巨大紅移代表3C 273和3C 48的速度分別是光速的15%和30%，因此距離非常之遙遠（也非常老）。能夠看得見的光源，一定非常之亮。我們現在知道，它們必須散發約十萬倍於整個銀河系的能量。類星體是極度活躍星系的一部分。事實上它們是這些星系的高能核心，或中心核，稱作「活躍星系核」（active galactic nuclei，AGN）。

洩露AGN結構的兩條線索來自附近物體。奇特的半人馬座A星系是最接近AGN的例子，它有濃密的塵埃帶和顯著的電波發射區域。英國無線電學家萊爾（Martin Ryle）注意到，類星體電波源往往成雙成對，發光區位於兩個電波區之間。發光區是能量爆發所在，噴出方向完全相反的巨大物質雲（質量是太陽的20萬倍），當與周遭介質相撞就會產生電波。電波區就像強度一致的X射線放射區，若和廣達數萬光年的典型星系相比，大約只有一光日寬。

▶ 參見〈光譜線〉（130-131頁）、〈都卜勒效應〉（156-157頁）、〈恆星演化〉（286-287頁）、〈黑洞蒸發〉（440-441頁）、〈大吸子〉（498-499頁）

右圖：類星體是活躍星系的核心，可能由巨大的中央黑洞供給能量。這張圖片是活躍星系半人馬座A星系，最接近類星體的例子。

合作演化 Evolution of cooperation

漢米爾頓（William Donald Hamilton，1936-2000）

以達爾文對生命的看法，動物怎麼可能演化成幫助其他動物？天擇偏好那些留下最多後代的個體。但如果一個動物幫助另一個動物，幫助者會留下比較少的後代，而接受幫助者留的後代較多，因此表面看來，天擇反對一切利他和合作行爲。

不過動物確實彼此幫忙。螞蟻、蜂和黃蜂都是極爲明顯的例子。蜜蜂使用螫刺之後立即死亡，死後身體尾端破裂，將毒液注入受害者體內。死去蜜蜂的同巢蜂伴受惠於牠的自殺行動，這樣的「利他」行爲長久以來困擾達爾文信徒。

謎團於 1964 年由英國生物學家漢米爾頓解開，當時他才剛開始攻讀博士學位。漢米爾頓發現，個體捨己爲人可以對自己有好處，只要犧牲是爲了有親緣關係同類的利益。個體的每個基因也可能存在兄弟姐妹身上。天擇會積極支持利他，只要利他行爲給予接受者足夠利益，超過利他者付出的代價。

漢米爾頓的理論用來預測動物何時會有利他行爲非常成功。這項理論用在螞蟻、蜂和黃蜂身上極其精彩，因爲這些昆蟲具有特別的基因遺傳系統。一隻螞蟻和手足共有的基因，比和後代共有的多，因此螞蟻（姐妹群）會高度發展社會行爲。漢米爾頓的理論提供現代所有社會行爲研究基礎。這項理論也已用來解釋人類行爲（雖然不是漢米爾頓的本意），尤其在 1970 與 80 年代美國生物學家威爾遜（Edward O. Wilson）大力鼓吹引人爭議的人類社會生物學之後。

▶ 參見〈達爾文的《物種原始》〉（176-177頁）、〈動物本能〉（318-319頁）、〈賽局理論〉（336-337頁），〈蜜蜂溝通〉（338-339頁）

右圖：大夥一起上：一隻切葉蟻帶著切下來的葉片回窩，幾隻較小的工蟻在葉片上警戒，提防寄生蜂掠奪。

夸克 Quarks

蓋爾曼（Murray Gell-Mann，1929–）

直到 1930 年代左右，物理學家才知道如何把所有物質建立在僅僅三種粒子上。這三種粒子是電子、中子和質子。但一長串討厭的額外粒子相繼冒出——微中子、正子和反質子、π 介子和緲子，以及 K 介子、Λ 超子和 Σ 介子等。到了 1960 年代中期，大概已經偵測到一百種基本粒子。簡直是一團混亂。

美國理論物理學家蓋爾曼虛構了一種新的、更深層的存在物，把這團混亂收拾得整整齊齊。1961年，他注意到許多這些粒子形式的性質裡隱藏著規律，暗示底下還有一層結構，也就是還有一小撮更基本的粒子存在，他在1964年稱之爲「夸克」。現在認爲共有六種夸克，分別是「上」、「下」、「奇」、「魅」、「底」和「頂」。質子由兩個上和一個下夸克構成，中子是兩下一上，它們全都由另一個稱作「膠子」（gluons）的粒子緊密連接在一起。其他夸克組合構成了上述所有奇特而短命的複合粒子 ，它們全靠「色力」（color force）結合；色力是膠子攜帶的力，極其強大但只短距離有效。

大霹靂發生後不到一秒的瞬間，宇宙極熱、極緊密，是混沌的夸克和膠子電漿——一種物理學家今天仍在嘗試用粒子加速器模擬的狀態。

但不是萬物都由夸克構成。電子和微中子，以及像電子的兩種粒子——緲子和濤子，由不同類別稱作輕子的基本粒子構成。此外還有攜帶力的粒子，包括光子、膠子、W、Z 和希格斯粒子。三個主要類別的粒子（夸克、輕子和攜力粒子）合起來構成一切存在物，至少目前所知如此。但此一粒子物理的「標準模型」可能不是終極答案。還有更多層次的眞實等人去探索。

▶ 參見〈中子〉（312-313頁）、〈反物質〉（314-315頁）、〈創世餘暉〉（412-413頁）、〈統　力〉（416-417頁）、〈超弦〉（474-475頁）

右圖：氣泡室在1960年代掌握了次原子粒子的模樣。為了解釋這些漂亮的旋渦圖形，物理學家建立了一些理論，形容粒子和控制粒子的力的行為。

最古老的化石 Oldest fossils

巴洪（Elso Barghoorn，1915-84）

地球46億年歷史分成兩個主要的元（eon）：顯生元（Phanerozoic）和前寒武紀或隱生元（Cryptozoic）。出土化石顯示，顯生元的5億4500萬年間，生命多采多姿；而前寒武紀40多億年間，似乎一片虛空，沒有任何生命跡象。但在1960年代，美國古生物學家巴洪在加拿大安大略省西部崗弗林鐵石區（Gunflint Ironstone）一塊露頭岩層裡，發現20億年老的前寒武紀微化石。達爾文非常了解缺少前寒武紀生命紀錄，他也感到迷惑，代表「動物界幾大分支的化石，爲什麼會突然出現在（寒武紀）化石岩層最底層」，他無法「提出滿意的解釋」。

在加拿大地盾的古勞倫田（Laurentian）石灰岩裡發現的似生物體結構，1865年由加拿大地質學家道森（John W. Dawson）命名爲「始生蟲」（Eozoon或dawn-animal）。起初認爲這是前寒武紀生命的證據，後來發現始生蟲是無機物。不過加拿大的岩石終究提供了第一個眞正前寒武紀化石，受到廣泛注意，雖然幾乎無人知道，更早些時已在俄羅斯發現了前寒武紀似孢子化石。

穿透式電子顯微鏡問世後，揭露崗弗林鐵石區含矽豐富的角岩礦（細粒石英）裡，含有保存良好具有機壁的微化石。巴洪與威斯康辛大學地質學家泰勒（Stanley Tyler）於1965年指出，這種微生物與稱爲疊層石（stromatolites）的海藻化石沈積構造有關，存在時間可以追溯到20億年前。

我們現在知道微生物生命於38億年前形成，能在缺氧環境下行光合作用的原核生物最先登場。其中一些生成疊層石，而在21億年前時，大氣含氧量增加，容許比較複雜的眞核生物發展。行有性生殖的多細胞動物（後生動物）於12億年前出現。到了6億1千萬年前，肉眼可見的生命，包括各種海生軟體有機體終於現身。這些有機體稱爲埃迪卡拉（Ediacarans）動物群，其中包括寒武紀主要化石群的祖先。

▶ 參見〈萬古磐石〉（252-253頁）、〈柏吉斯頁岩〉（260-261頁）、〈遺傳基因〉（264-265頁）、〈生命的起源〉（370-371頁）、〈共生細胞〉（418-419頁）、〈極端的生命〉（452-453頁）、〈火星的微化石〉（518-519頁）

右圖：疊層石：最古老的細菌群落形成的構造。這張照片顯示澳洲鯊魚灣最近才形成的疊層石。

創世餘暉 Afterglow of creation

潘齊亞斯（Arno Allan Penzias，1933–）
威爾遜（Robert Woodrow Wilson，1936–）

1917年，愛因斯坦在他的廣義相對論裡加了一個常數，「強迫」宇宙靜止，但1920年代哈伯的觀察顯示，愛因斯坦錯了。宇宙初始非常之小，然後愈來愈大。1931年，比利時宇宙學家勒梅特（George Lemaître）推論，宇宙的成分最初擠在一個球狀的「太古原子」裡，比太陽大約30倍。

美國物理學家伽莫夫（George Gamow）、艾弗（Ralph Alpher）與赫曼（Robert Herman）探討這個初始超緊密狀態的溫度和能量。1949年，他們提出宇宙起源於巨大的猛烈爆炸。他們顯示在這個太古火球裡，核子反應如何把氫核（質子）和中子轉變成氦，又解釋這個過程如何說明在非常古老星體裡這些元素的比例，並且預測大爆炸產生的輻射隨著宇宙擴張而變得稀薄和冷卻，使天空因微波背景輻射而「發亮」，溫度大約在絕對溫度5K（Kelvin）。

1950年，英國天文學家霍耶（Fred Hoyle）不屑地稱這個理論是「大霹靂」（big bang，又稱「大爆炸」）。他支持「穩態」宇宙模型，認爲宇宙持續形成新星系充實膨脹的局部區域。將近15年時間，兩派宇宙理論激烈對抗。衝突於1965年嘎然而止，因爲美國天體物理學家潘齊亞斯和威爾遜試圖消除無線電波設備的雜訊時，意外發現了微波背景輻射（microwave background radiation）。而且證明輻射溫度是2.7K。

1992年，「宇宙背景探索號」（Cosmic Background Explorer）衛星發現，背景輻射溫度差不多等於2.726K，而「探索號」的差動式微波輻射計（differential microwave radiometer）測出宇宙輻射輕泛漣漪，其中一部分溫差達10萬度。如果輻射完全一致，將很難解釋爲什麼在大霹靂發生約30萬年後，物質會在初始宇宙聚攏成個別星體和星系。

▶ 參見〈廣義相對論〉（278-279頁）、〈次原子幽靈〉（306-307頁）、〈夸克〉（408-409頁 ）、〈統一力〉（416-417頁）、〈大吸子〉（498-499頁）

右圖：COBE衛星1992年偵測到著名的「太空漣漪」。在這張全天圖中，冷（藍色）斑塊代表氣體在重力影響下正在聚攏，將形成最初星系的種子。

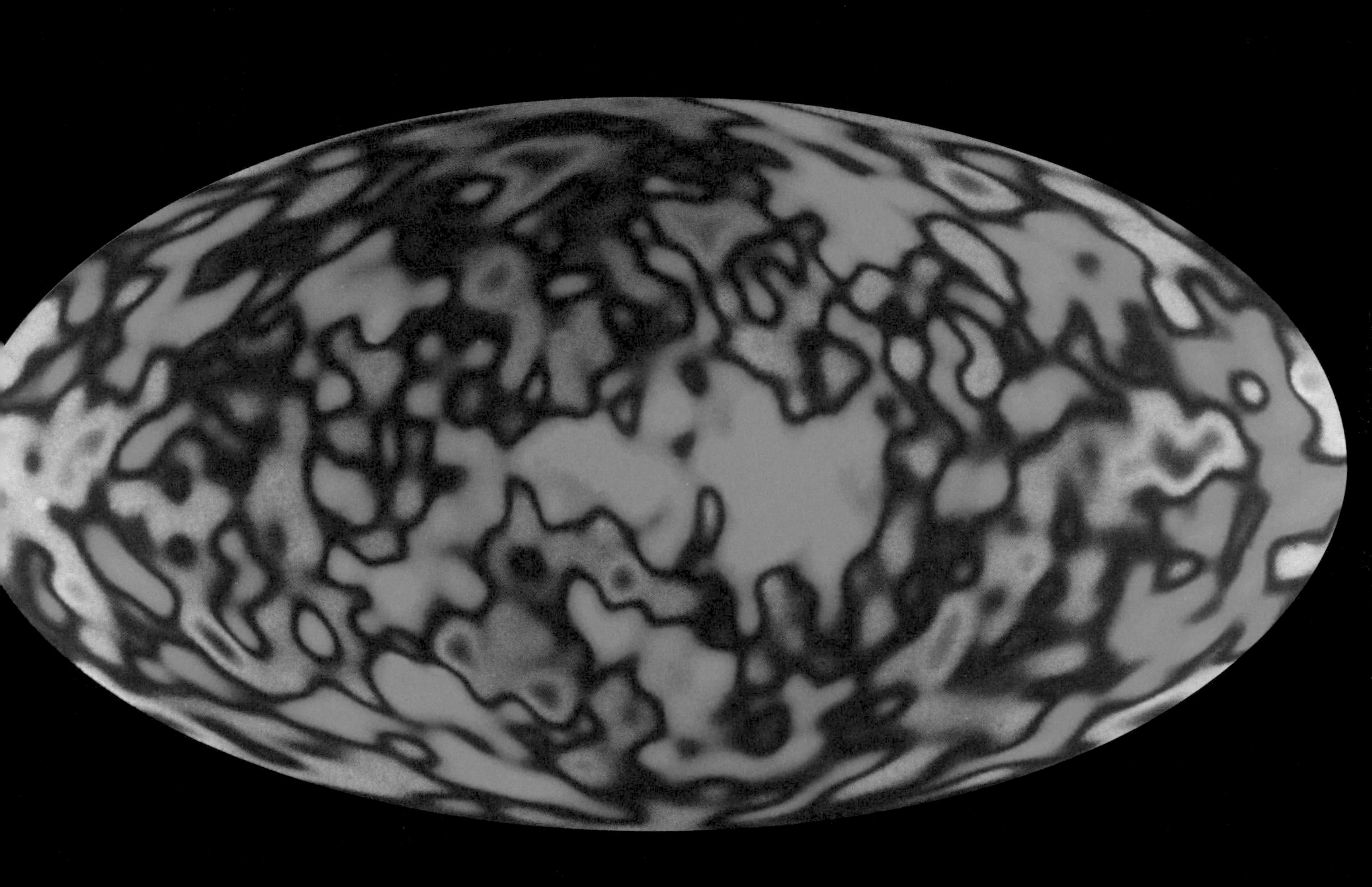

1967

板塊構造說 Plate tectonics

馬修斯（Drummond Hoyle Matthews，1931-99），范恩（Frederick John Vine，1939-88），麥肯濟（Dan Peter McKenzie，1942–）

從 1925 到 27 年間，德國海洋調查船「流星號」（SS Meteor）在大西洋來回巡航，收集海床的聲納回音資料，結果讓大西洋中洋脊（Mid-Atlantic Ridge）現形。這座巨大海底山脈貫穿整個大西洋，但直到二次大戰後才了解它的重要性。

美國地質學家尤英（Maurice Ewing）率先使用海洋震測技術，顯示海底地殼厚度（7 公里）遠比大陸地殼（20 至 80 公里）薄很多。1953 年，尤英與美國海洋學家希曾（Bruce Heezen）發現全球分布的中洋脊系統，後來又找到大西洋中洋脊的中央凹陷帶。這個裂隙恰好是海底地震和火山活動非常頻繁的地帶，顯示此處的洋脊正被扯開。

不過要等他們的同事海斯（Harry Hess）研究之後，這些發現才得到完整解釋。海斯是美國地質學家，研究太平洋海床而提出海底擴張理論。他在 1962 年指出，高溫地函擠出熔岩，在湧升流上方形成中洋脊。熾熱熔岩從裂谷擠壓出來，流向各個方向，成為新的海床材料。離洋脊愈遠，海床愈古老。

1963 年，兩位英國地質學家馬修斯和范恩發現，中洋脊兩側磁化熔岩裡，磁極反轉呈現重複對稱模式。這種模式是地球磁場倒轉的歷史紀錄。這種對稱證實了海斯的理論，海底一直持續擴張。最後在 1967 年，英國地球物理學家麥肯濟綜合大陸漂移說與海底擴張理論，提出板塊構造說，指出地殼破裂成幾個大活動板塊，大部分火山和地震出現在板塊交界處，板塊在交界處碰撞，形成山脊。

▶ 參見〈地球循環〉（100-101頁）、〈火成論者的地質學〉（108-109頁）、〈萊爾的《地質學原理》〉（146-147頁）、〈山脈的形成〉（206-207頁）、〈地球內部〉（250-251頁）、〈萬古磐石〉（252-253頁）、〈大陸漂移〉（270-271頁）、〈地磁倒轉〉（304-305頁）、〈聖海倫火山爆發〉（462-463頁）

右圖：聖安地列斯斷層是北美大陸板塊滑進太平洋板塊的所在位置。兩個板塊以一年一公分的速度相對移動。

統一力 Unified forces

格拉肖（Sheldon Lee Glashow，1932–），沙蘭（Abdus Salam，1926-96）
溫柏格（Steven Weinberg，1933–）

大自然喜歡搞祕密身分。例如，電磁力強而作用距離遠，衰弱的「弱核力」伸不出微小原子核以外。然而兩者可以當成同樣的力來考慮。

根據量子電動力學的理論（QED），電磁是光子作用的結果。由於這個理論非常成功，物理學家跟著尋找其他自然作用力的類似描述，格拉肖、沙蘭和溫柏格最後在 1967 年替弱核力做出描述，而且有額外收獲。他們的理論需要四種載流子粒子。前三種新粒子分別是 W+、W 和 Z 玻色子，負責弱力。1983 年，兩種 W 玻色子和 Z 玻色子在歐洲核子研究中心（CERN）的巨大粒子加速器裡正式發現，QED 理論得到證實。但三位物理學家發現，他們的理論包含早已熟悉的光子——攜帶電磁力的粒子。弱力和電磁力既然用完全相同的公式處理，爲什麼兩者如此不同？

W 玻色子和 Z 玻色子非常之重。要閃現出來並攜帶弱力，它們必須「借用」很多能量。量子力學容許這種事情，不過只有很罕見的次數，因此弱力相當微弱；而且只准借很短的時間，因此作用力距離短。在非常高的溫度下，限制消失，電磁力和弱力卸除僞裝，合併成單一「超強力」（superforce）。在時間啓始不到百萬兆之一秒，在熾熱年幼的宇宙裡，兩種力或許曾經統一。當兩種力分開時，產生的張力甚至可能啓動了所謂「膨脹」的奇特程序：宇宙瞬間以指數形態暴脹，以此方式轟然引發了大霹靂。

▶ 參見〈膨脹的宇宙〉（306-307頁）、〈量子電動力學〉（352-353頁）、〈創世餘暉〉（412-413頁）、〈超弦〉（474-475頁）

右圖：大型正負電子對撞機（LEP）是世界最大的科學研究設備，坐落在CERN地表下50公尺深的地方，隧道長達27公里，可以將粒子加速到光速的99.9999%。

共生細胞 Symbiotic cell

馬基利斯（Lynn Margulis，1938–）

人體的每個細胞，祖先都是20億年前兩個更簡單的細胞的合併體。我們可以在自己的細胞結構裡，看到這次歷史事件痕跡。細胞裡的基因分布在兩個位置，大部分在細胞核內，但有少數在細胞核外，在另外稱作粒線體（mitochondrion）的構造裡。為什麼細胞會有兩套基因？

美國生物學家馬基利斯在1967年發表一篇論文指出，追本溯源，粒線體來自獨立生存的細菌細胞。在過去，大細胞會吞噬小細胞，或許原來目的是要吃它。小細胞卻設法在大細胞裡面生存，雙細胞組合反而成為成功搭檔。它們具有互補作用。小細胞或許能夠用氧燃燒食物燃料產生能量，也就是粒線體在現代細胞裡的作用；而比較大的細胞可能產生燃料，供燃燒需要。隨著時間推移，這對搭檔演化成今天建構我們身體的細胞類型。粒線體外觀仍像細菌，保存在粒線體裡的少數基因則與細菌基因相似。另一件類似的共生事件造成葉綠體演化，形成在綠色植物裡面執行光合作用的結構。

我們的細胞同時擁有粒線體和細胞核的兩套基因，稱作「真核」（eukaryotic）細胞；細菌細胞則同時缺少明顯的核和粒線體，稱作「原核」（prokaryotic）細胞。40億年前生命乍現之時，原核細胞是地球主要生命形式，直到20億年前真核細胞演化成功為止。所有現代植物和動物生命體都由真核細胞構成。馬基利斯辨認的共生合併或許是演化的重大突破，導致地球上複雜生命突現。

▶ 參見〈細胞社會〉（174-175頁）、〈病毒〉（232-233頁）、〈柏吉斯頁岩〉（260-261頁）、〈檸檬酸循環〉（320-321頁）、〈細菌的基因〉（332-333頁）、〈光合作用〉（344-345頁）、〈生命的起源〉（370-371頁）、〈最古老的化石〉（410-411頁）、〈生命五界〉（426-427頁）、〈遠離非洲〉（492-493頁）

右圖：粒線體看起來像細菌，甚至會在較大的細胞裡面按照自己的步調生長和分裂為二。從這張電子照片可以看到粒線體（綠色部分）內膜，亦即粒線體行呼吸作用的位置。

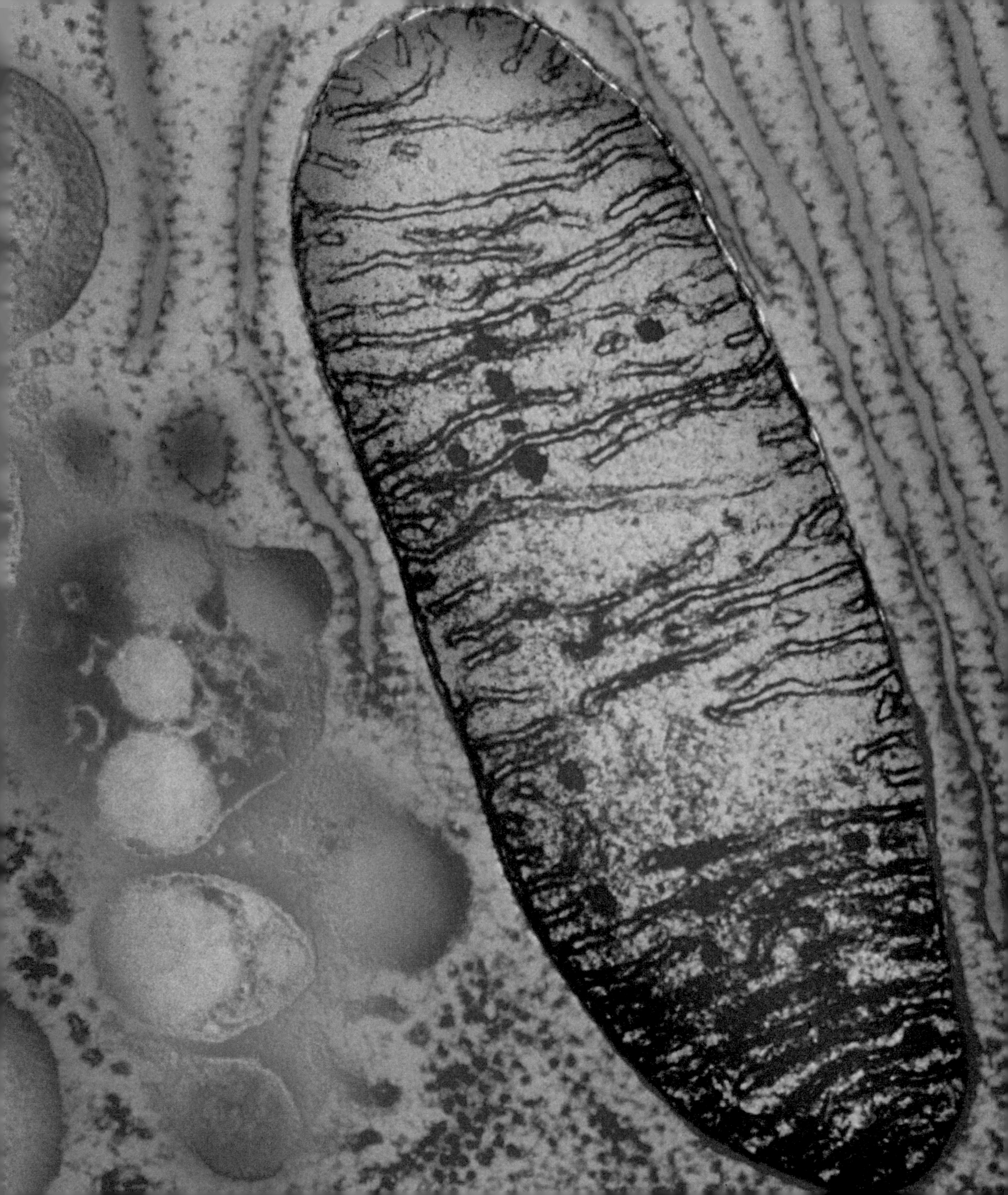

脈衝星／波霎 Pulsars

貝爾．波奈爾（Susan Jocelyn Bell Burnell，1943–），休伊什（Antony Hewish，1924–）

貝爾．波奈爾還是劍橋大學研究生時，與她的指導教授休伊什研究類星體電波通過太陽風時的顫動情形；他們使用波長 3.7 公尺的巨型無線電波望遠鏡，共有 2048 座獨立接收天線，覆蓋面積約 1.6 公頃。1967 年 7 月，貝爾發現每個恆星日（23 小時又 54 分），天線會收到奇怪的訊號。快速記錄儀顯示，這個訊號由一連串極度規律的無線脈衝組成，每 1.33730113 秒出現一次。他們原以為自己偵測到外星文明的第一批訊號。但很快又收到不同方向來的訊號，貝爾因此相信「極不可能會有兩批小綠人，選擇同樣不尋常的頻率，同時具有不可思議的技術，向同一個不起眼的行星地球發射訊號！」

其他「脈衝星」（pulsar，一作波霎）很快接著發現，現在知道大概有 600 顆。大家普遍接受戈爾德（Thomas Gold）在 1968 年提出的說法，脈衝星是快速旋轉的磁中子星：古老超新星塌縮的核心。這些直徑 10 到 20 公里的星體像天空燈塔般，從南北磁極發出「同步無線電」波束，也就是電子等帶電粒子高速通過磁場產生的電磁輻射。這種無線電波束掃過地球會產生一股脈衝，持續數十毫秒。脈衝抵達時波長稍有變化，因此只要我們知道沿視線方向的電子密度，就可以計算脈衝來源的距離。

1968 年 11 月，蟹狀星雲中心發現持續 33 毫秒的脈衝電波；蟹狀星雲是 1054 年從地球觀測到的超新星殘骸，塵埃雲仍在擴大當中。拿典型而較年老的脈衝星與之比較顯示，脈衝星會隨著年齡增長而放慢速度。1969 年 9 月，蟹狀星雲脈衝星周期突然減少 3×10^{-10} 秒，原來是變平的中子星自轉速度減慢而重新調整形狀的結果 。

▶ 參見〈恆星演化〉（286-287頁）、〈白矮星〉（310-311頁）、〈太陽風〉（388-389頁）、〈伽瑪射線爆發〉（434-435頁）、〈超新星1987A〉（488-489頁）

右圖：蟹狀星雲內部超新星殘骸。中心以脈衝星的形式苟延殘喘（圖中兩顆亮星下方，正中央左上方）。它的旋轉升高周遭氣體溫度，造成藍色亮光 。中國天文學家在1054年最早看到這顆超新星。

隨機分子演化 Random molecular evolution

木村資生（Motoo Kimura，1924-94）

達爾文 1859 年發表他的理論後，一個世紀裡，生物學家可以研究生物可觀察性狀的演化改變，包括形體、骨骼，甚至行爲。到了 1960 年代，他們還可以研究分子演化：蛋白質和基因本身的變化（後者是 1980 年代的事）。結果發現分子演化有兩種意外特性：它相當快速，而且相對穩定。

約五億年前，現代人類的祖先外形像魚。有些現代魚也是這些人類祖先的後代，只是牠們的形體幾乎沒有改變，而演化成人類的那個支系，形體劇烈變化——顯示形體的演化可以快，也可以慢。演化成魚或演化成人，改變的分子量幾乎一樣 ，也就是不管是從化石魚到現代魚的形體不變，或從化石魚到現代人的徹底改變，分子改變數量相同，而且都由相同的「分子時鐘」（molecular clock）控制。

1968 年，日本遺傳學家木村資生看出，愈來愈多分子演化現象不易用標準的達爾文天擇演化論來解釋。他提出替代看法，指出大部分（但非全部）分子演化是「中性的」，也就是分子改變對生物體沒有影響。因此分子演化以隨機漂變（random drift）方式繼續進行。木村的說法當然引起爭議，因爲他宣稱分子層次的演化大部分不是由天擇驅動，不過他的基本觀念現在已經被廣泛接受。木村的中性理論是 1920 年代「現代綜合論」（modern synthesis）以來，演化思想的最大發展。它也成爲我們當代最主要一項研究計畫的基礎：嘗試從分子證據重建生命發展史（或「生命樹」）。

▶ 參見〈達爾文的《物種原始》〉（176-177頁）、〈新達爾文主義〉（282-283頁）、〈雙螺旋鏈〉（374-375頁）、〈生命五界〉（426-427頁）、〈基因表親〉（442-443頁）、〈動物形態遺傳學〉（460-461頁）、〈古老的DNA〉（476-477頁）、〈遠離非洲〉（492-493頁）

右圖：蘇格蘭動物學家湯姆生（D'Arcy Wentworth Thompson）在1917年的經典教科書中試圖以數學方式顯示，魚的形狀不同，純粹是因為生長速度不同。

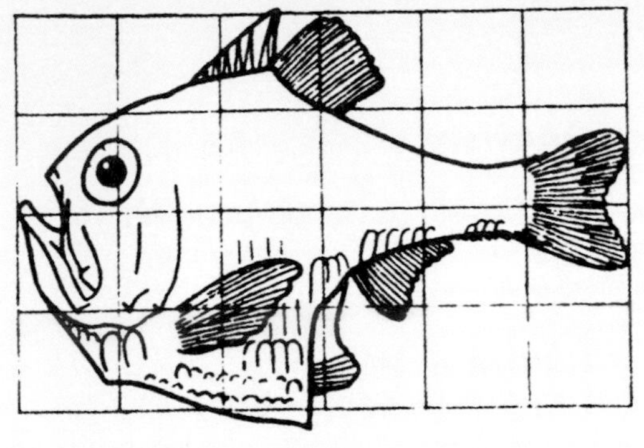
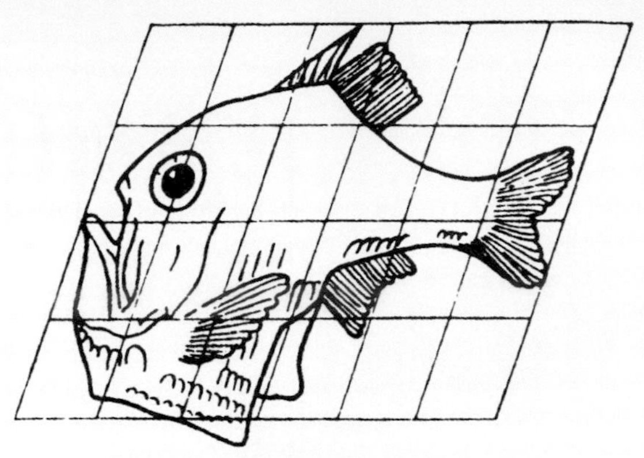
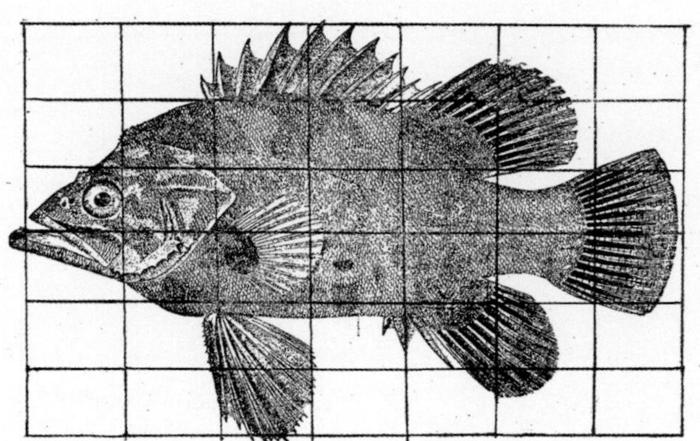
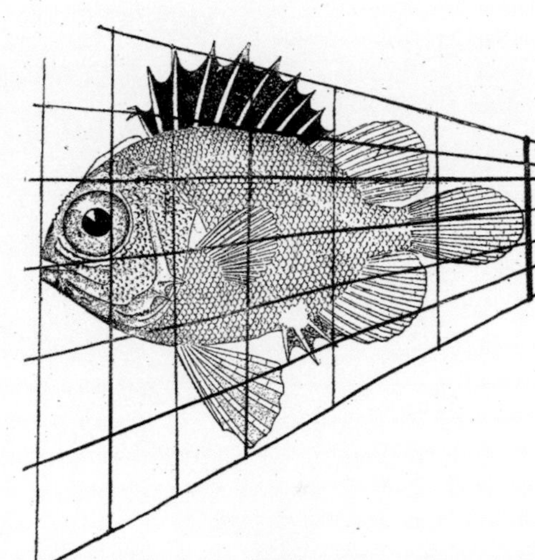
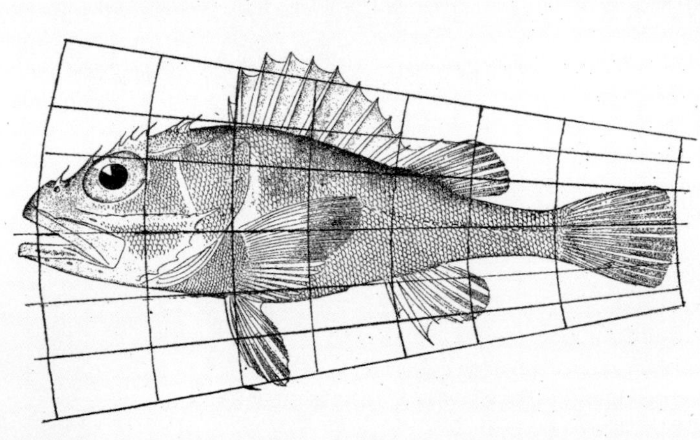
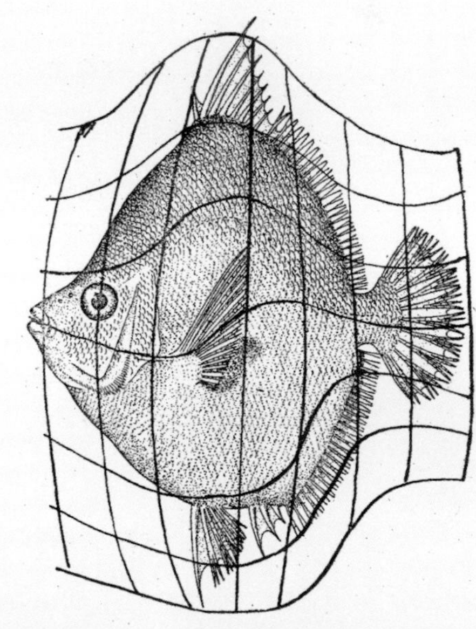

阿波羅任務 Apollo mission

阿姆斯壯（Neil Alden Armstrong，1930–），艾德林（Edwin Eugene Aldrin，1930–），柯林斯（Michael Collins，1930–）

人類史上的探險壯舉，沒有一樁能和美國「阿波羅號」登陸月球任務相比。1969 年 7 月到 1972 年 12 月間，共有 12 位太空人搭乘六艘不同太空船旅行 38 萬公里穿越太空；把重達 381 公斤的月球物質帶回地球，分送給各地實驗室研究；在登月小艇外面總共待了 79.4 小時，一輛月球漫步車繞著探勘場址之一開了 30 公里距離。1969 年 7 月 20 日，人類踏上月球表面，最早登月的是阿姆斯壯和小名「巴茲」（Buzz）的艾德林，同時柯林斯在軌道上繞行。

每處基地都安置了一套阿波羅月球表面實驗設備。這套設備偵測月球大氣、從太陽傳來的粒子流、地球磁層對月球的影響、月球內部熱流、月球受地球潮汐起落拉扯和小行星撞擊時的震動，以及地球－月球距離等。送回的樣本用來判斷獨特月海和高地的年代。樣本的礦物性質、磁性和成分也提供寶貴線索，幫助我們了解這顆衛星同伴的歷史、起源和演化。但大多數人印象深刻的是太空人對月球環境的感性描述，一片寸草不生、乾旱死寂的壯闊荒涼之地。

阿波羅計畫始於美國總統甘迺迪 1961 年 5 月 25 日的國會演說。他誓言「十年之內……要讓人登陸月球，再安全地返回地球」。這是冷戰時期對抗蘇聯的太空競賽的一部分，蘇聯一停止「競爭」，美國立刻取消其餘的阿波羅任務——在月球建立永久基地或前進火星以延伸載人太空探險的夢想，統統束之高閣。

▶ 參見〈透過望遠鏡觀天〉（54-55頁）、〈太陽系的起源〉（104-105頁）、〈太陽黑子周期〉（158-159頁）、〈地磁倒轉〉（304-305頁）、〈太陽風〉（388-389頁）、〈月球上的水〉（522-523頁）

右圖：史上首次漫步月球一小時後，艾德林拍下自己的靴子和踩在古老月球塵土上的足印。

生命五界 Five kingdoms of life

惠特克（Robert Harding Whittaker，1920-1980）

「動物、植物或礦物？」這個問題隱含生物若不是植物就是動物，過去生物學家一直持著這樣的觀點。生物學家確實碰過無法分類的生物，蘑菇就是一例，但他們還是把這些東西硬分為植物類或動物類。例如蘑菇是眞菌，直到最近生物學家還把眞菌歸類為植物——更精確地說，是「不具光合作用的植物」。

接下來是微生物。自 17 世紀發現微生物以來，生物學家用顯微鏡看到愈來愈多微小的生命體，也硬把它們分別套進植物－動物分類裡。有些微生物能行光合作用，因此界定為水藻，屬於植物類；有些似乎比較像動物，就界定為原生動物，屬於動物類。19 世紀生物學家發現了細菌——更小的微生物，這次沒有人再嘗試界定它們是動物或植物了。

到了 20 世紀，生物學家已經了解，動物和植物兩個類別不足以涵蓋所有生命，但直到 1969 年美國生態學家惠特克提出他的五界分類法，舊有觀念才告全盤推翻。惠特克把生命分成動物、植物、眞菌、原生生物和細菌五界。動物、植物、眞菌、原生生物都是「眞核」（eukaryotes）生物，由具有明顯細胞核的多細胞（原生生物則是單細胞）構成。細菌是「原核」（prokaryotes）生物，它的單細胞沒有明顯的細胞核。惠特克分類系統引起共鳴。眞菌和植物毫無關係，事實上它們比較接近動物。

後續研究再修改惠特克的系統。有些生物學家偏向於把原生生物分成不只一個界，不過最重要的發展來自美國生物學家武斯（Carl Woese），他發現原核生物有太古菌和細菌兩類，而非原來認為的一類。結果又引出生命「三域」分類：太古菌、細菌和眞核生物(包括惠特克系統的另外四界生物)。

▶ 參見〈植物學誕生〉（18-19頁）、〈生物命名〉（88-89頁）、〈光合作用〉（344-345頁）、〈黏菌聚合體〉（348-349頁）、〈最古老的化石〉（410-411頁）、〈共生細胞〉（418-419頁）、〈繽紛的生命〉（468-469頁）

右圖：綠藻綱的美麗團藻。這張照片顯示衰老母體正釋出子細胞。

1970

綠色革命 Green revolution

博勞格（Norman Ernest Borlaug，1914–）

美國植物育種專家博勞格是綠色革命的創始人，他的成就於 1970 年獲頒諾貝爾和平獎，經常有人誇他拯救的生命比歷史上任何人都多。

博勞格 1944 至 60 年間在墨西哥國際玉米和小麥中心工作 ，培育出高產量具抗病性的半矮小麥品種，最後增加了全世界糧食生產。施肥會讓小麥長得特別高，當碰到惡劣氣候時容易受損。博勞格加入矮化基因，培育出新小麥品種，施氮肥時麥粒產量大增，麥稈卻不會抽長。然後他在 1960 年代中期印度半島饑荒嚴重時，說服巴基斯坦和印度政府種植這個品種的小麥，結果巴基斯坦在 1968 年小麥產量自給自足，印度也在 1974 年達到自足目標。

綠色革命於 1970 年代在東南亞重演，稻米產量大躍進，使饑荒不再發生。但這一切不是沒有付出代價。詆毀博勞格的人指出，過度依賴肥料、殺蟲劑和灌溉造成環境破壞，還帶給貧困農民社會經濟打擊，因爲他們負擔不起昂貴的新科技。

現行人口成長速度顯示需要另一次綠色革命。有個策略是利用基因工程，提高現有農地每公頃產量，減少剷除森林開墾耕地的需要，這個策略獲得博勞格和以美國生物學家威爾遜爲代表的環保人士支持。1999 年，華裔科學家彭金榮和同事在英國約翰英尼斯（John Innes）研究院複製出矮化基因，可使高產量小麥具有半矮特性，讓人興起希望，或許能用基因工程將這種基因植入其他作物。博勞格的綠色革命或許尚未走到盡頭。

▶ 參見〈人口壓力〉（110-111頁）、〈作物多樣性〉（292-293頁）、〈DDT〉（326-327頁）、〈基因工程〉（436-437頁）

右圖：博勞格培育的小麥新品種大幅提高作物產量，墨西哥小麥產量因此三級跳。

生物自我辨識 Biological self-recognition

傑尼（Niels Kai Jerne，1911-94）

我們對身體如何保護自己免受疾病侵襲的了解，大部分要歸功於免疫學家傑尼。1911 年，他出生於倫敦，父母都是丹麥人。在哥本哈根接受醫學訓練後，傑尼轉往加州理工學院，並於 1955 年在那裡提出免疫學中心的一項概念。

長久以來一直認爲，抗體——防衛身體對抗感染的分子——只有在病毒或細菌入侵時才會產生。抗體鎖定入侵病毒或細胞表面抗原分子，作上標記，交給免疫系統的細胞摧毀。傑尼卻指出，身體早已具備所有它需要的抗體。在數百萬抗體中，只有一個特定抗體會附著在對應抗原上，並且擴充成新抗體群，提供足夠的分子對付感染。澳洲免疫學家柏內特（Frank Macfarlane Burnet）跟著指出，抗體固定在具有專一性的免疫細胞表面，因此當抗原與攜帶這個抗體的細胞結合，等於發出訊號讓細胞開始繁殖。這個理論後來稱作「複製選擇」（clonal selection）。

但免疫系統如何辨別「自我」（self，身體本身組織）和「非我」（non-self，細菌、病毒和移植組織）？ 1971 年，傑尼指出，免疫系統在胸膛的胸腺裡「學習」辨別方法。在胸腺裡，製造抗體攻擊「非我」物質的細胞會增殖，而製造抗體攻擊「自我」的細胞受壓制。傑尼最重要的概念是他在三年後發展的「網絡理論」。這個理論描述免疫系統所有不同的細胞如何處於一種平衡狀態，使系統在身體未受攻擊時保持靜止，而在身體遭遇威脅時迅速作出反應。

▶ 參見〈接種疫苗〉（102-103頁）、〈細胞免疫〉（204-205頁）、〈抗毒素〉（214-215頁）、〈血型〉（236-237頁）、〈移植排斥〉（356-357頁）、〈單株抗體〉（448-449頁）、〈AIDS病毒〉（472-473頁）

右圖：免疫蛋白G與抗原（紅色）結合的電腦模型。這種Y形分子是血液中扮演抗體角色的蛋白分子之一。

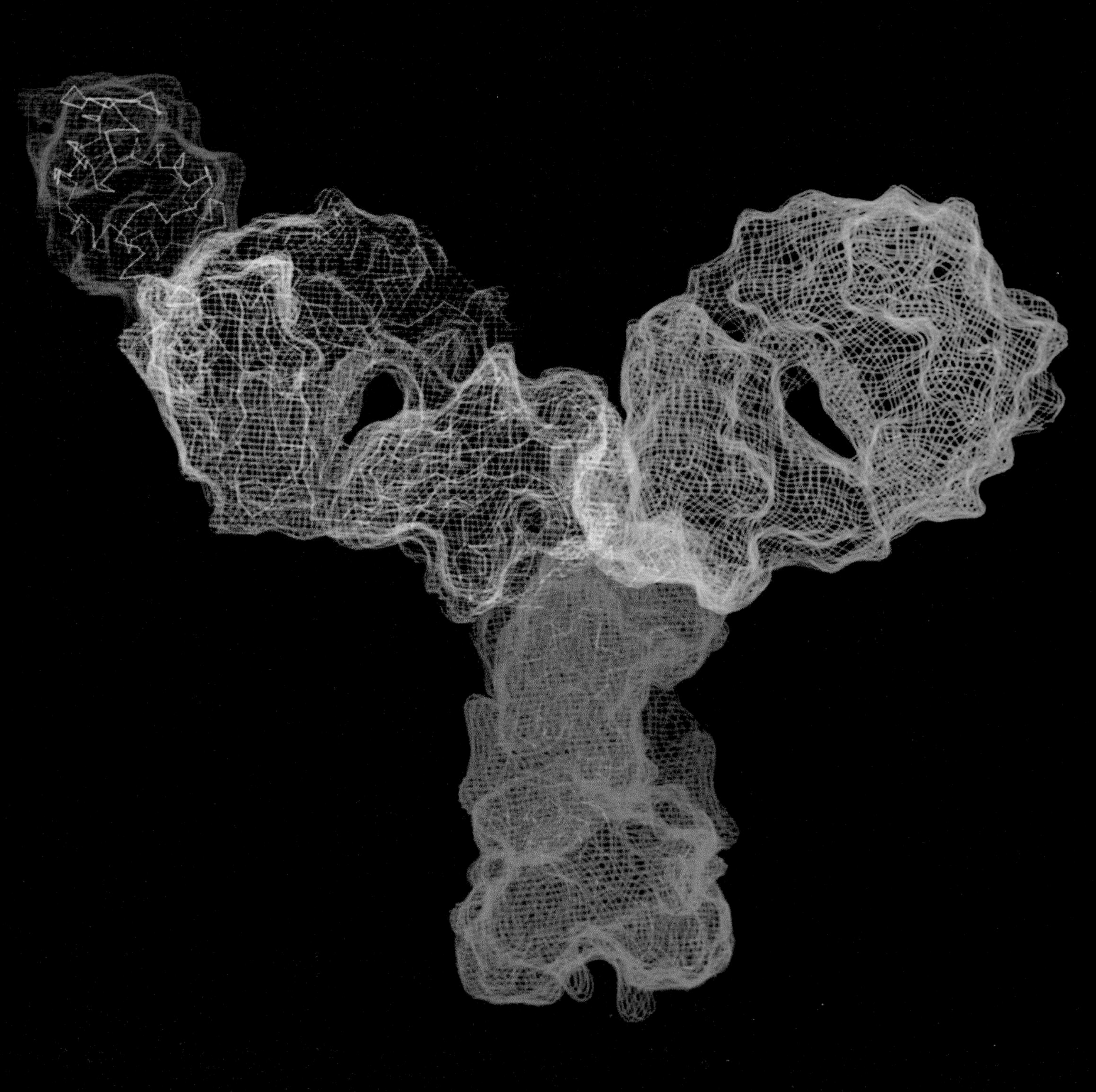

蓋婭假說 Gaia hypothesis

洛夫洛克（James Lovelock，1919–）

地球是個巨大生命體，這個觀念可以追溯到西元前400年的柏拉圖，但直到20世紀才取得科學可信度。洛夫洛克是獨立思考的英國科學家，1960年代受雇於美國航空暨太空總署（NASA），探討火星上生命存在的可能性。爲了要了解遙遠星球上的生命，他先從地球生命著手——分析大氣。洛夫洛克指出，地球大氣是一種高度不可能的混合氣體，氣體能維持均衡比例，靠的是地球化學作用（如岩石風化）和它滋養的生物活動（如行光合作用的植物吸收二氧化碳放出氧）。他引起爭議的「蓋婭假說」以古老希臘女神大地之母命名，主張地球的生物和物理機制一起作用，才產生並調節讓生命持續存在的環境。

他在1972年第一次提出蓋婭假說時，主流科學家拒絕接受，認爲它不夠嚴謹。但到了1981年，洛夫洛克的觀念得到支持，因爲他創造了「雛菊世界」（Daisyworld）模型，這個電腦模擬的世界由白色和黑色雛菊覆蓋，一種反射而另一種吸收太陽輻射。當它們的相對數目跟著普遍表面溫度改變時，雛菊族群仍然維持整體溫度均衡。後來的模型比較複雜，增加生物歧異度後，系統更加穩定。

蓋婭假說與人類現在造成的地球大氣變化特別相關，因爲大氣改變威脅到氣候穩定、生態系統、食物生產和健康。沒有溫室氣體，地球表面溫度將是零下19℃，但如果控制不住溫室氣體增加，只要超出現行水準，地球氣候將與金星相似。確保蓋婭溫室氣體成分穩定，已經成爲21世紀最嚴峻的科學與政治挑戰之一。

▶ 參見〈溫室效應〉（184-185頁）、〈固氮作用〉（208-209頁）、〈天氣循環〉（276-277頁）、〈臭氧層破洞〉（438-439頁）、〈極端的生命〉（452-453頁）、〈聖海倫火山爆發〉（462-463頁）、〈繽紛的生命〉（468-469頁）

右圖：地球有如超級生命體。生命共同維持地球適合居住的觀念，曾經被斥為多餘、胡說。到了今天，即使心存疑慮，也不敢忽視這個觀念。

1973

伽瑪射線爆發 Gamma-ray bursts

美國國防部（US Department of Defense）

1960年代末期，美國「帆船座」（Vela）軍事衛星在地球軌道運行，搜索原子彈爆炸產生的伽瑪射線爆發，以監控1963年簽訂的核子禁試條約切實執行。幾乎每天偵測到一次爆發，後來才發現爆發來自太空而非地面。1973年，NASA科學家克萊（Thomas Cline）和迪賽（Upendra Desai）證實，這些強烈的光子閃亮、出現又消失，不過是幾秒的事，而在這幾秒瞬間裡，「爆發源」釋放能量可能比太陽一生放出的還多。

只有屈指可數的伽瑪射線源重複爆發。科學家還發現，這些爆發源的位置與超新星殘骸和超新星爆炸後留下的中子星重合。因此有人主張，所有光子出現時都具有0.511百萬電子伏特的能量，而且是電子與正子在中子星表面附近互相毀滅時產生的。一如廣義相對論的預測，當伽瑪射線「爬出」（climb out）中子星重力井時，輻射已經發生「紅移」，因此造成爆發源能量巨幅變化。

上圖：美國航太總署的康普頓伽瑪射線觀測衛星於1991年發射進入軌道，偵測光譜中的伽瑪射線部分，探索宇宙奧祕。

1991年4月，太空梭「亞特蘭提斯號」發射康普頓（Compton）伽瑪射線觀測衛星，全面探查伽瑪射線源，結果顯示，爆發源均勻分布在天空中。這個現象有兩種可能性，射線源如果不是接近地球，如明亮夜空的星星，就是非常遙遠，如鄰近的超星系團。要達到相同亮度，後一種情形的射線源爆閃能量必定比前一種多10^{22}倍。

天文學家現在支持的假設認爲，大多數爆發源來自宇宙邊緣。1997年閃現一次爆發（GRB 970228），荷蘭－義大利合作的Beppo－SAX衛星用X射線也做了觀察，光學分析認爲爆發源靠近一個非常微弱的星系。另一處爆發源（GRB 970508）像是鹿豹座（Camelopardalis）裡面的一個星狀光點，星系際譜線顯示它的位置至少在40億光年以外。或許我們正在目睹兩顆中子星合併。

▶ 參見〈恆星演化〉（286-287頁）、〈白矮星〉（310-311頁）、〈中子〉（312-313頁）、〈反物質〉（314-315頁）、〈脈衝星〉（420-421頁）、〈超新星1987A〉（488-489頁）

右圖：沒有人知道伽瑪射線爆發的原因，甚至也不知道爆發源的距離近或遠。而如此圖顯示的，重複爆發源的位置與超新星殘骸如蟹狀星雲重合。

基因工程 Genetic engineering

柏格（Paul Berg，1926–），波耶（Herbert Wayne Boyer，1936–）
柯恩（Stanley Cohen，1935–）

1970 年代初期，史丹福大學的柏格和波耶與柏克萊加州大學的柯恩發現如何把基因從一個物種轉給另一個物種。基本上，基因工程是在連續 DNA 上做「剪、貼和複製」工作。首先用特殊「限制酶」從人體組織切下一長段 DNA 分子，再將想要的基因——譬如說，控制凝血蛋白因子 VIII 的基因——分離出來。然後把 VIII 因子基因插進一個媒介分子裡，即所謂的「載體」（vector），它可能是病毒，或是稱作「質體」（plasmid）的小型環狀細菌 DNA。最後載體「感染」宿主細胞，可能是一個細菌、一個酵母或甚至是一個哺乳動物的細胞。宿主細胞現在帶著外來 DNA——在這個例子裡是人類因子 VIII 基因——卻視之爲本身所有。這種 DNA 包含不只一個物種的基因，因此稱作「重組」DNA。當細胞增殖時，帶有的 DNA 開始活動，產生複製的宿主蛋白，以及複製的因子 VIII。實驗結束時，就有大量因子 VIII 蛋白可供採收。

基因工程用途多端。它已經被用來製造幾種人體蛋白質，如治療糖尿病的胰島素、治療血友病的 VIII 因子，不再需要使用人體組織。許多血友病患者之所以染上愛滋病，因爲調製 VIII 因子的血液帶有愛滋病毒。理論上，現在所有 VII 因子應該都用重組方式生產。

基因工程也已應用在植物上，用來移轉抗殺草劑和抗病蟲害的基因，但比較有爭議性。想用這種方法獲得高產量抗病作物的希望已經遭遇阻力，消費者反對食用來自基因改造作物的食物。

▶ 參見〈人口壓力〉（110-111頁）、〈固氮作用〉（208-209頁）、〈病毒〉（232-233頁）、〈胰島素〉（288-289頁）、〈作物多樣性〉（292-293頁）、〈細菌的基因〉（332-333頁）、〈綠色革命〉（428-429頁）、〈單株抗體〉（448-449頁）、〈複製羊桃莉〉（516-517頁）、〈人類基因體定序〉（524-525頁）

右圖：基因工程的工具，可以用來接合兩個相關細菌病毒的DNA分子。

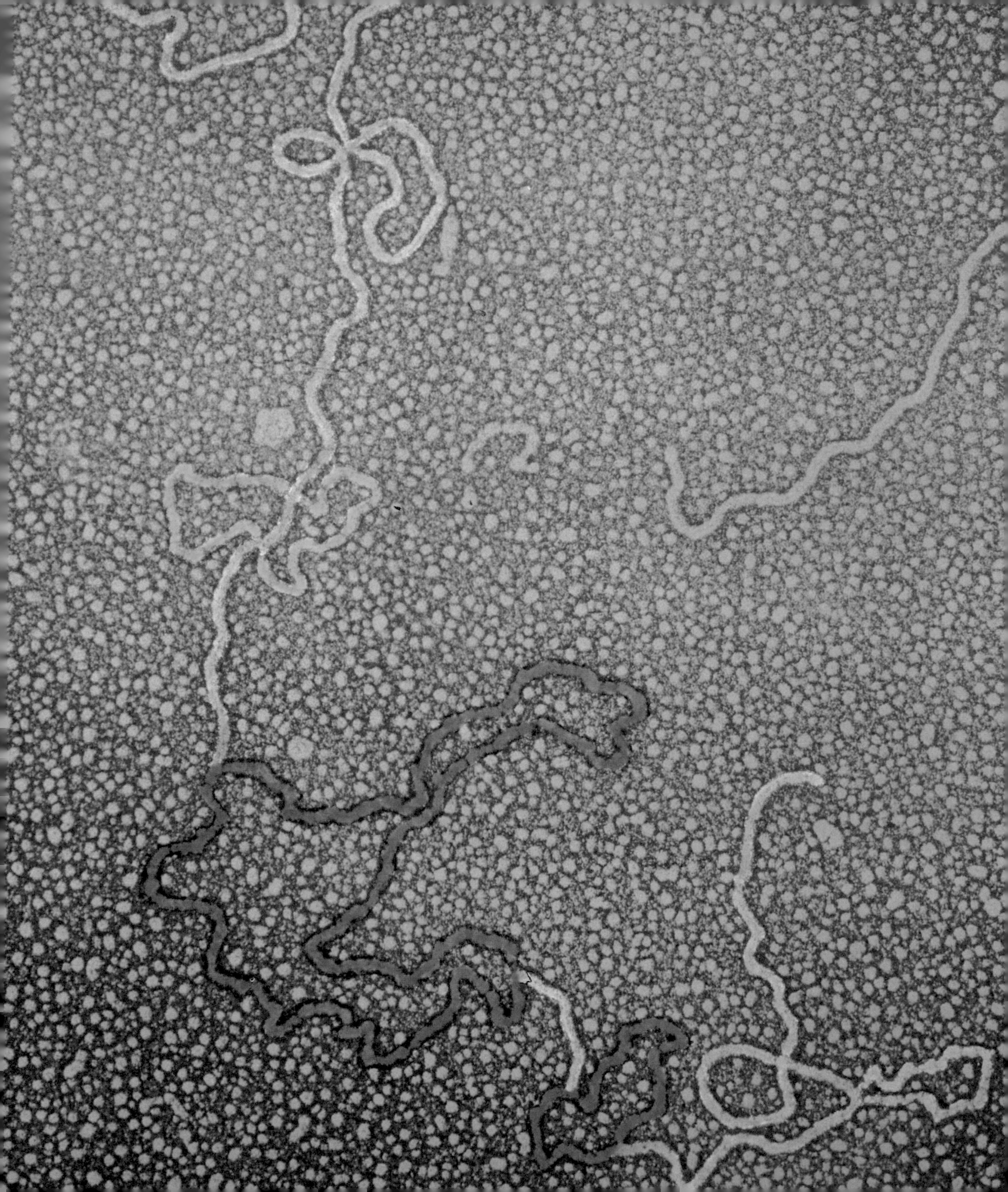

1974

臭氧層破洞 Ozone hole

莫里納（Mario Molina，1943–），羅蘭（Sherwood F. Rowland，1927–）

大氣裡臭氧非常之少，如果集中在地球表面，只有厚度三毫米的薄薄一層。然而由三個氧原子構成的臭氧，在我們的環境裡扮演非常重要的角色。它吸收太陽發出的紫外線，阻擋紫外線到達地面，否則地表脆弱的生命分子會被破壞。如果沒有這層臭氧，陸地生物絕不可能演化出來。

1974 年，加州大學爾灣（Irvine）分校兩位科學家莫里納和羅蘭預測，廣泛用在空調、冷凍工廠和噴罐的氟氯碳化物（CFCs）破壞臭氧層速度過快，大氣來不及補充。由於這些化學物質大量排進大氣，莫里納和羅蘭警告，臭氧層經不起如此摧殘，很難倖存。他們的聲明引發廣泛討論，不過沒有人採取行動。

接著在 1985 年，英國南極觀測站的科學家法曼（Joseph Farman）發現南極上方的臭氧層破了一個大洞，他把問題歸咎於人類排放氟氯碳化物。在南半球，爭論一直很激烈，臭氧層破洞的結果，造成那裡的紫外線增強，大大提高罹患皮膚癌的危險。許多研究人員，包括莫里納和羅蘭在，大力遊說各國政府禁用氟氯碳化物，指稱這種東西可以用其他傷害較小的化學物輕易取代。

經過二十多年的努力，他們終於看到成果。國際間空前團結，聯合國通過談判達成禁用氟氯碳化物和其他有害化學物的公約，稱作蒙特婁議定書（Montreal Protocol），並於 1996 年起生效。基本上問題已經解決，不過氟氯碳化物要花一些時間才會散布到大氣中，因此可以想見，臭氧層破洞還會繼續存在很多年，甚至可能達一個世紀之久。1995 年，羅蘭和莫里納共同獲得諾貝爾化學獎。

▶ 參見〈冰河時期〉（152-153頁）、〈溫室效應〉（184-185頁）、〈天氣循環〉（276 277頁）、〈DDT〉（326-327頁）、〈蓋婭假說〉（432-433頁）

右圖：2000年9月8日，南極上方的臭氧層破洞。1980年第一次看到這個破洞，此後年年擴大，如圖中的藍色區域面積超過2800萬平方公里。

黑洞蒸發 Black-hole evaporation

霍金（Stephen William Hawking，1942–）

1679 年，丹麥天文學家羅默（Olaus Roemer）經由計算木星衛星蝕的時間而測出光速。約一百年後，在 1784 年，英國牧師米契爾（John Michell）提出黑洞概念。他指出宇宙裡的巨大物體可能多半看不見，因爲「從這樣一個物體發出的光，會被自身特有的重力全拉回去」。

演化的恆星質量若超過太陽三倍，就會變成黑洞（太陽的質量是 2×1030 公斤）。以天鵝座 X-1 雙星系統的情形來說，一對「恆星」中的一顆幾乎確定是黑洞，它的伴星物質落在圍繞它的扁平圓盤上，當圓盤被迫加速時，會產生巨量 X 射線。其他黑洞候選天體還有活躍星系核，這是目前所知最明亮的物體，而且只和我們的太陽系差不多大小。爲了保持平衡狀態，它們的質量必須相當於太陽的 100 億倍。這麼小的空間容納這麼大的質量，顯示活躍星系核是超級大黑洞。

物體掉進黑洞時會加速，當它與黑洞中心距離在所謂的史瓦西（Schwarzschild）半徑時，速度會達到光速那麼快。然後在「事件視界」（event horizon）消逝，永遠隱沒在黑洞裡。霍金發現事件視界表面積可能永遠不會減少，但在 1974 年，他找到一個漏洞。結合黑洞理論、量子力學和熱力學，霍金發現黑洞可能蒸發。當一對正－負電子剛好產生在事件視界外緣邊上，結果可能一個粒子墜入洞裡，而另一個逃脫。由於粒子對形成時，用到黑洞的重力能量，因此逃離的粒子實際上帶走了一些黑洞質量。這些脫逃的粒子現在稱作霍金輻射——黑洞畢竟不是全黑的。

▶ 參見〈太陽系的起源〉（104-105頁）、〈熱力學定律〉（164-165頁）、〈量子〉（234-235頁）、〈白矮星〉（310-311頁）、〈反物質〉（314-315頁）、〈類星體〉（404-405頁）

右圖：在活躍星系中心，疑似超級大黑洞的重力拉扯，形成了一個熱氣圓盤。

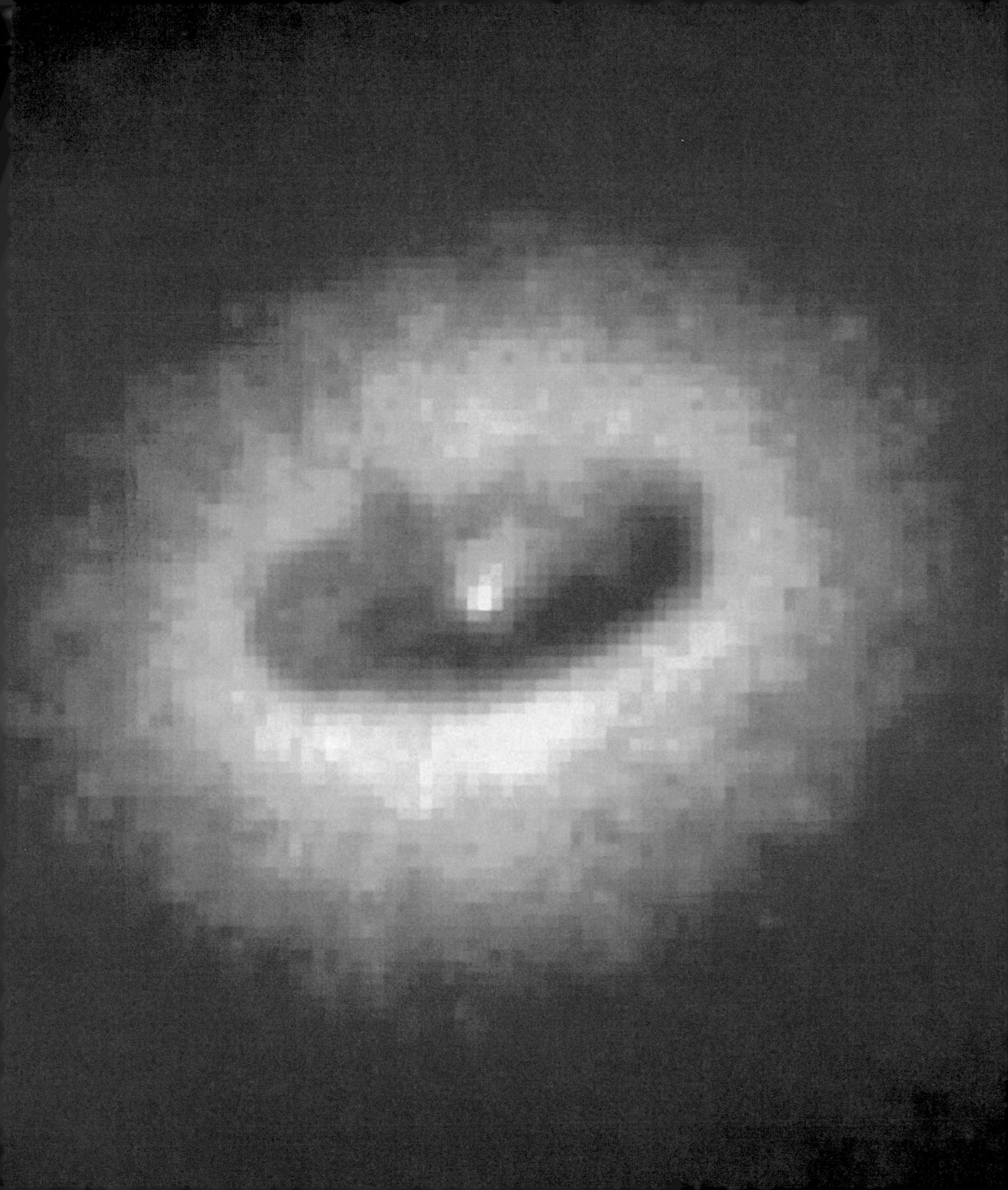

基因表親 Genetic cousins

瑪麗－克萊兒．金恩（Mary-Claire King，1946–）
威爾遜（Allan C. Wilson，1935-91）

只要不是開玩笑，沒有人會把人類和黑猩猩搞混。人類直立行走，使用語言，體毛稀少，還有以配偶制爲主的社會生活。黑猩猩在各方面都不同。所有物種的生物特徵都編碼存在 DNA 裡，因此你或許以爲，人類和黑猩猩的 DNA 也像他們的身體般截然不同。但在 1975 年，兩位美國生物學家金恩和威爾遜卻顯示，這兩個物種的 DNA 幾乎沒有差別。人類和黑猩猩的 DNA 有 98.5% 完全相同，只有約 1.5% 編碼單元不一樣。

金恩和威爾遜利用人類與黑猩猩分子的差異，做了兩項演化推論。自 1960 年以來，科學家已經知道，兩個物種的分子差異隨著時間大致穩定地增加：這個現象稱作「分子時鐘」。因此兩個物種的分子差異（經過校準後），可以用來推估牠們共祖的時間。人類和黑猩猩的 1.5% 差異代表兩者在約 500 萬年前分道各走各路。在 1975 年時，這個年代似乎與化石推斷人類起源（早很多）的年代衝突，不過現在已經被普遍接受。

第二項推論是，黑猩猩和人類身體大不相同，或許是少數「調節」基因改變造成的演化結果。我們的基因有些是「結構」基因，攜帶的密碼用在製造？和身體基本構造單元上。另一些是「調節」基因，控制結構基因的開或關。黑猩猩和人類的結構基因或許有一點點差別，但更大的差別在於控制前者表現的調節基因上。雖然尚未得到證實，但現行思考形體演變的遺傳基礎時，深受此一想法的影響。

▶ 參見〈雙螺旋鏈〉（374-375頁）、〈黑猩猩文化〉（396-397頁）、〈隨機分子演化〉（422-423頁）、〈動物形態遺傳學〉（460-461頁）、〈遠離非洲〉（492-493頁）、〈人類基因體定序〉（524-525頁）

右圖：1738年從安哥拉帶到巴黎的一隻黑猩猩。發現無尾猿與人類如此相似，讓人開始思考人類與其他動物的關係。

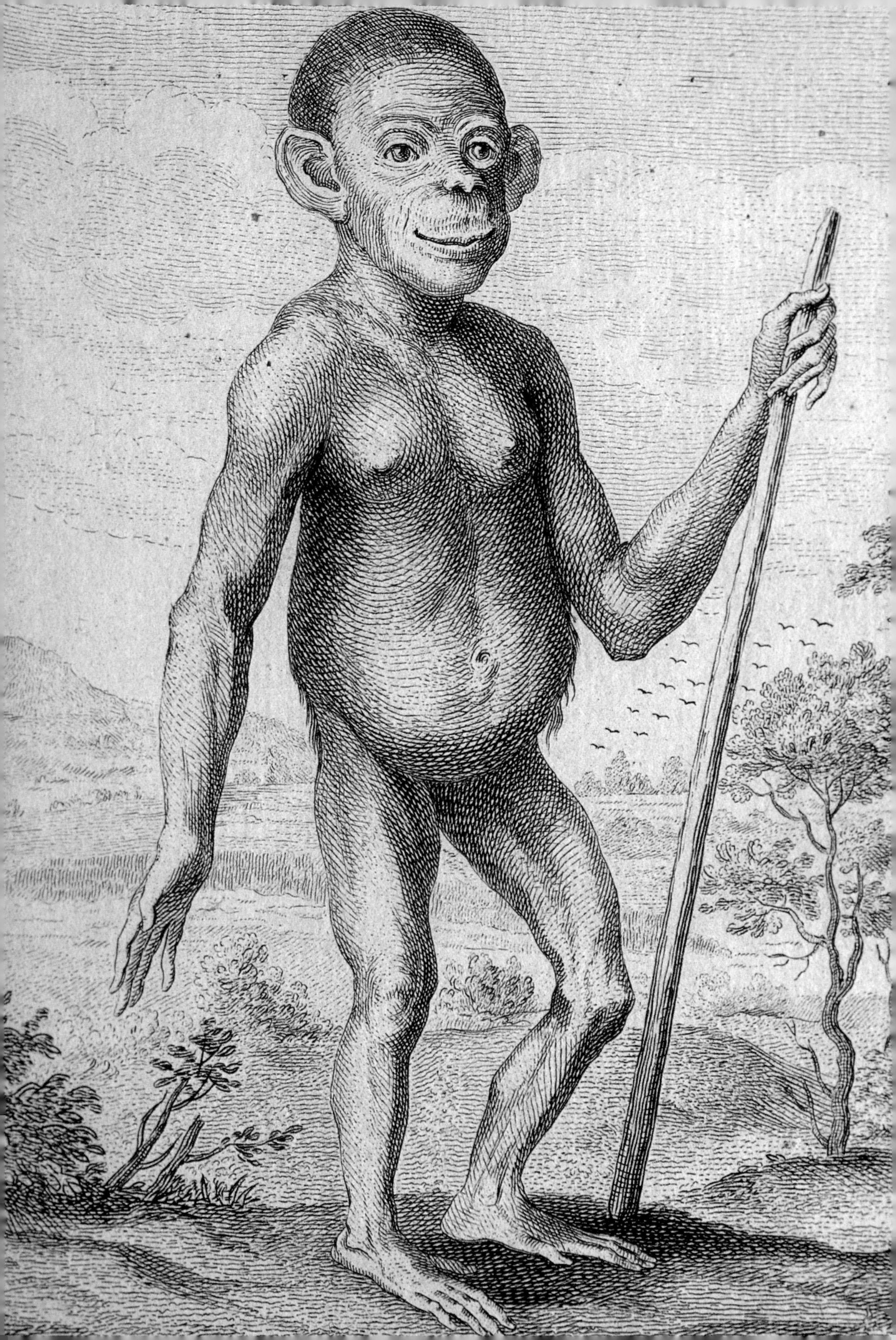

獨一無二的物種 A unique species

撰文：賈德・戴蒙（Jared Diamond）

爲什麼我們演化得如此獨特？世界上的哺乳類動物中，與我們親緣關係最接近的是大猿（great ape，有別於小猿類的長臂猿），當我們拿自己和大猿相比時，這個問題更加明顯。所有大猿中，我們和非洲黑猩猩與矮黑猩猩關係最親，細胞核基因（DNA）只有 1.6% 不同。其次是大猩猩（2.3% 基因不同）及東南亞的紅毛猩猩（3.6% 不同）。我們的祖先和黑猩猩與矮黑猩猩的祖先分道揚鑣「只不過」是 700 萬年前的事，和大猩猩祖先分開 900 萬年，而和紅毛猩猩祖先各走各的路在 1400 萬年前。

與個人壽命相比，千百萬年聽起來遙不可及，但在演化的年表上，這不過是一眨眼功夫。生命在地球上存在已經超過 30 億年，硬殼大型複雜動物在五億多年前突然迸發多樣形式。相對短暫的時間裡，我們的祖先和我們大猿親戚的祖先分別演化，我們只在幾個重要點上背離猿道，即使岔出不遠，一些小小的改變——特別是直立姿勢和加大腦袋——仍造成我們的行爲大大不同。

姿勢、大腦容量及性徵加起來，構成三聯體的決定因素，讓人類祖先脫離大猿祖先獨行其是。紅毛猩猩通常孤獨生活，雄性和雌性打交道只爲交配，雄性不撫育後代；大猩猩的雄性有三妻四妾，每隻雌猩猩都要隔幾年才有一次交配機會（而且是在新生小猩猩斷奶、自己恢復月經之後，以及再次懷孕之前）；黑猩猩和矮黑猩猩成群生活，卻沒有固定配偶關係或特定父子關係。我們之所以成爲人類，顯然超級大腦和直立姿勢扮演關鍵角色——我們現在會使用語言、讀書、看電視、購買或種植大部分食物、占據所有陸地、把自己的和其他動物的成員關起來，而且正在消滅其他動植物；而大猿仍然不會說話，在叢林裡採集野果，棲息在舊世界熱帶的小塊區域，既不囚禁動物，也不威脅其他物種生存。不過在形成這些人類特徵的過程中，我們古怪的性徵扮演什麼角色？

我們的性特色是否與我們和猿的其他差別有關？除了（而且可能是最終產物的）直立姿勢和超級大腦之外，我們和猿的差別還包括：毛髮稀少，依賴工具，懂得怎麼用火，發展出語言、藝術和寫作。如果其中有任何差別造成我們演化出獨特的性徵，關聯也不明顯。例如，很難說褪去體毛是人類更喜歡性交的原因，也很難說懂得用火是讓女性停經的原因。相反地，喜歡性交和女性停經對人類發展用火、語言、藝術和寫作的重要性，或許和直立姿勢、超級大腦差不多。

了解人類性徵的關鍵在於，認清它是演化生物學的一個問題。當達爾文在《物種原始》（*On the Origin of Species*）中確認生物演化現象時，證據大抵來自解剖學。他推論大多數動植物的結構會跟著時間演化，也就是一代又一代地改變。他還推論演化改變的主要力量是天擇。達爾文使用天擇一詞，指的是動植物結構上產生的適應變化，某些結構改變使個體更能生存，比其他個體更會繁衍，因此這些結構改變在族群裡一代代增多。後來的生物學家顯示，達爾文有關身體結構的推論，也適用於生理學和生物化學：一種動物或植物的生理及生化特性會讓它適應某種生活型態，而且會隨著環境情況變化。

演化生物學家已經顯示，動物的社會系統也有演化和適應。即使在親緣關係密切的動物中，有些孤獨生活，有些生活在小群體中，還有些形成大群體生活。但社會行爲影響生存和繁殖。孤獨生活或群體生活哪種對生存和繁殖比較有利，要看物種的食物來源是集中的或分散的，以及物種是否面對掠奪者的攻擊。同樣的思考模式也可以用來分析性徵問題。某些性特色是否比較利於生存和繁衍，要看物種的食物來源、掠奪者的威脅，和其他生物特徵⋯⋯

我們可以重新界定性徵帶來的問題。過去 700 萬年裡，我們的性器官與親緣關係最近的黑猩猩發生一點差別，性生理差別更大，而性行爲差別還要再大。這些歧異必然反映了人類與黑猩猩在環境和生活型態的差異。

碎形 Fractals

曼德布洛特（Benoit Mandelbrot，1924–）

1975 年，曼德布洛特用法文發表《大自然的碎形幾何學》（*The Fractal Geometry of Nature*），這是一本具里程碑意義的書，宣告二十多年的研究達到頂點，把大量繁雜的數學好奇收納進一個條理清楚的架構裡。他還借用拉丁文的 *fractus* 創出「碎形」（fractal）一詞，凸顯他用電腦產生的幾何風景破碎而不規則。

碎形的最大特色是在不同尺度上自我相似——結構的局部和整體看起來非常相像。仔細看地圖上的英國海岸線，會發現它相當彎曲皺折。如果把視點漸漸拉近，會看得更清楚，再怎麼放大，「縐曲」（crinkliness）性質不變，這是海岸線幾何圖形的基本結構。在碎形幾何裡，自我相似性來自一套數學規則或「演算法則」。演算規則不用在繪圖上，而是用來產生一系列數字，每個數字又回頭加入演算，產生新的系列數字。1910 年代，法國數學家朱利亞（Gaston Julia）和法杜（Pierre Fatou）已發現看似隨機其實有界的數列。直到曼德布洛特發展出電腦繪圖程式，大家才見識到這些數列非但不隨機，還會產生細緻複雜的圖形。

碎形還有一個特色是分數維度。英國海岸線多長，要看測量多精確而定。理論上，只要能夠一直拉近視點，總長度就會不斷增加，漸漸趨於無限長，可是土地面積仍然有限。「縐曲」程度界定海岸線的「碎形維度」，而「碎形維度」大於 1、小於 2。這種新幾何圖形圍繞在我們身邊。碎形和自我相似性顯露在植物構造上和雲朵形狀上，在股市波動中和星雲分布中，而上述的海岸線當然也可見到。

▶ 參見〈歐幾里德的《幾何原本》〉（20-21頁）、〈混沌理論〉（238-239頁）、〈混沌邊緣〉（490-491頁）、〈大吸子〉（498-499頁）

右圖：出自「朱利亞集合」（Julia set）的三維「螺旋」碎形圖像。朱利亞集合係於第一次世界大戰期間由朱利亞和法杜兩位數學家發明，與曼德布洛特集合密切相關。

單株抗體 Monoclonal antibodies

米爾斯坦（César Milstein，1927–2002）

當細菌或病毒進入身體後，抗體分子會和它們的表面抗原分子結合，貼上應予消滅的標籤。許多年來，科學家一直認爲抗體用途不僅於此，但無法得到純粹的抗體，因爲即使只對付一個特殊抗原，免疫系統裡不同的 B 淋巴球也會大軍出動，產生複雜混合的抗體。

1975 年，阿根廷分子生物學家米爾斯坦在劍橋英國醫學研究所與德國分子生物學家柯勒（Georges Köhler）一起工作時，發現製造特定純抗體的方法。在稱作多發性骨髓瘤的癌症中，有一型淋巴球分裂漫無節制，產生單一或單株抗體。米爾斯坦發現，把這型淋巴球和骨髓瘤細胞融和，淋巴球將永遠不死，他們可以培養融和產生的細胞，製造大量作用明確的純單株抗體。

單株抗體會和特定蛋白質的表面抗原結合，因此可以用來搜索身體裡的蛋白質。米爾斯坦的突破問世以來，又發現很多單株抗體的用途。例如篩檢愛滋病感染，使用一種針對愛滋病毒 HIV 的單株抗體，並與染色分子連接，受檢者的血液中如果有 HIV 病毒，和抗體結合後，顏色反應將指出病毒藏身所在。單株抗體在癌症治療上也很重要。癌細胞的表面抗原和健康細胞明顯不同，能夠與這些癌細胞抗原結合的單株抗體已經用來治療乳癌，它們的作用像「導向飛彈」，把抗癌藥物直接發射到腫瘤去，而不碰觸健康組織。相同的技術也用來產生腫瘤影像──抗體與染料或放射性「標旗」連接，一找到目標就貼上去，顯現腫瘤的詳細輪廓。

▶ **參見〈接種疫苗〉（102-103頁）、〈細胞免疫〉（204-205頁）、〈抗毒素〉（214-215頁）、〈血型〉（236-237頁）、〈移植排斥〉（336-337頁）、〈生物自我辨識〉（450-451頁）、〈人類癌症基因〉（456-457頁）、〈AIDS病毒〉（472-473頁）**

右圖：單株抗體目前已能大量生產，可以當作診斷工具，用來驗孕，也用來做顯微病變組織研究。

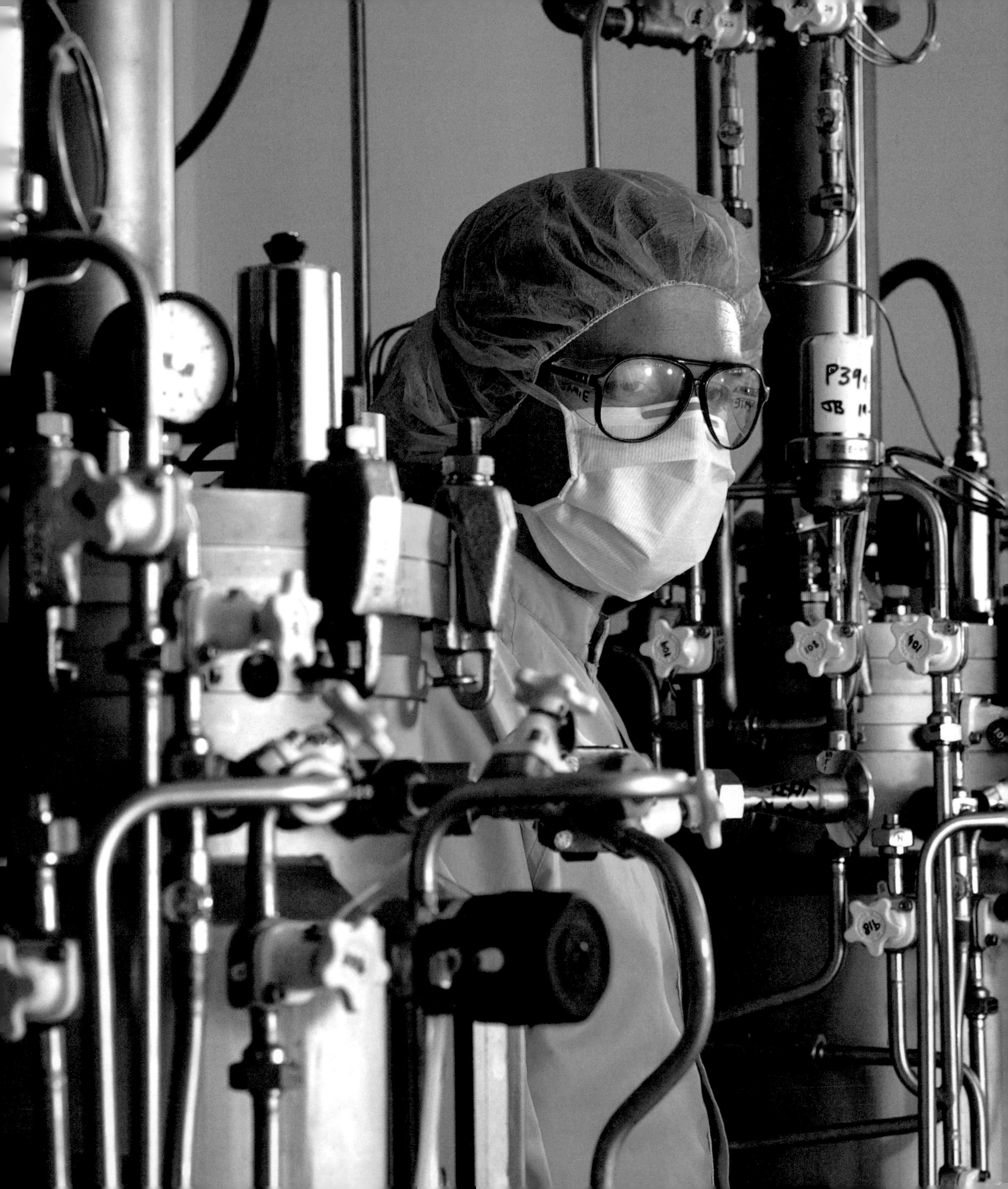
JAMIE

1976

四色圖定理 Four-colour map theorem

阿培爾（Kenneth Appel，1932–），哈肯（Wolfgang Haken，1928–）

1852 年，新設立的倫敦大學學院首位數學教授摩根（Augustus De Morgan）碰到學生發問，請他證明一項不起眼的猜測：畫地圖最少要用四種顏色，才不會有相鄰兩區的顏色相同。這個問題激起摩根的好奇心，也很快成爲當時頂尖數學期刊的熱門題目。

由於地圖的可能形狀眾多，數學家在檢查四色是否確實足夠前，必須先做某種形式的分類，辨別不同的圖形安排。1879 年，倫敦律師暨數學家坎普（Alfred Bray Kempe）在《自然》期刊發表一篇證明，還因此獲全票通過被選爲皇家學會會員。大概過了十年，才有人發現他的證明有瑕疵。到了 20 世紀，四色猜想成爲拓撲學的經典問題。拓撲學是數學的一支，處理空間區域配置和區域彼此的關聯，而不涉及形狀或大小。因此注意力從地圖上的區域形狀轉到它們的配置——區域之間如何共有邊界。

靠電腦幫忙，四色猜想終於變成四色定理。1976 年，數學家阿培爾和哈肯花了 1200 小時電腦時間，加上約 700 頁紙筆計算，首次提出數學證明，但沒有人看得懂。他們分析的基本圖形數目如此之大，使其他數學家雖不情願，但還是接受了兩人的證明，但根據的是對運算法則的理解，而非計算結果獲得驗證。運算法則本身後來做了進一步改善，但也引起什麼是數學證明的激辯，至今仍無定論。

▶ 參見〈數學極限〉（第308-309頁）、〈電腦〉（第340-341頁）、〈費瑪最後定理〉（506-507頁）

右圖：許多簡單的地圖只用三種顏色畫不清楚，因為無法做到相鄰兩區不同色。換言之，所有地圖，包括這張紐澤西州圖，需四種顏色才夠。

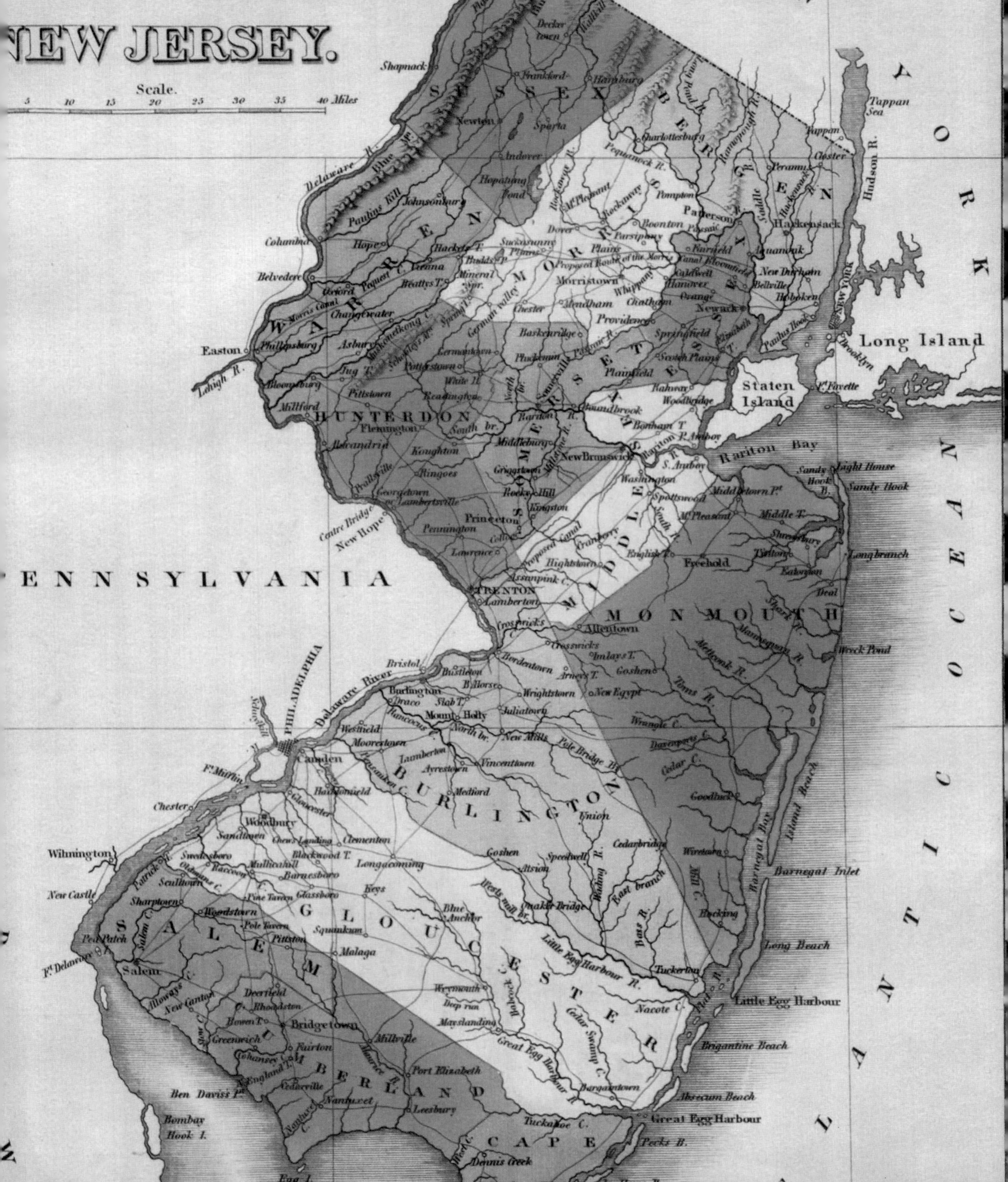

NEW JERSEY.
Scale.
5 10 15 20 25 30 35 40 Miles
SUSSEX
BERGEN
WARREN
MORRIS
ESSEX
SOMERSET
HUNTERDON
MIDDLESEX
MONMOUTH
BURLINGTON
GLOUCESTER
SALEM
CUMBERLAND
CAPE
PENNSYLVANIA
NEW YORK
ATLANTIC OCEAN
Long Island
Staten Island
Raritan Bay
Tappan Sea
Hudson R.
Delaware R.
Delaware River
Lehigh R.
Blue M.
Paulins kill
Morris Canal
Proposed Route of the Morris Canal
Proposed Canal
Newton
Sparta
Andover
Hopatung Pond
Hamburg
Franckford
Deckertown
Shapnack
Charlottesburg
Pequanock R.
Pompton
Paterson
Passaic
Hackensack
Tappan
Closter
Paramus
Johnsonburg
Columbia
Hope
Hacketts T.
Vienna
Belvedere
Oxford
Changwater
Easton
Phillipsburg
Asbury
Bloomsbury
Milford
Pittstown
Flemington
Alexandria
Rockaway R.
Mt. Pleasant
Rockaway
Boonton
Parsippany
Dover
Succasunny Plains
Mineral Spr.
German valley
Chester
Morristown
Mendham
Chatham
Whippany
Caldwell
Hanover
Orange
Newark
Fairfield
Bloomfield
Acquackanonk
New Durham
Bellville
Hoboken
Paulus Hook
Brooklyn
Ft. Fayette
Providence
Springfield
Elizabeth T.
Scotch Plains
Plainfield
Baskenridge
Pluckamin
Germantown
White H.
Readington
Somerville
Rahway
Woodbridge
Boundbrook
Bonham T.
P. Amboy
S. Amboy
Raritan R.
New Brunswick
Middlebush
Millstone R.
Griggstown
Rocky Hill
Kingston
Princeton
Pennington
Lawrence
Ringoes
Georgetown
Lambertsville
Centre Bridge
New Hope
Washington
Spottswood
Middletown Pt.
Sandy Hook
Light House
Middle T.
Shrewsbury
Tinton
Longbranch
Deal
Freehold
Cranberry
English T.
Hightstown
Assanpink C.
TRENTON
Lamberton
Crosswicks
Allentown
Imlays T.
Goshen
Bordentown
Bristol
Bustleton
Burlington
Mount Holly
Wrightstown
Juliatown
New Egypt
New Mills
Pole Bridge Br.
Toms R.
Metetcunk R.
Manasquan R.
Shark R.
Wreck Pond
Cedar C.
Goodluck
Island Beach
Barnegat Bay
Barnegat Inlet
Forked R.
Waretown
Cedarbridge
Speedwell
Wading R.
East branch
Bass R.
Mill C.
Hocking
Long Beach
Tuckerton
Little Egg Harbour
Little Egg Harbour R.
Brigantine Beach
Nacote C.
PHILADELPHIA
Schuylkill R.
Camden
Ft. Mifflin
Chester
Wilmington
New Castle
Pea Patch
Ft. Delaware
Westfield
Moorestown
Haddonfield
Gloucester
Woodbury
Vincentown
Medford
Union
Clementon
Blackwood T.
Swedesboro
Barnesboro
Glassboro
Longacoming
Goshen
Atsion
Quaker Bridge
Blue Anchor
Squankum
Malaga
Pittston
Sharptown
Woodstown
Salem
Salem C.
Alloways C.
Deerfield
New Canton
Bridgetown
Greenwich
Fairton
Cohansey C.
Millville
Maurice R.
Port Elizabeth
Weymouth
Mayslanding
Great Egg Harbour R.
Cedar Swamp C.
Bargaintown
Absecum Beach
Great Egg Harbour
Tuckahoe C.
Peck's B.
Cedarville
Nantuxet
Leesbury
Ben Davis's Pt.
Bombay Hook I.
Dennis Creek
Egg I.

1977

極端的生命 Life at the extreme

溫安德（Tjeerd van Andel，1923–）

搭乘潛水艇「艾文號」（Alvin）下潛 2500 公尺，到太平洋加拉巴哥群島東側中洋脊深處，溫安德成為看見海底深處熱液噴泉的第一人。他拿了一百萬美元經費尋找溫泉，找到這樣的熱泉噴口並不稀奇，但看到噴口布滿生物卻完全出乎意料。從科學角度看，在永恆黑暗的地方發現獨特生物群，靠著氧化硫化物（化合作用）取得能量，意義大過登月第一人找到的任何東西。

溫安德是荷蘭出生的海洋學家，當時在美國工作，他公開宣稱自己是「非常幸運的人，能夠確切明白當科學家一輩子最興奮的一刻，那就是 1977 年 2 月 17 日上午 11 時 15 分。而且知道只有另一個人敢這麼講，那個人就是太空人阿姆斯壯，他在 1969 年 7 月 20 日星期天晚上 9 時 28 分正踏上月球。」當「艾文號」下潛時，溫安德根據遙感偵測的水溫輕微變化（0.01℃），憑著直覺往海底溫度升高方向前進。

在中洋脊一帶，冰冷的海水會穿透高溫年輕海床的岩石裂隙。加熱之後，又再次湧升，帶出周遭岩石的化學物質，然後以熱泉形式重新流回海洋。熱泉噴口海水的化學性質和溫度各不相同，其中一些高達 350℃。熱泉水與海水混合使錳和鐵等礦物質沉澱。食硫細菌（每毫升有一百多萬個）的化合作用建立起獨特的生態系統，與主宰地球眾多生命的光合作用系統大不相同。這個系統裡的巨大管蟲（兩公尺高）和超級貝殼（如長 15 公分的蛤和貽貝）欣欣向榮，生前是共生細菌與自營化合作用細菌的宿主，死後就變成蟹和魚的食物。

上圖：從深潛深測船「艾文號」看到大西洋中洋脊熱泉噴口冒出黑煙，這個熱泉位於海平面下3100公尺。

▶ 參見〈光合作用〉（344-345頁）、〈生命的起源〉（370-371頁）、〈最古老的化石〉（410-411頁）、〈板塊構造說〉（414-415頁）、〈伽利略任務〉（514-515頁）、〈火星的微化石〉（518-519頁）、〈沃斯托克湖〉（520-521頁）、〈月球上的水〉（522-523頁）

右圖：畫家筆下的海底熱泉景象。原始形式的嗜極端菌提供食物給蠕蟲、軟體動物、貝類和蟹類。

HARDY

1977

公鑰加密 Public-key cryptography

呂維斯特（Roland Rivest，1947–），夏米爾（Adi Shamir，1952–）
阿德曼（Leonard Adleman，1945–）

使用密碼時，加密和解密的鑰匙必須保密。麻煩在，發送者不僅須送出加密訊息，還得寄上解密鑰匙，不論是另發訊息或親自交送。1942 年，英國擄獲一艘德國小型潛艇（U-boat），由於在艇上找到密碼簿，而破解了所有德國海軍的「祕密」通訊。要保密的另一種選擇是，發送者和接收者都參與加密作業。

1976 年，加州史丹福大學的狄非（Whitfield Diffie）、海爾曼（Martin Hellman）和默寇（Ralph Merkle）三人發現一種遞送編碼訊息的數學方法，可以同時把加密和解密兩把鑰匙都私藏起來。新方法只有一個缺點，作業程序囉嗦——發送者加密後，接收者加密，再由發送者解密，最後由接收者解密。他們的第二個發現更讓人吃驚：加密鑰匙事實上可以公開，沒有任何安全疑慮。這個違反直覺的想法根據一項事實，即每個人都能把鎖鎖上，可是只有持有鑰匙的人才打得開。不過想法要付諸實行，必須有一把數學鎖，一把無法強制打開的鎖。

1977 年，另一個三人組登場——麻省理工學院的呂維斯特、夏米爾和阿德曼，他們提議用非常大的質數當鎖。對電腦來說，兩個質數相乘易如反掌，不過倒過來從乘積求兩個原來相乘的質數就大大的困難。當年《科學人》（*Scientific American*）雜誌舉辦競賽，徵求一把 129 位數公鑰的兩個質因數，過了 17 年才有人來領獎。今天 RSA 公鑰鎖碼使用的數字非常之大，即使動用地球上所有電腦，也得花上超過宇宙年齡的時間才能破解。

公鑰鎖碼還有一段不為人知的故事。早在1969年，英國政府通訊指揮部的艾利斯（James Ellis）已經發現公鑰鎖碼概念，並在1975年和柯克斯（Clifford Cocks）及威廉生（Malcolm Williamson）共同解決了基本問題。可惜英國政府扣上國家安全的大帽子，禁止他們申請專利。

▶ 參見〈破解古埃及象形文字〉（136-137頁）、〈雙螺旋鏈〉（374-375頁）

右圖：二次大戰期間德國通信部隊使用的「電報交換機」——改造自波蘭密碼學家發明的Enigma密碼編譯機。

1980

人類癌症基因 Human cancer genes

溫柏格（Robert Allan Weinberg，1942–）

癌症現在被認爲是一種基因疾病。這並不代表癌症一定來自遺傳，雖然有時如此。在對癌症的新看法裡，某些基因是致癌基因，遭到致癌因子（化學物、陽光和某些病毒）「攻擊」而受損時，會打破細胞分裂和細胞靜止（或細胞死亡）之間的微妙平衡。當一個細胞——尤其受損細胞——開始失控分裂，就會造成腫瘤。正常狀況下，身體應該經由稱作「凋亡」（apoptosis）的程序促使這種細胞自殺。但在很多種癌症裡，凋亡程序失靈。

1980年，麻省理工學院的溫柏格發現第一個致癌基因，稱作*ras*基因。如果這個基因突變，細胞將持續分裂形成腫瘤。從那時起，突變*ras*基因鬼影幢幢，人類癌症三分之一與它有關，在結腸癌、肺癌和胰臟癌中特別普遍。

溫柏格在1986年又發現引起視網膜母細胞瘤的基因。這是一種罕見眼癌，幼年就會發病，每兩萬名孩童有一人罹患。有些視網膜母細胞瘤來自遺傳，溫柏格找到證據顯示，罹病孩童的第13號染色體少了視網膜母細胞基因（*Rb*）。*Rb*是第一個發現到的抑制腫瘤基因，在細胞分裂循環中扮演煞車角色。雖然視網膜母細胞瘤罕見，但所有細胞裡都有*Rb*。研究這個基因的運作方法，會讓我們更了解癌症如何演進。目前正在發展的療法，目標放在恢復細胞原本具有的抑制腫瘤能力。這樣的標靶療法以癌症遺傳學爲基礎，效力可能遠超過今天依賴的粗糙抗癌藥物。

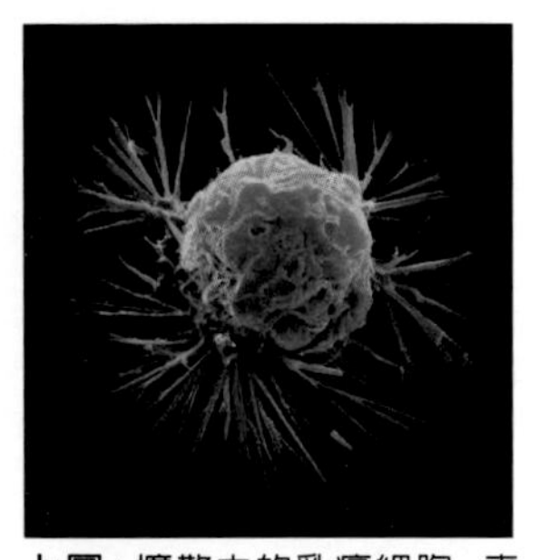

上圖：擴散中的乳癌細胞，表面不平整，並噴出細胞質。

▶ **參見〈細胞社會〉**（174-175頁）、〈X光〉（220-221頁）、〈放射性〉（224-225頁）、〈病毒〉（232-233頁）、〈遺傳基因〉（264-265頁）、〈宇宙射線〉（268-269頁）、〈雙螺旋鏈〉（394-395頁）、〈海弗利克限制〉（394-395頁）、〈單株抗體〉（448-449頁）、〈人類基因體定序〉（524-525頁）

右圖：叛亂細胞：一個癌細胞進入分裂的最後階段。細胞核膜套包覆著複製完成的一對染色體，兩個子細胞只由一道細窄的橋接合。

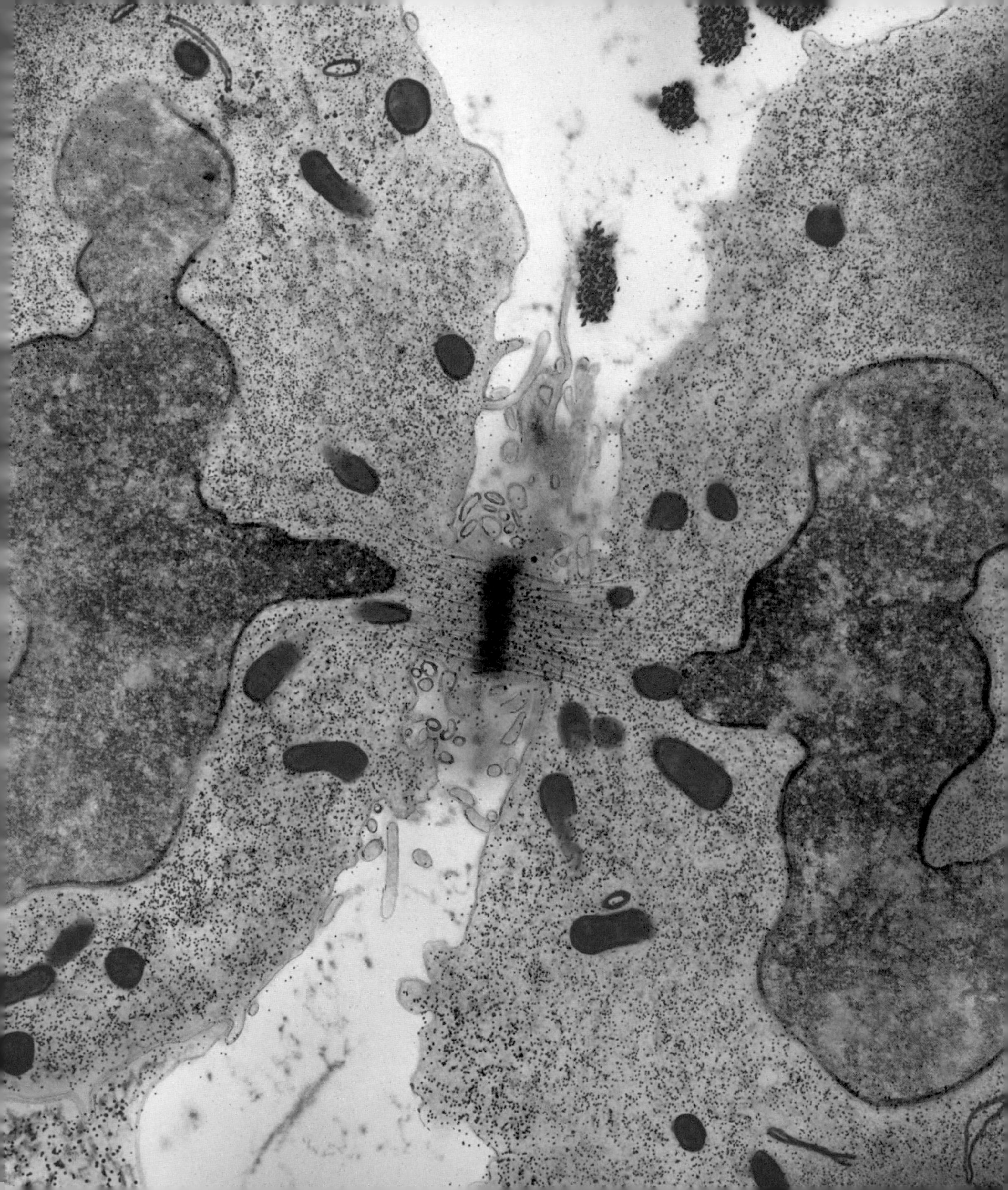

1980

恐龍滅絕 Extinction of the dinosaurs

路易斯·阿瓦雷茲（Luis Walter Alvarez，1911-88，父）
華特·阿瓦雷茲（Walter Alvarez，1940–，子）

1970 年代末期，美國科學家華特·阿瓦雷茲和父親路易斯以及阿薩羅（Frank Asaro）、海倫·蜜雪（Helen Michel）等人一起工作時，在義大利古比奧（Gubbio）發現一層薄薄的黏土，含有豐富的稀有元素銥。黏土層位於白堊紀與第三紀（K/T）交界，這個點的年代已標明為 6500 萬年前——恐龍滅絕的年代。路易斯懷疑銥元素來自外太空，因此他們的團隊在 1980 年猜測表示，流星或甚至彗星撞擊地球，造成含銥豐富的土層，也使恐龍滅絕。這種說法立刻成為國際新聞焦點。

當時知道的隕石坑，沒有一個年代符合他們的猜測，或面積大得足以引起他們所說的災難，但 K/T 交界滅絕的不單是恐龍一族，還有菊石等很多海生物，以及約 40% 生存在那個年代的其他生物，都同時一起消失。又過了十年時間，終於確定隕石坑在加勒比海地區，隨後的精密地震測量揭露，它被埋在墨西哥猶加敦半島齊克蘇魯布（Chicxulub）新生成沈積層之下一公里深處。

撞擊體約十公里寬，以每秒 30 公里速度衝向地球，撞出一個 100 公里寬、12 公里深的隕石坑，推起 8000 公尺像高山般的邊緣。撞擊能量相當於一億枚氫彈，五萬立方公里的岩石被炸得粉碎，變成灰、氣、熔岩滴和微粒鑽石飄散在大氣層裡，遮蔽天空，引燃的野火燒遍大地。隕石坑高聳的邊緣崩塌，又引發強烈地震、海嘯，形成更多環坑，最遠分布在震央 150 公里以外。拋進大氣的八億噸硫磺帶來酸雨，摧毀植物以及地球整個食物鏈的基礎。地球的歷史過去曾因這些衝擊而告中斷，未來故事也會重演。

上圖：從空中鳥瞰亞歷桑納州的流星隕石坑，據信這是五萬年前撞擊的遺跡。

▶ 參見〈比較解剖學〉（106-107頁）、〈「發明」恐龍〉（154-155頁）、〈柏吉斯頁岩〉（260-261頁）、〈彗星的故鄉〉（360-361頁）、〈月球上的水〉（522-523頁）

右圖：重力異常圖顯示齊克蘇魯布隕石撞擊坑的範圍。圖中的綠、黃和紅色圈形代表邊緣，顯示這個隕石坑直徑約180公里。

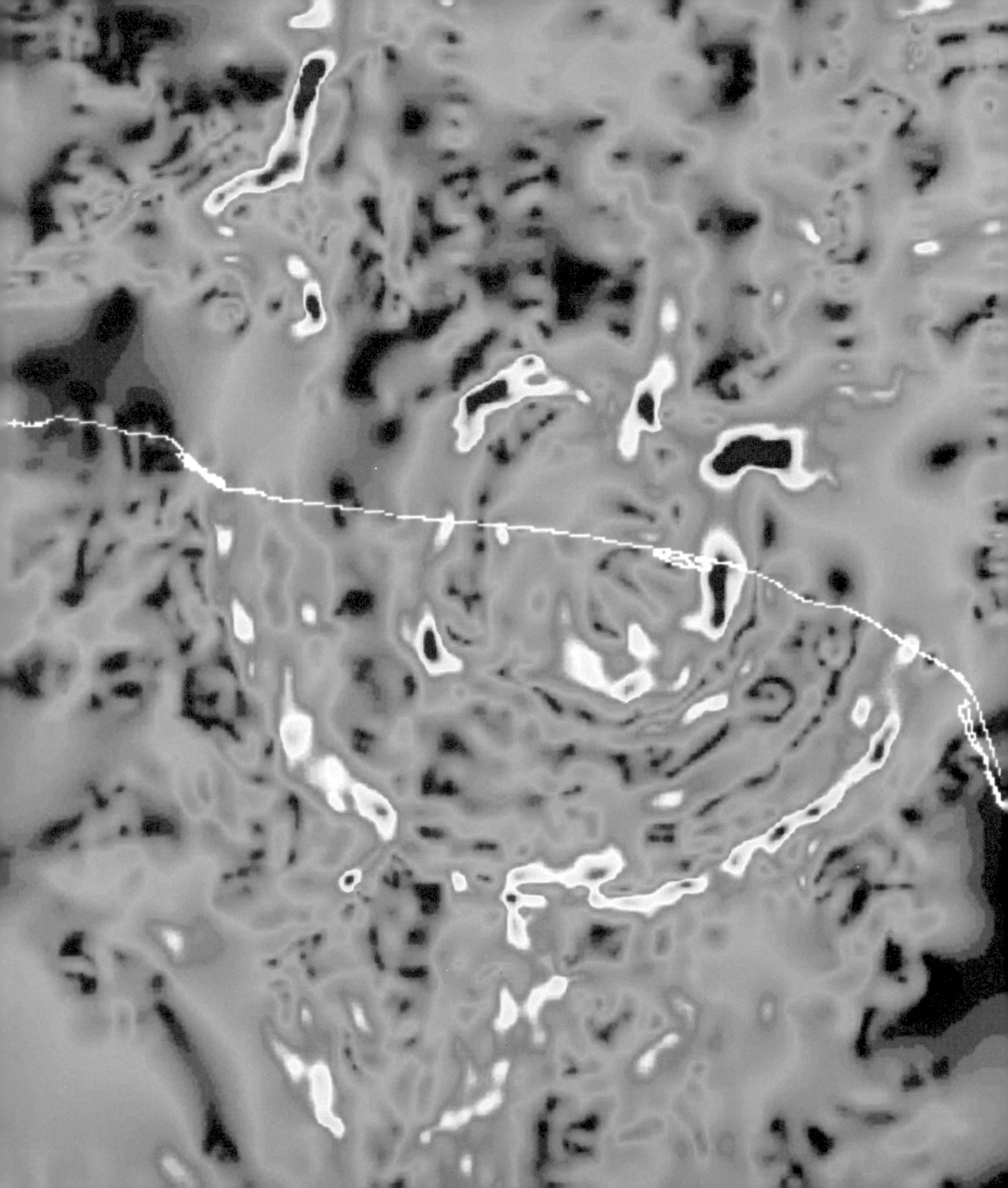

動物形態遺傳學

Genetics of animal design

紐斯林 - 沃哈德（Jani Nusslein-Volhard，1942–）
威肖斯（Eric Wieschaus，1947–），劉易士（Ed Lewis，1918–2004）

單一個細胞——受精卵，就產生了形形色色的動物，差異之大，從人類和果蠅的對比可見一斑。基因則控制細胞在胚胎發育期間的表現及其未來特性。德國遺傳學家紐斯林 - 沃哈德和美國遺傳學家威肖斯及劉易士三人，因發現這樣的基因及控制的關鍵程序，而榮獲 1998 年諾貝爾生理或醫學獎。

1970 年代末期，紐斯林 - 沃哈德和威肖斯有系統地尋找控制黑腹果蠅（*Drosophila melanogaster*）早期發育的基因，這種果蠅的遺傳方式當時已經相當清楚。他們餵給果蠅化學藥劑引發突變，在 1980 年找出涉及設定果蠅身體藍圖的關鍵基因；果蠅的身體藍圖各不相同，因此包括幼蟲體節在內，每種果蠅都長得不一樣。讓人吃驚的是，這些「生長基因」也分層負責，把胚胎清楚區分成更小的部分，例如頂層基因產生的蛋白質，會沿胚胎頭背軸形成化學梯度，通知細胞它們該占的位置。

但細胞還需要知道自己該變成什麼。這部分由「同源異性」（homeotic）基因控制，如此稱法，因爲這些基因本身若發生突變，會把身體器官乾坤大挪移，例如果蠅的飛行平衡器官在發育早期可以長到翅膀上去。劉易士發現，塑造身體藍圖的同源異性基因，在染色體上的排列順序，與所控制的身體部位順序對應。各部位性狀由這些基因的組合密碼決定，後來又發現同源異性基因都帶有相同一段 DNA 序列，由 80 個相同字母組成，稱作「同位序列」（homebox）。但人類最受不了的是，科學家最後發現，不管是海膽、青蛙、老鼠或人類，多數動物發育過程受相同的基因左右。這項突破不只顛覆我們對基因控制發育的了解，也突顯所有生物都是由共同祖先演化而來。

▶ 參見〈亞里斯多德的遺產〉（16-17頁）、〈卵與胚胎〉（140-141頁）、〈基因遺傳〉（264-265頁）、〈黏菌聚合體〉（348-349頁）、〈化學振盪〉（364-365頁）

右圖：1928年哈維論文300周年紀念版中的插圖，顯示靜脈裡的單向瓣膜系統及其在血液循環中的角色。

聖海倫火山爆發

Eruption of Mount St Helens

美國地質調查所（US Geological Survey）

1980 年 3 月，美國地質調查所科學家偵測到華盛頓州聖海倫火山下方發生地震，這是火山爆發前兆。少量火山灰噴出，穿透山頂覆蓋的白雪。4 月，一處近兩公里寬的隆起出現在山峰北側，而且迅速增長，一天升高一公尺。到了 5 月初，這處隆起已經比附近地面高 150 公尺，而且明顯不穩定。

1980 年 5 月 18 日 8 時 32 分，火山北邊開始滑動，接著變成大規模崩塌。雖然直接引發崩塌的是 5.1 級地震，根本原因卻是火山底下一團高熱岩漿漸漸上升。過了幾秒，崩塌處冒出巨大高熱的火山灰雲。熱風以超音速行進，噴上數千公尺高空，還將方圓 600 平方公里內數百萬棵巨大道格拉斯冷杉化爲灰燼。土石流夾雜著冰河的冰塊和碎岩塊以每秒約 75 公尺速度流動，灰色爛泥覆蓋經過地區，厚達 100 公尺，形成怪異的圓丘地貌。

這次事件提供第一批現代資料，讓人了解在猛烈火山爆發中死亡的主因：飛石打傷、灼傷、吸入熱氣體肺部受損等。即使當時獲救，後來也會因所受的傷而喪生——這種傷會要人命，解釋了爲什麼 1902 年法屬馬提尼克島培雷火山（Mount Pelee）爆發，島上 29,000 人只有兩人大難不死。

科學家仔細研究聖海倫火山土石流留下的圓丘，才認識類似火山地形的恐怖來源。這次爆發突顯及時地球物理測量的重要性（尤其地震活動和地面變形）：根據預測，疏散直接受害低窪地區的居民，救了不計其數的生命（罹難者總共 57 人）。不過民防當局直到 1985 年才學到教訓，那一年哥倫比亞內華達德魯茲（Neveda del Ruiz）火山爆發，爆發前已有預測，但當局沒有採取疏散行動，結果造成 25,000 人喪生。

▶ 參見〈地球循環〉（100-101頁）、〈火成論者的地質學〉（108-109頁）、〈洪堡的旅程〉（114-115頁）、〈萊爾的《地質學原理》〉（146-147頁）、〈山脈的形成〉（206-207頁）、〈地球內部〉（250-251頁）、〈萬古磐石〉（252-253頁）、〈大陸漂移〉（270-271頁）、〈板塊構造說〉（414-415頁）、〈伽利略任務〉（514-515頁）

右圖：1980年聖海倫火山爆發是火山學史上迄今紀錄最完整的事件。科學家首次能夠從各方面觀察劇烈爆炸的地殼變動。

量子詭異性 Quantum weirdness

亞斯培（Alain Aspect，1947–）

什麼是眞實？普通常識告訴我們，物體始終存在，我們看不看它都一樣，量子力學卻採取讓人比較不安的看法：世界由不確定的機率構成，只有測量時才會存在。

愛因斯坦、波多斯基（Boris Podolsky）和羅森（Nathan Rosen）認爲這樣的量子圖像荒謬，而在 1935 年設計了一個想像實驗證明其荒謬性。如果兩個粒子從同一個反應飛出來，牠們的狀態將互相關聯，因此測量其中一個粒子，就可能推論另一個的狀態。但量子力學斷言，粒子在測量之前沒有眞實狀態。因此測量一個粒子時，必然以某種方式瞬間影響另一個粒子，即使你不曾碰觸它，甚至測量當時兩個粒子可能距離遙遠。愛因斯坦認爲這種「鬼魅似的遠距作用」無法接受。每個粒子必定具有客觀的、實在的狀態。確實如此嗎？

1965 年，英國物理學家貝爾（John Stewart Bell）研究指出，在量子理論之下看到的粒子關聯性，大過任何賦予粒子客觀眞實狀態的理論。驗證這種說法需要精密實驗，最後由亞斯培和他的奧塞巴黎大學同事在 1982 年完成。他們測量鈣原子放射的一對對光子的偏極性，獲得足夠資料確定，觀察到的關聯程度高得不容實在論者立足，量子論得到實驗支持。眞實畢竟不單純。

不過這個結論留給哲學家發揮空間，他們提出了好幾種量子力學詮釋。是否人類意識把量子不確定性變成實在的測度？所有可能的測量結果是否存在於平行宇宙中？世界眞是由一張「非侷域性」（non-local）網聯結在一起嗎？或者量子力學告訴我們的只有測量和實驗，而未觸及眞實本身？

▶ 參見〈量子〉（234-235頁）、〈波粒二象性〉（300-301頁）

右圖：量子不搭調：畫家達利相信「今日藝術之鑰不過是一種量化的現實——在粒子物理學圖像裡活動的量子」。

1982

普利昂蛋白 Prion proteins

普魯西納（Stanley Prusiner，1942–）

傳染病多半由微生物引起，包括細菌、病毒、黴菌或原蟲。但有一類疾病卻由不明媒介傳染，很多年都搞不清楚它的性質。這類海綿狀腦病變是腦部致命疾病，包括牛隻的狂牛症（BSE）和人類的庫賈氏症（CJD），還有與CJD相近的枯魯症（kuru）——美國生物學家賈德塞克（Carleton Gajdusek）在巴布亞新幾內亞Fore族人身上發現的一種腦病變。用普通殺菌劑處理這類病患的病變組織，完全沒有作用。紫外線本來可以分解病毒主要的成分——核酸，卻摧毀不掉受感染的組織。

1982年，美國加州大學生物學家普魯西納發表一篇引起爭議的報告，主張羊搔癢症（羊的海綿狀腦病變）的傳染媒介是一種蛋白質。他稱這個罪魁禍首「普利昂」（prion）——「蛋白類傳染顆粒」（proteinaceous infectious particle）的簡稱。普魯西納的看法違反分子生物學的「中心信條」，亦即生物訊息只會從DNA流向蛋白質，而不可能倒轉。主流看法堅持蛋白質不像DNA，不會把自我複製需要的訊息編碼。

上圖：狂牛症1985年首次在英國現蹤，造成慘重損失。

普利昂現在已經分離出來，證實是一種體內天然蛋白質的異常形式。普魯西納還指出，這種異常普利昂分子會附著在正常蛋白分子上，「腐化」正常蛋白分子，讓它變得不正常。兩個異常普利昂分子接著再腐化更多正常分子，像骨牌效應一樣，最終摧毀腦部組織。目前問題在於能否找到阻止腐化的方法，例如，替CJD高危險群注射疫苗，切斷普利昂傳染途徑。普魯西納在普利昂蛋白研究的貢獻，替他贏得1997年諾貝爾生理或醫學獎。

▶ 參見〈接種疫苗〉（102-103頁）、〈細菌理論〉（202-203頁）、〈病毒〉（232-233頁）、〈AIDS病毒〉（472-473頁）

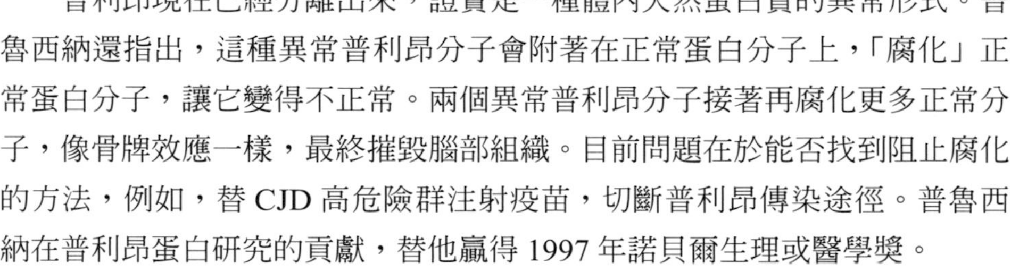

右圖：感染狂牛症牛隻腦裡的普利昂，橘紅色纖維據信是構成普利昂的蛋白分子集合。

繽紛的生命 Diversity of life

厄文（Terry Erwin，1940–）

種（species）是衡量地球生物多樣性的標準單位。例如，人類是一個生物種，大猩猩、柳櫟、家貓和歐亞鴝也各是一個種。生物種是一群有機體，能夠彼此交配及繁殖後代，但與其他種的成員就不能如此。地球生態系統基本上包含許許多多的物種。但究竟有多少？

根據描述過的物種數目估計，大約有 150 萬種。但如此估法小看了整體生物多樣性，因爲不曾描述過的物種更多。1982 年，美國史密松尼研究中心（Smithsonian Institution）昆蟲學家厄文對未曾描述的物種做了非常有力的猜測 。甲蟲是地球上最大群的動物。厄文研判未知種類的甲蟲很可能大半生活在熱帶森林，在離地 30 公尺無法觸及的樹冠上。他使用一種特殊方法（臭蟲炸彈），讓所有昆蟲從這樣一棵樹上跌下來。他計算掉下來的甲蟲種類，已知的和未知的加起來，發現單這一棵樹就有 160 種。厄文估計，熱帶樹木約有五萬種，乘上每棵樹的可能甲蟲數，樹冠上的甲蟲種類概估達 800 萬種。進一步推斷則顯示，地球上約有三千萬種節肢動物，或許全部物種有 5000 萬種。

厄文只根據一棵樹的密集研究來估計，顯然不夠可靠。專家估計地球物種在一千萬到一億之間。不過厄文的研究一方面生動地展示有大量未經描述的物種存在，揭露我們對全球生物多樣性仍相當無知；另一方面也顯示，合理估算物種總數是可能的事。

▶ 參見〈亞里斯多德的遺產〉（16-17頁）、〈生物命名〉（88-89頁）、〈柏吉斯頁岩〉（260-261頁）、〈新達爾文主義〉（282-283頁）、〈蓋婭假說〉（432-433頁）、〈生命五界〉（426-427頁）、〈極端的生命〉（452-453頁）、〈沃斯托克湖〉（520-521頁）

右圖：曾有人問英國科學家哈爾丹（J. B. S. Haldane）：「研究自然界能不能略知上帝的特性？」據說他回答：「過分偏愛甲蟲。」

記憶分子 Memory molecules

肯德爾（Eric Kandel，1929–）

肯德爾 1929 年生於奧地利維也納，家人擔心納粹迫害，所以在他很小時就全家移民美國。他在哈佛大學主修精神病學，畢業後卻開始對大腦生物學著迷，特別是學習和記憶的分子基礎。

人類大腦包含數十億神經細胞，彼此相連形成複雜網絡。化學傳導物質通過稱作突觸的專門連接點，在神經細胞之間傳遞訊息。由於人腦太過複雜，肯德爾從 1960 年代開始由比較簡單的神經系統著手，研究海蛞蝓（*Aplysia*），埋首其間達 25 年之久。

海蛞蝓碰到有害刺激時，會將鰓縮回，而縮鰓的反射動作可以經由學習來加強。肯德爾發現單一有害刺激的記憶只有幾分鐘。如此短暫的記憶不需要基因活動或產生蛋白質，但感官神經和運動神經之間的突觸部位確有化學變化，以此協調縮回鰓的動作。化學變化涉及一種稱作蛋白激酶的酵素，會把磷酸鹽加到神經末端特定通道，增加鈣離子流入神經末梢，鈣離子又促使釋放更多神經傳導物質，因此加強了縮鰓的反射動作。

更強烈的重複有害刺激造成長期記憶，可以維持數日或數週。這個時候，突觸的變化包括增加蛋白質的磷酸鹽，另外還會啓動一個訊息傳遞鏈，造成基因活動和蛋白質生產改變。結構發生的變化，加強了神經細胞連接。肯德爾此後又顯示，老鼠短期和長期記憶也由類似分子機制控制。所以這種機制可能也構成人類記憶的基礎。

肯德爾因這項研究獲得 2000 年諾貝爾生理或醫學獎，同時獲獎的還有兩位神經科學家：瑞典的卡爾森（Arvid Carlsson）和美國的葛林戈德（Paul Greengard）。

▶ 參見〈神經系統〉（[illegible]頁）、〈制約反射〉（242-243頁）、〈神經傳導物質〉（274-275頁）、〈行爲增強〉（322-333頁）、〈人工神經網路〉（334-335頁）、〈神經脈衝〉（366-367頁）

右圖：海蛞蝓的神經系統結構簡單，由兩萬個神經元構成，大到用肉眼即看得見，因此吸引了肯德爾的注意。

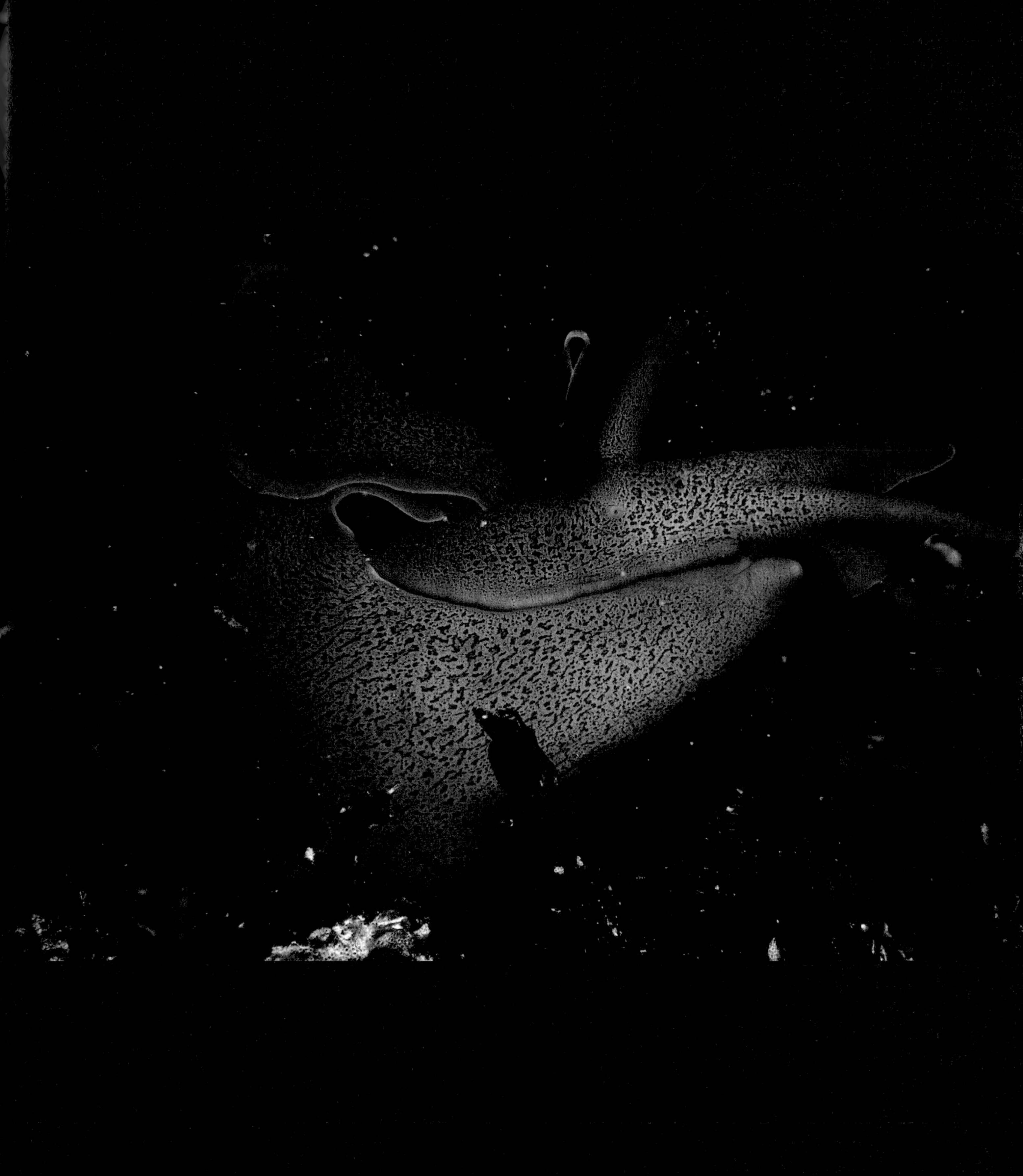

AIDS病毒 AIDS virus

加羅（Robert Gallo，1937–），蒙塔尼耶（Luc Montagnier，1932–）

1982年，一種奇怪的新疾病引起生物醫學界注意。加州和紐約的年輕同性戀男子都感染罕見肺炎。起初病例屈指可數，但很快變成流行疾病，在美國有750例，西歐有一百多例，非洲染病人數則不詳。所有患者的T4淋巴球大量減少；T4淋巴球是免疫系統的主角，一旦缺少，本來無害的感染都可能致命，或者罹患罕見癌症卡波西氏瘤。美國疾病管制局替這種怪病取名為AIDS──後天免疫缺乏症候群（acquired immunodeficiency syndrome）。

但AIDS是什麼引起的？答案來自兩位研究人員：馬里蘭州畢士達（Bethesda）美國國家衛生研究院的加羅和巴黎巴斯德研究院的蒙塔尼耶；後者在1983年發現人類免疫缺乏病毒（HIV）。加羅的病毒至今仍有爭議，不知它是來自法國實驗室的病毒株，還是他獨立發現的；不過按照官方說法，兩個人都有功勞。發現病毒是很重要的突破，因為從此可以經由檢查HIV感染而及時投藥，讓愛滋病從必死殺手變成慢性疾病。

HIV來源迄今不明，雖然很多科學家相信，它可能是1950年代從非洲出現，原來在猴子身上的病毒跨越物種跳到人類身上寄生。HIV是現在知道的第一例反轉錄病毒，這種病毒因基因訊息流動「倒」轉而得名，它的基因物質由核醣核酸（RNA）而非去氧核醣核酸（DNA）構成。HIV感染各種白血球細胞，其中最重要的是T輔助細胞。這就是它戰勝人體的祕訣：擊倒主要生命要件，癱瘓免疫系統。

▶ 參見〈病毒〉（232-233頁）、〈雙螺旋鏈〉（374-375頁）、〈單株抗體〉（448-449頁）

右圖：AIDS病毒分子像芽苞般從白血球細胞表面冒出，一旦脫離白血球，每個芽苞立刻自我重組，成為成熟的病毒。

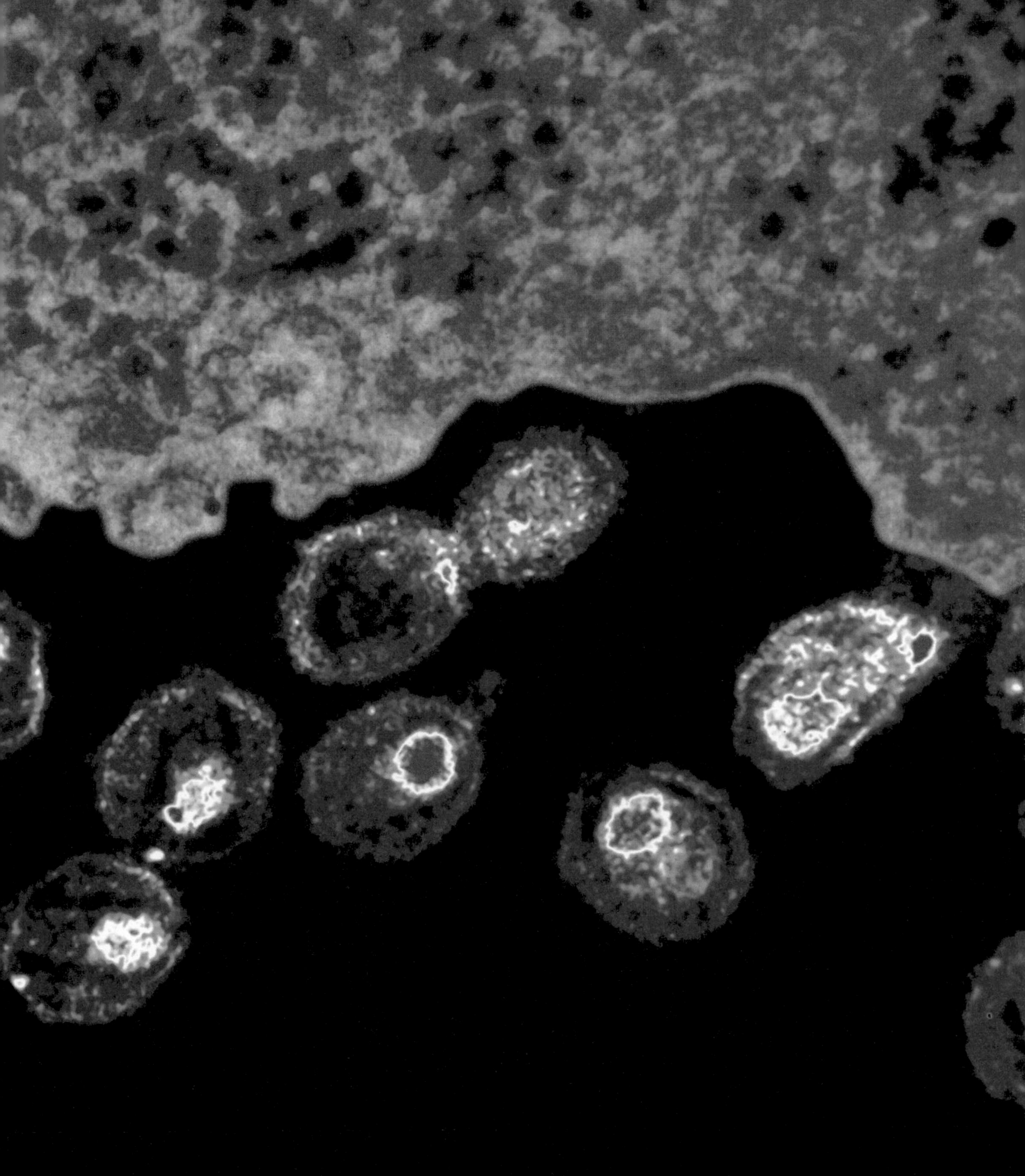

超弦 Superstrings

葛林（Michael Boris Green，1946–），許瓦茲（John H. Schwarz，1941–）

所有存在都是音符，琴弦上跳動的簡單音符。這裡講的不是神祕主義或音樂理論，而是對有形世界的陳述。弦論說，次原子粒子根本不是粒子，而是極其微小的一度空間環。這些「超弦」（superstring）能夠振動，有點像是小提琴的弦，只是尺寸還不到質子的十億分之百萬分之一，棲居在具有六個額外維度的空間裡，全都與我們熟悉的三度空間正交，但蜷曲得非常緊密，我們看不到。振動的調子決定弦的性質：有的音符給你一個電子，其他的給你一個夸克、一個光子、一個正子或其他一切。

1984 年，物理學家葛林和許瓦茲顯示超弦具有統一性。電磁力和核子力是相同「超力」的不同面，甚至有一種弦振能夠攜帶重力。不僅所有力和粒子是單一基本物──弦的表象，而且弦論應可指定控制宇宙的所有數字。爲什麼電子如此輕？爲什麼有這麼多種夸克？爲什麼微中子不理會電磁力？理論上，弦將解釋一切。

但有些障礙存在。弦論的計算非常困難，到現在爲止還沒有做出具體的預測。有些物理學家反對弦論只是假設空間和時間存在，認爲眞正的萬有理論應該連時空都能解釋。弦論有幾個不同版本，但維敦（Ed Witten）和其他理論家現在已經證明，所有說法都只是瞎子摸象，都只摸到至今尚難窺堂奧的終極理論──M 理論的一面。不過這個 M 理論恐怕更加玄妙。

▶ 參見〈電磁力〉（134-135頁）、〈馬克斯威爾方程式〉（185-187頁）、〈電子〉（228-229頁）、〈量子〉（234-235頁）、〈原子模型〉（272-273頁）、〈中子〉（312-313頁）、〈量子電動力學〉（352-353頁）、〈次原子幽靈〉（384-385頁）、〈夸克〉（408-409頁）、〈統一力〉（416-417頁）

右圖：超弦理論主張我們的世界有很多維度，遠遠超過我們眼睛所能看見的，而這些維度緊密蜷縮在宇宙的折疊空間裡。

古老的DNA Ancient DNA

帕博（Svaante Pääbo，1955–）

第一次抽取到古老DNA片斷是在1984年，來源是一具小斑驢的乾皮，這種分布在非洲南部像斑馬的動物，因為過度獵捕，一百多年前已經滅絕。儘管陸續有人宣稱從恐龍骨頭和困在琥珀裡的昆蟲化石取得DNA，美國暢銷作家麥克·克萊頓（Michael Crichton）的小說《侏儸紀公園》就是代表，但抽取一百萬年老的DNA是不可能的事。而且所有複製嘗試統統失敗，因為假定是DNA的物質事實上都已遭到污染。

複雜的分子細胞在生物死亡後迅速分解，除非用急速冷凍或脫水乾燥保存，這種程序大自然裡非常罕見。不過細心使用現代萃取和放大技術，有些研究團隊仍然能夠回收幾萬年老的DNA；其中最頂尖的是帕博領導的慕尼黑大學團隊。

帕博是已故威爾遜（A. C. Wilson）在柏克萊加州大學的學生，威爾遜就是回收小斑驢DNA的生物學家，並找到證據顯示此一絕種動物是斑馬的親近亞種。1987年，威爾遜的團隊發展出「非洲夏娃」（African Eve）假說，用來解釋現代人類的起源。他們在全球搜集的DNA樣本顯示，所有現代人均源自約20萬年前的單一個非洲族群。

現在帕博的團隊正利用古老的DNA增進我們對晚近人類演化的了解。在奧地利阿爾卑斯山發現的冰封了5200年之久的「冰人」奧茨，從他身上取得的粒腺體DNA與今天生活在當地的人意外接近，暗示遺傳驚人地穩定。另外三個尼安德塔人的DNA樣本，約有四萬年到三萬年的歷史，彼此之間比較相似，與現代歐洲人的DNA反而比較疏遠，間接顯示尼安德塔人對現代人類基因池並無貢獻。

▶ 參見〈尼安德塔人〉（170-171頁）、〈爪哇人〉（216-217頁）、〈陶恩孩兒〉（298-299頁）、〈雙螺旋鏈〉（374-375頁）、〈奧都韋峽谷〉（392-393頁）、〈隨機分子演化〉（422-423頁）、〈基因表親〉（442-443頁）、〈納里歐柯托米少年〉（480-481頁）、〈基因指紋辨識〉（484-485頁）、〈遠離非洲〉（492-493頁）、〈冰人〉（504-505頁）

右圖：一隻3500萬年前的癭蚊困在波羅的海琥珀裡，雖然有人宣稱取得琥珀裡的昆蟲DNA，不過現代研究指出，沒有這種可能。

頭腦圖像 Images of the mind

索科洛夫（Louis Sokoloff，1921–）

腦部特定區域受損，往往造成特有機能喪失。例如，布羅卡區（Broca）受傷的人，能夠了解言語，卻無法說或寫。可惜腦袋的路徑錯綜複雜，以致腦部「損傷」的研究不能經常揭露各部位功能。但有了現代腦部造影技術之後，我們可以鉅細靡遺地看到完好腦袋的運作過程，不論它是在處理語言、思考或記憶，或集中注意力或計畫某事，或甚至在流露情緒。

1984 年，索科洛夫顯示，正子斷層攝影（PET 掃描）可以用來偵測腦部處理特別任務時操作最凶的部位。PET 掃描需要用到放射正子（帶正電電子）的短命同位素。如果把含有放射性同位素的水注入血管，放射性元素在腦部血流量最大的部位累積最快。放射性元素衰變時射出的正子會和電子撞擊，互相毀滅。每一次互毀都會釋放能量，射出成對伽瑪射線，分別朝相反方向飛逝。圍繞頭部的偵測器記錄下多次互毀出現的伽瑪射線，再產生電腦影像，分層呈現腦部放射性濃度。PET 不僅可以用來測量血液流動，只要注入適當標記的類葡萄糖，這種技術也可以用來辨認大量吸收葡萄糖的部位（譯按：癌症病灶）；注入適當標示的神經傳導物質，則可畫出與傳導物質結合的受體分布位置圖。

核磁共振造影（MRI）可以提供空間和時間解析度更高的影像。當暴露在強烈磁場中，許多原子表現得像微小的自旋磁棒，自動和磁場方向看齊。如果暴露在無線電波脈衝下，它們會發射可偵測電波，洩露物質及其環境的特性。因此 MRI 可用來製作物體的結構和成分圖。

▶ 參見〈繪製語言區圖〉（182-183頁）、〈神經系統〉（210-211頁）、〈潛意識〉（222-223頁）、〈人工神經網路〉（334-335頁）、〈REM睡眠〉（372-373頁）、〈語言本能〉（386-387頁）、〈右腦，左腦〉（400-401頁）

右圖：靈魂之窗？ PET掃描參與刺激試驗者的大腦。

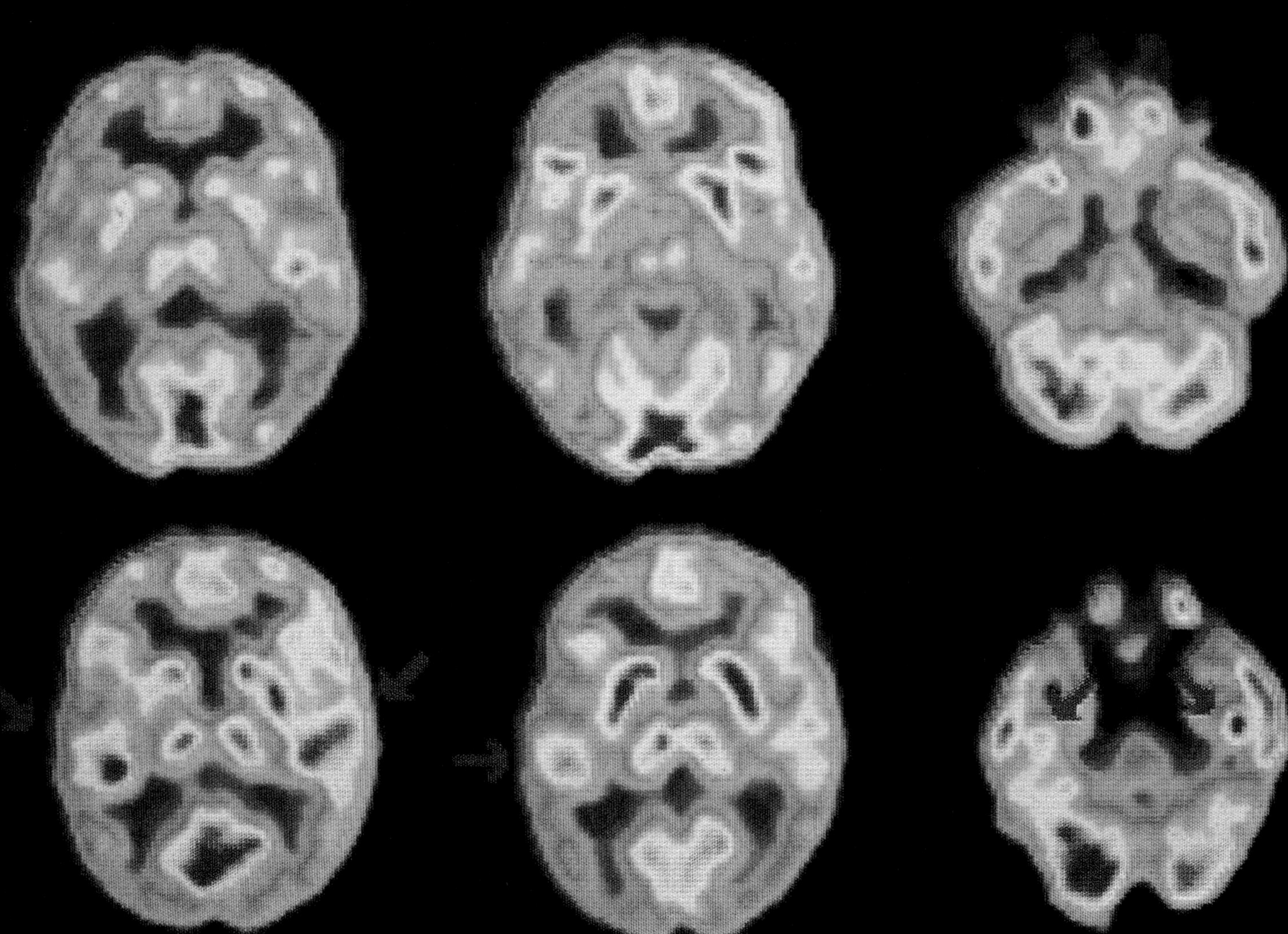

納里歐柯托米少年 Nariokotome boy

基穆（Kamoya Kimeu，1940–）

1984年8月22日，肯亞古人類學家基穆在納里歐柯托米的黑熔岩卵石堆中，找到一片頭蓋骨，出土地點位於肯亞北部圖爾卡納湖（Lake Turkana）西邊，而他發現的是第一具「納里歐柯托米少年」的遺骸。這是迄今發掘到最完整的骨骸，約有150萬年歷史，生存年代可以銜接我們已經滅絕的祖先——直立人（*Homo erectus*）。

基穆是肯亞「獵人幫」（hominid gang）的頭頭，在他手上找到的我們遠古親戚的重要化石，比世界上任何人都多。「獵人幫」是肯亞本土化石搜尋專家，他們替里察·李基（Richard Leakey）工作，他是路易士和瑪麗·李基夫婦的兒子；也替英國出生的賓州州立大學古人類學教授華克（Alan Walker）效命，華克描述及解釋他們發現的化石。

繼第一片頭蓋骨之後，又撿到和篩選出更多顱骨碎片。人類化石多半只有顱骨碎片和牙齒。大自然講究物盡其用，食腐動物會分解和帶走屍體，因此發現顱後骨骼的機會微乎其微。美國古人類學家約翰生（Donald Johanson）1974年在衣索比亞阿法（Afar）地區發現300萬年前的南猿「露西」（Lucy），是迄今知道生存年代直追我們老祖宗的另一具骨骼，然而也不完整，只有20%保存下來。

但經過四年努力，挖掘1500立方碼沈積土的結果，找到了67塊骨頭碎片，幾乎是整副骸骨的三分之一，其中的顱骨，重建效果奇佳。納里歐柯托米少年的骸骨包括男性骨盆，直立約167公分高，而露西只有107公分。他的體型瘦長，非常適應熱帶高溫的野地生活。大約在9歲至12歲間死亡，已經具有明顯的人類特徵，不過腦容量比較小，只有880立方公分，幾乎確定不會使用語言。

他的親屬是第一個眞正成功的人類祖先。早在基穆發現的少年出生之前，直立人已經立足，分布遠至東南亞和俄羅斯的喬治亞。而現代人類可能是像納里歐柯托米少年這類非洲直立人演化的最終結果。

▶ 參見〈史前人類〉（148-149頁）、〈尼安德塔人〉（170-171頁）、〈爪哇人〉（216-217頁）、〈陶恩孩兒〉（298-299頁）、〈奧都韋峽谷〉（392-393頁）、〈古老的DNA〉（476-477頁）、〈遠離非洲〉（492-493頁）、〈冰人〉（504-505頁）

右圖：1970年代和1980年代在肯亞東圖爾卡納發現的人類祖先化石顱骨，從左至右為能人（*Homo habilis*）、直立人和粗壯南猿（*Australopithecus robustus*）。

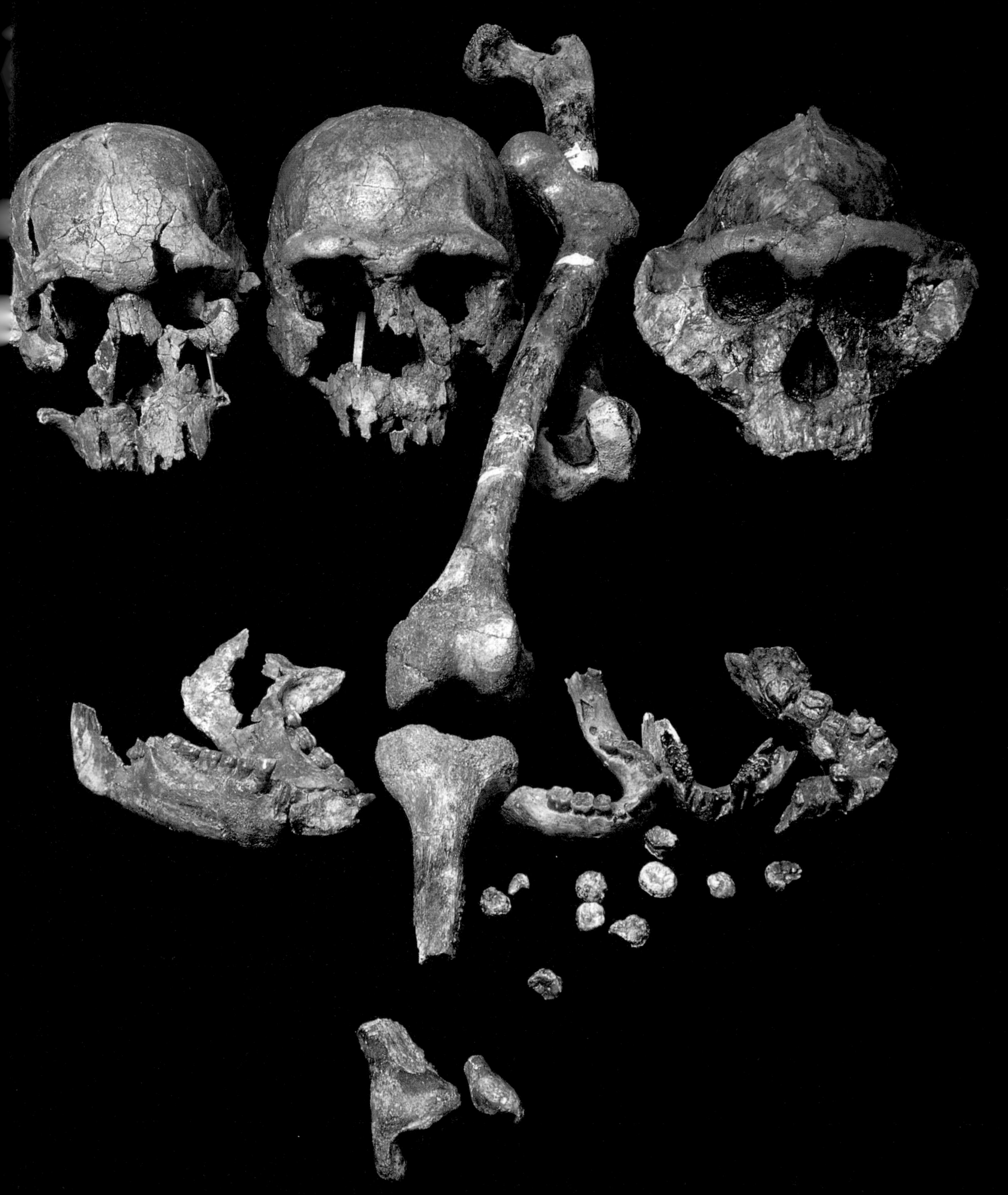

準晶 Quasicrystals

謝特曼（Dan Shechtman，1914–）

直到 1980 年代，物理化學界最古老的信條之一是，所有固體可以分成兩類，不是晶體，就是玻璃。晶體頗像鋪了瓷磚的地板，由非常整齊重複的圖樣構成，稱作「晶格」。不過地板上最小的重複單元是個別瓷磚，晶體晶格裡，規律出現的最小圖樣是所謂的原子或分子「晶胞」（unit-cell）。玻璃的情形剛好相反，裡面的原子和分子雜亂無章，排列完全沒有長程秩序。

但在 1984 年，美國國家標準局一組研究人員在以色列結晶學家謝特曼領導下，做出讓人震驚的新材料：既非晶體、也非玻璃。他們發現，如果迅速冷卻鋁錳合金，可以製出一種固體，基本結構具有五重對稱性。這有什麼好驚訝的？我們最熟悉的五重對稱形狀是五邊形。想想看，如果用五邊形瓷磚鋪地板，不管怎麼安排，都不可能蓋滿整個地板。同樣的，五重對稱完全不容一模一樣的晶胞周期性排列。而讓人驚奇的是，謝特曼等人發現的詭異材料明白具有長程排序，因此他們將它命名爲「準晶」（quasicrystal）。其他許多類似結構體也隨之很快被發現。

準晶合金的硬度高過結晶材料，電阻也比較大，已經用在鍋具、外科器材和電鬍刀上。然而直到最近才有科學家開始探討這種複雜排列的組合。美國物理學家斯坦哈特（Paul Steinhardt）與韓國的鄭炯才（Hyeong-Chai Jeong）發展了若干數學模型，解釋準晶如何由單一形式的基本單元構成，或許科學家以後能用這種方法來設計與產生性質更加獨特的新準晶。

▶ 參見〈超導現象〉（266-267頁）、〈電晶體〉（350-351頁）、〈碳六十〉（486-487頁）

右圖：數學家潘洛斯（Roger Penrose）發明的拼圖，由兩種形式的圖塊構成，嵌合天衣無縫，而且絕不重複相同的圖案。這就是二維準晶結構的形態。

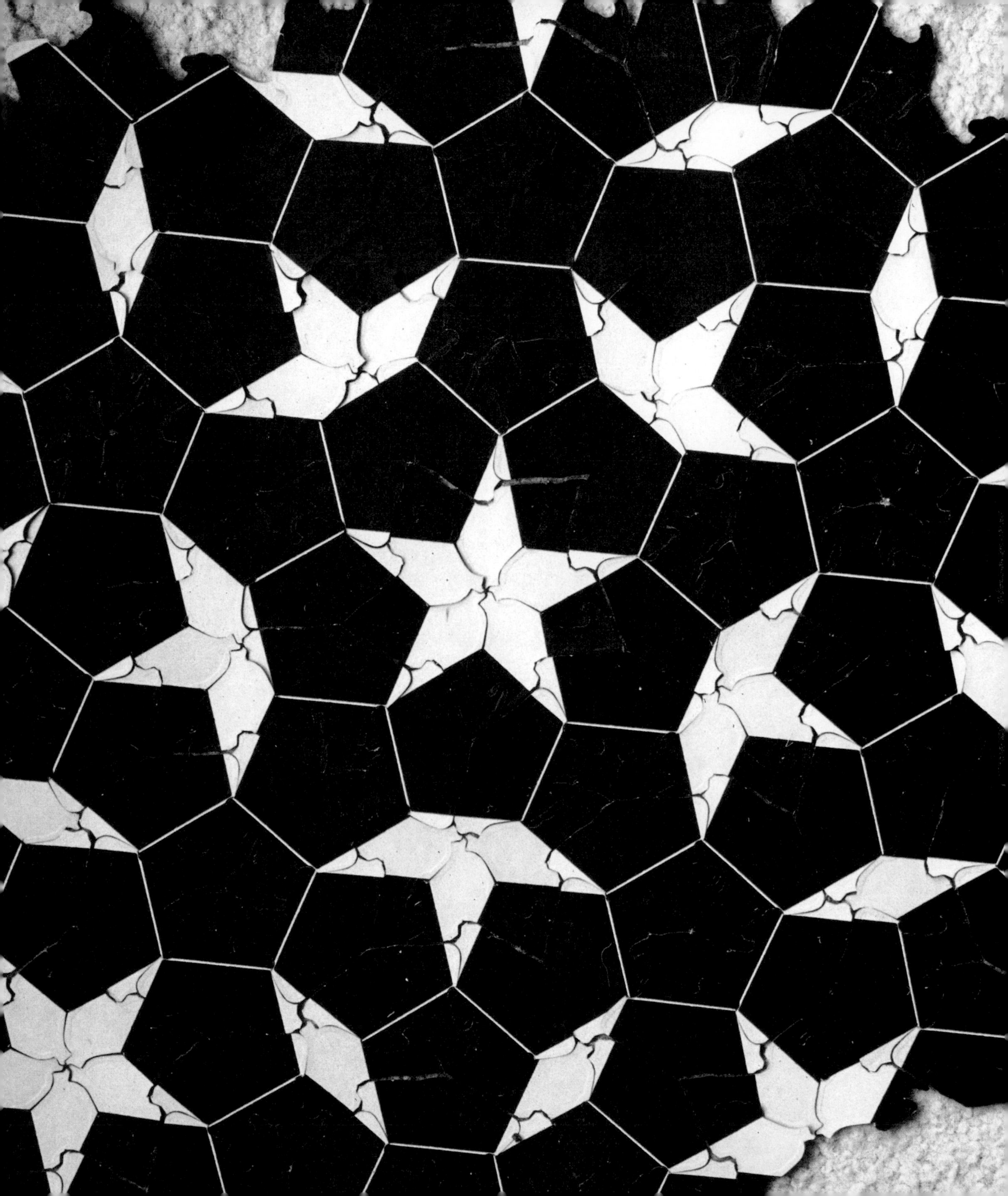

基因指紋辨識 Genetic fingerprinting

傑弗瑞斯（Alec Jeffreys，1950–）

我們的身體根據DNA攜帶的密碼（基因）建造而成。但我們擁有的DNA，遠超過攜帶基因所需的量。確實，人體裡的三萬個基因只構成1%到2%的DNA，男性或女性並無分別。剩下98%到99%的DNA用途不明，通常稱作「非編碼」（non-coding）或「垃圾」DNA。

部分非編碼DNA段落由重複的不同短序列構成。DNA密碼用四種分子寫成，分別由字母A、T、C和G代表。因此一段重複的DNA可能包含八個字母單元，如GCAGGAGG，而重複十多次。有些重複的DNA段落高度因人而異：有人只重複十次八個字母的單元，有人卻重複20次，還有人重複100次。差異理由在於重複性DNA突變率高，或許是DNA標準突變率的一萬倍。重複的段落在演化期間快速增長和收縮。因此每個個體都有獨一無二的辨識特徵（或指紋），由他／她的重複DNA段落的長度決定。

傑弗瑞斯在英格蘭萊斯特（Leicester）大學工作時，在1980年代發現一些高度變異的重複DNA段落，想到這些段落可以當作基因指紋，應用在法醫鑑識工作上，如親子關係爭議、指認罪犯、刑事案件過濾嫌犯等。在英國，現行利用全國DNA資料庫找到的犯罪證據每週超過500件。在美國，基因指紋辨識洗清了70名（八分之一）死刑犯的罪嫌。

▶ 參見〈遺傳基因〉（264-265頁）、〈跳躍基因〉（362-363頁）、〈雙螺旋鏈〉（374-375頁）、〈隨機分子演化〉（422-423頁）、〈人類基因體定序〉（524-525頁）

右圖：基因指紋辨識將每個人的DNA的資訊簡化成條碼形式。罪犯只要在現場掉一根頭髮，鑑識人員就能取得他的DNA「條碼」。

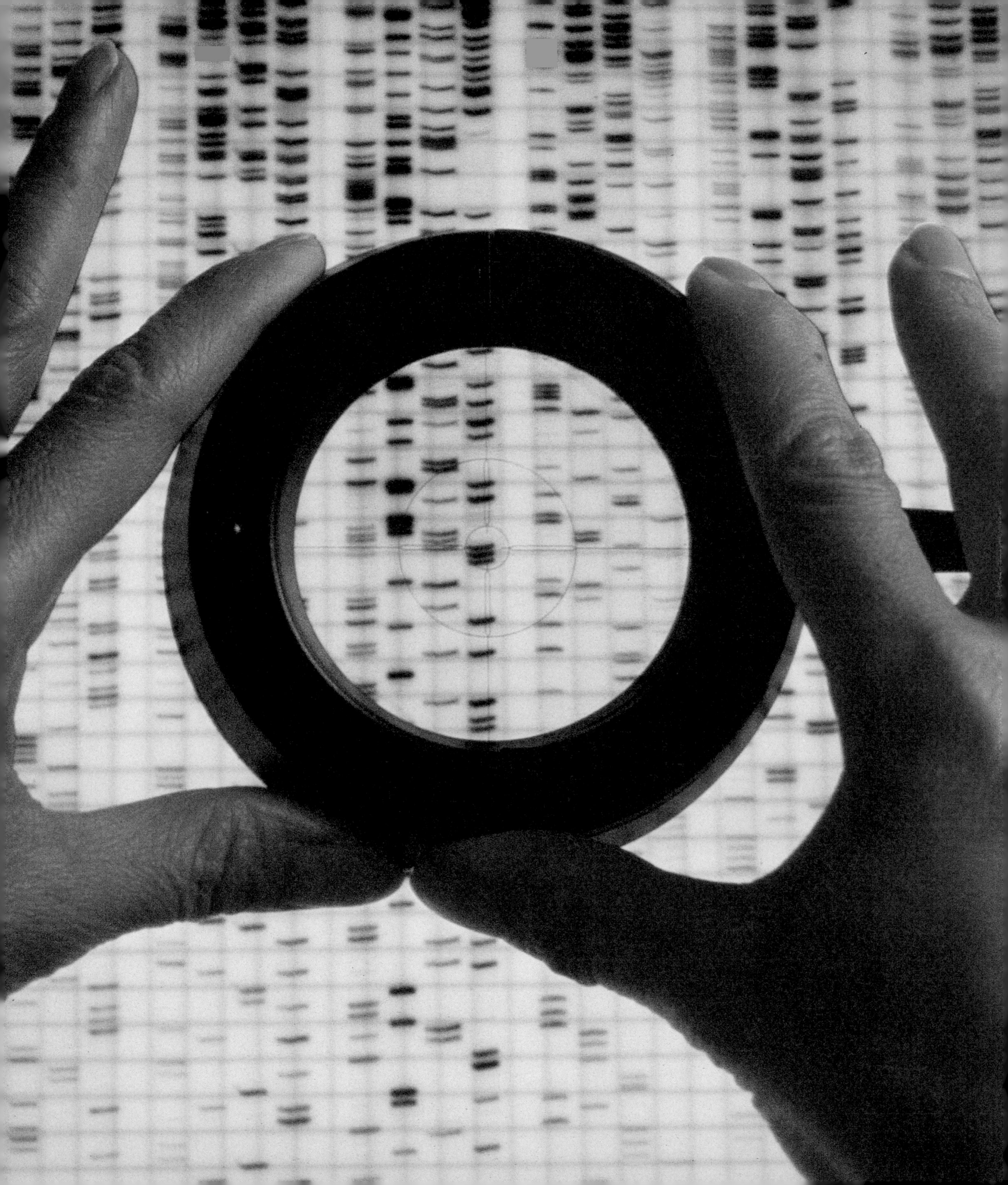

碳六十 Buckminsterfullerene

柯洛托（Harry Kroto，1939–），史莫利（Richard Smalley，1943–）
柯爾（Robert Curl，1933–）

如果上帝是幾何學家，碳原子一定是他的基本單元。在鑽石晶格裡，碳原子以一種四邊形四面體的方式排列；在石墨裡，碳原子組成六邊形的環狀，再聯結成一大片層狀結構；而在 1985 年，英國化學家柯洛托和他的美國研究夥伴——休士頓萊斯（Rice）大學的史莫利、柯爾等人，發現碳原子可以形成似球體多面空心籠子。

柯洛托熱中研究碳分子的線性鏈，相信這種鏈可能在空間的分子雲裡形成；史莫利長於製造小原子團，用雷射激光把固體靶炸成蒸氣，再讓蒸氣冷卻凝結釋出原子團。兩人合作的結果，發現以這種方法產生的大碳簇，所含碳原子數全都是偶數，而調整實驗條件之後，可以得到幾乎清一色正好 60 個原子的碳簇——「C60」。

無數小時的雜亂實驗後發現，C60 的穩定性非比尋常，關鍵就在它是個封閉型碳原子籠，由五和六個原子環（分別是五邊形和六邊形）構成。這個籠子是高度對稱的多面體，稱作「截頂二十面體」，形狀像幾塊五邊形和六邊形皮片製成的足球。它也像美國建築師富勒（Richacd Buckminster Fuller）在 1950 年代和 1960 年代建造的網格圓頂建築，因此跟著富勒命名爲：buckminsterfullerene。

最後證明「巴克球」（Buckyballs）的特性有一些潛在用處，譬如「摻加」金屬原子會逐漸出現超導性。1991 年，日本科學家飯島澄男（Sumio Iijima）發現相關的中空結構，稱作碳「奈米管」——一種圓筒狀管子，像捲起來的石墨片，只有幾奈米寬，幾微米長。碳奈米管極其強韌和堅硬，或許有多方面用途，例如製造分子尺度的電線用在超微電子電路裡，或做成電子放射天線用來製造發光顯示器等。

▶ **參見**〈苯環〉（190-191頁）、〈超導現象〉（266-267頁）、〈準晶〉（482-483頁）

右圖：「巴克球」形狀複雜又美麗，同時還有新奇的物理和化學性質，能夠用來製造新的催化劑、潤滑劑和超導體。

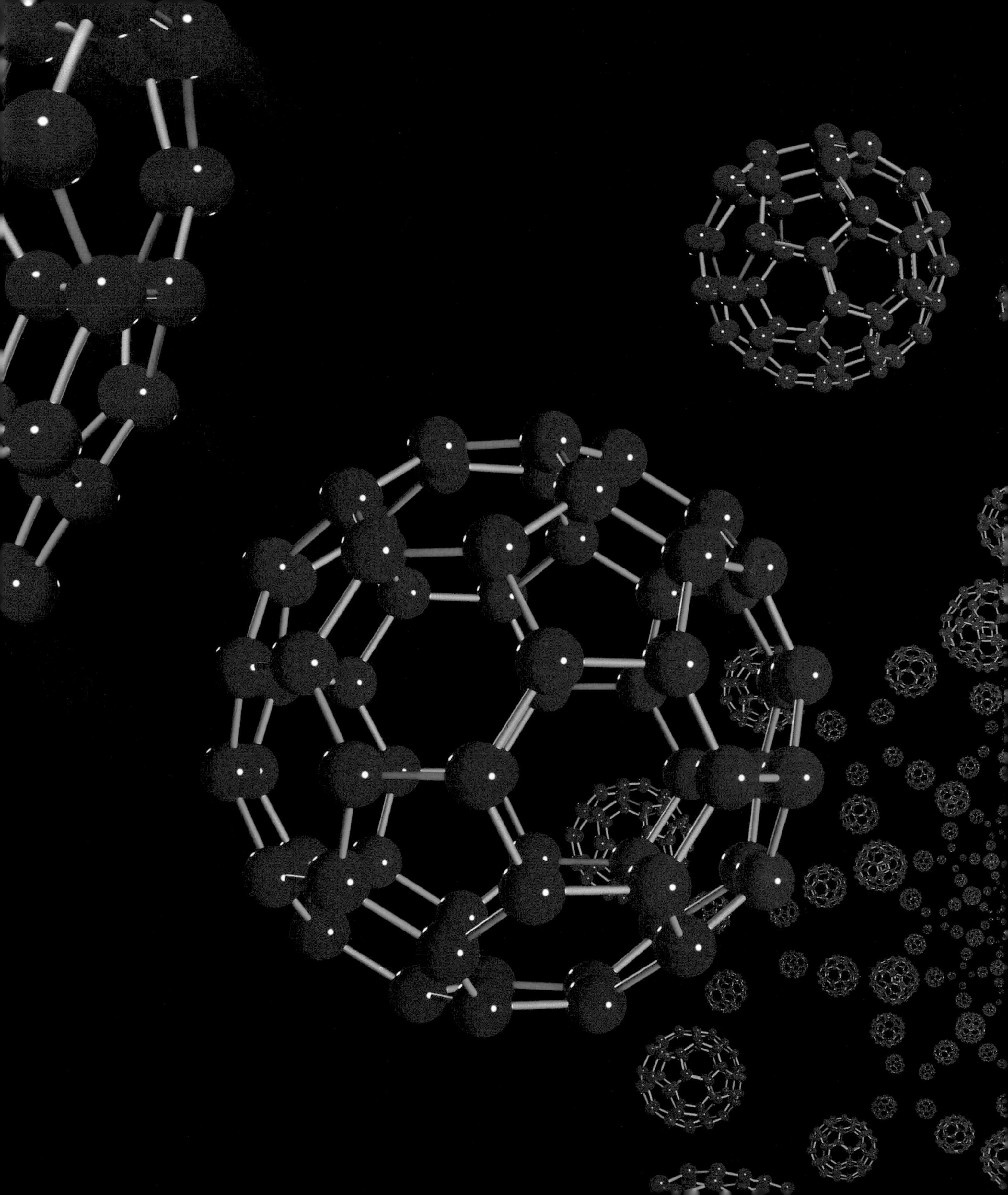

超新星1987A Supernova 1987A

薛爾頓（Ian Shelton，1958–）

大麥哲倫星雲的一顆超新星距地球有18萬光年之遠，卻被薛爾頓在1987年2月23日用智利Las Campanas天文台的一具小望遠鏡幸運發現。這顆正在爆炸的星體帶來三重興奮：它是現代天文工具發展以來，第一顆在地球附近偵測到的超新星；它的前身星是Sanduleak-69 202（譯按：赤緯座標-69°，在Sanduleak星表上編號202），一顆質量約爲太陽20倍的「小」藍超巨星，爆炸之前天文學家已經有過相當研究。而超新星被發現時，尚未達到最大亮度。

超新星1987A被分類爲II型超新星。爆炸原因是有個質量相當於太陽1.5倍的恆星核不穩塌陷，體積在一秒左右縮小一百萬倍，變成一顆中子星，直徑才幾十公里。不斷朝超緊密核心墜落的物質彈起，發出一股震波穿透恆星的矽碳外殼，產生激烈核融和。星體表面加熱到接近50萬度，而以每秒三萬公里速度（10%光速）炸進太空，產生巨量光能，使超新星瞬間閃耀，亮度勝過整個星系。核心塌縮時產生的微中子迸射穿過星體進入太空，帶走的能量是超新星散發可見光的數百倍，不過只有19個微中子訊號被日本和美國的大型粒子偵測器捕捉到。

▶ 參見〈一顆新星〉（48-49頁）、〈光譜線〉（130-131頁）、〈恆星演化〉（286-287頁）、〈白矮星〉（310-311頁）、〈次原子幽靈〉（384-385頁）、〈脈衝星〉（420-421頁）、〈伽瑪射線爆發〉（434-435頁）

右圖：超新星1987A位於圖中央上方蜘蛛星雲的右下方，發出星星的亮光；蜘蛛星雲是一大片閃亮的雲氣。

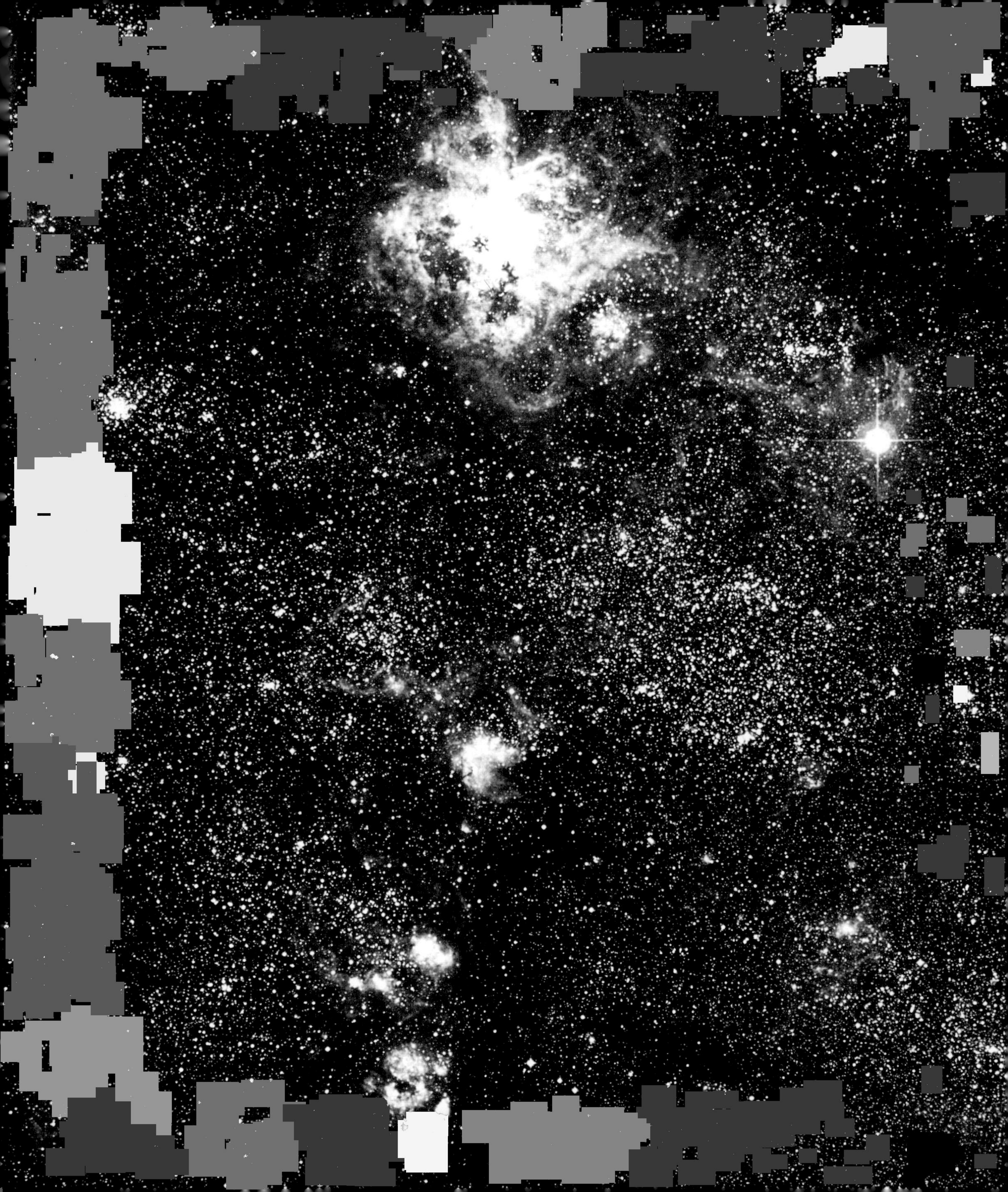

1987

巴克（Per Bak，1947–），湯超（Chao Tang，1958–）
魏森菲爾德（Kurt Wiesenfeld，1958–）

如果物理定律那麼簡單，爲什麼世界如此複雜？這裡有一個線索。劍橋大學數學家康威（John Horton Conway）在 1977 年發明了一種電腦玩意，稱作「生命遊戲」，在這個遊戲裡，格子方塊顏色時時刻刻跟著笨拙而呆板的規則改變，浮現出一個千變萬化的新奇世界，讓人歎爲觀止。在電腦上跑這個「細胞自動機」（cellular automata）遊戲，當螢幕開始閃爍不定時，一個生意盎然的生態系統便告誕生。顏色從來不會安頓下來，「生物」（creatures）甚至開始在螢幕上游來游去，表現得好像它們是活生生會呼吸的生命。康威遊戲是一個數學驚奇，也教了我們一課：即使在某個層次上枯躁制式的規則，換到另一個層次，會產生似生命般可觀的複雜現象。這一課還有驚人的含義。

接下來二十多年時間，物理學家陸續發現如穀堆、地殼、地球生態系統、甚至金融市場等各式各樣不同的系統，作用方式似乎非常像康威遊戲。這些系統及許多其他系統都會「自我組織」，進入所謂的「臨界狀態」——一種自然狀況，在那裡面永不停止的變動和極度不穩定是常態。臨界狀態裡一切平衡都像走鋼索，一個不測就天翻地覆，永遠不知道下一步可能發生什麼 。

巴克、湯超和魏森菲爾德於 1987 年率先提出「自我組織臨界點」的觀念，對我們這個大半以複雜、混亂爲特色的世界，提供一個單一解釋。當考慮森林火災、改變生物演化方向的集體滅絕，甚至人類歷史本身時，會發現好像冥冥中自有定數，未來必然因完全不可預見的劇變而告中斷。

▶ 參見〈混沌理論〉（第238-239頁）、〈碎形〉（第446-447頁）

右圖：細胞自動宇宙的一瞥。開始時只是隨機播種的宇宙，經由基本規則運作，產生結構複雜的演化系統，處在秩序和混沌交界處。

遠離非洲 Out of Africa

威爾遜（Allan C. Wilson，1935-91），卡恩（Rebecca Cann，1951–）
史東金（Mark Stoneking，1956–）

地球上所有人類今天都有獨特、容易辨識的形體，把我們和血緣最接近的化石親戚分開。人類學家說我們是「現代智人」（anatomically modern human）。現代智人與他們之前的化石人類有所差別，例如，現代智人最早約在四萬年前出現在歐洲，在他們之前是尼安德塔人，下巴比較短，鼻子比較凸出，腦袋比我們長但較平坦。如果從生命乍現開始算到今天，現代智人起源時，我們的演化史已經進到最後階段。現代智人是何時又在何地演化的？

化石紀錄只提供了模糊的答案。一說現代智人可能源自全球各地，是曾經存在的似人類族群（包括盤踞在歐洲、非洲和亞洲的尼安德塔人）演化而來。另一說法是，他們可能源自非洲，從非洲出走散布四方，取代了各地方的族群。1987 年，柏克萊加州大學威爾遜實驗室利用基因分析解答了人類演化的問題。

這一組柏克萊科學家，包括卡恩和史東金在內，研究我們每個人細胞裡都有的特殊的 DNA，稱作「粒線體 DNA」。他們分析約 150 人的粒腺體 DNA，這些人中選是因爲他們的祖先曾經橫越大半個地球。威爾遜的團隊假設有一個「分子時鐘」：粒腺體 DNA 以大致固定的速度演化。 因此他們能夠推論現代人類的共祖（有時稱「粒腺體夏娃」）直到十萬年前還住在非洲。有些現代歐洲人不是尼安德塔人的後代，他們的祖先從非洲遷到歐洲。自從威爾遜團隊的研究發表後，基因證據就被用來追蹤第一批現代智人走過哪裡，又曾住在哪裡。

▶ 參見〈史前人類〉（148-149頁）、〈尼安德塔人〉（170-171頁）、〈爪哇人〉（216-217頁）、〈血型〉（236-237頁）、〈陶恩孩兒〉（298-299頁）、〈奧都韋峽谷〉（392-393頁）、〈共生細胞〉（418-419頁）、〈古老的DNA〉（476-477頁）、〈納里歐柯托米少年〉（480-481頁）、〈冰人〉（504-505頁）

右圖：讓沉默的石頭講話：坦尚尼亞奧都韋峽谷的堆積中發現了東非七萬年前的石製工具。

定向突變 Directed mutation

凱恩斯（John Cairns，1922–）

1988 年，哈佛分子生物學家凱恩斯的實驗報告顯示，細菌面對環境壓力時，能夠選擇要產生哪種突變。這種「定向突變」等於當面給了演化論一個巴掌；按照演化論的說法，突變是隨機事件。更糟的是，它讓一個已經被丟到垃圾桶的理論起死回生，那就是法國博物學家拉馬克（Jean-Baptiste Lamarck）在 19 世紀的主張，認爲推動演化的是「後天」獲得的特徵。

凱恩斯在營養的介質裡培養細菌，但介質裡卻缺少一種非常重要的養分，如色胺酸。細菌不管什麼時候都在突變，但在這種情況下，它們產生有利突變的次數遠超過機率容許的幅度，而突變結果幫助它們合成自己的色胺酸。這個實驗顯示，細菌本來就「知道」什麼突變對自己有利。從凱恩斯引起爭議的報告發表後，科學家一直在尋找解釋定向突變的機制。

其中一種說法表示，研究人員比較可能看到和計數有利的突變，凱因斯自己也承認有此可能。不過這並不是指科學家作假，而是壓力可能造成細菌突變次數增加，以盡力掙脫危險狀態；對細菌而言，挨餓絕對是種壓力。突變仍然隨機，完全符合標準演化論。但細菌如果做了有害或無濟於事的突變，而活不下來，因此也算不到它，算到的都是做了有利突變的細菌。這種「過度突變」（hypermutation）的證據不在少數，科學家甚至發現驅動突變程序的「誘變」基因。但到目前爲止，還沒有確定過度突變是生物普遍現象，還是細菌的專利。

▶ 參見〈後天性狀〉（128-129頁）、〈達爾文的《物種原始》〉（176-177頁）、〈細菌的基因〉（332-333頁）、〈跳躍基因〉（362-363頁）、〈隨機分子演化〉（422-423頁）

右圖：大腸桿菌的DNA長度是細菌的一千倍。經過特殊處理，DNA會從細胞噴出，如圖中金黃色的纖維。

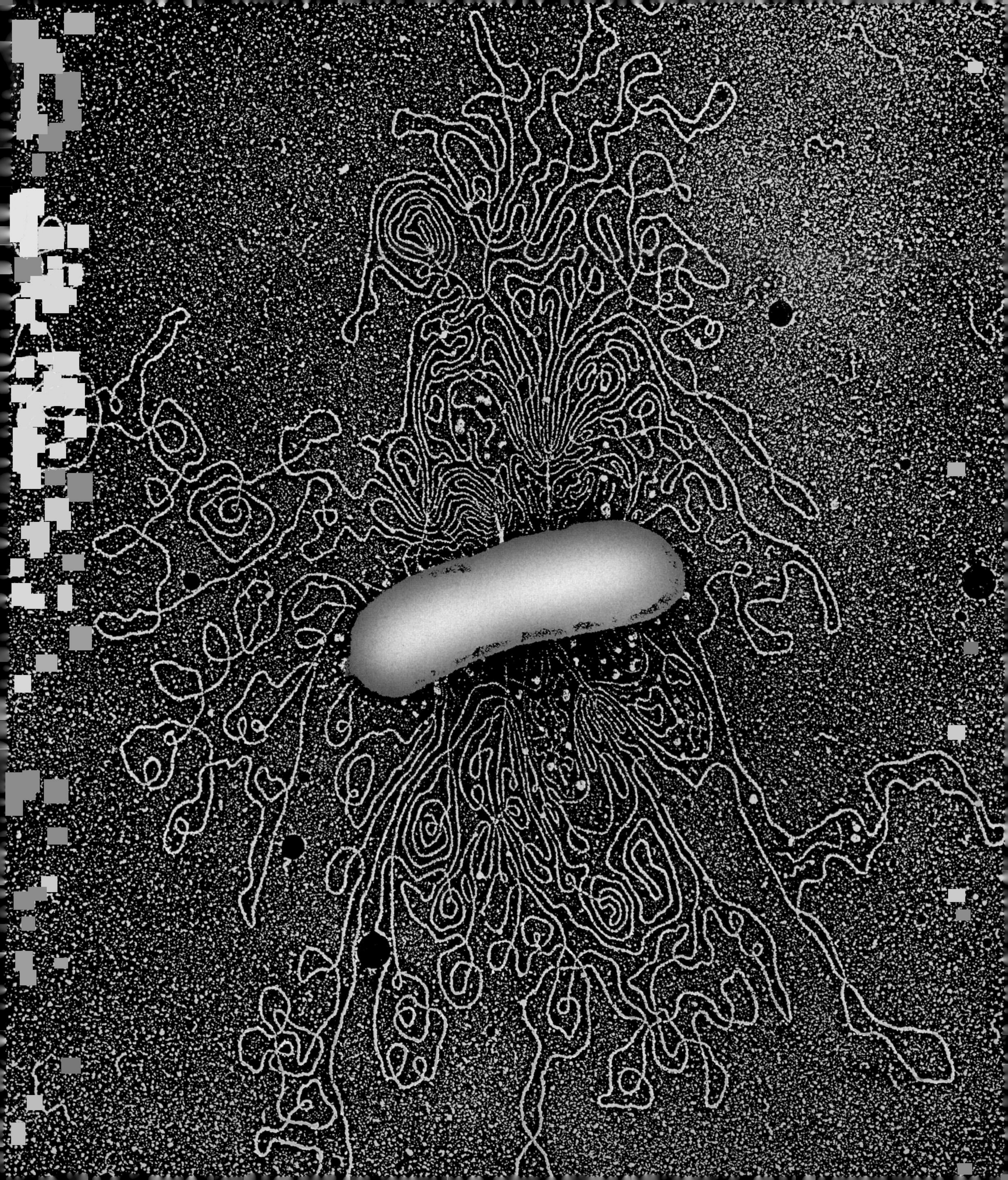

一氧化氮 Nitric oxide

傅奇加特（Robert Furchgott，1916–），伊格那洛（Louis Ignarro，1941–）

製造炸藥的硝化甘油第一次用來治療心絞痛是在 1870 年。甚至發明硝化甘油的瑞典化學家諾貝爾心臟病發時，醫生也開這個處方給他。但直到 1977 年，美國藥理學家穆拉德（Ferid Murad）才發現，硝化甘油釋放一氧化氮氣體，使得冠狀動脈擴張或「膨脹」，因此增加供應心臟的血流量，而解除心絞痛。一氧化氮是簡單的分子，由一個氮原子與一個氧原子結合而成，平常被視爲汙染物，香菸的煙裡和汽車廢氣裡都有它的蹤影。

1980 年，美國藥理學家傅奇加特在紐約工作時，發現身體裡面有不明的信號分子，也像硝酸甘油一樣能引起血管膨脹。他稱此爲「內皮衍生之舒張因子」（endothelium-derived relaxing factor）。內皮是血管內壁細胞層，有健康的內皮，心臟和循環系統才能正常發揮功能。1986 年，另一位美國藥理學家伊格那洛發現，舒張因子和一氧化氮其實是同一回事。這是首次知道一種氣體能在身體裡面當信號分子。

罹患心臟病時，內皮產生一氧化氮的能力減弱，所以需要硝化甘油來治療，因爲它會補充一氧化氮。到了 1990 年，一氧化氮在體內的多種角色已經相當清楚：它扮演腦裡的神經傳導物質，因爲是氣體，所以行動快速，可以一下子就和許多腦細胞溝通；它還調節血壓和血凝結；控制血液流向各個器官，包括男性陰莖正常勃起要靠一氧化氮。科學家現在正開發以一氧化氮爲主的各式各樣新藥，要用來治療心臟病和很多其他身體狀況。

▶ **參見〈調節身體〉**（第188-189頁）、**〈炸藥〉**（第194-195頁）、**〈阿司匹靈〉**（第226-227頁）、**〈神經傳導物質〉**（第274-275頁）、**〈神經脈衝〉**（第366-367頁）、**〈避孕藥〉**（第378-379頁）、**〈視覺的化學基礎〉**（第382-383頁）

右圖：包含紅血球的人類血管橫切面。當血管內壁釋放一氧化氮時，會使附近肌肉細胞鬆馳，降低血壓。一氧化氮曾在1992年被《科學》雜誌選為「年度風雲分子」（molecule of the year）。

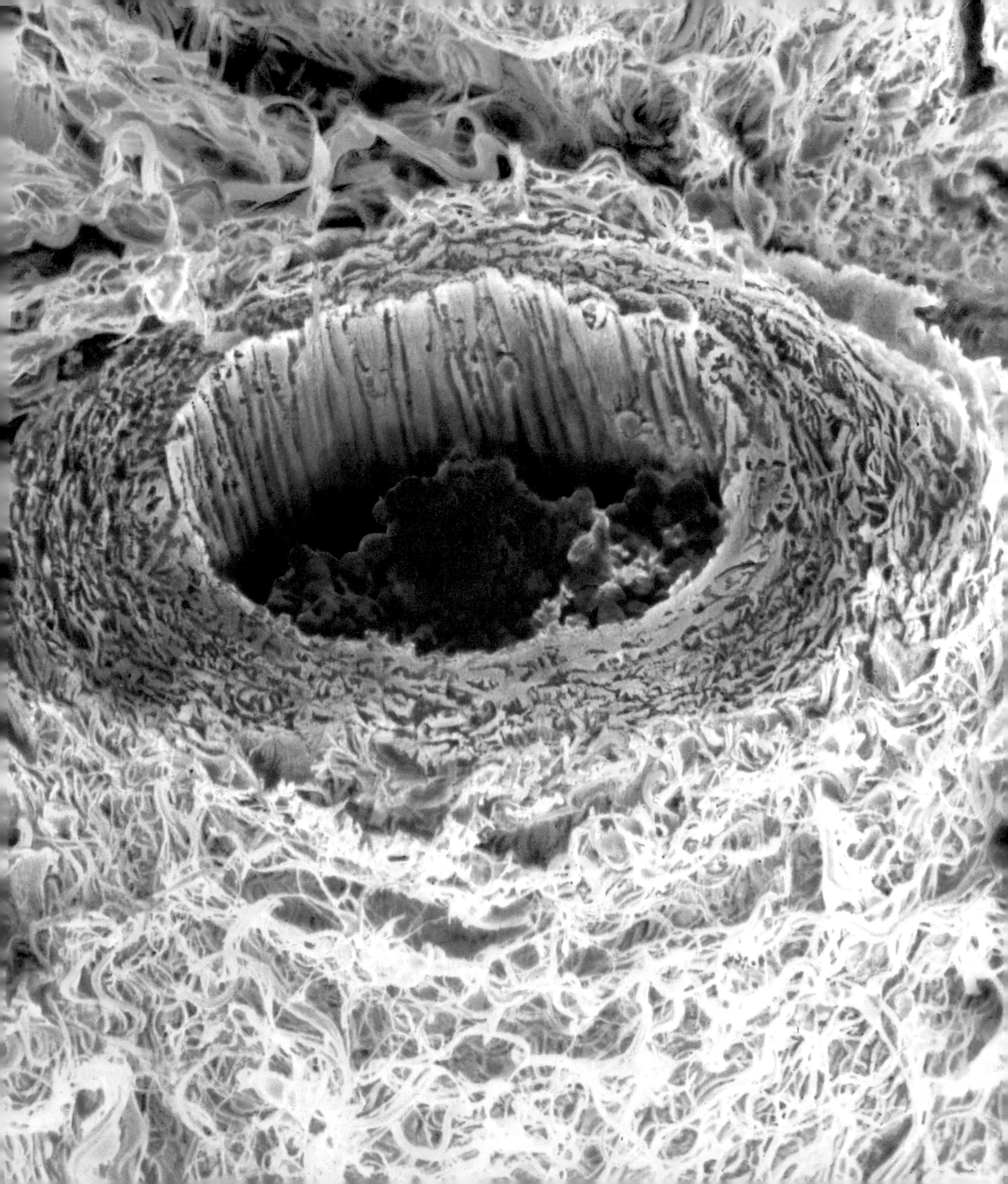

大吸子 Great Attractor

德瑞斯勒（Alan Dressler，1948–），法柏（Sandra Faber，1914–）

在一個膨脹的宇宙裡，所有觀察者都把自己當成膨脹的中心點。所有星系團都往不同方向飛，彼此遠離，每個速度都和觀察者的距離成正比，這種大規模的運動模式稱爲「哈伯流」（Hubble flow）。可是我們所在的超星系團卻脫軌行動，包含銀河系、室女座星系團和成千上萬的其他星系在內，一起偏離理論上的哈伯流軌道，以 600 公里秒速朝半人馬座飛去。

1990 年，美國天文學家德瑞斯勒和法柏表示，我們和鄰近星系像一條天河般，受一大團聚集質量的重力場牽引流動，這團質量被命名爲「大吸子」，估計在 1 億 4 千 7 百萬光年之外，而且大部分隱藏在銀河系塵埃後面。據判斷，它的總質量相當於太陽的 5×10^{16} 倍。

大吸子盤踞的區域只找到約 7500 個星系。它的質量約 90% 應該是目前仍不了解的「黑暗物質」。黑暗物質對銀河旋轉與星系間重力互動都有若干影響。它不可能被「看見」（起碼現在不行），但一定具有重力影響力。確定黑暗物質的成分是現代宇宙學的最大挑戰之一。

如今已有好幾種說法。或許每個星系周圍的球形區或「銀暈」（halos）含有大質量緻密銀暈物體 MACHOs（massive compact halo objects）。這些物體可能是被噴出來的行星，大小與木星差不多，也可能是微弱的棕矮星、冷白矮星或恆星型黑洞。或許黑暗物質由冷的弱作用重粒子 WIMPS（weakly interacting massive particles）構成，這些粒子飛越太空，直接穿過地球，不和正常原子、電子或輻射發生作用。或許它是高溫大質量形式的微中子。然而目前，問題多過答案。

▶ 參見〈牛頓的《原理》〉（78-79頁）、〈廣義相對論〉（278-279頁）、〈膨脹的宇宙〉（306-307頁）、〈白矮星〉（310-311頁）、〈次原子幽靈〉（304-305頁）、〈創世驚嘩〉（412-413頁）、〈黑洞蒸發〉（440-441頁）、〈碎形〉（446-447頁）

右圖：宇宙圖顯示超星系團之間隔著虛空，以地球為中心，這幅圖涵蓋直徑14億光年的範圍，是可見宇宙的千分之五左右。

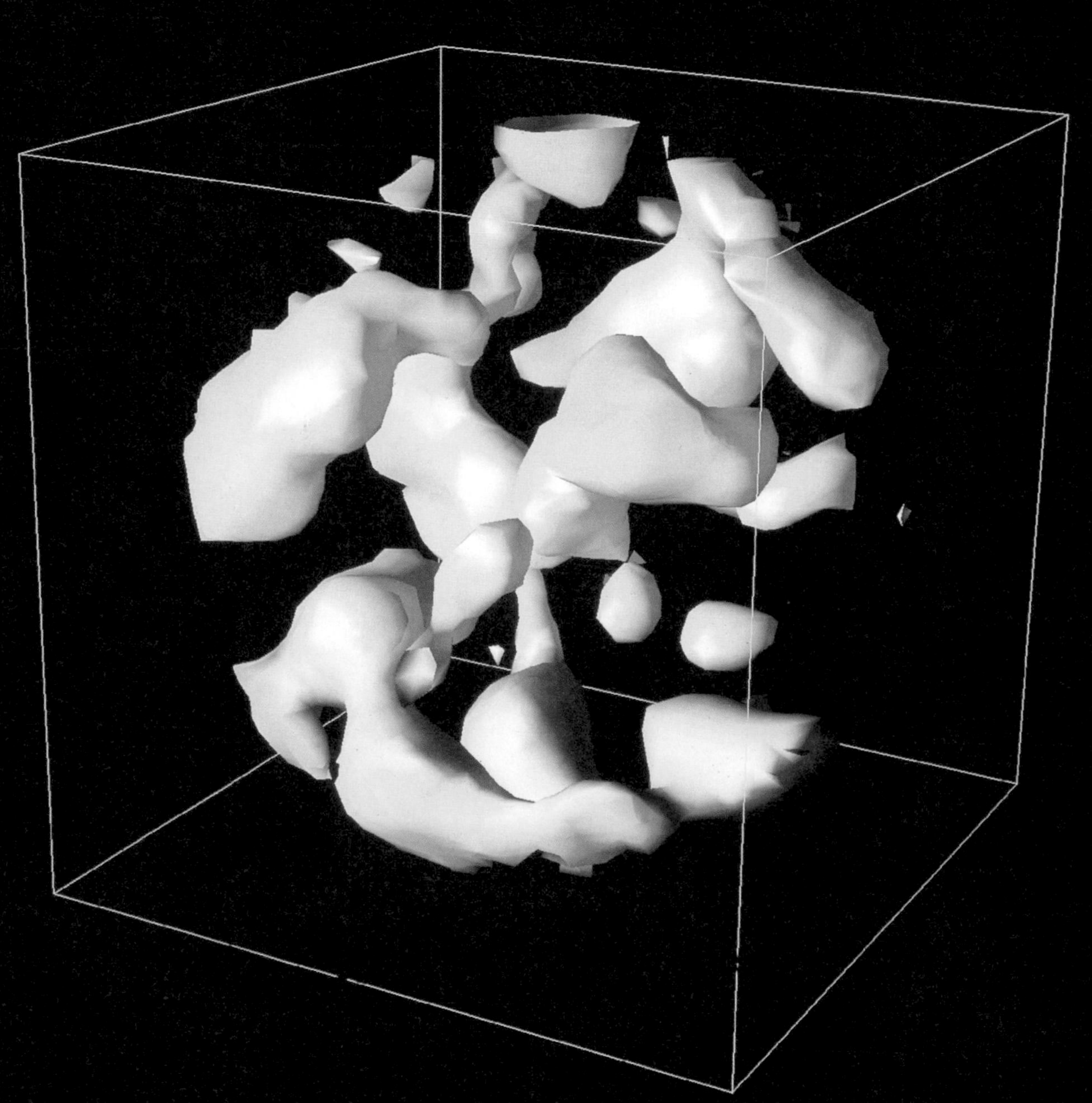

大黃蜂飛行 Bumblebee flight

艾靈頓（Charles Ellington，1952–），杜德萊（Robert Dudley，生年不詳）

按照民間說法，大黃蜂根本飛不起來，身體那麼重，翅膀短又簡單，明顯缺乏空氣動力結構該有的優雅。但大黃蜂就是能飛，而且飛得很好，這都是複雜適應的功勞，箇中奧祕大部分在 1990 年由艾靈頓和杜德萊研究揭露。昆蟲翅膀和鳥不同，沒有永久性彎曲的翼型，不會產生上升力。相反地，牠們有臨時性翅膀，由節枝彈性蛋白（resilin）構成，再結合強硬的血管，使得翅膀上拍時能部分摺疊，產生上升力量。附著的肌肉組織調整翅膀高度，讓牠能夠掛在空中。

驅動翅膀拍打的肌肉，必須快速收縮，而且要比神經脈衝刺激的可能速度還快。如大黃蜂之類的昆蟲利用胸腔專門肌肉解決這個問題。首先，直接飛行肌連接在翅膀上，由神經脈衝控制，負責「預熱」飛行機制。然後連接在胸腔壁的間接飛行肌發揮作用：其中一組收縮使具有彈性的胸腔外骨骼變形，當彈回拉緊時，又引發第二組肌肉自動收縮。這種肌肉收縮振盪，超越神經控制的限度，創造出近乎自我永續維持的高頻率翅膀拍動，而這正是體型笨重的昆蟲飛行所需。

溫度控制也是這個程序的關鍵。昆蟲抖動身體以使肌肉達到最適宜起飛的溫度。一旦升空，消耗能量升高的體溫經由體表對流散熱，不過胃裡填滿蜜汁、花粉籃滿載的大黃蜂有時必須著陸，以防止身體過熱。在風洞實驗中，艾靈頓和凱西（Timothy Casey）顯示，慢跑的人每小時消耗相當於一根巧克力棒的熱量，而體積相等的大黃蜂只要一分鐘就可以消耗掉相同熱量。

▶ 參見〈動物本能〉（318-319頁）、〈檸檬酸循環〉（320-321頁）、〈蜜蜂溝通〉（338-339頁）

右圖：黃褐色大黃蜂飛在藍鐘花上方。

男性基因 Maleness gene

洛威爾貝基（Robin Lovell-Badge，1953–）
古費洛（Peter Goodfellow，1951–）

男人和女人的染色體不同，這已經是老話。通常女性有兩個 X 染色體（XX），男性則有一個 X 和一個 Y（XY）染色體，不過有時會發現一個人身上兼有男性和女性兩種特徵，還有 XY 女性和 XX 男性。研究這種人可以揭露哪些基因決定性別。性別不確定或性別「錯亂」的個體，必然缺少一個或多個這種基因，或是基因有缺陷。而其中最重要的是 Y 染色體上性別決定區（sex-determining region Y）基因，簡稱 SRY 基因，它控制睪丸的形成。

麻省理工學院的佩吉（David Page）教授繪出第一張 Y 染色體的基因圖，指出尋找 SRY 的方法。接著在 1990 年代初期，兩位英國科學家洛威爾貝基和古費洛正確指出老鼠及男人的 SRY 在這張圖上的位置。SRY 編碼的蛋白質與細胞裡的 DNA 結合，改變它的特性，造成胚胎劇烈變化。大約在孕期第 12 週，生殖器部位長出陰莖和睪丸，男性荷爾蒙也開始在腦部活動，身體逐漸長成男性而非女性的形態。SRY 與其他基因不一樣，不同男人的 SRY 基因驚人地相似，而不同物種雄性的 SRY 則天差地別。而在人類 20 萬年演化歷程中，SRY 基因似乎不曾改變過。

換言之，我們在卵子受精的那一刻全都是女性。我們生下來是男是女，全由我們是否擁有 SRY 基因決定。洛威爾貝基和他的合作者於 1991 年證明了這一點，他們把一個 SRY 基因插入雌性鼠胚胎，結果這些老鼠全都變性，長出睪丸和其他男性特徵。

▶ 參見〈卵與胚胎〉（140-141頁）、〈遺傳基因〉（264-265頁）、〈雙螺旋鏈〉（374-375頁）、〈基因表親〉（442-443頁）、〈人類癌症基因〉（456-457頁）、〈動物形態遺傳學〉（460-461頁）、〈人類基因體定序〉（524-525頁）

右圖：卵子受精的這一刻，我們全都是女性，是否擁有男性基因決定了我們的性別是男是女。

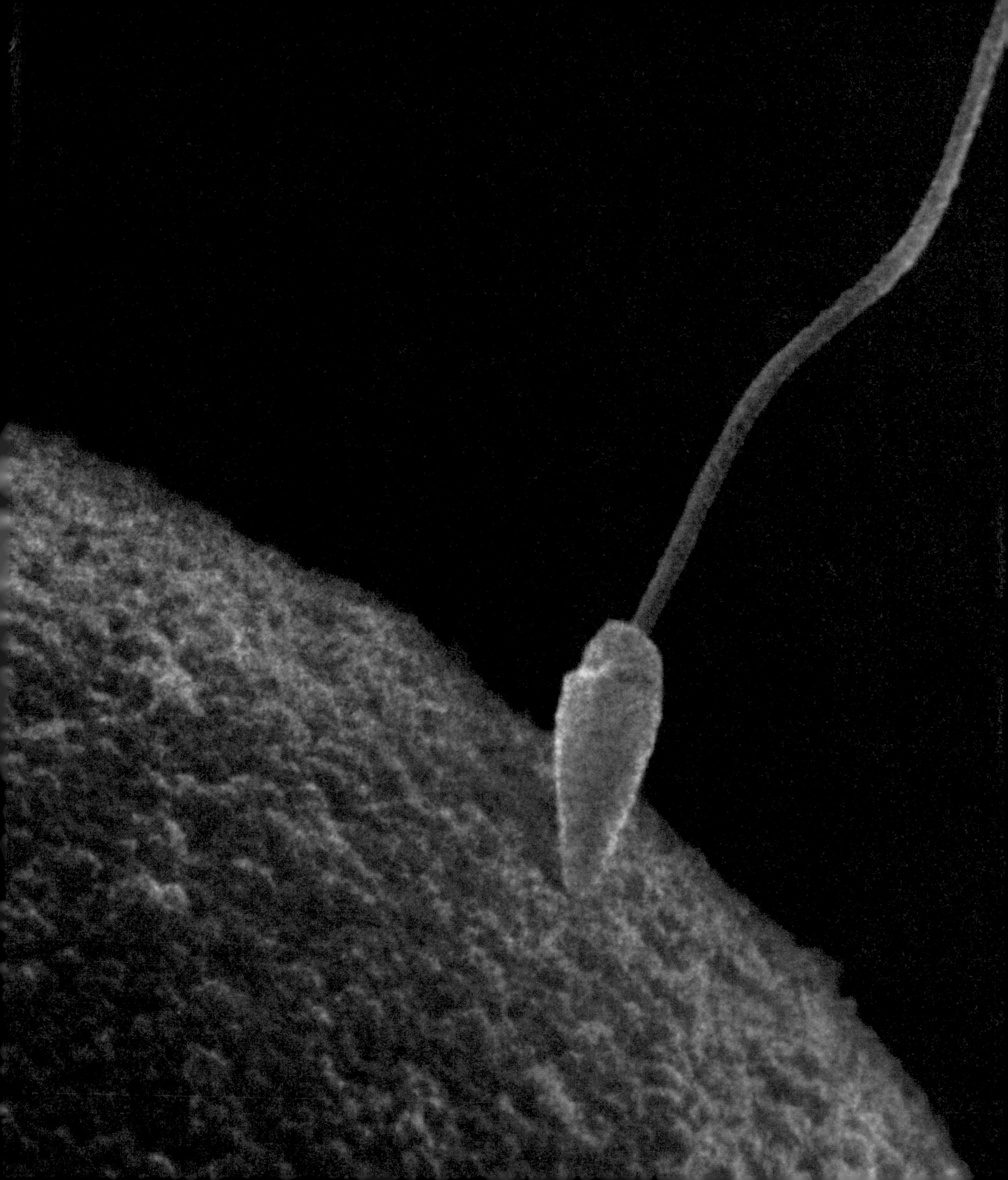

冰人 Iceman

施平德勒（Konrad Spindler，1939–）

「冰人」是兩位德國登山專家艾力卡和赫慕特・西蒙（Erika and Helmut Simon）發現的，他們在 1991 年 9 月攀登義大利南泰羅（South Tyrol）的奧茲塔勒阿爾卑斯山（Ötztaler Alps）時，發現這個獨特珍貴的「時間膠囊」，讓世人一窺史前人的模樣。冰人立刻成爲世界各地科學家一窩蜂研究目標，最初研究工作大部分由因斯布魯克（Innsbrück）大學的施平德勒負責。

冰人的生存時間大約在西元前 3300 年左右，是迄今發現最古老完整的人類遺體。他發現時身上還有衣服及裝備，包括一些有機物，正常情況下早已分解無存，在這裡卻因天寒地凍而得以保存下來。我們首次能夠看到石器時代晚期人類使用的各種材料：皮革、羊皮、熊和鹿皮及草編製成的衣服；一個毛皮背包放在榛木和落葉松木製成的架子上；紫杉製的弓、莢迷和水木等植物製的箭；樺皮縫製的容器；一把銅斧和紫杉把手。

冰人的身體雖然脫水，但保存完好，透露很多他的生活和死亡情形。他是深色皮膚，至少已經 45 歲，身高約 160 公分。DNA 證實他有北歐血緣，但使用的植物材料顯示，他來自南方義大利山谷。他的牙齒磨得很平，尤其門牙，顯示他吃粗製穀物或常常把牙齒當工具咬東西。他的內部器官狀況良好，可是肺被煙燻黑了，可能是被升火冒出來的煙燻的，還有，他的動脈和血管開始硬化。而最後一頓飯似乎吃了肉（極可能是野山羊肉），以及麥、植物和梅子。

他有個小趾頭有長期凍傷的痕跡，八根肋骨曾經斷裂，不過死亡時已經癒合或正在癒合中。脊椎和大腿上有短條縱橫交叉的藍色刺紋，或許是紓緩關節炎疼痛而留下的治療痕跡，不知是否爲早期形式的針炙？還有一片手指甲顯示他飽受長期不良於行的疾病折磨，這或許能解釋爲什麼他會在天候惡劣的山區遇難而遭凍死。

▶ 參見〈史前人類〉（148-149頁）、〈尼安德塔人〉（170-171頁）、〈爪哇人〉（216-217頁）、〈奧都韋峽谷〉（392-393頁）、〈古老的DNA〉（476-477頁）、〈納里歐柯托米少年〉（480-481頁）、〈遠離非洲〉（492-493頁）

右圖：1991年9月19日，兩位海德堡登山家在海拔3200公尺高處最先看到冰人遺體從冰中露出。

費瑪最後定理 Fermat's last theorem

費瑪（Pierre de Fermat，1601-65），懷爾斯（Andrew Wiles，1953–）

法國數學家費瑪把他的名字給了一道數學謎題，400 年來無人能解，成爲懸疑最久的謎題之一。費瑪生前幾乎沒有發表過任何東西，他寧願和巴黎圈子的一群數學家通信。事實上，如果不是兒子山繆（Samuel de Fermat）努力，這道謎題可能永遠不見天日。山繆在費瑪過世五年後，即 1670 年，開始整理父親散落的數學概念。在一份丟番圖（Diophantus，古希臘數學家）的《算術》（*Arithmetica*）抄本邊緣，費瑪似乎信手寫了一段話：「我發現了一個眞正值得注意的證明，不過這裡空白太少，沒辦法容納。」

費瑪暗示的定理是畢氏定理的延伸。對整數而言，有無限多「畢氏三元數」（pythagorean triples）組合，也就是兩個數的平方和等於第三個數的平方（例如 $3^2+4^2=5^2$）。費瑪卻表示，這種關係在立方數或任何更高乘冪的數都不成立。僅僅由嘗試錯誤演算，會覺得費瑪是對的，但要證明他的說法卻難上加難。試圖證明「費瑪最後定理」的數學家名字排起來，簡直像名人堂，但每一位都苦吞敗果。

1993 年，電腦顯示費瑪定理在 400 萬次方時仍然爲眞。不過還是缺少滴水不漏的證明確定它一直爲眞。同時數學家也發現，費瑪定理不只是一道滿足好奇心的數學命題，它的眞或僞與空間性質密切相關。1993 年，英國數學家懷爾斯在劍橋牛頓學院做一系列演講，最後用他對費瑪定理的證明做總結。可惜，他閉關研究多年，原以爲證明固若金湯，結果還是有一個很小卻致命的漏洞。轉到普林斯頓後，懷爾斯重頭鑽研這個定理，並於 1995 年在《數學年報》（*Annals of Mathematics*）發表他的論文〈模數橢圓曲線與費瑪最後定理〉（*Modular Elliptic Curves and Fermat's Last Theorem*）。謎題終於解開了。

▶ **參見**〈四色圖定理〉（450-451頁）

右圖：除了數論，費瑪對機率論也有貢獻，並且還是微積分的先驅。不過費瑪的本業是地方行政官，研究數學只是他公餘從事的活動。

MAXIMIS
ET
MINIMIS

1994

舒梅克-李維9號彗星

Comet Shoemaker-Levy 9

卡洛琳．舒梅克（Carolyn Shoemaker，1929–，妻）
尤金．舒梅克（Eugene Shoemaker，1928-97，夫）

美國天文學家卡洛琳和尤金．舒梅克夫婦從 1983 年開始拍攝天空，搜索小行星和彗星的蹤跡，他們使用的是加州帕洛瑪天文台 46 公分口徑的施密特望遠鏡。1989 年，李維（David Levy）加入一起工作。三人共找到 32 顆彗星和 1,125 顆流星，其中以舒梅克 - 李維 9 號最有名。這顆彗星在 1993 年 3 月 25 日被發現時位於木星附近，奇特的是，它不是單一顆彗星，而是一串小彗星。4 月初，哈佛史密松尼天文物理中心的馬斯登（Brian Marsden）已經收集了足夠的觀測資料，顯示這顆彗星最不尋常的地方在於，它繞著木星而非太陽運轉。馬斯登於 5 月 22 日還大膽預測，14 個月後彗星真的會去撞木星，天文學界頓時沸沸揚揚。

彗核明顯是一公里寬的髒雪球，至少從 1914 年起就繞著木星運轉。不幸在 1992 年 7 月 7 日通過木星時，距離不到 90,000 公里，近邊和遠邊受到木星重力牽扯的力道不同，差別大到足以撕裂本來就脆弱的彗核。這顆彗星裂成 22 塊破片，於 1994 年 7 月 16 日到 22 日之間掉進木星稀薄的高層大氣裡。當時地球上幾乎每一台天文望遠鏡都瞄準木星，雖然撞擊發生在背向我們的那一面。在光譜可見部分，每一處撞擊點都可以看到黑灰區域，而且逐漸擴大。這些暗「斑」（splodges）維持了好幾週。

光譜的紅外線部分看到三次閃光：第一次出現在每塊彗星碎片撞上木星時，噴發塵埃雲推向高空散發能量；第二次閃光是撞擊的火球從彗星邊緣冒出；第三次閃光，也是過程中最亮的一次，則是噴發的氣體落回木星，撞上多雲的大氣。

上圖：彗星太靠近木星而破成碎塊。

▶ 參見〈哈雷彗星〉（84-85頁）、〈彗星的故鄉〉（360-361頁）、〈恐龍滅絕〉（458-459頁）、〈伽利略的任務〉（514-515頁）、〈月球上的水〉（522-523頁）

右圖：彗星碎片撞擊結果，木星一度出現「傷痕」，黑色灰屑揚起半天高，衝到這顆巨大行星的雲端上方。

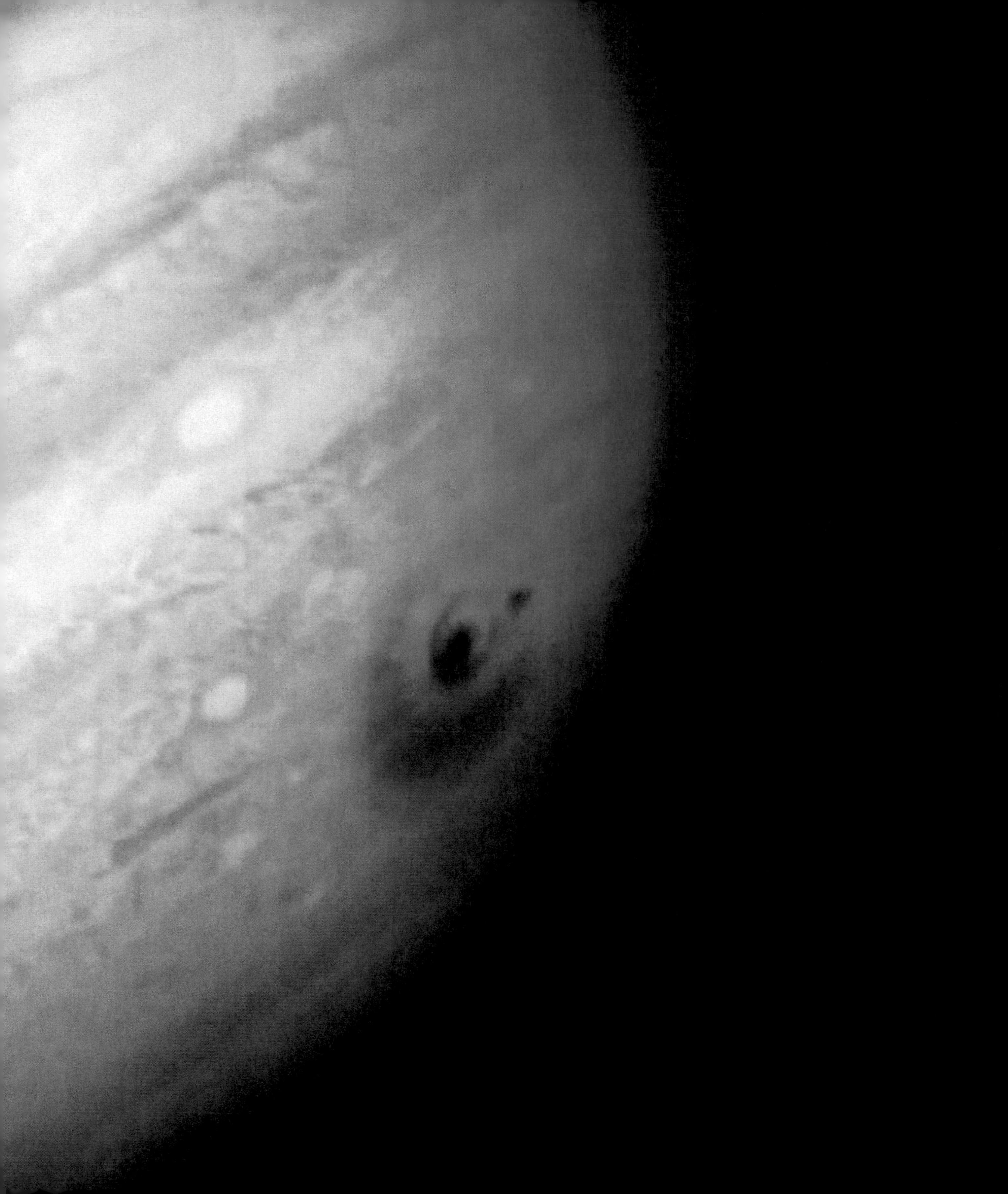

物質新態 A new state of matter

康涅爾（Eric Cornell，1961–），維曼（Carl Wieman，1951–）

冷物質能夠經過一種奇怪的轉變，讓原子失掉特性，合併成左旋的集合體。這種狀態只有一半物質達得到。自旋量子單位爲整數的粒子稱爲玻色子（boson），而自旋單位爲 1/2、11/2 之類的粒子爲費米子（fermion）。兩個完全一樣的費米子絕不可能重疊，電子這種不合群性，使一般物質不致塌陷。但玻色子不那麼冷漠，它們可以熱情得不得了。愛因斯坦曾在 1925 年推論，玻色子集合冷到一個程度將會全部塌成相同狀態。玻思－愛因斯坦凝體（Bose － Einstein condensate）應該像單一的超粒子。

科學家認爲，這種現象造成電流在超導體中通行無阻，也使超流體無摩擦的流動，能夠滲透最微小的隙縫，甚至「神奇地」爬過障礙找到比較低的能階。但直到 1995 年，玻思－愛因斯坦凝體才在實驗室裡現身。

美國物理學家康涅爾和維曼先把稀薄的銣 87 氣體放進磁場製成的圈套裡。銣 87 原子是玻色子，像半數原子一樣。兩位物理學家接著利用蒸發和仔細調整的連串雷射光束，把氣體冷卻到絕對零度以上不到百萬分之一度。結果出現一個凝體：怪異的物質波，包含了原來的銣原子。

物理學家正在摸索如何像利用光那樣利用物質。例如，用原子束把一個凝體變成同調性的物質波束。然後逆轉普通光學，利用光做成的透鏡和格柵集中和分散這些物質波。凝體和原子束或許可以用來製造超靈敏的原子鐘，或是把電子零件傳送到矽晶圓上。

▶ 參見〈狀態變化〉（198-199頁）、〈超導現象〉（266-267頁）、〈波粒二象性〉（300-301頁）

右圖：電腦繪圖顯示低速銣原子正形成一個玻思－愛因斯坦凝體（藍色和白色尖端）。當溫度下降時，會有愈來愈多被困住的原子占據相同量子態。

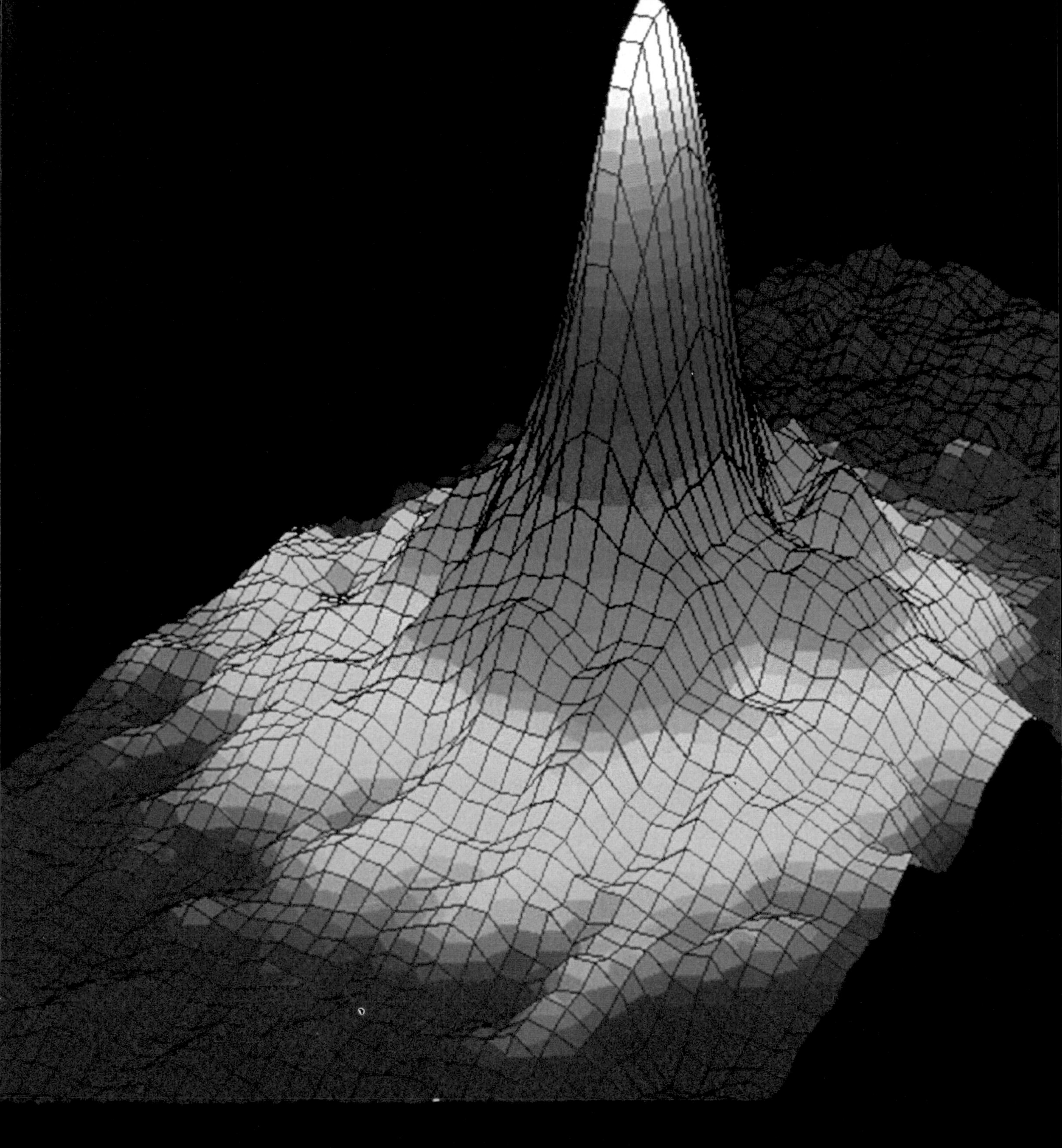

行星世界 Planetary worlds

麥耶（Michel Mayor，1942–），奎洛茲（Didier Queloz，1966–）

想像你自己位在一顆行星上，繞著附近的半人馬毗鄰星（Proxima Centauri）運轉。望著夜空裡遙遠的太陽，你如何認出它有一個行星家族？首先，當太陽系的質心，而非太陽的中心在天空移動時，太陽會從一邊擺到另一邊。150 萬公里的擺動周期約 12 年，而這是太陽系最大行星──木星（質量爲太陽的千分之一）繞日一周的時間。第二，當太陽以秒速 12.5 公尺繞質心運轉時，會產生太陽光譜的「都卜勒位移」。如果你運氣夠好，位置接近太陽系的軌道面，就可以用光譜儀來測量。第三，木星通過太陽表面時，亮度會暫時改變，可以偵測到偏食現象。

以今天的種種天文儀器，第二種方法最靈敏。它不像方法一，不會受星體距離影響。從 1980 年代末期以來，有兩組天文學家展開良性競爭，研究附近類似太陽的恆星的光譜，尋找新行星的線索，一組是瑞士日內瓦大學的麥耶和奎洛茲，另一組是加州舊金山州立大學的巴特勒（Paul Butler）和馬西（Geoff Marcy）。1995 年 10 月 6 日，麥耶和奎洛茲宣布，他們發現一顆繞飛馬座 51 運轉的行星；這顆行星質量至少是木星的 0.47 倍，而且（明顯地）每 4.229 天繞行一圈，恆星與行星的距離是太陽與地球距離的 5%。接著在 1996 年 1 月 16 日，巴特勒和馬西也宣布發現繞大熊座 47 和繞室女座 70 的行星。

自 1996 年以來，發現行星已經變得稀鬆平常。不過要發現它們，必須講究方法，顯示新行星系統與我們所在的系統頗不相同。

▶ 參見〈行星距離〉（74-75頁）、〈發現天王星〉（96-97頁）、〈光譜線〉（130-131頁）、〈都卜勒效應〉（156-157頁）、〈發現海王星〉（162-163頁）

右圖：疑似太陽系外行星被一個雙星系統丟出來。這顆行星約有木星三倍的質量，位在4億5千萬光年外。

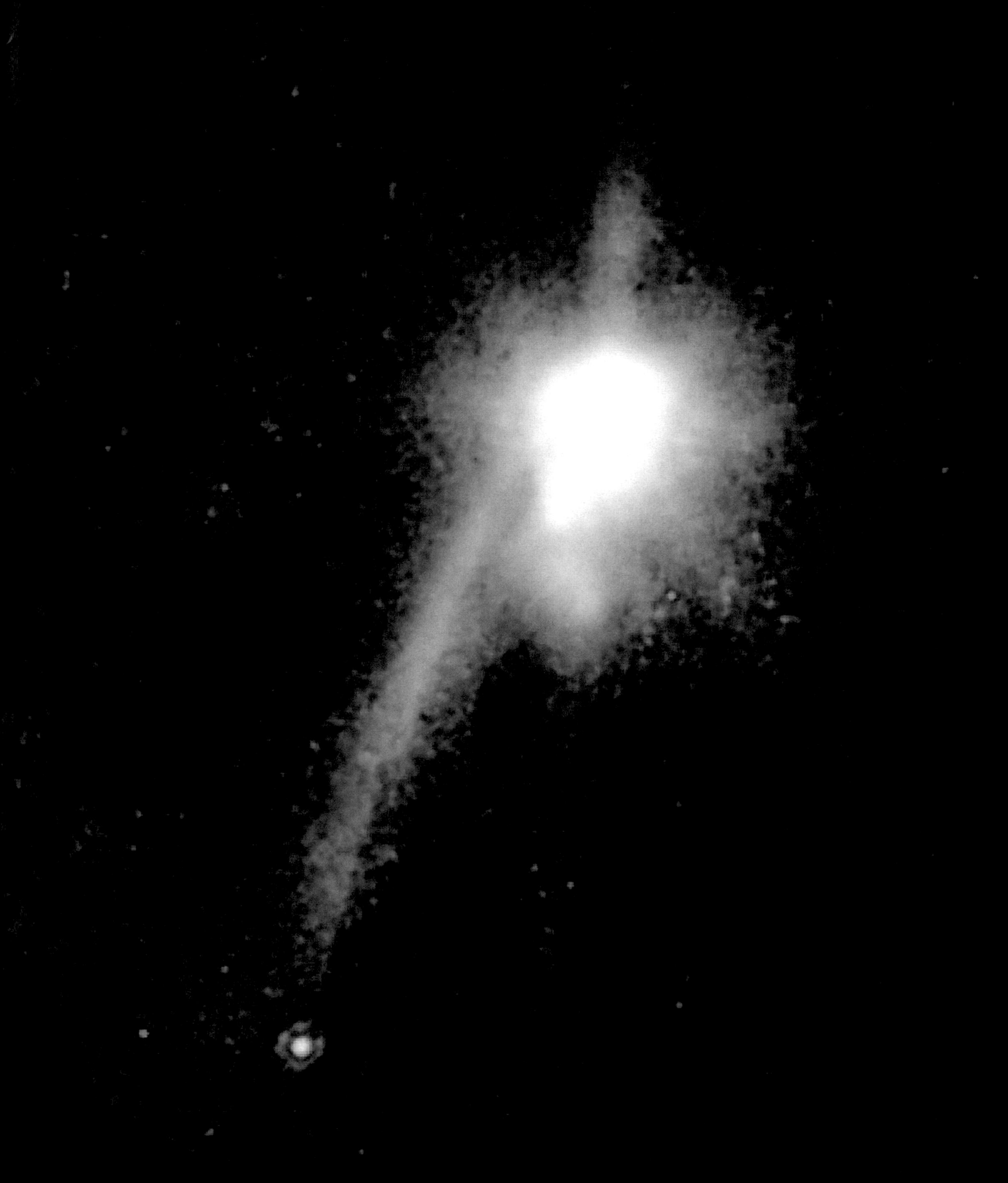

1995

伽利略任務 Galileo mission

美國航太總署，任務指揮：貝爾頓（Michel Belton）

探測行星的太空任務第一階段是飛過探測目標。「先鋒十號」（Pioneer 10）於 1973 年 12 月掠過木星，「航海家一號」（Voyager 1）和「航海家二號」跟著在 1979 年飛越。第二步是由軌道飛行器繞著運轉，使研究時間從幾天增加到幾年。

「伽利略」太空船於 1995 年 12 月 7 日進入木星軌道，七年之後仍在傳回資料。這顆行星被看得很仔細，因爲太空船有好幾百次經過木星四個最大的衛星——伊奧（Io）、歐羅巴（Europa）、甘尼米德（Ganymede）和卡利斯托（Callisto），因此不必個別繞行就能精確繪製這些衛星圖；對伊奧和歐羅巴的研究成果特別豐碩。

伊奧上的火山爆發噴出氣體補充木星磁氣圈。飛到距伊奧表面 900 公里範圍時，「伽利略」測得複雜的磁場和電漿流動。太空船被伊奧的重力場拉得改變軌道，顯示這顆衛星有一個大金屬核心，外面覆蓋局部熔岩地函，地函上方是火山活躍的薄地殼。潮汐加熱使伊奧大部分區域維持熔解狀態。「伽利略」清楚拍攝到明亮橙黃的坑坑疤疤表面，熱斑明顯可見，火山煙柱噴起 400 公里高。

上圖：木星的衛星伊奧正橫越這顆行星的盤面。

歐羅巴的重力資料顯示它有一個冰「殼」，厚達 150 公里。底下的岩石地函被輻射衰變和潮汐力加熱。歐羅巴表面不只呈現變化多端的精細構造，顯示地殼活動與冰有關，而且持續加熱，代表這個冰殼的地質仍然活躍。在表面冰層看到的主要裂痕，可能是歐羅巴自轉和公轉周期不同步時期所造成的。這顆衛星可能有一個深而廣闊的地下海洋，可惜要證明這點唯有從它的地表用雷達探測才行。最後證明「伽利略」任務眞正價値的是，一些科學家根據探測資料主張，歐羅巴海洋裡或許存在原始生命。

▶ **參見〈透過望遠鏡觀天〉**（54-55頁）、**〈地球內部〉**（250-251頁）、**〈極端的生命〉**（452-453頁）、**〈聖海倫火山爆發〉**（462-463頁）、**〈沃斯托克湖〉**（520-521頁）

右圖：「伽利略」拍得的歐羅巴衛星局部畫面。棕紅色彩線條斑駁的地貌，顯示冰層含有雜質。此處呈現的冰原是一片藍色。

複製羊桃莉 Dolly the cloned sheep

魏爾邁（Ian Wilmut，1944–）

1996年7月5日，一隻非常特別的羔羊在英國愛丁堡附近的小村莊羅絲林（Roslin）誕生。「桃莉」由一隻六歲黑臉母綿羊的單一乳腺細胞複製出來。前一年，另外有兩隻複製羊梅根（Megan）和茉拉（Morag）出生，牠們來自綿羊胚胎細胞。桃莉獨一無二，因爲牠是從一個成羊細胞所產生的。牠沒有一個母親和一個父親各給牠一半的基因，相反的，牠的兩套基因都來自貢獻乳腺細胞的不明母羊。

複製意味著製造一模一樣的拷貝，其實不是什麼新鮮事。魏爾邁和他的研究團隊多年來已經複製分子、細菌、植物，甚至青蛙。桃莉羊實驗之所以讓人震驚，因爲它在捐贈細胞核裡重新設定基因功能。雖然我們的基因訊息在我們所有細胞裡都有一套準確拷貝，但不同型基因在不同類別的細胞裡發揮作用。製造桃莉羊必須哄騙乳腺細胞裡的基因逆轉回到胚胎狀態，以前認爲這是不可能的事。自桃莉出世後，猴子、綿羊、牛、山羊、老鼠和豬等動物全都有了複製品。

以繁殖爲目的的複製，涉及從單一細胞製造完整動物個體，其中一定牽扯道德問題，不難想像會有人擔心輕率複製人類的後果。不過複製技術可以用體細胞代替精子，幫忙沒有精子的男性生兒育女，還可以幫忙保存瀕臨絕種的動物，以及製造成群基因改造動物來生產新藥。

而治療用途的複製只製造細胞和組織，不會從供核細胞造出動物個體。它可以製造骨髓給白血症病患，或生產神經元供中風病人、帕金森氏症和其他神經病患者修補受損的腦部。然而科學家的研究至今只碰到皮毛而已。

▶ 參見〈卵與胚胎〉（140-141頁）、〈孟德爾遺傳定律〉（192-193頁）、〈海弗利克限制〉（394-395頁）、〈基因工程〉（436-437頁）、〈單株抗體〉（448-449頁）、〈人類基因體序列〉（524-525頁）

右圖：桃莉羊複製研究報告在牠出世八個月後發表於《自然》期刊。這篇報告的結論低估了其歷史地位，只寫道：「這項研究牽連廣泛。」

27 February 1997

International weekly journal of science

nature

£4.50 FFr44 DM17.5 Lire 13000 A$15

A flock of clones

Extrasolar planets Fading from view

Climate cycles Eccentricity finds a role

Archaeology Hunting 400,000 years ago

New on the market
Genetics

火星的微化石 Martian microfossils

麥凱（David McKay，1936–）

愛沙尼亞天文學家歐皮克（Ernst Julius Öpik）在1930年代估算，只要大量收集隕石，其中就會有來自月球和少數幾顆火星的噴發物，例如以掉落地點命名的SNC隕石就是火星隕石；SNC是分別代表印度的Shergotty、埃及的Nakhla和法國的Chassigny。這些隕石是火山岩結晶，年代在13億到20億年前，當時火星是唯一在地球附近而有火山活動的外星體。隕石還含有氮，與火星大氣成分相似，而與地球上的氮不同。

1984年12月27日，南極大陸發現另一顆火星隕石，在過去13,000年一直停留在艾倫丘陵區（Allan Hills）的藍色冰層上。這塊編號ALH84001的隕石非常特別，包含黃褐色的碳酸鹽球、磁鐵和多環芳香族碳氫化合物。雖然這些物質可以由很多方法產生，但也可能由生命體死亡分解而成。後來美國航太總署詹森太空中心由麥凱領導的團隊獲得突破。他們利用掃描式電子顯微鏡把隕石放大20萬倍，發現裡面有一個物體，看起來像是非常短的地球奈米菌微化石。這個蟲子模樣的化石具有節狀構造，寬度大約是人類一根頭髮的百分之一。

麥凱團隊寫了一篇報告，發表他們在ALH84001找到生物活動的痕跡，並在1996年8月7日召開的記者會中討論了細節。媒體爲之瘋狂，但科學家則持比較保留的態度。很多人表示當隕石穿越地球大氣層時，環境污染和水分改變，可能形成碳酸鹽，此外，硫的同位素成分比較像地球元素而非火星元素。

比較重要的是，火星可能有生命這件事激起大眾無比好奇。而到火星尋找生命的太空任務也獲准插隊，致力於挖掘並探究這顆行星的表層底下究竟有何存在。

▶ 參見〈火星上的「運河」〉（200-201頁）、〈生命的起源〉（370-371頁）、〈外星智慧〉（398-399頁）、〈最古老的化石〉（410-411頁）、〈生命五界〉（426-427頁）、〈恐龍滅絕〉（458-459頁）、〈沃斯托克湖〉（520-521頁）、〈月球上的水〉（522-523頁）

右圖：火星隕石裡用顯微鏡放大才看得到的管狀物，據稱是這「紅色星球」過去有生命的證據。不過研究人員現在承認：「還需要更多資料才能判定。」

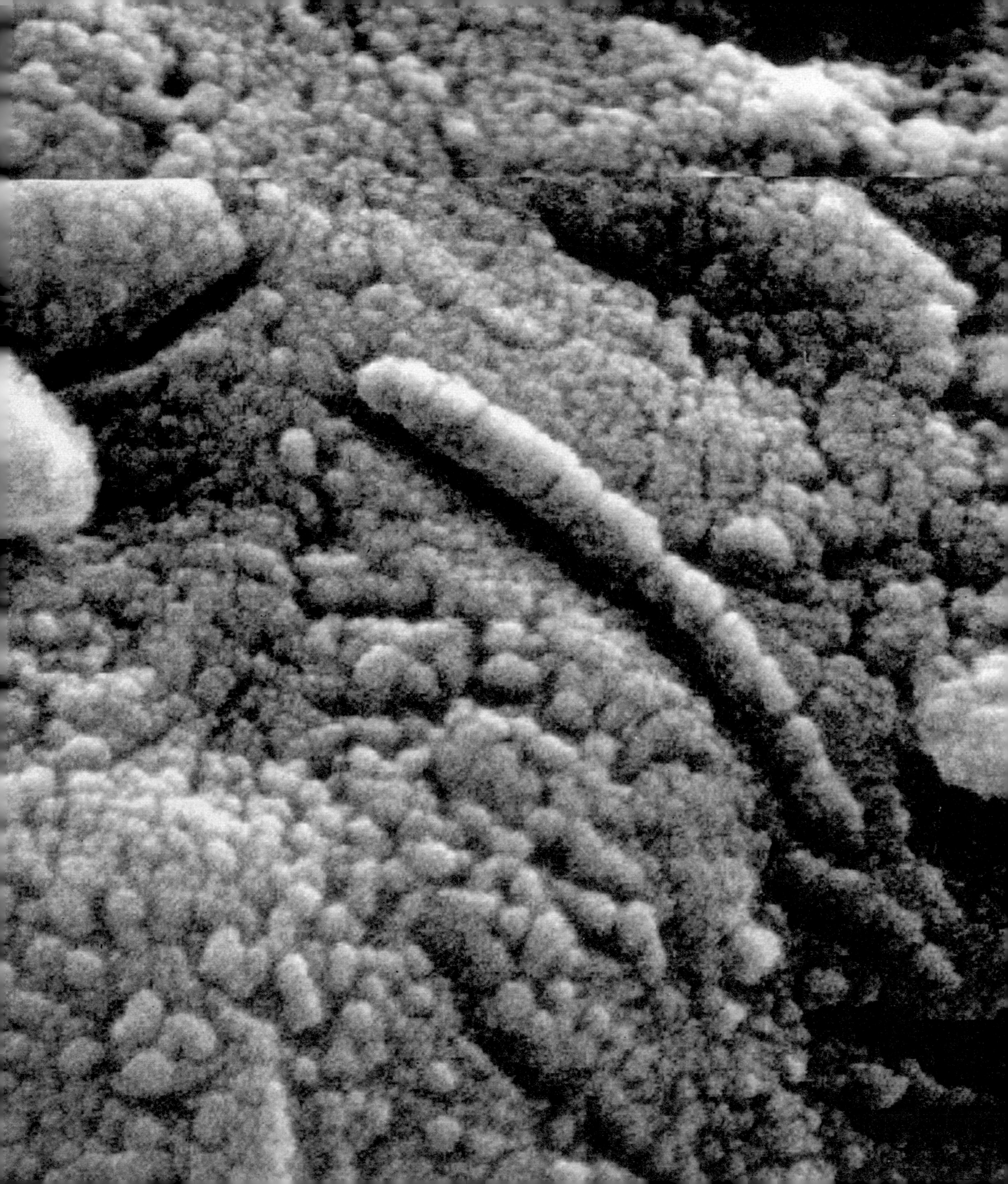

1998

沃斯托克湖 Lake Vostok

國際研究團隊

沃斯托克湖肯定是世界上最不適合人住的地方，也是科學探險家既愛又怕的挑戰。然而至今無人踏上它的湖岸，以後也不會有人辦得到。沃斯托克湖誘人，因爲它像木星衛星歐羅巴的海洋一樣，密封在厚厚結冰層裡，與空氣隔絕。它距離南極冰洋海岸線1500公里，在海拔3500公尺高的地方，靠近俄羅斯沃斯托克研究站，這個科學前哨基地終年天寒地凍，曾寫下地球最低溫紀錄：-89.2℃。

發現這個湖的存在是在1960年。俄國地理學家卡皮查（Andrei Kapitsa）飛越沃斯托克區時，注意到冰原上有一大片不尋常的平坦區域。他指出那應該是一個冰河的下層湖泊，不過沒有人重視他的話。後來英國主持的雷達測量調查顯示，這片湖水夾在冰層和岩床中間。沃斯托克冰層厚四公里，湖水深達500公尺，面積約一萬平方公里，與加拿大安大略湖差不多大小，是70個類似南極冰湖中最大的一個，至少在一百萬年前和湖裡動植物一起被冰封起來。今天的沃斯托克湖是一處黑暗、缺乏養分的地方，靠火山活動保持溫度。這個孤立的生物圈如果還有辦法存活，猜測它如何演化是對想像力的一大考驗。

1998年曾經鑽進冰層3623公尺深，而在距湖泊120公尺處打住，以免汙染湖水。但取得了歷來最深的冰核，同時收回的還有原封不動長達20萬年的各種細菌、眞菌、海藻，甚至花粉粒，事實上冰核底部可能是凍結在冰河底下的湖水。科學家現在想送一具機器人下到神祕湖中，搜索生命跡象。如果此舉成功，將使人益發相信，幾百萬哩外也有生命，存在於覆蓋木星衛星的冰封海洋裡。

上圖：南極冰裡的古老氣泡，提供昔日的大氣樣本。

▶ 參見〈最古老的化石〉（410-411頁）、〈極端的生命〉（452-453頁）、〈伽利略任務〉（514-515頁）、〈月球上的水〉（522-523頁）

右圖：冰河學家準備用熱水鑽頭打洞，進行地震測試。這些鑽探，加上衛星和雷達偵測，勾繪出南極冰湖的面貌。

RD
ROTHERA

月球上的水 Water on the Moon

美國航太總署，首席研究員：班德（Alan Binder）

水是維持生命之所必需。溫暖的液態水被認爲是產生生命的要素。很幸運，地球有大量的水，如果板塊運動停止造山，侵蝕活動繼之夷平我們的行星，那麼整個地表將浸在 2.8 公里深的水下。

地球的水有兩個明顯來源。構成水星、金星、地球、月球、火星和小行星帶的岩石，在形成過程中曾留住水分，因此最初都含有可觀的水。如果溫度升高到 800℃以上，譬如說輻射持續加熱，岩石會「爆裂」，水分跟著流失。一半以上彗星物質是冰。彗星撞擊也會把水分帶到行星表面。

所以金星和火星表面過去是潮濕的。以金星來說，高溫和紫外線輻射通量將水分解成氫氧自由基（OH）和氫（H），這些分子慢慢地擺脫了行星重力場的掌握。火星也損失很多水分，但可能還有相當多量以永凍層形式埋在緊貼地表的下方。

1998 年初，美國太空船「月球探勘者號」（Lunar Prospector）進入月球上方 100 公里高的軌道。太空船載了中子分光儀，每次飛越月球北極和南極時，搜尋慢中子的蹤跡。慢中子由宇宙射線碰撞氫原子形成，而氫原子最可能的「居所」（home）相信是水分子。部分靠近月球極地的深坑始終黑漆漆，溫度非常之低，因此附近釋出任何水分會立刻凍結成固體。「月球探勘者號」在兩極發現大約 1 千 1 百萬到 3 億 3 千萬噸的冰。如果有一天要到月球建立殖民地，這些冰或許非常有用處。

▶ 參見〈太陽系的起源〉（104-105頁）、〈彗星的故鄉〉（360-361頁）、〈阿波羅任務〉（424-425頁）、〈恐龍滅絕〉（458-459頁）、〈伽利略任務〉（514-515頁）、〈沃斯托克湖〉（520-521頁）

右圖：最保守的估計，月球上的冰足以供應兩千移民使用至少一百年，而不必循環利用。這幀1840年的銀版相片是史上最早的天文照片之一。

2000

人類基因體序列
Human genome sequence

人類基因體定序集團 賽雷拉基因研究公司（Human Genome Sequencing Consortium/Celera Genomics）

1985 年，加州大學分子生物學家辛斯海默（Robert Sinsheimer）夢想把人類基因體序列排出來，聲稱這是生物學的大事，可媲美人類登陸月球。2000 年 6 月 26 日，人類基因體草圖宣告完成，比預定時間提前好幾年。這是生命科學界有史以來最宏大的計畫，美國、英國、法國、德國、日本和中國等多國公私部門通力合作，共襄盛舉的科學家有數千人。

每個生命體的每一個細胞裡都含有一份操作手冊複本——基因體，用化學密碼寫在 DNA 上。密碼共有四個字母：A、C、T 和 G。人體基因體草圖排出了 約 90% 人類基因體 30 億個字母的順序。

基因體分散在 23 對染色體上；染色體是細胞核裡的結構，用顯微鏡可以看得到。每個染色體的 DNA 被切成比較容易處理的片段，然後用化學分析確定密碼順序。功能強大的電腦挑出重疊的片斷，把它們拼湊起來，產生完整的基因體序列。由於科技進展神速，因此，確定最初十億個字母排序花了四年功夫，接下來十億個只用了四個月時間。

基因圖譜出爐後，找到基因所在的 DNA 片段變得比較容易，而這些片段包含了製造蛋白質的指令，蛋白質又是控制細胞裡一切活動和功能的主要分子。就目前了解，人類大概有三萬個基因，只占全部基因體的 2%。現在已經發現 1,100 個如果突變就會引發疾病的基因，包括造成亨丁頓舞蹈症、纖維囊腫和遺傳性乳癌的基因。還有很多致病基因會陸續發現，以基因為基礎研究一般疾病如癌症、心臟病、糖尿病和氣喘的步伐正在加快。而基因體序列本身還包含了人類演化史的重大線索。

上圖：人類DNA序列。一個顏色代表一種特定鹼基，亦即構成遺傳密碼的A、G、C和T四個字母之一。

▶ 參見〈遺傳基因〉（264-265頁）、〈鐮形紅血球貧血症〉（358-359頁）、〈雙螺旋鏈〉（374-375頁）、〈基因工程〉（436-437頁）、〈人類癌症基因〉（456-457頁）、〈基因指紋辨識〉（484-485頁）、〈男性基因〉（502-503頁）

右圖：基因圖：46個人類染色體，23個來自父親，23個來自母親。1986年著名分子生物學家布瑞納（Sydney Brenner） 說 ：「費勁釐清一段又一段基因體序列的構想，在英國得不到廣泛熱烈支持。」

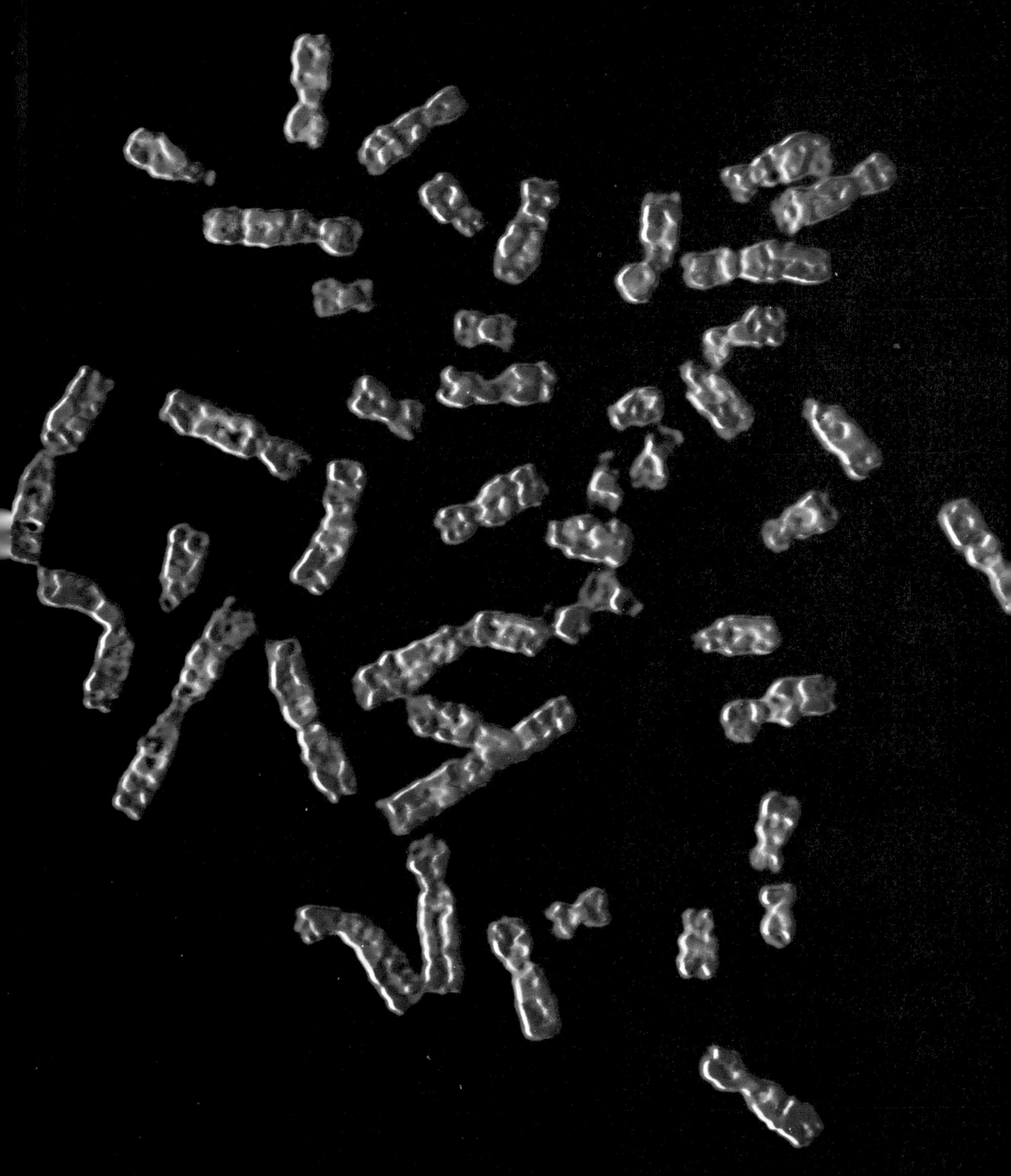

索引

六劃

七劃

八劃

九劃

十劃

十一劃

十二劃

十三劃

十四劃

十五劃

十六劃

十七劃

十八劃

十九劃

二十劃以上

編者簡介

●彼得．泰立克（Peter Tallack）

曾在倫敦大學學院（University College London）研習遺傳學。1998年出任國際科學期刊《自然》的編撰委員，並擔任Weidenfeld and Nicolson出版社的科學出版部門主管。目前與妻兒定居於倫敦——鄰近水晶宮（Crystal Palace）的恐龍公園。

撰寫：導言、〈落體〉、〈光的波動性質〉、〈黏菌聚合體〉、〈REM睡眠〉、〈服從心理〉

序者簡介

●蘇珊．葛林菲德（Susan Greenfield）

牛津大學藥理學教授。1998年出任英國皇家研究院院長，並獲皇家學會頒發Michael Faraday獎，表彰她推廣科普教育的傑出貢獻。曾列千禧新年受勳者名冊而獲頒司令勳章（CBE），後於2001年受封女爵。著有：*The Human Brain: A Guided Tour and The Private Life of the Brain* 等書。

●賽門．辛（Simon Singh）

劍橋大學粒子物理學博士。曾任英國廣播公司（BBC）節目製作人，製作的《費瑪最後定理》榮獲英國電影電視藝術學院頒發「最佳紀錄片獎」，後寫作出版同名暢銷書。另著有《碼書》（*The Code Book: The Science of Secrecy from Ancient Egypt to Quantum Cryptography*）。目前定居倫敦。個人網站：www.simonsingh.com。

作者群簡介

●Peter Atkins

Smithkline Beecham研究員，牛津大學林肯學院物理化學老師。

撰寫：〈探勘週期表王國〉

●Richard Dawkins

牛津大學科普教育Charles Simonyi講座教授。

撰寫：〈數位河流〉

●Jared Diamond

洛杉磯加州大學醫學院生理學教授。

〈獨一無二的物種〉

●W. Daniel Hillis

迪士尼幻想工程研究員暨副主席。

撰寫：〈圖靈機〉

●Richard Leakey

前肯亞國立博物館館長。

撰寫：〈人類始祖〉

●Steven Pinker

麻省理工學院腦與認知科學系Peter de Florez講座教授暨MacVicar Faculty研究員。

撰寫：〈語言與規則〉

●Martin Rees

皇家天文學家，劍橋大學皇家學會研究講座教授。

撰寫：〈從牛頓到愛因斯坦〉

●Ian Stewart

英國Warwick大學數學教授暨數學認知中心主任。

撰寫：〈微積分〉

●Susan Aldridge

倫敦自由科學記者暨作家（化學、醫學、遺傳學、生物科技學）。

撰寫：〈DDT〉、〈鐮形紅血球貧血症體〉、〈跳躍基因〉、〈血紅蛋白結構〉、〈海弗利克限制〉、〈生物自我辨識〉、〈基因工程〉、〈單株抗體〉、〈人類癌症基因〉、〈普利昂蛋白〉、〈AIDS病毒〉、〈定向突變〉、〈一氧化氮〉、〈男性基因〉、〈複製羊桃莉〉、〈人類基因體序列〉

●Paul Bahn

英國自由作家、譯者及廣播節目主持人（考古學）。

撰寫：〈冰人〉

●Philip Ball

英國《自然》期刊編輯。

撰寫：〈合成尿素〉、〈淡紫染料〉、〈狀態變化〉、〈布朗運動〉、〈化學振盪〉、〈碳六十〉

●Stephen Battersby

《新科學人》專題副主編。

撰寫：〈馬克斯威爾方程式〉、〈X光〉、〈放射性〉、〈電子〉、〈量子〉、〈狹義相對論〉、〈超導現象〉、〈宇宙射線〉、〈原子模型〉、〈廣義相對論〉、〈波粒二象性〉、〈中子〉、〈反物質〉、〈核能〉、〈量子電動力學〉、〈左旋的宇宙〉、〈次原子幽靈〉、〈夸克〉、〈統一力〉、〈量子詭異性〉、〈超弦〉、〈物質新態〉

●Steve Blinkhorn

英國心理計量學研究及發展有限公司。

撰寫：〈智力測驗〉、〈兒童發展〉、〈行爲增強〉、〈語言本能〉

●Sue Bowler

編輯、作家（地球與自然科學）。

撰寫：〈山脈的形成〉

●Mark Buchanan

法國物理學家和科學作家。

撰寫：〈混沌邊緣〉

●W. F. Bynum

倫敦大學學院衛康信託醫學史中心。

撰寫：〈藥用植物〉、〈後天性狀〉、〈潛意識〉、〈阿斯匹靈〉、〈神經傳導物質〉、〈檸檬酸循環〉

●John Emsley

劍橋大學化學系駐校科學作家。

撰寫：〈苯環〉、〈炸藥〉、〈元素週期表〉、〈合成阿摩尼亞〉、〈尼龍〉

●Phil Gates

英國Durham大學生物科學系植物學家、記者及作家。

撰寫：〈植物學誕生〉、〈植物的性別〉、〈固氮作用〉、〈鰻魚洄游〉、〈作物多樣性〉、〈蝙蝠回聲定位〉、〈蜜蜂溝通〉、〈光合作用〉、〈綠色革命〉、〈蓋婭假說〉、〈大黃蜂飛行〉

●David Goodstein

加州理工學院物理學及應用物理學教授。

撰寫：〈熱力學定律〉

●Nigel Hey

美國Sandia國立實驗室資深管理人員、科學作家。

撰寫：〈災變學家的地質學〉、〈電晶體〉、〈沃斯托克湖〉

●Rory Howlett

《自然》期刊生物學資深編輯。

撰寫：〈人工神經網路〉、〈賽局理論〉、〈神經脈衝〉、〈神經細胞生長〉、〈視覺的化學基礎〉、〈右腦，左腦〉、〈記憶分子〉、〈頭腦圖像〉

●David Hughes

英國Sheffield大學物理天文學系天文講師。

撰寫：〈史前天文學〉、〈天體的音樂〉、〈地球周長〉、〈天文預測〉、〈地心說〉、〈日心說〉、〈一顆新星〉、〈行星運動法則〉、〈透過望遠鏡觀天〉、〈金星凌日〉、〈土星環〉、〈行星距離〉、〈哈雷彗星〉、〈發現天王星〉、〈太陽系的起源〉、〈發現小行星〉、〈光譜線〉、〈恆星距離〉、〈都卜勒效應〉、〈太陽黑子循環〉、〈螺旋星系〉、〈發現海王星〉、〈火星上的「運河」〉、〈天氣循環〉、〈我們在宇宙的位置〉、〈恆星演化〉、〈地磁倒轉〉、〈白矮星〉、〈彗星的故鄉〉、〈太陽風〉、〈外星智慧〉、〈類星體〉、〈創世餘暉〉、〈脈衝星〉、〈阿波羅任務〉、〈阿波羅任務〉、〈黑洞蒸發〉、〈超新星1987A〉、〈大吸子〉、〈舒梅克-李維9號彗星〉、〈行星世界〉、〈伽利略任務〉、〈火星的微化石〉、〈月球上的水〉

•Frank James
英國皇家研究院科學史講師。
撰寫：〈電池〉、〈電磁力〉

•David Knight
英國 Durham 大學哲學系科學史與科學哲學教授。
撰寫：〈新元素〉

•Jane MacIntosh
英國自由作家（考古學）。
撰寫：〈破解古埃及象形文字〉

•Richard Mankiewicz
英國 Middlesex 大學數學所。
撰寫：〈數的起源〉、〈歐幾里德的《幾何原本》〉、〈移動地球〉、〈零〉、〈拆解彩虹〉、〈代數〉、〈透視圖法〉、〈對數〉、〈機率規則〉、〈π〉、〈差分機〉、〈非歐幾何學〉、〈混沌理論〉、〈數學極限〉、〈電腦〉、〈碎形〉、〈四色圖定理〉、〈公鑰加密〉、〈費瑪最後定理〉

•Maren Meinhardt
英國《泰晤士報文學副刊》（*Times Literary Supplement*）科學書評編輯。
撰寫：〈洪堡的旅程〉

•Justin Mullins
倫敦科學作家。
撰寫：〈大氣壓力〉、〈貿易風〉、〈「稱量」地球〉、〈傅科擺〉、〈溫室效應〉、〈氣象預報〉、〈臭氧層破洞〉

•Douglas Palmer
英國劍橋科學作家。
撰寫：〈化石〉、〈地層〉、〈地球循環〉、〈比較解剖學〉、〈化石層序〉、〈萊爾的《地質學原理》〉、〈史前人類〉、〈冰河時期〉、〈「發明」恐龍〉、〈尼安德塔人〉、〈始祖鳥〉、〈爪哇人〉、〈地球內部〉、〈萬古磐石〉、〈柏吉斯頁岩〉、〈大陸漂移〉、〈陶恩孩兒〉、〈地磁倒轉〉、〈活化石〉、〈放射性碳定年法〉、〈奧都韋峽谷〉、〈最古老的化石〉、〈板塊構造說〉、〈極端的生命〉、〈恐龍滅絕〉、〈納里歐柯托米少年〉

•Helen Power
倫敦大學學院衛康信託醫學史中心。
撰寫：〈探索身體〉、〈人體解剖〉、〈血液循環〉、〈微生物〉、〈自然發生說〉、〈接種疫苗〉、〈人口壓力〉、〈霍亂與水泵〉、〈細胞社會〉、〈繪製語言區圖〉、〈細菌理論〉、〈細胞免疫〉、〈神經系統〉、〈抗毒素〉、〈瘧原蟲〉、〈病毒〉、〈血型〉、〈制約反射〉、〈維生素〉、〈先天代謝異常〉、〈神奇子彈〉、〈胰島素〉、〈盤尼西林〉、〈移植排斥〉、〈避孕藥〉

•Jacqueline Reynolds and Charles Tanford
美國杜克大學榮譽教授。
撰寫：〈天然磁力〉、〈原子理論〉、〈酵素作用〉

•Mark Ridley
牛津大學動物學系。
撰寫：〈亞里斯多德的遺產〉、〈生物命名〉、〈卵與胚胎〉、〈達爾文的《物種原始》〉、〈孟德爾遺傳定律〉、〈測量變異〉、〈遺傳基因〉、〈新達爾文主義〉、〈動物本能〉、〈細菌的基因〉、〈生命的起源〉、〈雙螺旋鏈〉、〈合作演化〉、〈共生細胞〉、〈隨機分子演化〉、〈生命五界〉、〈基因表親〉、〈繽紛的生命〉、〈基因指紋辨識〉、〈遠離非洲〉

•Hazel Rymer
英國空中大學地球科學系 Volcano Dynamic Group。
撰寫：〈聖海倫火山爆發〉

•Jim Thomas
英國 Sheffield 大學化學系皇家學會大學研究員。
撰寫：〈準晶〉

•Lewis Wolpert
倫敦大學學院解剖學與生物學系生物學暨應用醫學教授。
撰寫：〈動物形態遺傳學〉

•Andrew Whiten
英國 St. Andrews 大學心理學系演化與發育心理學教授。
撰寫：〈黑猩猩文化〉

致謝

Peter Tallack thanks the following people for their help and support: Peter Adams, Anthony Cheetham, Graham Farmelo, Tim Whiting and Eva Yemenakis. He is also grateful to the many contributors who advised him on the contents.

圖片版權所有

Picture credits Every effort has been made to trace the copyright holders. Cassell & Co apologizes for any unintentional omissions and, if informed of any such cases, would be pleased to update future editions. **AKG London/ Erich Lessing** p 11, 67, 95 **Alfred Eisenstaedt/TimePix/Rex Features** p308 **© Anglo-Australian Observatory 1994 image by C Heisler/T Hill** p508 **Ann Ronan Picture Library** p21, 25, 36, 39, 51, 74, 77, 105, 111, 117, 130, 131, 149, 160, 167, 169, 183, 195, 196, 197, 199, 202, 203, 204, 216, 217, 225, 229, 242, 249, 251, 263, 305, 355, 367, 387, 463, 507 **Ann Ronan Picture Library/Photograph courtesy of The Nobel Foundation** p262 **Archives Photographiques Charmet** p243 **Associated Press** p331, 337, 363 **Berenice Abbott/Commerce Graphics Ltd, Inc** p119 **© Bettmann/Corbis** p 2, 53, 61, 185, 201, 215, 221, 245, 271, 321, 327, 357, 381, 393, 397, 399, 429, 465 **Bibliotheque Sainte-Genevieve, France/ Bridgeman Art Library** p20 **© Bob Goodale/Oxford Scientific Films** p147 **British Museum, London/ Bridgeman Art Library** p137 **British Society for the Turin Shroud** p347 **Cajal Institute - CSIC - Madrid, Spain** p211 **Carnival Collection, Special Collections, Tulane University Library** p177 **Chartres Cathedral/Giraudon/Bridgeman Art Library** p15 **© Corbis** p43, 71, 83, 109, 120, 237, 401, 441, 455/**Burstein Collection** p373/**Christel Gerstenberg** p23/**Farrell Grehan** p294/**Gary Braasch** p469/**Gianni Dagli Orti** p85/ **Henry Diltz** p379/**Historical Picture Archive** p87, 153/**Hulton-Deutsch Collection** p97, 295, 523/**James A Sugar** p79/**Jerry Cooke** p341/**Lloyd Cluff** p415/**Michael Maslan Historic Photographs** p451/**Reuters NewMedia Inc** p439/**Roger Ressmeyer** p371, 479/**Rykoff Collection** p293/**Underwood & Underwood** p213 **D'Arcy Thompson Collection, courtesy of St Andrews University Library** p423 **Daily Herald Archive/NMPFT/Science & Society Picture Library** p317 **Daniel Heuclin/NHPA** p291 **Dave Watts/NHPA** p411 **David Tipling/Oxford Scientific Films** p13 **Department of Geology, National Museum of Wales** p73 **Edimedia** p41 **Equinox Archive** p270 **Frank Drake (UCSC) et al, Arecibo Observatory (Cornell, NAIC)** p398 **G I Bernard/NHPA** p129, 443, 477 **Hanny/ Frank Spooner Pictures** p505 **Harvest/Truth & Soul (Courtesey Kobal)** p93 **Henry E Huntington Library and Art Gallery** p37, 307, 361 **Institute for Cosmic Ray Research, The University of Tokyo** p385 **John Shaw/NHPA** p304 **L'Illustration/Sygma** p163 **Louvre, Paris/Giraudon/ Bridgeman Art Library** p31 **Mary Evans Picture Library** p 55, 75, 171, 222, 241 **Mitchell Library, State Library of New South Wales/ Bridgeman Art Library** p63 **Moebius Strip II by M C Escher c 2001 Cordon Art - Baarn - Holland. All rights reserved** p 145 **Moravian Museum, Brno** p193 **NASA** p69, 434 **NASA/Ann Ronan Picture Library** p413, 433 **NASA/Galaxy Contact** p405, 425 **NASA/Oxford Scientific Films** p207 **Nationalgalerie, Berlin/Bildarchiv Steffens/ Bridgeman Art Library** p115 **Nature Magazine** p517 **Neil Bromhall/Oxford Scientific Films** p259 **Science, Industry & Business Library, The New York Public Library, Astor, Lenox and Tilden Foundations** p158 **Nick Birch/Ann Ronan Picture Library** p303 **Novosti (London)** p292 **Oxford Scientific Films** p280, 281 **Palazzo Farnese, Italy/Bridgeman Art Library** p113 **Peter Parks/NHPA** p427 **Photos by Mansell/Timepix/Rex Features** p17 **Physical Review, 1949** p352 **Richard Mankiewicz** p491 **Roy Waller/NHPA** p471 **Royal Geographical Society, London/Bridgeman Art Library** p49 **Science Museum/Science & Society Picture Library** p29, 57, 65, 91, 123, 135, 139, 164, 165, 172, 173, 219, 227, 234, 350, 351 **Science Photo Library** p125, 154, 198, 256, 289/**A Barrington Brown** p375/**Alfred Pasieka** p191, 374, 447/**Anthony Howarth** p483/**B Murton/Southampton Oceanography Centre** p452/**Bernhard Edmaier** p277/**Biophoto Associates** p334/**Carlos Frenk, University of Durham** p499/**Celestial Image Co** p287, 489/**CERN** p268, 353/**Chris Madeley** p389/**CNRI** p525/**CSIRO** p520/**D Phillips** p503/**David A Hardy** p453/**David Parker/IMI/Univ. of Birmingham High TC Consortium** p267/**David Parker** p150, 417, 458/**David Scharf** p349/**David Vaughan** p521/**Dr Arnold Brody** p205/**Dr Gopal Murti** p395, 495/**Dr Jeremy Burgess** p192, 209/**Dr Kenneth R Miller** p345/**Dr L Caro** p333/**Dr Tony Brain** p230/**EM Unit, VLA** p467/**European Space Agency** p84/**Eye of Science** p359/**Geological Survey of Canada** p459/**J C Revy** p431/**James Holmes/Celltech Ltd** p449, 525/**James King-Holmes** p524/**Jean-Charles Cuillandre/Canada-France-Hawaii Telescope** p161/**Jean-Loup Charmet** p19, 99, 103, 189, 309/**John Reader** p392, 481, 493/**Juergen Berger, Max-Planck Institute** p265/**Ken Eward** p391/**Laguna Design** p487/**Lawrence Berkeley Laboratory** p315/**Manfred Kage** p231, 366, 369/**Mark Garlick** p121/**Martin Dohrn** p47/**Mehau Kulyk** p239, 475/**Michael Gilbert** p273/**Michael W Davidson** p248/**Nancy Kedersha/Immunogen** p394/**NASA** p285, 286, 513, 514, 515, 519/**National Cancer Institute** p456/**National Institute of Standards and Technology (NIST)** p511/**National Library of Medicine** p223/**National Optical Astronomy Observatories** p159/**Northwestern University** p254/**Pamela McTurk & David Parker** p437/**Pekka Parviainen** p27/**Peter Menzel** p335, 485/**Philippe Plailly** p235, 301, 365/**Philippe Plailly/Eurelios** p255/**Pr S Cinti/CNRI** p275/**Prof H Edgerton** p157/**Prof P Motta/Dept of Anatomy/University 'La Sapienza', Rome** p383/**Profs P Motta & T Naguro** p419/**Prof Peter Fowler** p313/**Quest** p457, 497/**Royal Observatory, Edinburgh** p78/**Sidney Moulds** p143/**Sinclair Stammers** p175, 466/**Space Telescope Science Institute/NASA** p 279, 310, 311, 421, 435, 509/**US Geological Survey** p200/**Volker Steger** p176/**William Ervin** p407 **Science Pictures Ltd/Oxford Scientific Films** p232 **Scott Camazine/Sharon Bilotta-Best/Oxford Scientific Films** p233 **© Scott Camazine/CDC/Oxford Scientific Films** p473 **Stephen Dalton/NHPA** p329, 339, 501 **Steve Hansen/TimePix/Rex Features** p354 **Ted Polumbaum/TimePix/Rex Features** p323 **The Art Archive/British Library** p35 **The British Library** p48, 68, 89, 151, 187, 464 **The British Library, London/Bridgeman Art Library** p33 **The Illustrated London News Picture Library** p155 **The Making of a Fly, published 1992 Blackwells Science by Peter A Lawrence** p461 **The Natural History Museum, London** p101, 107, 133, 181, 253, 283 **The Natural History Museum, London/ Bridgeman Art Library** p299 **The Natural History Museum/J Sibbick** p261 **The Washington Post** p278 **TimePix/E O Hoppe/Mansell/Rex Features** p257 **TimePix/John Florea/Rex Features** p269 **TimePix/Nina Leen/Rex Features** p319 **Wellcome Library, London** p45, 59, 140, 141, 403

科學簡史——250個影響人類的重大發現

The Science Book

作　　者：彼得．泰立克（Peter Tallack）等
譯　　者：蘇采禾
編輯協力：張敏敏、陳心維、任興華
副 主 編：曹　慧
美術編輯：林麗華
企　　畫：張震洲
董 事 長
發 行 人：孫思照
總 經 理：莫昭平
總 編 輯：林馨琴
出 版 者：時報文化出版企業股份有限公司
10803 台北市和平西路三段 240 號 4 樓
發行專線：(02) 2306-6842
讀者服務專線：0800-231-705　(02) 2304-7103
讀者服務傳眞：(02) 2304-6858
郵撥：19344724 時報文化出版公司
信箱：台北郵政 79-99 信箱
時報悅讀網：http://www.readingtimes.com.tw
電子郵件信箱：know@readingtimes.com.tw
法律顧問：理律法律事務所 陳長文律師、李念祖律師
印　　刷：詠豐彩色印刷有限公司
初版一刷：2007 年 1 月 26 日
初版二刷：2007 年 9 月 19 日
定　　價：新台幣 1500 元

行政院新聞局局版北市業字第 80 號

ISBN　978-957-13-4617-5（精裝）

國家圖書館出版品預行編目資料

科學簡史 / Peter Tallack 等著；蘇采禾譯 . --
初版 . -- 臺北市：時報文化 , 2007 [民 96]
面； 公分
譯自：The science book
ISBN 978-957-13-4617-5（精裝）

1. 科學 - 歷史

309 95026396